全国科学技术名词审定委员会

公　布

科学技术名词·自然科学卷（全藏版）

4

动 物 学 名 词

CHINESE TERMS IN ZOOLOGY

动物学名词审定委员会

国家自然科学基金资助项目

科 学 出 版 社

北　京

内 容 简 介

本书是全国科学技术名词审定委员会审定公布的动物学基本名词，内容包括普通动物学，动物分类学，动物生态学，动物胚胎学，动物组织学、无脊椎动物学和脊椎动物学，共 7 大类，6709 条。部分名词有简明定义性注释。书末附有英汉和汉英两种索引，以利读者检索。这批名词是科研、教学、生产、经营、新闻出版等部门使用的动物学规范名词。

图书在版编目（CIP）数据

科学技术名词. 自然科学卷：全藏版 / 全国科学技术名词审定委员会审定. —北京：科学出版社，2017.1

ISBN 978-7-03-051399-1

I. ①科… II. ①全… III. ①科学技术–名词术语 ②自然科学–名词术语 IV. ①N61

中国版本图书馆 CIP 数据核字（2016）第 314947 号

责任编辑：冯宋明 / 责任校对：陈玉凤
责任印制：张 伟 / 封面设计：铭轩堂

科学出版社 出版
北京东黄城根北街 16 号
邮政编码：100717
http://www.sciencep.com
北京厚诚则铭印刷科技有限公司印刷
科学出版社发行 各地新华书店经销
*
2017 年 1 月第 一 版 开本：787×1092 1/16
2017 年 1 月第一次印刷 印张：24
字数：690 000
定价：5980.00 元（全 30 册）
（如有印装质量问题，我社负责调换）

全国自然科学名词审定委员会
第三届委员会委员名单

特邀顾问：　吴阶平　　　钱伟长　　　朱光亚

主　　任：　卢嘉锡

副 主 任：　路甬祥　　　章　综　　　林　泉　　　左铁镛　　　马　阳

　　　　　　孙　枢　　　许嘉璐　　　于永湛　　　丁其东　　　汪继祥

　　　　　　潘书祥

委　　员　（以下按姓氏笔画为序）：

马大猷	王　夑	王大珩	王之烈	王亚辉
王树岐	王绵之	王窝骧	方鹤春	卢良恕
叶笃正	吉木彦	师昌绪	朱照宣	仲增墉
华茂昆	刘天泉	刘瑞玉	米吉提·扎克尔	
祁国荣	孙家栋	孙儒泳	李正理	李廷杰
李行健	李　竞	李星学	李焯芬	肖培根
杨　凯	吴凤鸣	吴传钧	吴希曾	吴钟灵
吴鸿适	沈国舫	宋大祥	张　伟	张光斗
张钦楠	陆建勋	陆燕荪	陈运泰	陈芳允
范维唐	周　昌	周明煜	周定国	罗钰如
季文美	郑光迪	赵凯华	侯祥麟	姚世全
姚贤良	姚福生	夏　铸	顾红雅	钱临照
徐　僖	徐士珩	徐乾清	翁心植	席泽宗
谈家桢	黄昭厚	康景利	章　申	梁晓天
董　琨	韩济生	程光胜	程裕淇	鲁绍曾
曾呈奎	蓝　天	褚善元	管连荣	薛永兴

动物学名词审定委员会委员名单

顾　问：郑作新　　张致一　　钱燕文

主　任：宋大祥

副主任：周开亚　　郑光美

委　员（以姓氏笔画为序）：

于豪建　　王　平　　史新柏　　史瀛仙　　冯宋明

冯祚建　　朱　靖　　刘瑞玉　　齐钟彦　　贠　莲

吴宝铃　　吴淑卿　　汪　松　　沈孝宙　　沈韫芬

张春生　　陈清潮　　周本湘　　周庆强　　郎　所

赵尔宓　　堵南山　　萧前柱

秘　书：贠　莲　　冯祚建

序

　　科技名词术语是科学概念的语言符号。人类在推动科学技术向前发展的历史长河中,同时产生和发展了各种科技名词术语,作为思想和认识交流的工具,进而推动科学技术的发展。

　　我国是一个历史悠久的文明古国,在科技史上谱写过光辉篇章。中国科技名词术语,以汉语为主导,经过了几千年的演化和发展,在语言形式和结构上体现了我国语言文字的特点和规律,简明扼要,蓄意深切。我国古代的科学著作,如已被译为英、德、法、俄、日等文字的《本草纲目》、《天工开物》等,包含大量科技名词术语。从元、明以后,开始翻译西方科技著作,创译了大批科技名词术语,为传播科学知识,发展我国的科学技术起到了积极作用。

　　统一科技名词术语是一个国家发展科学技术所必须具备的基础条件之一。世界经济发达国家都十分关心和重视科技名词术语的统一。我国早在1909年就成立了科技名词编订馆,后又于1919年中国科学社成立了科学名词审定委员会,1928年大学院成立了译名统一委员会。1932年成立了国立编译馆,在当时教育部主持下先后拟订和审查了各学科的名词草案。

　　新中国成立后,国家决定在政务院文化教育委员会下,设立学术名词统一工作委员会,郭沫若任主任委员。委员会分设自然科学、社会科学、医药卫生、艺术科学和时事名词五大组,聘任了各专业著名科学家、专家,审定和出版了一批科学名词,为新中国成立后的科学技术的交流和发展起到了重要作用。后来,由于历史的原因,这一重要工作陷于停顿。

　　当今,世界科学技术迅速发展,新学科、新概念、新理论、新方法不断涌现,相应地出现了大批新的科技名词术语。统一科技名词术语,对科学知识的传播,新学科的开拓,新理论的建立,国内外科技交流,学科和行业之间的沟通,科技成果的推广、应用和生产技术的发展,科技图书文献的编纂、出版和检索,科技情报的传递等方面,都是不可缺少的。特别是计算机技术的推广使用,对统一科技名词术语提出了更紧迫的要求。

　　为适应这种新形势的需要,经国务院批准,1985年4月正式成立了全国自然科学名词审定委员会。委员会的任务是确定工作方针,拟定科技名词术语审定工作计划、实施方案和步骤,组织审定自然科学各学科名词术语,并予以公布。根据国务院授权,委员会审定公布的名词术语,科研、教学、生产、经营以及新闻出版等各部门,均应遵照使用。

全国自然科学名词审定委员会由中国科学院、国家科学技术委员会、国家教育委员会、中国科学技术协会、国家技术监督局、国家新闻出版署、国家自然科学基金委员会分别委派了正、副主任担任领导工作。在中国科协各专业学会密切配合下,逐步建立各专业审定分委员会,并已建立起一支由各学科著名专家、学者组成的近千人的审定队伍,负责审定本学科的名词术语。我国的名词审定工作进入了一个新的阶段。

这次名词术语审定工作是对科学概念进行汉语订名,同时附以相应的英文名称,既有我国语言特色,又方便国内外科技交流。通过实践,初步摸索了具有我国特色的科技名词术语审定的原则与方法,以及名词术语的学科分类、相关概念等问题,并开始探讨当代术语学的理论和方法,以期逐步建立起符合我国语言规律的自然科学名词术语体系。

统一我国的科技名词术语,是一项繁重的任务,它既是一项专业性很强的学术性工作,又涉及到亿万人使用习惯的问题。审定工作中我们要认真处理好科学性、系统性和通俗性之间的关系;主科与副科间的关系;学科间交叉名词术语的协调一致;专家集中审定与广泛听取意见等问题。

汉语是世界五分之一人口使用的语言,也是联合国的工作语言之一。除我国外,世界上还有一些国家和地区使用汉语,或使用与汉语关系密切的语言。做好我国的科技名词术语统一工作,为今后对外科技交流创造了更好的条件,使我炎黄子孙,在世界科技进步中发挥更大的作用,作出重要的贡献。

统一我国科技名词术语需要较长的时间和过程,随着科学技术的不断发展,科技名词术语的审定工作,需要不断地发展、补充和完善。我们将本着实事求是的原则,严谨的科学态度作好审定工作,成熟一批公布一批,提供各界使用。我们特别希望得到科技界、教育界、经济界、文化界、新闻出版界等各方面同志的关心、支持和帮助,共同为早日实现我国科技名词术语的统一和规范化而努力。

全国自然科学名词审定委员会主任

钱 三 强

1990 年 2 月

前　　言

　　动物学是生命科学的基础学科，是历史久远、分化和发展迅速的一门科学。动物学名词术语的审定和统一，对动物学知识传播、书刊出版、文献编纂和检索，以及国内外学术交流，促进动物学和生命科学的发展，均有重要的意义。

　　早在三四十年代，我国动物学界老前辈在引进西方现代动物学知识以及教学和科研工作中，就已深切感受到名词工作的重要性，着手进行名词和名称的拟定工作。五十年代，中国科学院编译局曾组织国内著名动物学家编订动物学名词及动物名称。科学出版社出版了一系列有关动物学的词书，1962 年出版了《英汉动物学词汇》，1975 年又出版了《英汉动物学词汇补编》。此外，1982 年上海辞书出版社还出版了《简明生物学词典》等。以上这些均为动物学名词审定工作奠定了基础。

　　中国动物学会受全国自然科学名词审定委员会的委托，于 1986 年 8 月成立了动物学名词审定委员会，开展动物学名词审定工作。在委员们以及国内许多专家的参与和支持下，共汇集词条七千余条。1987 年 3 月召开第一次全体委员会进行初审。1987 年至1990 年间经过几次修改，1991 年寄送国内 68 位专家审查，并在 1991 年 11 月的动物学会理事会上向理事汇报和征求意见。1992 年全国自然科学名词审定委员会委托郑作新、陈阅增、李肇特、仝允栩和孙儒泳五位教授对第三稿进行复审。1993 年 1 月印出第四稿，5月动物学名词审定委员会再次召开会议按专家复审意见逐条讨论（京外委员书面通信讨论），形成第五稿，而后与相关学科协调订名，终审定稿。经全国自然科学名词审定委员会审核批准，现予公布出版。

　　这次审定的动物学名词共 6 709 条，分七部分：1. 普通动物学；2. 动物分类学；3.动物生态学；4. 动物胚胎学；5. 动物组织学；6. 无脊椎动物学；7. 脊椎动物学。词条只是大体上按概念体系排列，这些排列不是严谨的分类。

　　无脊椎动物由于门类繁杂，只能先按分类系统，然后在各门类中再按概念体系排列。原生动物严格划分应属原生生物界而不是动物界，但我们仍按传统的动物学范畴把这部分名词纳入动物学名词内。昆虫学名词因另行审定，因而未将其包括在内。生态学名词中有些不属于动物生态学范畴的亦未收列。每条汉文名词都配有国际惯用的、概念相对应的英文或拉丁文。有的名词汉文相同，但实际上指不同类别动物中的构造，如无脊椎动物的"腕"与脊椎动物的"腕"，其涵义和相应的英文名均不同。由于概念相同的汉文名词不能重复出现，只好在英文名中予以区别，如"眼点（eyespot）"在原生动物中相应的英文名为"stigma"，在腔肠动物中则为"ocellus"，均予以注明。

通过这次名词审定工作，对动物学中使用混乱的名词，根据概念内涵进行统一。如软体动物和腕足动物贝壳的最外层结构原称"角质层(periostracum)"，成分为贝壳素(conchiolin)，但与其他动物的"角质层(cuticle)"的成分和英文名均不同。为避免混同，现将前者改称"壳皮层"，以示区别。对于甲壳动物步足基端与体相连的一节，以前称为"底节"，第二节才称为"基节"，这次分别审定为"基节"和"底节"。这样甲壳动物与其他节肢动物的步足第一节均统一为"基节(coxopodite, coxa)"，避免了教学中的混乱。又如珊瑚虫中的"个员"和苔藓动物中的"个虫"，经商议现统一为"个虫(zooid)"。对那些与相关学科交叉的名词也进行了协调统一，如"外颈动脉(external carotid artery)"已与医学解剖学名词统一，改为"颈外动脉"。但有的名词由于动物与人体在称呼上有别，仍保留各自的习惯用法。

以外国科学家姓氏命名的名词，根据"名从主人，约定俗成，服从主科，尊重规范"的译名原则作了修订。如原"拉氏定律(Loven's law)"现改为"洛文[定]律"；原"鲍雅氏器官(organ of Bojanus)"现改为"博氏器"。

易引起读者误解的名词，我们在其后加圆括弧注明，如"壁层(肾小囊)"，表明此处的"壁层"系指肾小囊中的构造。有的采用加注说明的办法，如"脱水(desiccation)"，注以"潮间带苔藓虫在退潮时体内水分有所丧失"，表明不是指生物制片时用酒精逐级脱水的含义。

在这次名词审定中提供词条的除审定委员外，尚有下列各位先生：马成伦、王永良、王祯瑞、申纪伟、刘锡兴、邹仁林、李锦和、张崇洲、郑守仪、唐质灿、谭智源和廖玉麟等。在整个名词审定工作中，得到有关专家的热情支持，朱弘复、陈宜瑜、杨进、潘炯华、薛社普、江静波、赵肯堂、李思忠、孟庆闻、李桂垣、姜在阶、许智芳、陈德牛、庄之模、和振武、朱传典、蓝琇、李积金、郑重、吴汝康、张闰生、陈壁辉、褚新洛、尹长民等教授提出许多修改意见和建议。此工作自始至终得到全国自然科学名词审定委员会各级领导的指导和帮助。在此，我们向所有帮助完成此项繁浩工作的同志表示深切的感谢！对本次公布的名词可能有不同看法，或某些基本词可能遗漏，希望广大动物学工作者在使用本次公布的名词过程中，提出宝贵意见，以便今后修订增补，臻于完善。

动物学名词审定委员会
1995 年 6 月

编 排 说 明

一、本批公布的是动物学基本名词。

二、全书分为普通动物学,动物分类学,动物生态学,动物胚胎学,动物组织学,无脊椎动物学,脊椎动物学,共 7 大类。

三、汉文名词按学科的相关概念体系排列,附有与该词概念对应的英文名或拉丁文名。

四、一个汉文名对应几个英文同义词时,一般取最常用的,一个以上的英文名用","分开。

五、英文词的首字母大、小写均可时,一律小写。英文词除必须用复数者,一般用单数。

六、某些新词、概念易混淆的词和具有我国特色的词,附有简明定义性注释。

七、曾使用的主要异名列在注释栏内,其中"又称"为不推荐用名,"曾用名"为不再使用的旧名。

八、[ ]中的字或字母使用时可省略;( )内的字为注释。

九、书末所附的英汉索引,按英文名词字母顺序编排;汉英索引,按名词汉语拼音顺序排列。所示号码为该词在正文中的序号。索引中带"＊"者为注释栏内的条目。

目　　录

01. 普通动物学

序 号	汉 文 名	英 文 名	注 释
01.0001	动物学	zoology	
01.0002	普通动物学	general zoology	
01.0003	无脊椎动物学	invertebrate zoology	
01.0004	脊椎动物学	vertebrate zoology	
01.0005	动物形态学	animal morphology	
01.0006	比较解剖学	comparative anatomy	
01.0007	动物生理学	animal physiology	
01.0008	组织学	histology	
01.0009	胚胎学	embryology	
01.0010	动物生态学	animal ecology	
01.0011	动物社会学	animal sociology	
01.0012	动物行为学	animal ethology	
01.0013	水生生物学	hydrobiology	
01.0014	淡水生物学	limnology	
01.0015	海洋生态学	marine ecology	
01.0016	动物分类学	animal taxonomy, zootaxy	
01.0017	动物区系学	faunistics	
01.0018	动物地理学	zoogeography	
01.0019	动物遗传学	zoogenetics	
01.0020	发育生物学	developmental biology	
01.0021	动物园	zoo	
01.0022	动物	animal	
01.0023	动物界	animal kingdom	
01.0024	无脊椎动物	invertebrate	
01.0025	原生动物	protozoan, Protozoa（拉）	
01.0026	侧生动物	parazoan, Parazoa（拉）	
01.0027	中生动物	mesozoan, Mesozoa（拉）	
01.0028	后生动物	metazoan, Metazoa（拉）	
01.0029	无体腔动物	acoelomate	
01.0030	假体腔动物	pseudocoelomate	
01.0031	体腔动物	coelomate	
01.0032	原口动物	protostome, Protostomia（拉）	
01.0033	后口动物	deuterostome, Deuterostomia（拉）	

序　号	汉　文　名	英　文　名	注　释
01.0034	多孔动物	sponge, Porifera(拉)	俗称"海绵[动物]"。
01.0035	扁盘动物	placozoan, Placozoa(拉)	
01.0036	刺胞动物	cnidarian, Cnidaria（拉）	又称"腔肠动物(coelenterate, Coelenterata（拉）)"。
01.0037	栉水母动物	ctenophore, Ctenophora(拉)	又称"栉板动物"。
01.0038	扁形动物	platyhelminth, flatworm, Platyhelminthes(拉)	
01.0039	纽形动物	nemertinean, Nemertinea(拉)	又称"吻腔动物(Rhynchocoela(拉))"。
01.0040	颚咽动物	gnathostomulid, Gnathostomulida（拉）	
01.0041	轮形动物	rotifer, Rotifera（拉）	俗称"轮虫"。
01.0042	腹毛动物	gastrotrich, Gastrotricha（拉）	
01.0043	动吻动物	kinorhynch, Kinorhyncha（拉）	
01.0044	线虫[动物]	nematode, roundworm, Nematoda（拉）	
01.0045	线形动物	nematomorph, horsehair worm, Nematomorpha（拉）	
01.0046	棘头动物	acanthocephalan, Acanthocephala（拉）	
01.0047	曳鳃动物	priapulid, Priapulida（拉）	
01.0048	星虫[动物]	sipunculan, Sipuncula（拉）	
01.0049	铠甲动物	loriciferan, Loricifera（拉）	
01.0050	软体动物	mollusk, Mollusca（拉）	
01.0051	螠虫[动物]	echiuran, Echiura（拉）	
01.0052	环节动物	annelid, Annelida（拉）	
01.0053	须腕动物	pogonophoran, Pogonophora（拉）	
01.0054	缓步动物	tardigrade, Tardigrada（拉）	俗称"熊虫(water bear)"。
01.0055	有爪动物	onychophoran, Onychophora（拉）	无脊椎动物的一个小门类。
01.0056	节肢动物	arthropod, Arthropoda（拉）	根据新的分类系统,节肢动物门已分成三个独立的门:螯肢动物门、单肢动物门和甲壳动物门。

序 号	汉 文 名	英 文 名	注 释
01.0057	螯肢动物	chelicerate, Chelicerata(拉)	
01.0058	单肢动物	uniramian, Uniramia(拉)	
01.0059	甲壳动物	crustacean, Crustacea(拉)	
01.0060	六足动物	hexapod, Hexapoda(拉)	六足动物即昆虫 (insect, Insecta(拉))。
01.0061	五口动物	pentastomid, tongue worm, Pentastomida（拉）	
01.0062	帚形动物	phoronid, Phoronida（拉）	俗称"帚虫"。
01.0063	苔藓动物	moss animal, bryozoan, Bryozoa（拉）	又称"外肛动物 (ectoproct)"。
01.0064	内肛动物	entoproct, Entoprocta（拉）	
01.0065	腕足动物	brachiopod, Brachiopoda（拉）	
01.0066	毛颚动物	chaetognath, Chaetognatha（拉）	俗称"箭虫"。
01.0067	棘皮动物	echinoderm, Echinodermata（拉）	
01.0068	袋形动物	aschelminth, Aschelminthes(拉)	
01.0069	蠕虫	vermes, helminth	
01.0070	桥虫	bridge worm, Gephyra（拉）	
01.0071	拟软体动物	molluscoid, Molluscoidea（拉）	
01.0072	触手冠动物	lophophorate, Lophophorata（拉）	
01.0073	半索动物	hemichordate, Hemichordata（拉）	
01.0074	原索动物	protochordate, Protochordata（拉）	
01.0075	脊索动物	chordate, Chordata（拉）	
01.0076	尾索动物	urochordate, Urochordata（拉）	
01.0077	头索动物	cephalochordate, Cephalochordata（拉）	
01.0078	脊椎动物	vertebrate, Vertebrata（拉）	
01.0079	卵生动物	oviparous animal	
01.0080	卵胎生动物	ovoviviparous animal	
01.0081	胎生动物	viviparous animal	
01.0082	雌雄同体	monoecism, hermaphrodite	
01.0083	雌雄异体	dioecism, gonochorism	
01.0084	两侧对称	bisymmetry	
01.0085	辐射对称	radial symmetry	
01.0086	皮肤	skin	
01.0087	骨骼	skeleton	
01.0088	肌肉	muscle	

序　号	汉　文　名	英　文　名	注　释
01.0089	消化	digestion	
01.0090	呼吸	respiration	
01.0091	循环	circulation	
01.0092	感官	sense organ	
01.0093	神经	nerve	
01.0094	内分泌器官	endocrine organ	
01.0095	排泄	excretion	
01.0096	排遗	egestion	
01.0097	生殖	reproduction, breeding	
01.0098	有性生殖	sexual reproduction	
01.0099	无性生殖	asexual reproduction	
01.0100	两性生殖	digenetic reproduction	
01.0101	孤雌生殖	parthenogenesis	
01.0102	产两性单性生殖	deuterotoky, amphitoky	
01.0103	幼体生殖	paedogenesis	
01.0104	幼体孤雌生殖	paedoparthenogenesis	
01.0105	单态	monomorphism	
01.0106	二态	dimorphism	
01.0107	三态	trimorphism	
01.0108	多态	polymorphism	
01.0109	代谢	metabolism	
01.0110	同化	assimilation	
01.0111	异化	dissimilation	
01.0112	生物	organism	
01.0113	生物区系	biota	
01.0114	生命网	web of life	
01.0115	适应	adaptation	
01.0116	内[源]适应	endoadaptation	
01.0117	外[源]适应	exoadaptation	
01.0118	温度适应	thermal adaptation	
01.0119	生理适应	physiologic adaptation	
01.0120	本能	instinct	
01.0121	行为	behavior	
01.0122	习性	habit	
01.0123	自切	autotomy	又称"自残"。
01.0124	再生	regeneration	
01.0125	变态	metamorphosis	

序 号	汉 文 名	英 文 名	注 释
01.0126	不完全变态	incomplete metamorphosis	
01.0127	完全变态	complete metamorphosis	
01.0128	蜕皮	ecdysis	
01.0129	生活史	life history	
01.0130	寿命	longevity	
01.0131	种群	population	又称"居群"、"繁群"。
01.0132	群落	community, coenosium	
01.0133	进化	evolution	
01.0134	协同进化	coevolution	
01.0135	趋同进化	convergent evolution	
01.0136	趋同	convergence	
01.0137	趋异	divergence	
01.0138	分化	differentiation	
01.0139	特化	specialization	
01.0140	泛化	generalization	
01.0141	退化	retrogression, degeneration	
01.0142	退行进化	retrogressive evolution	又称"退行性演化"。
01.0143	同源	homology	
01.0144	同功	analogy	
01.0145	人工选择	artificial selection	
01.0146	定向选择	directional selection	
01.0147	自然选择	natural selection	
01.0148	个体发生	ontogeny, ontogenesis	又称"个体发育"。
01.0149	系统发生	phylogeny, phylogenesis	又称"系统发育"。
01.0150	重演论	recapitulation theory	
01.0151	重演律	recapitulation law	
01.0152	黑克尔律	Haeckel's law	
01.0153	合胞体说	syncytial theory	
01.0154	群体说	colonial theory	
01.0155	自然发生	abiogenesis, autogeny	
01.0156	定向发育假说	canalized development hypothesis	
01.0157	全变态发育	holometabolous development	
01.0158	重演发育	palingenesis	
01.0159	胚胎系统发育说	theory of phylembryogenesis	
01.0160	起源中心说	theory of center of origin	
01.0161	泛生说	theory of pangenesis	

序　号	汉　文　名	英　文　名	注　　释
01.0162	无胎盘动物	aplacentalia	
01.0163	胎盘动物	placentalia	
01.0164	无配子生殖	apogamety, apogamy	
01.0165	无性杂种	asexual hybrid	
01.0166	无性杂交	asexual hybridization	
01.0167	同系交配	endogamy	又称"亲近繁殖"。
01.0168	真无配生殖	euapogamy	
01.0169	生活周期	life cycle	
01.0170	世代交替	alternation of generations, meta-genesis	
01.0171	异型世代交替	heterogeny	
01.0172	生长	growth	
01.0173	成熟	maturation	
01.0174	雄性先熟	protandry	
01.0175	雌性先熟	protogyny	
01.0176	性[别]分化	sexual differentiation	
01.0177	雌性先熟雌雄同体	protogynous hermaphrodite	
01.0178	两性异形	sexual dimorphism	
01.0179	性多态	sexual polymorphism	
01.0180	真雌雄同体	euhermaphrodite	
01.0181	真杂种优势	euheterosis	
01.0182	种系	germ line	又称"生殖系"。

02. 动物分类学

序　号	汉　文　名	英　文　名	注　　释
02.0001	大分类学	macrotaxonomy	
02.0002	小分类学	microtaxonomy	
02.0003	数值分类学	numerical taxonomy	又称"表型系统学（phenetics）"。
02.0004	分支系统学	cladistic systematics, cladistics	又称"支序分类学"。
02.0005	进化系统学	evolutionary systematics	
02.0006	系统分类学	systematics	
02.0007	系统发生学	phylogenetics	
02.0008	系谱学	genealogy	

序 号	汉 文 名	英 文 名	注 释
02.0009	泛生物地理学	panbiogeography	
02.0010	自然系统	natural system	
02.0011	[进化]系统树	phylogenetic tree, dendrogram	
02.0012	同域物种形成	sympatric speciation	
02.0013	异域物种形成	allopatric speciation	
02.0014	社群拟态	social mimicry	
02.0015	性状趋异	character divergence	
02.0016	相互适应	coadaptation	
02.0017	逆适应	counter-adaptation	
02.0018	逆进化	counter-evolution	
02.0019	物种选择	species selection	
02.0020	分裂选择	disruptive selection	
02.0021	类群选择	group selection	
02.0022	获得性状	acquired character	
02.0023	返祖现象	atavism	
02.0024	离散	vicariance	
02.0025	平行进化	parallelism	
02.0026	宏[观]进化	macroevolution	
02.0027	微[观]进化	microevolution	
02.0028	适应性选择	adaptive selection	
02.0029	物种形成	speciation	
02.0030	稳定选择	stabilising selection	
02.0031	适应辐射	adaptive radiation	
02.0032	隔离机制	isolating mechanism	
02.0033	异时隔离	allochronic isolation	
02.0034	标本	specimen	
02.0035	模式标本	type [specimen]	
02.0036	正模标本	holotype	
02.0037	副模标本	paratype	
02.0038	全模标本	syntype	
02.0039	选模标本	lectotype	
02.0040	新模标本	neotype	
02.0041	地模标本	topotype	
02.0042	后模标本	metatype	
02.0043	等模标本	homeotype	
02.0044	独模标本	monotype	
02.0045	近模标本	plesiotype	

序　号	汉　文　名	英　文　名	注　释
02.0046	补模标本	apotype	
02.0047	异模标本	ideotype	
02.0048	图模标本	autotype	
02.0049	塑模标本	plastotype	
02.0050	态模标本	morphotype	
02.0051	配模标本	allotype	
02.0052	雄模标本	androtype	
02.0053	雌模标本	gynetype	
02.0054	仿模标本	heautotype	
02.0055	稿模标本	chirotype	
02.0056	模式产地	type locality	
02.0057	模式概念	typology	
02.0058	模式组	type series	
02.0059	模式种	type species	
02.0060	模式属	type genus	
02.0061	模式选定	type selection	
02.0062	属组	genus group	
02.0063	种组	species group	
02.0064	界	kingdom	
02.0065	门	phylum	
02.0066	纲	class	
02.0067	目	order	
02.0068	科	family	
02.0069	属	genus	
02.0070	种	species	
02.0071	部	division	
02.0072	股	cohort	
02.0073	族	tribe	
02.0074	组	series	
02.0075	派	section	
02.0076	级	grade	
02.0077	类群	group	
02.0078	亚界	subkingdom	
02.0079	亚门	subphylum	
02.0080	亚纲	subclass	
02.0081	亚目	suborder	
02.0082	亚科	subfamily	

序　号	汉　文　名	英　文　名	注　释
02.0083	亚属	subgenus	
02.0084	亚种	subspecies	
02.0085	下纲	infra-class	
02.0086	下目	infra-order	
02.0087	下科	infra-family	
02.0088	总目	super-order	
02.0089	总科	super-family	
02.0090	超种	super-species	
02.0091	变种	variety	
02.0092	杂种	hybrid, cross-breed	
02.0093	单型种	monotypic species	
02.0094	多型种	polytypic species	
02.0095	多型属	polytypic genus	
02.0096	单型属	monotypic genus	
02.0097	优先权	priority	
02.0098	优先律	law of priority	
02.0099	原始描记	original description	
02.0100	双名法	binominal nomenclature	
02.0101	三名法	trinominal nomenclature	
02.0102	指名亚种	nominate subspecies	
02.0103	分类	classification	
02.0104	分类性状	taxonomic character	
02.0105	分类单元	taxon	
02.0106	检索[表]	key	
02.0107	生物学性状	biological character	
02.0108	姐妹群	sister group	
02.0109	单系	monophyly	
02.0110	并系	paraphyly	
02.0111	复系	polyphyly	
02.0112	简约性	parsimony	
02.0113	递进法则	progression rule	
02.0114	主分派	splitters	
02.0115	主合派	lumpers	
02.0116	阶元	category	
02.0117	[同物]异名	synonym	
02.0118	[异物]同名	homonym	
02.0119	中间性状	intermediate character	

序　号	汉　文　名	英　文　名	注　释
02.0120	退化性状	regressive character	
02.0121	同种的	conspecific	
02.0122	同源的	homologous	
02.0123	同域的	sympatric	
02.0124	性状	character	
02.0125	分支理论	cladism	
02.0126	分支排列	cladistic ranking	
02.0127	同属的	congeneric	
02.0128	相关性状	correlated character	
02.0129	分支图	cladogram	
02.0130	聚类	clustering	
02.0131	相容性	compatibility	
02.0132	原祖型	archetype	
02.0133	隐存种	cryptic species	
02.0134	异域杂交	allopatric hybridization	
02.0135	种间杂交	species hybridization	
02.0136	订正[研究]	revision	
02.0137	[分类]纲要	synopsis	
02.0138	动物志	fauna	
02.0139	动物区系	fauna	
02.0140	分类名录	checklist	
02.0141	地理孑遗种	geographical relic species	又称"地理残遗种"。
02.0142	[动物]区系组成	faunal component	
02.0143	世系分析	phyletic analysis	
02.0144	外类群	outgroup	
02.0145	标本收藏	collection	
02.0146	系统收藏	systematic collection	
02.0147	生物多样性	biological diversity, biodiversity	
02.0148	物种多样性	species diversity	
02.0149	遗传多样性	genetic diversity	
02.0150	生态系统多样性	ecosystem diversity	
02.0151	基因库	gene bank	
02.0152	生物[学]障碍	biological barrier, biotic barrier	
02.0153	生态[学]障碍	ecological barrier	
02.0154	地理[学]障碍	geographical barrier	
02.0155	隔离	isolation	
02.0156	空间隔离	spatial isolation	

序 号	汉 文 名	英 文 名	注 释
02.0157	地理隔离	geographical isolation	
02.0158	物候隔离	phenological isolation	
02.0159	生殖隔离	reproductive isolation	
02.0160	生态隔离	ecological isolation	
02.0161	遗传隔离	genetic isolation	
02.0162	突变	mutation	
02.0163	大突变	macromutation	
02.0164	微突变	micromutation	
02.0165	个体变异	individual variation	
02.0166	型	forma	
02.0167	同域杂交	sympatric hybridization	
02.0168	间渡区	zone of intergration	
02.0169	黑化[型]	melanism	
02.0170	白化[型]	albinism	
02.0171	反向进化	reversed evolution	
02.0172	性状分异	divergence of character	
02.0173	亲缘关系	kinship	
02.0174	地理替代	geographical replacement	
02.0175	形态梯度	morphocline	
02.0176	梯度变异	cline	曾用名"变异群"。某一性状在相邻的一系列连续性种群中呈现出逐渐的、连续的变异。
02.0177	祖征	plesiomorphy	
02.0178	衍征	apomorphy	又称"离征"。
02.0179	共同祖征	symplesiomorphy	
02.0180	共同衍征	synapomorphy	
02.0181	独征	autapomorphy	
02.0182	地理分布梯度	chorocline	
02.0183	亲缘种	sibling species	
02.0184	近似种	allied species	
02.0185	新种	new species, sp. nov.（拉）	
02.0186	亚种分化	subspecies differentiation	
02.0187	新亚种	new subspecies, subsp. nov.（拉）, ssp. nov.（拉）	
02.0188	地理宗	geographical race	

序　号	汉　文　名	英　文　名	注　　释
02.0189	地理亚种	geographical subspecies	
02.0190	特有种	endemic species	
02.0191	外来种	exotic species	
02.0192	异域种	allopatric species	
02.0193	广布种	cosmopolitan species	
02.0194	稀有种	rare species	
02.0195	化石种	fossil species	
02.0196	形态种	morphospecies	
02.0197	现生种	recent species	
02.0198	种上的	supraspecific	
02.0199	种下的	infraspecific	
02.0200	宗	race	
02.0201	新属	new genus, gen. nov.(拉)	
02.0202	新科	new family, fam. nov.(拉)	
02.0203	新订学名	new name, nom. nov.(拉)	
02.0204	疑难学名	nomen dubium(拉), nom. dub. (拉)	
02.0205	保留学名	nomen conservandum(拉)	
02.0206	待考学名	nomen inquirendum(拉)	
02.0207	遗忘学名	nomen oblitum(拉)	
02.0208	废止学名	rejected name	
02.0209	未刊学名	manuscript name	
02.0210	可用学名	available name	
02.0211	确立学名	valid name	又称"有效学名"。
02.0212	学名	scientific name	
02.0213	学名订正	emendation	
02.0214	学名差错	error	
02.0215	学名笔误	lapsus calami(拉)	
02.0216	替代学名	substitute name, replacement name	
02.0217	俗名	colloquial name, common name, vernacular name	
02.0218	虚名	naked name	曾用名"裸名"。
02.0219	命名	nomenclature	
02.0220	鉴别	diagnosis	
02.0221	鉴别特征	diagnostic characteristics	
02.0222	据通信	in litteris(拉), in litt.(拉)	

序　号	汉文名	英文名	注　释
02.0223	据引证文献	in opere citato(拉), in op. cit. (拉)	
02.0224	已引证	loco laudato(拉), loc. cit.(拉)	
02.0225	本名	nomen triviale (拉)	
02.0226	未定种	species indeterminata(拉), sp. indet.(拉)	
02.0227	补遗	addenda (拉)	
02.0228	近似	affinis(拉), aff.(拉)	
02.0229	同上	ditto(拉), do.(拉)	
02.0230	及其他作者	et alii(拉), et al.(拉)	
02.0231	位置未[确]定	incertae sedis (拉)	
02.0232	分布学	chorology	
02.0233	镶嵌分布	mosaic distribution	
02.0234	分布范围	distribution range	
02.0235	分布中心	distribution center	
02.0236	地理分布	geographical distribution	
02.0237	扩散型	dispersion pattern	
02.0238	分布型	distribution pattern	
02.0239	分布区	area	
02.0240	异域分布	allopatry	
02.0241	同域分布	sympatry	
02.0242	[动物地理]界	realm	
02.0243	古北界	Palaearctic realm	
02.0244	东洋界	Oriental realm	
02.0245	大洋界	Oceanic realm	
02.0246	南极界	Antarctic realm	
02.0247	新北界	Nearctic realm	
02.0248	热带界	Afrotropical realm, Ethiopian realm	又称"埃塞俄比亚界"。
02.0249	新热带界	Neotropical realm	
02.0250	澳大利亚界	Australian realm	
02.0251	全北界	Holarctic realm	全北界为古北界和新北界的合称。
02.0252	栖息地类型	habitat type	
02.0253	中间类型	intermediate type	
02.0254	生物带	biozone	
02.0255	生物气候带	bioclimatic zone	

序 号	汉 文 名	英 文 名	注 释
02.0256	生命带	life zone	
02.0257	生物景带	biochore	
02.0258	成带现象	zonation	
02.0259	大陆漂移说	continental drift theory	
02.0260	中性学说	neutral theory	全称"中性突变漂变假说(neutral mutation random drift hypothesis)"。
02.0261	种系渐变论	phyletic gradualism	
02.0262	点断平衡说	punctuated equilibrium	

03. 动物生态学

序 号	汉 文 名	英 文 名	注 释
03.0001	个体生态学	autecology	
03.0002	群体生态学	synecology	
03.0003	种群生态学	population ecology	
03.0004	社群生物学	sociobiology	
03.0005	生物群落学	biocoenology	
03.0006	群落生态学	community ecology	
03.0007	生态系统生态学	ecosystem ecology	
03.0008	行为生态学	behavioral ecology	
03.0009	行为生物学	behavioral biology	
03.0010	感觉生态学	sense-ecology	
03.0011	生理生态学	physiological ecology	
03.0012	时间生物学	chronobiology	
03.0013	化学生态学	chemical ecology	
03.0014	数学生态学	mathematical ecology	
03.0015	地理生态学	geographic ecology	
03.0016	系统生态学	system ecology	
03.0017	景观生态学	landscape ecology	
03.0018	全球生态学	global ecology	
03.0019	古生态学	palaeoecology	
03.0020	进化生态学	evolutional ecology	
03.0021	生态工程	ecological engineering, ecological technique	

序 号	汉 文 名	英 文 名	注 释
03.0022	生物圈	biosphere	
03.0023	生物相	biota	
03.0024	生物沉积	biodeposition	
03.0025	生物型	biotype	
03.0026	生态型	ecotype	
03.0027	地理型	geotype	
03.0028	序位	hierarchy	
03.0029	生态梯度	ecocline	
03.0030	生态等价	ecological equivalence	
03.0031	生态区	ecotope	
03.0032	生物小区	biotope	
03.0033	栖息地	habitat	又称"生境"。
03.0034	栖息地因子	habitat factor	
03.0035	栖息地型	habitat form	
03.0036	小栖息地	microhabitat	
03.0037	生态调查法	ecological survey method	
03.0038	取样	sampling	
03.0039	样方	quadrat, sample plot	
03.0040	样点	sampling site	
03.0041	样带法	line transect	
03.0042	标记	marking, tagging	又称"标志"。
03.0043	环志	[bird] banding, [bird] ringing	
03.0044	标记重捕法	marking-recapture method, tagging-recapture method	又称"标志重捕法"。
03.0045	种群数量调查法	census method	
03.0046	生物遥测	biotelemetry	
03.0047	无线电跟踪法	radio tracking	
03.0048	活体荧光技术	*in vivo* fluorescence technique	
03.0049	黑白瓶法	light and dark bottle technique	
03.0050	整体[研究]法	hological approach	
03.0051	分部[研究]法	merological approach	
03.0052	环境综合体	environmental complex	
03.0053	物理环境	physical environment	指各种自然地理因子的综合。
03.0054	生态综合体	ecological complex	
03.0055	非生物因子	abiotic factor	
03.0056	生物因子	biological factor, biotic factor	

序　号	汉　文　名	英　文　名	注　释
03.0057	自然地理因子	physiographic factor	
03.0058	生态因子	ecological factor	
03.0059	人为因子	anthropic factor	
03.0060	内因	intrinsic factor	
03.0061	外因	extrinsic factor	
03.0062	远因	ultimate cause, ultimate causation	又称"终极导因"。
03.0063	近因	proximate cause, proximate causation	又称"引信导因"。
03.0064	抑制因子	inhibitive factor	
03.0065	限制因子	limiting factor	
03.0066	利比希最低量法则	Liebig's law of the minimum	
03.0067	决定因子	determinative factor	
03.0068	关键因子	key factor	
03.0069	引发因子	triggering factor	
03.0070	刺激因子	stimulating factor	
03.0071	致死因子	fatal factor	
03.0072	指示物	indicator	
03.0073	生态阈值	ecological threshold	
03.0074	临界点	critical point	
03.0075	临界状态	critical state	
03.0076	阈值	threshold	
03.0077	频度	frequency	
03.0078	适[合]度	fitness	
03.0079	环境适度	fitness of environment	
03.0080	环境抗性	environmental resistance	又称"环境阻力"。
03.0081	生态幅度	ecological amplitude	
03.0082	生态最适度	ecological optimum	
03.0083	最适度	optimum	
03.0084	最劣度	pessimum	
03.0085	即时致死带	zone of immediate death	
03.0086	生态气候	ecoclimate	
03.0087	最适气候	optimal climate	
03.0088	小气候	microclimate	
03.0089	水面气候	hydroclimate	
03.0090	季节最高量	seasonal maximum	
03.0091	季节最低量	seasonal minimum	

序　号	汉　文　名	英　文　名	注　　释
03.0092	有效温度	effective temperature	
03.0093	有效积温	total effective temperature	
03.0094	有效温度带	zone of effective temperature	
03.0095	适宜温度	optimal temperature	
03.0096	亚适温	suboptimal temperature	
03.0097	致死低温	fatal low temperature	
03.0098	致死高温	fatal high temperature	
03.0099	温跃层	thermocline	
03.0100	温度系数	temperature coefficient	
03.0101	温周期	thermoperiod	
03.0102	湿度因子	humidity factor	
03.0103	致死湿度	fatal humidity	
03.0104	温湿图	thermo-hygrogram, hydrotherm graph, temperature-humidity graph	
03.0105	光周期	photoperiod	
03.0106	光周期性	photoperiodicity	
03.0107	光周期现象	photoperiodism	
03.0108	补偿作用	compensation	
03.0109	淡水	fresh water	
03.0110	半咸水	brackish water	
03.0111	咸水	salt water	
03.0112	中盐	mesohaline	
03.0113	盐跃层	halinecline	
03.0114	土壤因子	edaphic factor	
03.0115	生命元素	bioelement	
03.0116	常量营养物	macronutrient	
03.0117	微量营养物	micronutrient	
03.0118	生物地化循环	biogeochemical cycle	
03.0119	水循环	water cycle	
03.0120	碳循环	carbon cycle	
03.0121	二氧化碳循环	carbon dioxide cycle	
03.0122	氮循环	nitrogen cycle	
03.0123	硫循环	sulfur cycle	
03.0124	磷循环	phosphorus cycle	
03.0125	沉积物循环	sedimentary cycle	又称"沉积型循环"。
03.0126	气态物循环	gaseous cycle	又称"气体型循环"。

序　号	汉　文　名	英　文　名	注　释
03.0127	营养物循环	nutrient cycle	
03.0128	负载力	carrying capacity	
03.0129	环境容量	environmental capacity	
03.0130	耐性	tolerance, hardiness	
03.0131	生态耐性	ecological tolerance	
03.0132	耐冬性	winter hardiness	
03.0133	耐寒性　·	cold hardiness	
03.0134	耐热性	heat hardiness	
03.0135	物理抗性	physical resistance	对自然地理环境因素的抗性。
03.0136	生物抗性	biotic resistance	
03.0137	抗寒性	cold resistance, winter resistance	
03.0138	抗旱性	drought resistance	
03.0139	宿主抗性	host resistance	
03.0140	适应性	adaptability	
03.0141	适应量	adaptive capacity	适应力受环境影响所表达的程度。
03.0142	适应型	adaptation type, adaptation pattern	
03.0143	稳定进化对策	evolutionary stable strategy	
03.0144	艾伦律	Allen's rule	
03.0145	伯格曼律	Bergmann's rule	
03.0146	格洛格尔律	Gloger's rule	
03.0147	乔丹律	Jordan's rule	
03.0148	软体动物大小律	mollusk size rule	
03.0149	摄食适应	feeding adaptation	
03.0150	攀树适应	tree-climbing adaptation	
03.0151	生活型	life form	
03.0152	趋性	taxis	
03.0153	趋温性	thermotaxis	
03.0154	趋光性	phototaxis, phototaxy	
03.0155	趋光运动	photokinesis	
03.0156	趋电性	galvanotaxis	
03.0157	趋化性	chemotaxis, chemotaxy	
03.0158	趋水性	hydrotaxis	
03.0159	趋地性	geotaxis	
03.0160	趋风性	anemotaxis	

序　号	汉　文　名	英　文　名	注　释
03.0161	趋流性	rheotaxis	
03.0162	趋触性	thigmotaxis	
03.0163	趋实性	stereotaxis	
03.0164	厌性反应	phobic reaction	
03.0165	厌氧生物	anaerobe	
03.0166	厌光性	photophobe	
03.0167	厌阳性	heliophobe	
03.0168	厌水性	hydrophobe	
03.0169	厌雪性	chionophobe	
03.0170	厌氧性	oxyphobe	
03.0171	厌酸性	acidophobe	
03.0172	厌盐性	halophobe	
03.0173	厌旱性	xerophobe	
03.0174	好氧生物	aerobe	
03.0175	适温性	thermophile	
03.0176	适低温性	hypothermophile	
03.0177	适冬性	chimonophile	
03.0178	适寒性	cryophile	
03.0179	适光性	photophile	
03.0180	适氧性	oxyphile	
03.0181	适酸性	acidophile	
03.0182	适盐性	halophile	
03.0183	适水性	hydrophile	
03.0184	适雪性	chionophile	
03.0185	适池沼性	tiphophile	
03.0186	适泉[水]性	crenophile	
03.0187	适溪流性	rheophile	
03.0188	适河流性	potamophile	
03.0189	适海性	thalassophile	
03.0190	适洋性	oceanophile	
03.0191	适大洋性	pelagophile	
03.0192	适深海性	pontophile	
03.0193	适旱性	xerophile	
03.0194	适旱变态	xeromorphosis	
03.0195	适荒漠性	eremophile	
03.0196	适树性	dendrophile	
03.0197	适木性	xylophile	

序　号	汉文名	英　文　名	注　　释
03.0198	适林性	hylophile	
03.0199	适腐性	saprophile	
03.0200	适石性	petrodophile	
03.0201	适岩性	phellophile	
03.0202	适沙丘性	thinophile	
03.0203	适土性	geophile	
03.0204	适泥滩性	octhophile	
03.0205	适洞性	troglophile	
03.0206	适蚁动物	myrmecophile	
03.0207	适共生	symphile	
03.0208	广适性	eurytropy	
03.0209	广域性	euroky	
03.0210	广栖性	euryoecic	
03.0211	广生境[性]	eurytope	
03.0212	广带性	euryzone	
03.0213	广深性	eurybathic	
03.0214	广压性	eurybaric	
03.0215	广温性	eurythermic, curythermal	
03.0216	广盐性	euryhaline, eurysalinity	
03.0217	广氧性	euroxybiotic	
03.0218	广食性	euryphagy	
03.0219	广[营]养性	eurytrophy	
03.0220	狭适性	stenotropy	
03.0221	狭域性	stenoky	
03.0222	狭栖性	stenoecic, stenotope	
03.0223	狭带性	stenozone	
03.0224	狭深性	stenobathic	
03.0225	狭温性	stenothermal	
03.0226	狭氧性	stenooxybiotic	
03.0227	狭食性	stenophagy	
03.0228	狭盐性	stenohaline	
03.0229	高狭盐性	polystenohaline	
03.0230	低狭盐性	oligostenohaline	
03.0231	寡盐性	oligohaline	
03.0232	远宅的	exanthropic	远离人的住宅生活的。
03.0233	近宅的	synanthropic	靠近人的住宅生活

序　号	汉　文　名	英　文　名	注　释
			的。
03.0234	栖宅的	eusynanthropic	生活在人的住宅中的。
03.0235	自养	autotrophy	
03.0236	自养生物	autotroph	
03.0237	异养	heterotrophy, allotrophy	
03.0238	异养生物	heterotroph	
03.0239	中养生物	mesotroph	
03.0240	外养生物	ectotroph	
03.0241	化能自养生物	chemoautotroph	
03.0242	光能自养生物	photoautotroph	
03.0243	全植型营养	holophytic nutrition	
03.0244	内外营养	ectendotrophy	
03.0245	特殊营养	idiotrophy	
03.0246	食性	food habit	
03.0247	单食性	monophagy	
03.0248	寡食性	oligophagy	
03.0249	多食性	polyphagy	
03.0250	杂食性	omnivory	
03.0251	杂食动物	omnivore	
03.0252	食植动物	phytophage, herbivore	指海洋动物。
03.0253	食草动物	herbivore	
03.0254	食叶动物	defoliater, folivore	
03.0255	食果动物	frugivore	
03.0256	食枝芽动物	browsevore	
03.0257	食木动物	hylophage, xylophage	
03.0258	食谷动物	granivore	
03.0259	食地衣动物	lichenophage	
03.0260	食肉动物	carnivore, sacrophage	
03.0261	水生食肉动物	hydradephage	
03.0262	食血动物	sauginnivore, hematophage	
03.0263	食虫动物	insectivore, entomophage	
03.0264	食尸动物	necrophage	
03.0265	食腐动物	saprophage	
03.0266	食粪动物	coprophage	
03.0267	食土动物	geophage	
03.0268	食泥动物	limnophage	

序　号	汉　文　名	英　文　名	注　释
03.0269	食底泥动物	deposit feeder	
03.0270	食碎屑动物	detritivore, detritus-feeding animal, detritus feeder	
03.0271	食微生物动物	microbivore	
03.0272	滤食动物	filter feeder, suspension feeder	
03.0273	异境生物	heterozone organism	
03.0274	多域性	polydemic	
03.0275	水生	aquatic, hydric	
03.0276	半水生	semi-aquatic	
03.0277	沼生	paludine, torfaceous	
03.0278	水生生物	hydrobiont, hydrobios	
03.0279	水生动物	hydrocole [animal]	
03.0280	流水动物	eotic animal	
03.0281	静水生物	stagnophile	
03.0282	清水生物	catharobia	
03.0283	污水生物	saprobia	
03.0284	污水动物	saprobic animal, saprobiotic animal	
03.0285	湿生型	hygromorphism	
03.0286	湿生动物	hygrocole	
03.0287	湖沼动物	limnicole	
03.0288	中湿动物	mesocole	
03.0289	旱生动物	xerocole	
03.0290	盐生生物	halobios	
03.0291	中盐性生物	mesohalobion	
03.0292	浮游生物	plankton	
03.0293	浮游动物	zooplankton	
03.0294	偶然浮游生物	tychoplankton	
03.0295	空中漂浮生物	aeroplankton	
03.0296	水生浮游生物	hydroplankton	
03.0297	终生浮游生物	holoplankton, permanent plankton	
03.0298	阶段浮游生物	meroplankton, transitory plankton, temporary plankton	
03.0299	真浮游生物	euplankton	
03.0300	巨型浮游生物	megaloplankton	
03.0301	大型浮游生物	macroplankton	
03.0302	中型浮游生物	mesoplankton	

序　号	汉　文　名	英　文　名	注　释
03.0303	小型浮游生物	microplankton	
03.0304	微型浮游生物	nannoplankton	
03.0305	超微型浮游生物	picoplankton, ultra[nanno] plankton	
03.0306	流水浮游生物	rheoplankton	
03.0307	河流浮游生物	potamoplankton	
03.0308	湖心浮游生物	eulimnoplankton	
03.0309	沼泽浮游生物	heleoplankton	
03.0310	冰雪浮游生物	cryoplankton	
03.0311	污水浮游生物	saproplankton	
03.0312	淡水浮游生物	limnoplankton, freshwater plankton	
03.0313	咸水浮游生物	haliplankton	
03.0314	海洋浮游生物	marine plankton	
03.0315	半咸水浮游生物	brackish water plankton	
03.0316	周期性浮游生物	periodic plankton	
03.0317	冬季海面浮游生物	chimopelagic plankton	
03.0318	冬季浮游生物	winter plankton	
03.0319	夏季浮游生物	summer plankton	
03.0320	夜浮游生物	nyctipelagic plankton	夜间向上层浮游的生物。
03.0321	水面漂浮生物	pleuston	
03.0322	水表层漂浮生物	neuston	
03.0323	上层浮游生物	epiplankton	
03.0324	下层浮游生物	hypoplankton	
03.0325	底层生物	stratobios	
03.0326	底栖生物	benthos	
03.0327	漫游生物	errantia	
03.0328	漫游底栖动物	vagil-benthon	
03.0329	固着动物	sedentary animal	
03.0330	游泳生物	nekton	
03.0331	微型游泳生物	micronekton	
03.0332	上层游泳生物	supranekton	
03.0333	下层游泳生物	subnekton	
03.0334	浅海浮游生物	neritic plankton	
03.0335	远洋浮游生物	eupelagic plankton, oceanic plank-	

序　号	汉　文　名	英　文　名	注　释
		ton	
03.0336	大洋上层浮游生物	epipelagic plankton	
03.0337	大洋中层浮游生物	mesopelagic plankton	
03.0338	半深海浮游生物	bathypelagic plankton	
03.0339	深海浮游生物	abyssopelagic plankton	
03.0340	底表浮游生物	epibenthic plankton	
03.0341	陆生动物	terrestrial animal	
03.0342	陆地动物	terricole	
03.0343	地上生物	geodyte	
03.0344	地下动物	subterranean animal	
03.0345	土壤生物	geobiont	
03.0346	半栖土壤动物	geocole	
03.0347	偶栖土壤动物	geoxene	
03.0348	湿岩生物	hygropetrobios	
03.0349	石栖动物	petrocole, lapidicolous animal	
03.0350	穴居动物	cave animal, cryptozoon	
03.0351	洞穴动物	burrowing animal	
03.0352	洞居生物	troglobiont	
03.0353	真洞居生物	eutroglobiont	
03.0354	半洞居生物	hemitroglobiont	
03.0355	假洞居生物	pseudotroglobiont	
03.0356	水[生]穴[居]动物	aquatic cave animal	
03.0357	固着生物	sessile organism	
03.0358	外附生动物	epicole	
03.0359	林栖动物	arboreal animal	
03.0360	树栖动物	dendrocole, hylacole	
03.0361	偶栖林底层动物	patoxene	
03.0362	常栖林底层动物	patocole	
03.0363	林底层生物	patobiont	
03.0364	栖木动物	lignicole	
03.0365	朽木生物	saproxylobios	
03.0366	草栖动物	caespiticole, gramnicole	
03.0367	草地动物	leimocole	
03.0368	沙丘动物	thinicole	

序　号	汉　文　名	英　文　名	注　　释
03.0369	粪生动物	coprozoon	
03.0370	暗层生物	stygobiont	
03.0371	池塘动物	tiphicole	
03.0372	田野动物	campestral animal	
03.0373	适农田动物	agrophile	
03.0374	污着生物	fouling organism	
03.0375	短命生物	angonekton	
03.0376	迁徙	migration	
03.0377	迁飞	migration	
03.0378	洄游	migration	
03.0379	移行	migration	指寄生虫在宿主体内的移动。
03.0380	直线迁徙	linear migration	
03.0381	迁徙动物	migrant	
03.0382	垂直迁徙	vertical migration	
03.0383	昼夜迁徙	diurnal migration	
03.0384	晨昏迁徙	twilight migration	
03.0385	夜间迁徙	nocturnal migration	
03.0386	昼夜垂直移动	diurnal vertical migration	指海洋生物的活动。
03.0387	产卵洄游	spawning migration	
03.0388	索饵洄游	feeding migration	
03.0389	迁徙群聚	symporia	
03.0390	迁徙机制	migration mechanism	
03.0391	迁飞路线	fly way	
03.0392	巡游	cruising	
03.0393	巡游半径	cruising radius	
03.0394	群游	swarm	
03.0395	飞航	ballooning	蜘蛛随上升气流扩散的一种被动移动。
03.0396	溯河产卵鱼	anadromous fish	
03.0397	降河产卵鱼	catadromous fish	
03.0398	冬候鸟	winter migrant	
03.0399	候鸟	migrant [bird]	
03.0400	留鸟	resident [bird]	
03.0401	旅鸟	passing bird	
03.0402	夏候鸟	summer migrant	
03.0403	迷鸟	straggler	

序　号	汉　文　名	英　文　名	注　释
03.0404	漂鸟	wandering bird	
03.0405	风播	anemochory	
03.0406	导航	navigation	
03.0407	定向	orientation	
03.0408	定向功能	orientating function	
03.0409	定向反应	orientation reaction	
03.0410	回声定位	echolocation	
03.0411	内温动物	endotherm	
03.0412	外温动物	ectotherm	
03.0413	异温性	heterothermy	
03.0414	变温性	poikilothermy	
03.0415	变温动物	poikilotherm, poikilothermal animal	
03.0416	恒温性	homoiothermy	
03.0417	恒温动物	homeotherm, homoiothermal animal	
03.0418	产热	thermogenesis	
03.0419	热量收支	heat budget	
03.0420	耗氧量	oxygen-consumption	
03.0421	暂时低温昏迷	temporary cold stupor	
03.0422	暂时高温昏迷	temporary heat stupor	
03.0423	过冷	supercooling	
03.0424	休眠	dormancy	
03.0425	假死态	thanatosis	
03.0426	复苏态	anabiotic state	
03.0427	复苏	anabiosis	
03.0428	水[分]平衡	water balance	
03.0429	生物发光	bioluminescence	
03.0430	发光生物	luminous organism	
03.0431	信息素	pheromone	
03.0432	种间信息素	allomone	
03.0433	释放信息素	releaser pheromone	
03.0434	引发信息素	primer pheromone	
03.0435	踪迹信息素	trail pheromone, trail substance	
03.0436	警戒信息素	alarm pheromone	
03.0437	信息素作用区	active space	
03.0438	次生代谢物	secondary metabolite	

序　号	汉　文　名	英　文　名	注　释
03.0439	抑制作用	inhibition	
03.0440	敏感性	sensitivity	
03.0441	颜色适应	color adaptation	
03.0442	季节色	seasonal coloration	
03.0443	保护性适应	protective adaptation	
03.0444	保护色	protective coloration	
03.0445	拟色	mimic coloration, pseudosematic color	
03.0446	警戒色	warning coloration, aposematic color	
03.0447	警戒标志	warning mark	
03.0448	警戒态	aposematism	
03.0449	[保护性]拟态	[protective] mimicry	
03.0450	多体拟态	allelomimicry	
03.0451	种内拟态	automimicry	
03.0452	自卫力	protective potential	
03.0453	装死	death-feigning, mimic death	
03.0454	逃避机制	escape mechanism	
03.0455	本能行为	instinctive behavior	
03.0456	反应本能	protaxis	
03.0457	行为适应	behavior adaptation	
03.0458	行为梯度	behavior gradient	
03.0459	行为梯度变异	ethocline	
03.0460	行为级	behavioral scaling, behavioral scale	
03.0461	感觉行为	sensory behavior	
03.0462	夸量行为	epideictic display	
03.0463	示量行为	conventional behavior	
03.0464	仪表行为	ceremony	
03.0465	预向动作	intention movement	
03.0466	招引行为	kinopsis	
03.0467	亲敌现象	dear enemy phenomenon	
03.0468	引离[天敌]行为	distraction display	
03.0469	对抗[行为]	agonistic	
03.0470	缓冲对抗[行为]	agonistic buffering	
03.0471	游荡者	floater	
03.0472	特性趋同	character convergence	
03.0473	特性替换	character displacement	

序 号	汉 文 名	英 文 名	注 释
03.0474	替换活动	displacement activity	
03.0475	观摩学习	empathic learning, observation learning	
03.0476	模仿	imitation	
03.0477	梳理	grooming, preening	
03.0478	自梳理	self grooming	
03.0479	他梳理	allogrooming	
03.0480	摄食	ingestion	
03.0481	食枝芽	browsing	
03.0482	食草	grazing	
03.0483	食植	grazing	指海洋动物的摄食行为。
03.0484	群体猎食	group predation	
03.0485	杀婴现象	infanticide	
03.0486	防御	defense	
03.0487	防御适应	defense adaptation	
03.0488	驱性	repellency	
03.0489	进攻性	aggressiveness	
03.0490	侵害	disoperation	
03.0491	生物钟	biological clock	
03.0492	生物季节	biotic season	
03.0493	季节周期	seasonal cycle	
03.0494	季节频率	seasonal frequency	
03.0495	昼夜节律	day-night rhythm, circadian rhythm	
03.0496	昼行	diurnal	又称"昼出"。
03.0497	夜行 ·	nocturnal	又称"夜出"。
03.0498	越冬	[over]wintering	
03.0499	冬眠	hibernation	
03.0500	假冬眠	pseudohibernation	
03.0501	夏蛰	aestivation	
03.0502	越冬场所	hibernaculum	
03.0503	隐蔽处	shelter	
03.0504	筑巢处	rookery	
03.0505	季节生活史	seasonal history	
03.0506	发育指数	developmental index	
03.0507	发育[速]率	developmental rate	

序 号	汉 文 名	英 文 名	注 释
03.0508	发育零点	developmental zero	
03.0509	发育临界	developmental threshold	
03.0510	异速生长	allometry	
03.0511	单相异速生长	monophasic allometry	
03.0512	滞育	diapause	
03.0513	夏季停滞[期]	summer stagnation	
03.0514	冬季停滞[期]	winter stagnation	
03.0515	换羽	molt	
03.0516	春季换羽	spring molt	
03.0517	秋季换羽	autumn molt	
03.0518	雏后换羽	postnatal molt	
03.0519	稚后换羽	post-juvenal molt	
03.0520	婚前换羽	pre-nuptial molt	
03.0521	婚后换羽	post-nuptial molt	
03.0522	交配系统	mating system	又称"配偶制"。
03.0523	同征择偶	assortative mating	
03.0524	异征择偶	disassortative mating	
03.0525	求偶	courtship	
03.0526	炫耀	display	
03.0527	发情	heat	
03.0528	婚舞	nuptial dance	
03.0529	择偶场	lek	
03.0530	性引诱	sexual attraction	
03.0531	正常配偶	orthogamy	
03.0532	产卵	oviposition	
03.0533	孵化期	hatching period	
03.0534	孵化	hatching	
03.0535	孵化率	hatching rate	
03.0536	羽化	eclosion, emergence	
03.0537	一化	univoltine	
03.0538	二化	divoltine	
03.0539	三化	trivoltine	
03.0540	[世]代	generation	
03.0541	幼[态]的	juvenile	
03.0542	亚成体	subadult	
03.0543	成体	adult	
03.0544	老体	senile	

序 号	汉 文 名	英 文 名	注 释
03.0545	周岁幼体	yearling	
03.0546	早成雏	precocies	
03.0547	晚成雏	altrices	
03.0548	早成性	precocialism	
03.0549	晚成性	altricialism	
03.0550	留巢性	nidicolocity	
03.0551	离巢性	nidifugity	
03.0552	留巢雏	nestling	
03.0553	离巢雏	fledgling	
03.0554	多巢	polydome	
03.0555	多种混居巢	compound nest, mixed nest	
03.0556	窝	clutch, brood	
03.0557	[满]窝卵数	clutch size	
03.0558	抚幼室	brood cell	
03.0559	[亲代]抚育	parental care	
03.0560	[亲子]交哺	trophallaxis	
03.0561	吐弃	regurgitation	动物(如猛禽等)呕吐不消化物的行为,北方民间俗称"吐轴"。
03.0562	吐弃块	pellet	
03.0563	回哺	regurgitation	
03.0564	逆行变态	retrogressive metamorphosis	
03.0565	幼态延续	neoteny	指在性成熟个体中仍保留一种或若干幼体性状的现象。
03.0566	通讯	communication	
03.0567	群体通讯	mass communication	
03.0568	后示通讯	metacommunication	
03.0569	信号	signal	
03.0570	通讯连续性	connectedness	
03.0571	分级信号	graded signal	
03.0572	同功分级信号	analog signal	
03.0573	复合信号	composite signal	
03.0574	释放信号	releasor	
03.0575	物种气味	species odor	
03.0576	群体气味	colony odor	
03.0577	巢气味	nest odor	

序　号	汉　文　名	英　文　名	注　释
03.0578	嗅迹	odor trail	
03.0579	警戒防御系[统]	alarm-defense system	
03.0580	警戒复原系[统]	alarm-recruitment system	
03.0581	鸣叫	call	
03.0582	鸣啭	song	又称"歌鸣"。
03.0583	召唤声	contact call	
03.0584	告警声	alarm call	
03.0585	惊叫声	squel	
03.0586	求食声	begging call	
03.0587	合鸣	chorus	
03.0588	方言	dialect	
03.0589	社群化	socialization	
03.0590	社群性	sociality	
03.0591	真社群性	eusocial	
03.0592	社群稳态	social homeostasis	
03.0593	社群漂移	social drift	
03.0594	社群渐变群	sociocline	
03.0595	社群图	sociogram	
03.0596	同系群	lineage group	
03.0597	偶见群	casual society	
03.0598	母系群	materilineal	
03.0599	年龄分工	age polyethism	
03.0600	亲键	bonding	
03.0601	配偶键	pair bonding	
03.0602	异亲	alloparent	
03.0603	异亲抚育	alloparent care	
03.0604	优势序位	dominance hierarchy, dominance order, dominance system	
03.0605	社群首领	alpha	
03.0606	领头	leadership	
03.0607	个体间距	individual distance	
03.0608	抗社群因素	antisocial factor	
03.0609	联种群	metapopulation	
03.0610	种群统计	demography	
03.0611	种群分析	population analysis	
03.0612	种群密度	population density	
03.0613	密度	density	

序　号	汉　文　名	英　文　名	注　释
03.0614	有效种群大小	effective population size	
03.0615	单性种群	apomict population	
03.0616	种群动态	population dynamics	
03.0617	种群波动	population fluctuation	
03.0618	种群增长	population growth	
03.0619	种群周转	population turnover	
03.0620	逻辑斯谛方程	logistic equation	
03.0621	指数增长	exponential growth	
03.0622	有限增长率	finite rate of increase	
03.0623	饱和种群	asymptotic population	
03.0624	最小可生存种群	minimum viable population, MVP	
03.0625	种群生存力分析	population viability analysis, PVA	
03.0626	过高[种群]密度	overpopulation, overcrowding	
03.0627	最适[种群]密度	optimal population	
03.0628	过低[种群]密度	underpopulation, undercrowding	
03.0629	最大持续产量	maximum sustained yield	
03.0630	[种群]暴发	outbreak	曾用名"大发生"。
03.0631	周期性[种群]暴发	periodic outbreak	
03.0632	种群衰退	population depression	
03.0633	种群崩溃	population crash	
03.0634	密度制约因子	density-dependent factor	
03.0635	非密度制约因子	density-independent factor	
03.0636	反馈	feedback	
03.0637	种群调节	population regulation	
03.0638	种群平衡	population equilibrium	
03.0639	生活力	vital capacity, vitality	
03.0640	生命最适度	vital optimum	
03.0641	生命强度	life intensity	
03.0642	生命过程	vital process	
03.0643	生命统计	vital statistics	
03.0644	生命指数	vital index	
03.0645	生命曲线	life curve	
03.0646	生态年龄	ecological age	
03.0647	年龄组成	age composition	
03.0648	同龄组	cohort	
03.0649	年龄结构	age structure	

序　号	汉　文　名	英　文　名	注　释
03.0650	年龄分布	age distribution	
03.0651	性比	sex ratio	
03.0652	偏性比	biased sex ratio	
03.0653	生命表	life table	
03.0654	生命期望	life expectancy	
03.0655	存活	survivorship, survival	
03.0656	存活者	survivor	又称"生存者"。
03.0657	存活曲线	survivorship curve	
03.0658	存活潜力	survival potential	又称"生存潜力"。
03.0659	死亡率	mortality, death rate	
03.0660	死亡率曲线	mortality curve	
03.0661	生死比率	birth-death ratio	
03.0662	繁殖活动	breeding activity	
03.0663	生殖力	fecundity	
03.0664	生育率	fertility	
03.0665	胎仔数	litter size	
03.0666	产卵力	fecundity	
03.0667	出生率	natality, birth rate	
03.0668	特定年龄组出生率	age-specific natality rate	
03.0669	繁殖成效	reproductive success	
03.0670	繁殖潜力	biotic potential, reproductive potential	
03.0671	繁殖适度	reproductive fitness, bonitation	
03.0672	生态群	ecological group	
03.0673	[动物]社群	[animal] society	
03.0674	类社会	quasisocial	
03.0675	社群结构	social structure	
03.0676	社群压力	social stress	
03.0677	群体	colony	
03.0678	分群	colony fission	
03.0679	原生群体	primary colony	
03.0680	繁殖群	deme	
03.0681	多态群体	polymorphic colony	
03.0682	单配性	monogamy	
03.0683	多配性	polygamy	
03.0684	一雄多雌	polygyny	

序 号	汉 文 名	英 文 名	注 释
03.0685	一雌多雄	polyandry	
03.0686	眷群	harem	指一雄多雌的"妻群"。
03.0687	胞亲	sib	
03.0688	[同代]建巢群	communal	同种同代个体在营巢时(不含抚幼)合作形成的群体。
03.0689	分工	division of labor	
03.0690	优势者	dominant	
03.0691	从属者	subordinate	
03.0692	领域性	territoriality	
03.0693	领域	territory	
03.0694	巢域	home range	
03.0695	侵入	invasion	
03.0696	扩散	dispersal	
03.0697	适应性扩散	adaptive dispersion	
03.0698	迁出	emigration	
03.0699	迁入	immigration	
03.0700	再迁入	remigration	
03.0701	邻域分布	parapatry	
03.0702	集群	assembly	社群成员共同活动时的集合群。
03.0703	群聚	aggregation	用于非固着生物。
03.0704	聚生	aggregation	用于固着生物。
03.0705	越冬集群	syncheimadia	
03.0706	粘附集群	syncollesia	
03.0707	趋光集群	symphotia	
03.0708	杂居集群	sympolyandria	
03.0709	交配集群	synhesia	
03.0710	合巢集群	synoecium	
03.0711	幼体集群	synchoropaedia	
03.0712	亲子集群	patrogynopaedium	
03.0713	母子集群	monogynopaedium	
03.0714	互惠集群	symphilia	
03.0715	多种合群	mixed species flock	
03.0716	建群	colonization	
03.0717	集群性	sociability, gregariousness	

序　号	汉　文　名	英　文　名	注　释
03.0718	同种相残	cannibalism	
03.0719	种间适应	interspecies adaptation	
03.0720	竞争	competition	
03.0721	竞争者	competitor	
03.0722	竞争排斥	competition exclusion	
03.0723	种内竞争	intraspecific competition	
03.0724	种间竞争	interspecific competition	
03.0725	生物社群互助	biosocial facilitation	
03.0726	初级合作	protocooperation	
03.0727	合作	co-operation	
03.0728	共存	coexistence	
03.0729	中性共生	neutralism	
03.0730	共生	symbiosis	
03.0731	小共生体	microsymbiont	
03.0732	间断共生	disjunctive symbiosis	
03.0733	专性共生物	obligate symbiont	
03.0734	共栖结合	commensal union	
03.0735	共生生物	symbiont	
03.0736	互利共生	mutualism, mutualistic symbiosis	
03.0737	守护共生	phylacobiosis	
03.0738	偏利共生	commensalism	又称"偏利共栖"。
03.0739	利己行为	egoism	
03.0740	利它行为	altruism	
03.0741	蚁客	symphile	
03.0742	役生	helotism	
03.0743	异种化感	allelopathy	
03.0744	异种化感物	allelochemics	
03.0745	捕食者	predator	
03.0746	猎物	prey	指"被食者"。
03.0747	寄生[现象]	parasitism	
03.0748	寄生物	parasite	俗称"寄生虫"。
03.0749	体内共生	parachorium, raumparasitism	
03.0750	内寄生	endoparasitism	
03.0751	内寄生物	endoparasite	俗称"体内寄生虫"。
03.0752	外寄生	ectoparasitism	
03.0753	外寄生物	ectoparasite	俗称"体外寄生虫"。
03.0754	假寄生	pseudoparasitism	

序 号	汉 文 名	英 文 名	注 释
03.0755	拟寄生物	parasitoid	
03.0756	拟寄生	parasitoidism	
03.0757	兼性寄生	facultative parasitism	
03.0758	专性寄生	obligatory parasitism	
03.0759	偶然寄生	occasional parasitism	
03.0760	单寄生	haploparasitism, monoparasitism	
03.0761	单主寄生	ametoecism	
03.0762	多寄生	multiparasitism, polyparasitism	
03.0763	二重寄生	diploparasitism	
03.0764	二重寄生物	secondary parasite	
03.0765	三主寄生	trixeny [parasite]	
03.0766	三重寄生	triploparasitism	
03.0767	四重寄生物	quarternary parasite	
03.0768	多主寄生	pleioxeny, polyxeny	
03.0769	异主寄生	heteroecism	
03.0770	超寄生	superparasitism	
03.0771	全寄生物	holoparasite	
03.0772	交互寄生	reciprocal parasitism	
03.0773	共寄生	symparasitism, synparasitism	
03.0774	重寄生	hyperparasitism	
03.0775	巢寄生	brood parasitism, inquilinism	
03.0776	交互拟态	reciprocal mimicry	
03.0777	偏害共生	amensalism	
03.0778	相克生物	antibiont	
03.0779	对抗共生	antagonistic symbiosis	
03.0780	互抗	mutual antagonism	
03.0781	盗食共生	cleptobiosis	
03.0782	盗食寄生	cleptoparasitism	
03.0783	动物群落	animal community, zoobiocenose, zoocoenosis	
03.0784	群落组成	community composition	
03.0785	群落成分	community component	
03.0786	常见种	common species	
03.0787	恒有种	constant species	
03.0788	优势种	dominant species	
03.0789	指示种	indicator species	
03.0790	偶见种	incidental species	

序　号	汉　文　名	英　文　名	注　释
03.0791	关键种	key species	
03.0792	伴生种	companion species	
03.0793	机会种	opportunistic species	
03.0794	丰[富]度	richness	
03.0795	多度	abundance	
03.0796	均匀度	evenness, equitability	
03.0797	优势[度]	dominance	
03.0798	种数－面积曲线	species-area curve	
03.0799	相似性	similarity	
03.0800	相似性指数	similarity index	
03.0801	分层	stratification	
03.0802	共位群	guild	特定时空群落中,利用共同资源的多物种的群体。
03.0803	共优势	co-dominance	
03.0804	演替	succession	
03.0805	生态演替	ecological succession	
03.0806	顶极	climax	
03.0807	顶极群落	climax community	
03.0808	先锋群落	pioneer community, initiative community	
03.0809	先锋[物]种	pioneer	
03.0810	指示群落	indicator community	
03.0811	替代群落	substitute community	
03.0812	多顶极[群落]	polyclimax	
03.0813	人为顶极[群落]	disclimax	
03.0814	进展演替	progressive succession	
03.0815	退化演替	retrogressive succession	
03.0816	急转演替	abrupt succession	
03.0817	次生演替	secondary succession	
03.0818	人为演替	brotium	
03.0819	旱生演替	xerarch succession	
03.0820	季节演替	seasonal succession	
03.0821	季相	aspection, seasonal aspect	
03.0822	演替系列	sere	
03.0823	小演替系列	microsere	
03.0824	演替系列单位	seral unit	

序　号	汉　文　名	英　文　名	注　释
03.0825	演替系列组合	socies	
03.0826	演替系列群落	seral community	
03.0827	原生演替系列	prisere	
03.0828	次生演替系列	subsere	
03.0829	水生演替系列	hydrosere, hydroarch sere	
03.0830	盐生演替系列	halosere	
03.0831	旱生演替系列	xerosere	
03.0832	生物地理群落	biogeocoenosis	
03.0833	生物群系	biome	
03.0834	生物群落	biocoenosis, biocoenosium, bio-community	
03.0835	区域群落	regional community	
03.0836	原生群落	primary community	
03.0837	次生群落	secondary community	
03.0838	趋同群落	convergent community	
03.0839	陆生动物群落	terrestrial animal community	
03.0840	石生群落	lithic community	
03.0841	沙丘群落	thinium	
03.0842	荒漠群落	deserta, eremium	
03.0843	瘠地群落	tirium	
03.0844	草原群落	prairie community	
03.0845	水生群落	aquatic community	
03.0846	水泉群落	crenium	
03.0847	温泉群落	thermium	
03.0848	静水群落	lenetic [community]	
03.0849	池塘群落	tiphium	
03.0850	溪流群落	rhoium	
03.0851	激流群落	lotic [community]	
03.0852	河流群落	potamium	
03.0853	泥滩群落	ochthium, pelochthium	
03.0854	沼泽群落	limnodium	
03.0855	湖泊群落	limnium	
03.0856	海岩群落	actium	
03.0857	潮间带群落	intertidal community	
03.0858	潮线下群落	subtidal community	
03.0859	沿岸群落	littoral community	
03.0860	大洋群落	pelagium	

序　号	汉　文　名	英　文　名	注　释
03.0861	深海群落	pontium	
03.0862	海底群落	marine bottom community	
03.0863	海洋群落	oceanium	
03.0864	水底群落	bottom community	
03.0865	寄生群落	opium	
03.0866	富营养	eutrophy	
03.0867	富营养化	eutrophication	
03.0868	人为富营养化	cultural eutrophication	
03.0869	生态位	[ecological] niche	
03.0870	多维生态位	hypervolume niche, multidimensional niche	
03.0871	基础生态位	fundamental niche	
03.0872	实际生态位	realized niche	
03.0873	生态位空间	niche space	
03.0874	生态位重叠	niche overlap	
03.0875	生态位宽度	niche width	
03.0876	群落交错区	ecotone	
03.0877	边缘效应	edge effect	
03.0878	生态系[统]	ecosystem	
03.0879	生态亚系[统]	ecological subsystem	
03.0880	微生态系[统]	microecosystem	
03.0881	实验生态系[统]	microcosm	又称"微宇宙"。
03.0882	受控生态系统	controlled ecosystem	
03.0883	人工生态系统	artificial ecosystem	
03.0884	生态系[统]发育	ecosystem development	
03.0885	生态系[统]类型	type of ecosystem, ecosystem-type	
03.0886	生命保障系统	life support system	
03.0887	输入环境	input environment	
03.0888	输出环境	output environment	
03.0889	生产	production	
03.0890	消费	consumption	
03.0891	转化	transformation	
03.0892	营养结构	trophic structure	
03.0893	营养级	trophic level	
03.0894	辅源营养	auxotrophy	
03.0895	生产者	producer	
03.0896	消费者	consumer	

序　号	汉　文　名	英　文　名	注　释
03.0897	辅加能量	energy subsidy	
03.0898	分流能量	energy drain	
03.0899	活食者	biophage	
03.0900	吞噬[营养]	phagotrophy	
03.0901	大型消费者	macroconsumer	
03.0902	小型消费者	microconsumer	
03.0903	腐食营养	saprotrophy	
03.0904	分解者	decomposer	
03.0905	渗透营养	osmotrophy	
03.0906	无机化能营养	chemolithotrophy	
03.0907	食物链	food chain	
03.0908	食物网	food web	
03.0909	食花蜜食物链	nectar food chain	
03.0910	食谷食物链	granivorous food chain	
03.0911	生态锥体	ecological pyramid	
03.0912	数量锥体	pyramid of number	
03.0913	生物量锥体	pyramid of biomass	
03.0914	能量锥体	pyramid of energy	
03.0915	能流	energy flow	
03.0916	熵	entropy	
03.0917	生物量	biomass	
03.0918	生产量	production	
03.0919	现存量	standing crop, standing stock	
03.0920	最适产量	optimal yield	
03.0921	[生物]生产力	[biological] productivity	
03.0922	初级生产[量]	primary production	
03.0923	初级生产力	primary productivity	
03.0924	次级生产力	secondary productivity	
03.0925	总初级生产力	gross primary productivity	
03.0926	净初级生产力	net primary productivity	
03.0927	净群落生产力	net community productivity	
03.0928	周转	turnover	
03.0929	周转率	turnover rate	
03.0930	周转期	turnover time	
03.0931	滞留期	residence time	
03.0932	循环率	cycling rate	
03.0933	再循环指数	recycle index	

序　号	汉　文　名	英　文　名	注　释
03.0934	生态效率	ecological efficiency	
03.0935	储存库	reservoir pool	
03.0936	流动库	labile pool, cycling pool	
03.0937	现存库	standing pool	
03.0938	生态能量学	ecological energetics	
03.0939	恒定性	constancy	
03.0940	惯性	inertia	
03.0941	生态稳定性	ecological stability	
03.0942	生态稳态	ecological homeostasis	
03.0943	生态平衡	ecological balance, ecological equilibrium	
03.0944	持久性	persistence	
03.0945	干扰	perturbation	
03.0946	阻抗稳定性	resistance stability	
03.0947	复原	resilience	
03.0948	复原稳定性	resilience stability	
03.0949	生态影响	ecological impact	
03.0950	弹性	elasticity	
03.0951	循环稳定性	cyclical stability	
03.0952	轨道稳定性	trajectory stability	
03.0953	适应进化	adaptive evolution	
03.0954	多元发生	polygenesis	
03.0955	同质性	homogeneity	
03.0956	异质性	heterogeneity	
03.0957	外源	exogenous	
03.0958	内源	endogenous	
03.0959	周期	cycle	
03.0960	年周期	annual cycle	
03.0961	周期性	periodicity, periodism	
03.0962	非周期性	aperiodicity	
03.0963	垂直分布	vertical distribution	
03.0964	水平分布	horizontal distribution	
03.0965	可塑性	plasticity	
03.0966	前适应	preadaptation	
03.0967	前诱导	pre-induction	
03.0968	社群选择	social selection	
03.0969	性[选]择	sexual selection	

序　号	汉　文　名	英　文　名	注　　释
03.0970	亲缘种选择	sibling selection	
03.0971	栖息地选择	habitat selection	又称"生境选择"。
03.0972	群间选择	interdemic selection	
03.0973	亲属选择	kin selection	
03.0974	迁徙选择	migrant selection	
03.0975	延增效应	multiplier effect	
03.0976	K 选择	K-selection	
03.0977	K 灭绝	K-extinction	
03.0978	r 选择	r-selection	
03.0979	r 灭绝	r-extinction	
03.0980	选择压力	selection pressure	
03.0981	生态对策	ecological strategy	
03.0982	K 对策	K-strategy	
03.0983	r 对策	r-strategy	
03.0984	小卵对策	small egg strategy	
03.0985	大仔对策	large young strategy	
03.0986	可再生资源	renewable resource	
03.0987	非再生资源	nonrenewable resource	
03.0988	野生生物保护	wildlife conservation	
03.0989	野生生物管理	wildlife management	
03.0990	生物圈保护	biosphere conservation	
03.0991	顺应	acclimation	指实验条件下驯化。
03.0992	[风土]驯化	acclimatization	指自然状态下驯化。
03.0993	家化	domestication	
03.0994	自然化	naturalization	
03.0995	野化	feralization	
03.0996	地方性的	endemic	
03.0997	灭绝	extinction	
03.0998	灭绝概率	extinction probablity, EP	
03.0999	灭绝率	extinction rate	
03.1000	灭绝旋涡	extinction vortex	
03.1001	受胁[物]种	threatened species	
03.1002	受胁未定种	intermediate species	
03.1003	极危种	critical species	
03.1004	濒危种	endangered species	
03.1005	渐危种	vulnerable species	
03.1006	易危种	susceptible species	

序 号	汉 文 名	英 文 名	注 释
03.1007	灭绝种	extinct species	
03.1008	绝迹种	extirpated species	
03.1009	引入	introduction	
03.1010	再引入	reintroduction	
03.1011	引入种	introduced species	
03.1012	物种保护	species conservation	
03.1013	自然控制	nature control	
03.1014	自然管理	nature management	
03.1015	自然保护	nature conservation	
03.1016	就地保护	*in situ* conservation	
03.1017	易地保护	*ex situ* conservation	
03.1018	自然保护区	nature reserve, nature sanctuary	
03.1019	有害动物	pest	
03.1020	害虫	pest	
03.1021	危害系数	coefficient of injury	
03.1022	危害密度	density of infection	
03.1023	感染密度	density of infection	
03.1024	生态入侵	ecological invasion	
03.1025	城市化	urbanization	
03.1026	防污浊	antifouling	
03.1027	污染	pollution	
03.1028	热污染	thermal pollution	
03.1029	生态浓缩	ecological concentration	
03.1030	生物富集	biological enrichment	
03.1031	生物放大	biological magnification	
03.1032	生物降解	biodegradation	
03.1033	非降解性	nondegradation	
03.1034	生态危机	ecological crisis	

04. 动物胚胎学

序 号	汉 文 名	英 文 名	注 释
04.0001	动物胚胎学	animal embryology	
04.0002	分子胚胎学	molecular embryology	
04.0003	实验胚胎学	experimental embryology	
04.0004	化学胚胎学	chemical embryology	

序号	汉文名	英文名	注释
04.0005	性别	sex, sexuality	
04.0006	性别决定	sex determination	
04.0007	发育	development	
04.0008	阶段发育	phasic development	
04.0009	逆行发育	retrogressive development	
04.0010	渐成论	epigenesis theory, postformation theory	又称"后成论"。
04.0011	先成论	preformation theory	
04.0012	套装论	encasement theory	
04.0013	生机论	vital theory, vitalism	
04.0014	生物发生律	biogenetic law	
04.0015	生殖系[统]	reproductive system, genital system	
04.0016	卵生	oviparity	
04.0017	胎生	viviparity	
04.0018	卵胎生	ovoviviparity	
04.0019	生殖细胞	germocyte, germ cell	
04.0020	生殖上皮	germinal epithelium	
04.0021	生殖索	genital cord	
04.0022	原生殖细胞	primordial germ cell	
04.0023	性母细胞	auxocyte	
04.0024	配子	gamete	
04.0025	雄配子	androgamete, male gamete	
04.0026	雌配子	female gamete	
04.0027	配子发生	gametogenesis, gametogeny	又称"配子形成"。
04.0028	配子细胞	gametid [cell]	
04.0029	配原细胞	gametogonium	
04.0030	配子母细胞	gametocyte	
04.0031	配子融合	gametogamy	
04.0032	配子生殖	gametogony	
04.0033	雌雄同熟	adichogamy	
04.0034	雌雄不同熟	dichogamy	
04.0035	卵子发生	oogenesis	
04.0036	卵原细胞	oogonium	
04.0037	卵母细胞	oocyte	
04.0038	初级卵母细胞	primary oocyte	
04.0039	次级卵母细胞	secondary oocyte	

序　号	汉文名	英　文　名	注　释
04.0040	卵巢发育不全	ovarian hypoplasia	
04.0041	卵丘	ovarium mound	
04.0042	透明带	zona pellucida（拉）	
04.0043	放射冠	corona radiata（拉）	
04.0044	卵泡腔	follicular cavity	
04.0045	卵形成	ovification	
04.0046	成卵细胞	ooblast	
04.0047	卵[细胞]	egg, ovum, ootid	
04.0048	卵膜	egg envelope, egg membrane	
04.0049	初级卵膜	primary egg envelope	
04.0050	次级卵膜	secondary egg envelope	
04.0051	三级卵膜	tertiary egg envelope	
04.0052	卵核	female gametic nucleus	
04.0053	核泡	germinal vesicle	曾用名"生发泡"。
04.0054	极体	polar body	
04.0055	卵质	ovoplasm, ooplasm	
04.0056	种质	germplasm	
04.0057	极性	polarity	
04.0058	动物极	animal pole	
04.0059	植物极	vegetal pole, vegetative pole	
04.0060	卵轴	egg axis	
04.0061	极叶	polar lobe	
04.0062	梯度	gradient	
04.0063	卵周隙	perivitelline space	
04.0064	卵周液	perivitelline fluid	
04.0065	卵周膜	perivitelline membrane	
04.0066	有壳卵(爬行类、鸟类)	cleidoic egg	
04.0067	卵壳	chorion, shell	
04.0068	卵[黄系]带	chalaza	
04.0069	卵孔	micropyle	
04.0070	裸卵	naked ovum	
04.0071	卵泡	ovarian follicle	
04.0072	卵泡膜	follicular theca, theca folliculi(拉)	
04.0073	生长卵泡	growing follicle	
04.0074	成熟卵泡	mature follicle, Graafian follicle	又称"赫拉夫卵泡"，曾用名"格拉夫卵泡"。

序　号	汉　文　名	英　文　名	注　释
04.0075	破裂卵泡	ruptured follicle	
04.0076	卵黄	vitellus, yolk	
04.0077	卵黄体	vitellus	
04.0078	卵黄膜	vitelline membrane	
04.0079	卵黄腔	lecithocoel	
04.0080	均黄卵	isolecithal egg	
04.0081	中央黄卵	centrolecithal egg	
04.0082	端黄卵	telolecithal egg	
04.0083	有黄卵	lecithal egg	
04.0084	多黄卵	polylecithal egg, megalecithal egg	
04.0085	中黄卵	mesolecithal egg	
04.0086	少黄卵	oligolecithal egg, microlecithal egg	
04.0087	无黄卵	alecithal egg	
04.0088	卵黄分裂	yolk cleavage	
04.0089	卵黄细胞	yolk cell	
04.0090	卵黄管	yolk duct, vitelline duct(寄生蠕虫)	
04.0091	卵黄形成期	period of yolk formation	
04.0092	调整卵	regulation egg	
04.0093	镶嵌卵	mosaic egg	
04.0094	排卵前	preovulation	
04.0095	排卵	ovulation	
04.0096	排卵器	ovijector	
04.0097	动情期	[o]estrus	
04.0098	动情周期	oestrous cycle	
04.0099	动情前期	proestrus	
04.0100	动情间期	diestrus	
04.0101	输卵沟(鱼类)	oviducal channel	
04.0102	精子发生	spermatogenesis	
04.0103	精原细胞	spermatogonium	
04.0104	精母细胞	spermatocyte	
04.0105	初级精母细胞	primary spermatocyte	
04.0106	次级精母细胞	secondary spermatocyte	
04.0107	精子细胞	spermatid	
04.0108	精子	sperm, spermatozoon	
04.0109	顶体	acrosome	
04.0110	中段(精子)	middle piece, connecting piece	

序　号	汉　文　名	英　文　名	注　释
04.0111	主段(精子)	principal piece	
04.0112	轴丝(精子)	axial filament	
04.0113	尾段(精子)	end piece	
04.0114	精子形成	spermiogenesis, spermateleosis	
04.0115	精液	semen, seminal fluid	
04.0116	产雄精子	androspermium	
04.0117	精子活[动能]力	motility of sperm	
04.0118	无核精子	apyrene spermatozoon	
04.0119	无精子	azoospermia	
04.0120	获能	capacitation	
04.0121	去[获]能	decapacitation	
04.0122	激活	activation	又称"激动"。
04.0123	激活剂	activator	
04.0124	凝集质(精子)	agglutinating substance	
04.0125	凝集[作用]	agglutination	
04.0126	受精素	fertilizin	
04.0127	抗受精素	antifertilizin	
04.0128	诱发	evocation	
04.0129	诱发物	evocator	
04.0130	精子凝集素	sperm-agglutinin	
04.0131	受精	fertilization, spermatiation	
04.0132	未受精透明带	unfertilized hyaline layer	
04.0133	皮质反应	cortical reaction	又称"皮层反应"。
04.0134	受精道	canal of fecundation	
04.0135	受精卵	fertilized egg	
04.0136	精子穿入道	sperm penetration path	
04.0137	[精子]穿入点	point of entrance	
04.0138	单精入卵	monospermy	
04.0139	双精入卵	dispermy	
04.0140	三精入卵	trispermy	
04.0141	多精入卵	polyspermy	
04.0142	精子穿入	sperm penetration	
04.0143	精子生成带	zone of sperm transformation	
04.0144	合子	zygote	
04.0145	杂合子	heterozygote	又称"异型合子"。
04.0146	纯合子	homozygote	又称"同型合子"。
04.0147	单精合子	monozygote	

序 号	汉 文 名	英 文 名	注 释
04.0148	双卵受精	digyny	
04.0149	自体受精	self fertilization	
04.0150	原核	pronucleus	
04.0151	雄原核	male pronucleus	
04.0152	雌原核	female pronucleus	
04.0153	促受精膜生成素	oocytin	
04.0154	受精锥	fertilization cone	
04.0155	受精膜	fertilization membrane	
04.0156	受精丝	receptive hypha, trichogyne, fertilization filament	
04.0157	再受精	refertilization	
04.0158	授精	insemination	
04.0159	雄核发育	androgenesis	
04.0160	雌核发育	gynogenesis	
04.0161	发育潜能	potentiality of development	
04.0162	去核	enucleation	
04.0163	去核仁	enucleolation	
04.0164	核质杂种细胞	nuclear-cytoplasmic hybrid cell	
04.0165	移植	transplantation	
04.0166	核移植	nuclear transplantation	
04.0167	核质相互作用	nucleo-cytoplasmic interaction	
04.0168	胞质杂种	cybrid	
04.0169	密勒胚卵	Miller's ovum	
04.0170	雌雄嵌合体	sexual mosaic, gynander, gynandromorph	又称"两性体"。
04.0171	原胚细胞	proembryonal cell	
04.0172	未分化细胞	undifferentiated cell	
04.0173	依赖性分化	dependent differentiation	又称"非自主分化"。
04.0174	非依赖性分化	independent differentiation, self differentiation	又称"自主分化"。
04.0175	细胞分化	cell differentiation	
04.0176	组织分化	histological differentiation	
04.0177	去分化	dedifferentiation	又称"反分化"。
04.0178	过度分化	overdifferentiation	
04.0179	化学分化	chemical differentiation	
04.0180	细胞谱系	cell lineage	
04.0181	胚胎	embryo	

序　号	汉 文 名	英 文 名	注　释
04.0182	胚胎期	embryonic stage	
04.0183	胚胎组织	embryonic tissue	
04.0184	成胚细胞	embryoblast	
04.0185	诱导者	inductor	
04.0186	胚胎诱导	embryonic induction	
04.0187	组织者	organizer	
04.0188	反应能力	competence	又称"感应性"。
04.0189	胚胎营养	embryotrophy	
04.0190	全能性	totipotency	
04.0191	多能性	pluripotency	
04.0192	卵生体	oozooid	
04.0193	无融合生殖	apomixia, apomixis	又称"无配生殖"。
04.0194	两性融合体	amphimict	
04.0195	双传嵌合体	amphoheterogony	
04.0196	镶嵌[嵌]合体	hyperchimaera	
04.0197	异配生殖	anisogamy	又称"配子异型"。
04.0198	核配	karyogamy	又称"精卵核融合"。
04.0199	两性结合	amphigamy	又称"两性细胞融合"、"受精作用"。
04.0200	嵌合体	mosaic, chimera	
04.0201	融合	fusion	
04.0202	场	field	
04.0203	场梯度	field gradient	
04.0204	单细胞期	one cell stage	
04.0205	卵裂	cleavage	
04.0206	全裂	holoblastic cleavage	
04.0207	不全裂	meroblastic cleavage, incomplete cleavage	
04.0208	盘状卵裂	discoidal cleavage	
04.0209	螺旋卵裂	spiral cleavage	
04.0210	对称卵裂	bilateral cleavage	
04.0211	辐射对称型[卵裂]	radial symmetrical type	
04.0212	不定[型卵]裂	indeterminate cleavage	
04.0213	均等卵裂	equal cleavage	
04.0214	不等卵裂	unequal cleavage	
04.0215	卵裂面	cleavage plane	

序 号	汉 文 名	英 文 名	注 释
04.0216	经裂	meridional cleavage	又称"纵[卵]裂"。
04.0217	纬裂	latitudinal cleavage	又称"横[卵]裂"。
04.0218	中纬[卵]裂	equatorial cleavage	
04.0219	中纬沟	equatorial furrow	又称"赤道沟"。
04.0220	四等分卵裂	homoquadrant cleavage	
04.0221	对称卵裂面	symmetrical cleavage plane	
04.0222	对称第二次分裂	symmetrical second division	
04.0223	垂直卵裂	vertical cleavage	
04.0224	表面[卵]裂	superficial cleavage	
04.0225	卵裂腔	segmentation cavity, cleavage cavity	
04.0226	大分裂球	macromere	
04.0227	中分裂球	mesomere	
04.0228	小分裂球	micromere	
04.0229	卵裂球	blastomere	
04.0230	调整型卵裂	regulative cleavage	
04.0231	镶嵌型卵裂	mosaic cleavage	
04.0232	调整式发育	regulative development	
04.0233	镶嵌式发育	mosaic development	
04.0234	胚胎发生	embryogeny, embryogenesis	
04.0235	胚原基	germ	又称"胚芽"。
04.0236	桑椹胚	morula	
04.0237	囊胚腔	blastocoel	
04.0238	囊胚	blastula	
04.0239	胚环	germ ring	
04.0240	盘状囊胚	discoblastula	
04.0241	有腔囊胚	coeloblastula	
04.0242	不等卵囊腔胚	unequal coeloblastula	
04.0243	原肠胚	gastrula	
04.0244	原肠胚形成	gastrulation	
04.0245	原肠形成前期	pregastrulation	
04.0246	原肠腔	archenteron, archenteric cavity	
04.0247	神经原肠管	neurenteric canal	
04.0248	神经肠孔	neurenteric pore	
04.0249	外凸原肠胚	exogastrula	
04.0250	原肠外凸	exogastrulation	
04.0251	后原肠胚	metagastrula	

序 号	汉 文 名	英 文 名	注 释
04.0252	胚层前期	pregermlayer stage	
04.0253	胚层	embryonic layer, germ layer	
04.0254	新月体	crescent	
04.0255	灰新月	grey crescent	
04.0256	黄新月	yellow crescent	
04.0257	卵黄栓	yolk plug	
04.0258	胚孔	blastopore	
04.0259	胚孔唇	blastoporal lip	
04.0260	外包	epiboly	
04.0261	内陷	invagination	
04.0262	内卷	involution	
04.0263	单极内迁	unipolar immigration	
04.0264	会聚	convergence	
04.0265	分散	divergence	
04.0266	分层	delamination	
04.0267	内移	ingression	
04.0268	外凸	evagination	
04.0269	细胞集合	cell aggregation	
04.0270	形态分化	morphodifferentiation	
04.0271	形态发生	morphogenesis	
04.0272	器官发生	organogenesis	
04.0273	组织发生	histogenesis	
04.0274	原基	primodium, rudiment, anlage	
04.0275	器官芽	imaginal disc	
04.0276	头部形成	cephalization	
04.0277	原内胚层	primary endoderm, primary endoblast	
04.0278	内胚层	endoderm, endoblast	
04.0279	间充质	mesenchyme	
04.0280	内胚层间质	entomesenchyme	
04.0281	卵黄内胚层	yolk endoderm	
04.0282	中内胚层	mesendoderm	
04.0283	原中胚层	primary mesoderm	
04.0284	中胚层	mesoderm, mesoblast	
04.0285	轴中胚层	axial mesoderm	
04.0286	侧中胚层	lateral mesoderm	
04.0287	脏壁中胚层	splanchnic mesoderm, visceral	

序　号	汉　文　名	英　文　名	注　释
		mesoderm	
04.0288	体壁中胚层	parietal mesoderm	
04.0289	中胚层母细胞	mother cell of mesoderm	
04.0290	外胚层	ectoderm, ectoblast	
04.0291	外胚层间质	ectomesenchyme	
04.0292	中外胚层	mesectoderm	
04.0293	上胚层	epiblast	
04.0294	下胚层	hypoblast	
04.0295	胚区定位	germinal localization	
04.0296	体节前期胚	presomite embryo	
04.0297	生长带	zone of growth	
04.0298	神经胚	neurula	
04.0299	神经胚形成	neurulation	
04.0300	神经脊	neural crest	
04.0301	神经沟	neural groove	
04.0302	神经管	neural tube	
04.0303	神经板	neural plate	
04.0304	神经褶	neural fold, neural ridge	
04.0305	前神经孔	anterior neuropore	
04.0306	成神经细胞	neuroblast	
04.0307	脊索板	chordal plate	
04.0308	脊索中胚层	chorda-mesoderm	
04.0309	中段(中胚层)	intermediate mesoderm	
04.0310	下段(中胚层)	hypomere	
04.0311	生皮节	dermatome	
04.0312	生肌节	myotome	
04.0313	生骨节	sclerotome	
04.0314	肌节腔	myocoel	
04.0315	生骨肌节	scleromyotome	
04.0316	体节板	segmental plate	
04.0317	生肾节	nephrotome, nephromere	
04.0318	分节	metamerism	
04.0319	体腔形成	coelomation	
04.0320	胚外体腔	extraembryonic coelom, exocoelom	
04.0321	胚内体腔	intraembryonic coelom	
04.0322	胚体壁	somatopleura	
04.0323	胚脏壁	splanchnopleura	

序　号	汉　文　名	英　文　名	注　释
04.0324	体壁层	parietal layer	
04.0325	脏壁层	splanchnic layer	
04.0326	前脑	prosencephalon, forebrain	
04.0327	中脑	mesencephalon, midbrain	
04.0328	后脑	metencephalon, hind brain	
04.0329	菱脑	rhombencephalon	
04.0330	端脑	telencephalon	
04.0331	间脑	diencephalon	
04.0332	末脑	myelencephalon	
04.0333	感觉板	sense plate	
04.0334	嗅板	olfactory placode	
04.0335	嗅窝	nasal pit, olfactory pit	又称"鼻窝"。
04.0336	视杯	optic cup	
04.0337	视板	optic placode, optic plate	
04.0338	视泡	optic vesicle	
04.0339	听窝	auditory pit	
04.0340	听板	auditory placode	
04.0341	听泡	auditory vesicle, otic vesicle	
04.0342	晶状体板	lens placode	
04.0343	晶状体泡	lens vesicle	
04.0344	成血管细胞	angioblast	
04.0345	成红血细胞	erythroblast	
04.0346	成心细胞	cardioblast	
04.0347	成肌细胞	myoblast	
04.0348	心外肌膜	epimyocardium	
04.0349	生殖脊	genital ridge	
04.0350	生肾组织	nephrogenic tissue	
04.0351	米勒管	Müllerian duct	曾用名"缪[勒]氏管"。
04.0352	中肾管	Wolffian duct, mesonephric duct	又称"沃尔夫管",曾用名"吴氏管"。
04.0353	胚泡	blastocyst	
04.0354	芽基	blastema	
04.0355	内细胞团	inner cell mass	
04.0356	胚胎干细胞	embryonic stem cell	
04.0357	胚盘	blastodisc	
04.0358	胚周区	periblast	

序　号	汉　文　名	英　文　名	注　释
04.0359	胚结	embryonic knot	
04.0360	胚盾	embryonic shield	
04.0361	胚托	embryophore	
04.0362	囊胚层	blastoderm	
04.0363	暗区	area opaca	
04.0364	明区	area pellucida	
04.0365	血管区	area vasculosa	
04.0366	原条	primitive streak	
04.0367	原结	primitive knot, Hensen's node	又称"亨森氏结"。
04.0368	原沟	primitive groove	
04.0369	原窝	primitive pit	
04.0370	前羊膜	proamnion	
04.0371	头突	head process	
04.0372	前肠门	anterior intestinal portal	
04.0373	后肠门	posterior intestinal portal	
04.0374	胚动	blastokinesis	
04.0375	卵黄囊	yolk sac	
04.0376	尿囊	allantois	
04.0377	羊膜	amnion	
04.0378	绒毛膜	chorion	
04.0379	尿囊绒膜	chorioallantoic membrane, chorio-allantois	
04.0380	绒毛前期胚	previllous embryo	
04.0381	羊膜形成	amniogenesis	
04.0382	羊膜腔	amniotic cavity	
04.0383	羊膜液	amniotic fluid	又称"羊水"。
04.0384	羊膜褶	amniotic fold	
04.0385	羊膜心泡	amnio-cardiac vesicle	
04.0386	浆羊膜腔	sero-amnion cavity	
04.0387	浆膜	serosa	
04.0388	滋养层	trophoblast	
04.0389	细胞滋养层	cytotrophoblast	
04.0390	合[体细]胞滋养层	syncytiotrophoblast	
04.0391	滋养外胚层	trophectoderm	
04.0392	胎[儿]	fetus	
04.0393	胎循环	fetal circulation	

序　号	汉　文　名	英　文　名	注　释
04.0394	胚柄	fetal stalk	
04.0395	脐	umbilicus	
04.0396	胎膜	fetal membrane	
04.0397	蜕膜	decidua	
04.0398	基蜕膜	basal decidua	又称"底蜕膜"。
04.0399	壁蜕膜	parietal decidua	
04.0400	包蜕膜	capsular decidua	
04.0401	着床	nidation	胚泡粘着在子宫内膜的过程。
04.0402	植入	implantation	胚泡进入子宫内膜的过程。
04.0403	妊娠	pregnancy, gestation	
04.0404	假孕	pseudopregnancy	
04.0405	能育性	fertility	
04.0406	生育	procreation	
04.0407	不育[性]	infertility, sterility	
04.0408	体质发生	somatogenesis	又称"体质形成"。
04.0409	异卵双胎	non-identical twin	
04.0410	多胚	polyembryony	
04.0411	增生	hyperplasia	
04.0412	一胎多子的	polytocous	
04.0413	子宫内发育期	intrauterine developmental period	
04.0414	出生前	prenatal	
04.0415	出生后	postnatal	
04.0416	胚后期发育	post embryonic development	
04.0417	早熟发育	precocious development	
04.0418	成体器官发生	imaginal organogenesis	
04.0419	性发育不全	sexual dysgenesis	
04.0420	[器官]发育停滞畸形	stasimorphy	
04.0421	细胞最后分化	histoteliosis	
04.0422	畸形发生	teratogenesis	又称"畸胎发生"。
04.0423	畸胎瘤	teratoma	

05. 动 物 组 织 学

序 号	汉 文 名	英 文 名	注 释
05.0001	动物组织学	animal histology	
05.0002	上皮	epithelium	
05.0003	被覆上皮	covering epithelium, lining epithelium	
05.0004	单层上皮	simple epithelium	
05.0005	复层上皮	stratified epithelium	
05.0006	假复层上皮	pseudostratified epithelium	
05.0007	扁平上皮	squamous epithelium	
05:0008	立方上皮	cuboidal epithelium	
05.0009	柱状上皮	columnar epithelium	
05.0010	静纤毛	stereocilium	
05.0011	基膜	basement membrane	
05.0012	基板	basal lamina, basal plate（腔肠动物）	
05.0013	网板	reticular lamina	
05.0014	半桥粒	hemidesmosome	
05.0015	内皮	endothelium	
05.0016	间皮	mesothelium	
05.0017	微绒毛	microvillus	
05.0018	紧密连接	tight junction	又称"闭锁小带(zonula occludens(拉))"。
05.0019	中间连接	intermediate junction	又称"粘着小带(zonula adherens (拉))"。
05.0020	桥粒	desmosome	又称"粘着斑(macula adherens (拉))"。
05.0021	缝隙连接	gap junction	
05.0022	腺上皮	glandular epithelium	
05.0023	腺	gland	
05.0024	顶质分泌腺	apocrine gland	又称"顶浆分泌"。
05.0025	全质分泌腺	holocrine gland	
05.0026	局质分泌腺	merocrine gland	
05.0027	腺泡	acinus	
05.0028	导管	duct, canal	

序 号	汉 文 名	英 文 名	注 释
05.0029	小管	ductulus, canaliculus, solenium（腔肠动物）	
05.0030	叶	lobe	
05.0031	小叶	lobule	
05.0032	纹状缘	striated border	
05.0033	刷状缘	brush border	
05.0034	神经上皮细胞	neuroepithelial cell	
05.0035	肌上皮细胞	myoepithelial cell	
05.0036	结缔组织	connective tissue	
05.0037	弹性蛋白	elastin	
05.0038	胶原蛋白	collagen	
05.0039	胶原纤维	collagen fiber	
05.0040	弹性纤维	elastic fiber	
05.0041	网状纤维	reticular fiber	
05.0042	基质	ground substance, matrix	
05.0043	异染性	metachromasia	
05.0044	成纤维细胞	fibroblast	
05.0045	纤维细胞	fibrocyte	
05.0046	巨噬细胞	macrophage	
05.0047	脂肪细胞	adipocyte, fat cell	
05.0048	肥大细胞	mast cell	
05.0049	色素细胞	pigment cell	
05.0050	载色素细胞	chromatophore	
05.0051	细胞间质	intercellular substance	
05.0052	固有结缔组织	connective tissue proper	
05.0053	致密结缔组织	dense connective tissue	
05.0054	疏松结缔组织	loose connective tissue	
05.0055	脂肪组织	adipose tissue	
05.0056	白脂肪	white fat, unilocular fat, yellow fat	又称"单泡脂肪"。
05.0057	棕脂肪	brown fat, multilocular fat	又称"多泡脂肪"。
05.0058	网状组织	reticular tissue	
05.0059	透明软骨	hyaline cartilage	
05.0060	弹性软骨	elastic cartilage	
05.0061	纤维软骨	fibrocartilage, fibrous cartilage	
05.0062	软骨膜	perichondrium	
05.0063	成软骨细胞	chondroblast	

序 号	汉 文 名	英 文 名	注 释
05.0064	软骨细胞	chondrocyte	
05.0065	软骨基质	cartilage matrix	
05.0066	骨密质	compact bone	又称"密质骨"。
05.0067	骨松质	spongy bone, cancellous bone	又称"松质骨"。
05.0068	骨外膜	periosteum	
05.0069	骨内膜	endosteum	
05.0070	骨单位	osteon, Haversian system	又称"哈弗斯系统"、"哈氏系统"。
05.0071	成骨细胞	osteoblast	
05.0072	骨细胞	osteocyte	
05.0073	类骨质	osteoid	
05.0074	破骨细胞	osteoclast	
05.0075	骨基质	bone matrix	
05.0076	骨板	bone lamella	
05.0077	穿通纤维	perforating fiber, Sharpey's fiber	又称"沙比纤维"。
05.0078	粘合线	cement line	
05.0079	陷窝	lacuna	
05.0080	中央管	central canal, Haversian canal	又称"哈弗斯管"。
05.0081	间骨板	interstitial lamella	
05.0082	环骨板	circumferential lamella	
05.0083	穿通管	perforating canal, Volkmann's canal	又称"福尔克曼管"。
05.0084	骨小管	bone canaliculus	
05.0085	骨小梁	bone trabecula	
05.0086	骺板	epiphyseal plate	
05.0087	骨领	bone collar	
05.0088	间质生长	interstitial growth	又称"内积生长"。
05.0089	外加生长	appositional growth	又称"附加生长"。
05.0090	骨发生	osteogenesis	
05.0091	钙化	calcification	
05.0092	骨化	ossification	
05.0093	血[液]	blood	
05.0094	红细胞	erythrocyte , red blood cell , RBC	
05.0095	血红蛋白	hemoglobin	
05.0096	白细胞	leukocyte , leucocyte, white blood cell, WBC	
05.0097	粒细胞	granulocyte	

序　号	汉文名	英文名	注　释
05.0098	嗜中性粒细胞	neutrophilic granulocyte, neutrophil	
05.0099	嗜酸性粒细胞	eosinophilic granulocyte, eosinophil	又称"嗜伊红粒细胞"。
05.0100	嗜碱性粒细胞	basophilic granulocyte, basophil	
05.0101	假嗜酸性粒细胞	pseudoacidophilic granulocyte	
05.0102	嗜异性粒细胞	heterophilic granulocyte	
05.0103	无粒[白]细胞	agranulocyte	
05.0104	淋巴	lymph	
05.0105	淋巴细胞	lymphocyte	
05.0106	单核细胞	monocyte	
05.0107	血小板	[blood] platelet	
05.0108	凝血细胞	thrombocyte	
05.0109	血细胞发生	hemocytopoiesis	
05.0110	造血组织	hemopoietic tissue	
05.0111	骨髓	bone marrow	
05.0112	红细胞发生	erythrocytopoiesis, erythropoiesis	
05.0113	原红细胞	proerythroblast, rubriblast	又称"前成红细胞"。
05.0114	早幼红细胞	basophilic erythroblast, prorubricyte	又称"嗜碱性成红细胞"。
05.0115	中幼红细胞	polychromatophilic erythroblast, rubricyte	又称"嗜多染性成红细胞"。
05.0116	晚幼红细胞	acidophilic erythroblast, normoblast, metarubricyte	又称"嗜酸性成红细胞","正成红细胞"。
05.0117	网织红细胞	reticulocyte	
05.0118	脱核	karyorrhexis	
05.0119	粒细胞发生	granulocytopoiesis	
05.0120	原粒细胞	myeloblast	又称"成粒细胞",曾用名"成髓细胞"。
05.0121	早幼粒细胞	promyelocyte	又称"前髓细胞"。
05.0122	嗜天青颗粒	azurophilic granule	
05.0123	中幼粒细胞	myelocyte	曾用名"髓细胞"。
05.0124	晚幼粒细胞	metamyelocyte	曾用名"后髓细胞"。
05.0125	多形核粒细胞	polymorphonuclear granulocyte	又称"多叶核粒细胞"。
05.0126	带形核粒细胞	band form nuclear granulocyte	又称"杆状核粒细胞"。

序　号	汉　文　名	英　文　名	注　释
05.0127	前原淋巴细胞	prolymphoblast	又称"前淋巴母细胞"。
05.0128	原淋巴细胞	lymphoblast	又称"淋巴母细胞"。
05.0129	幼淋巴细胞	prolymphocyte	
05.0130	原单核细胞	monoblast	又称"成单核细胞"。
05.0131	幼单核细胞	promonocyte	又称"前单核细胞"。
05.0132	单核吞噬细胞系统	mononuclear phygocyte system, MPS	
05.0133	网状内皮系统	reticuloendothelial system, RES	
05.0134	凝血细胞发生	thrombopoiesis	又称"血小板发生"。
05.0135	原巨核细胞	megakaryoblast	又称"成巨核细胞"。
05.0136	幼巨核细胞	promegakaryocyte	又称"前巨核细胞"。
05.0137	巨核细胞	megakaryocyte	
05.0138	分隔膜	demarcation membrane	
05.0139	造血干细胞	hemopoietic stem cell	
05.0140	多能干细胞	multipotential stem cell	
05.0141	定向干细胞	committed stem cell	
05.0142	集落生成单位	colony forming unit, CFU	
05.0143	肌[肉]组织	muscle tissue	
05.0144	骨骼肌	skeletal muscle	又称"横纹肌(striated muscle)"。
05.0145	心肌	cardiac muscle, myocardium	
05.0146	平滑肌	smooth muscle	
05.0147	斜纹肌	obliquely striated muscle, spirally striated muscle	
05.0148	肌纤维	muscle fiber	
05.0149	肌质	sarcoplasm	又称"肌浆"。
05.0150	肌原纤维	myofibril	
05.0151	明带	light band, I band	又称"I带"。
05.0152	暗带	dark band, A band	又称"A带"。
05.0153	H带	H band	
05.0154	M线	M line, M membrane	又称"M膜"。
05.0155	Z线	Z line, Z membrane	又称"Z膜"。
05.0156	肌节	sarcomere	
05.0157	肌丝	myofilament	
05.0158	粗肌丝	thick filament	
05.0159	肌球蛋白	myosin	

序　号	汉　文　名	英　文　名	注　释
05.0160	肌小管	sarcotubule	
05.0161	横桥	cross bridge	
05.0162	细肌丝	thin filament	
05.0163	肌动蛋白	actin	
05.0164	原肌球蛋白	tropomyosin	
05.0165	肌原蛋白	troponin	
05.0166	横小管	transverse tubule, T tubule	
05.0167	肌质网	sarcoplasmic reticulum	
05.0168	肌膜	sarcolemma	
05.0169	终池	terminal cisterna	
05.0170	三联体	triad	
05.0171	钙泵	calcium pump	
05.0172	[肌]集钙蛋白	calsequestrin	
05.0173	红肌纤维	red muscle fiber, slow twitch fiber	又称"慢缩肌纤维"。
05.0174	白肌纤维	white muscle fiber, fast twitch fiber	又称"快缩肌纤维"。
05.0175	中间型纤维	intermediate fiber	
05.0176	肌卫星细胞	muscle satellite cell	
05.0177	肌内膜	endomysium	
05.0178	肌束膜	perimysium	
05.0179	肌外膜	epimysium	
05.0180	闰盘	intercalated disk	
05.0181	脂褐素	lipofuscin	
05.0182	二联体	diad	
05.0183	密区	dense area	
05.0184	密体	dense body	
05.0185	神经组织	nervous tissue, nerve tissue	
05.0186	神经元	neuron	
05.0187	核周质	perikaryon	又称"核周体"。
05.0188	轴突	axon	
05.0189	树突	dendrite	
05.0190	单极神经元	unipolar neuron	
05.0191	假单极神经元	pseudounipolar neuron	
05.0192	双极神经元	bipolar neuron	
05.0193	多极神经元	multipolar neuron	
05.0194	高尔基Ⅰ型神经元	Golgi type Ⅰ neuron	

序　号	汉　文　名	英　文　名	注　释
05.0195	高尔基Ⅱ型神经元	Golgi type Ⅱ neuron	
05.0196	神经胶质	neuroglia	
05.0197	原浆性星形胶质细胞	protoplasmic astrocyte	
05.0198	纤维性星形胶质细胞	fibrous astrocyte	
05.0199	少突胶质细胞	oligodendrocyte	
05.0200	小胶质细胞	microglia	
05.0201	室管膜细胞	ependymal cell	
05.0202	神经纤维	nerve fiber	
05.0203	有髓神经纤维	myelinated nerve fiber	
05.0204	无髓神经纤维	unmyelinated nerve fiber	
05.0205	髓鞘	myelin sheath	
05.0206	神经角蛋白	neurokeratin	
05.0207	髓鞘切迹	incisure of myelin, Schmidt-Lantermann incisure	又称"施-兰切迹"。
05.0208	神经纤维结	node of nerve fiber, node of Ranvier	
05.0209	结间[段]	internode	
05.0210	神经膜细胞	neurolemmal cell, Schwann cell	
05.0211	神经外膜	epineurium	
05.0212	神经束膜	perineurium	
05.0213	神经内膜	endoneurium	
05.0214	尼氏体	Nissl body	
05.0215	神经原纤维	neurofibril	
05.0216	神经丝	neurofilament	
05.0217	神经微管	neurotubule	
05.0218	轴丘	axon hillock	
05.0219	树突棘	dendritic spine, gemmule	
05.0220	终树突	telodendrion	
05.0221	侧副支	collateral branch	
05.0222	轴质	axoplasm	
05.0223	突触	synapse	
05.0224	突触泡	synaptic vesicle	
05.0225	突触缝隙	synaptic cleft, synaptic fissure	
05.0226	突触前膜	presynaptic membrane	

序　号	汉　文　名	英　文　名	注　释
05.0227	突触后膜	postsynaptic membrane	
05.0228	神经末梢	nerve ending	
05.0229	游离神经末梢	free nerve ending	
05.0230	被囊神经末梢	encapsulated nerve ending	
05.0231	感觉神经末梢	sensory nerve ending	
05.0232	环层小体	Pacinian corpuscle, Vater-Pacini corpuscle	
05.0233	梅克尔触盘	Merkel's tactile disk	
05.0234	克劳泽终球	Krause end bulb	
05.0235	触觉小体	Meissner's corpuscle	又称"迈斯纳小体"。
05.0236	鲁菲尼小体	Ruffini's corpuscle	
05.0237	[神经]肌梭	neuromuscular spindle, muscle spindle	
05.0238	梭内肌纤维	intrafusal muscle fiber	
05.0239	核袋纤维	nuclear bag fiber	
05.0240	核链纤维	nuclear chain fiber	
05.0241	环旋末梢	annulo-spiral ending	
05.0242	花枝末梢	flower-spray ending	
05.0243	葡萄样末梢	grape ending	
05.0244	蔓条样末梢	trail ending	
05.0245	神经腱梭	neurotendinal spindle, Golgi tendon organ	
05.0246	运动神经末梢	motor nerve ending	
05.0247	运动终板	motor end-plate	
05.0248	神经束	tract, fasciculus	
05.0249	柱	column	
05.0250	灰质联合	gray commissure	
05.0251	网状结构	reticular formation	
05.0252	[神经]胶质界膜	glial limiting membrane	
05.0253	小脑皮层	cerebellar cortex	
05.0254	分子层	molecular layer	
05.0255	浦肯野细胞	Purkinje cell, piriform neuron	又称"梨状神经元"。
05.0256	浦肯野细胞层	Purkinje cell layer, piriform neuron layer	又称"梨状神经元层"。
05.0257	颗粒细胞层	granular cell layer, granular layer	
05.0258	星形细胞	stellate cell	
05.0259	篮[状]细胞	basket cell	

序　号	汉　文　名	英　文　名	注　释
05.0260	攀缘纤维	climbing fiber	
05.0261	苔藓纤维	mossy fiber	
05.0262	大脑皮层	cerebral cortex	
05.0263	锥体层	pyramidal layer	
05.0264	多形层	multiform layer	
05.0265	锥体细胞	pyramidal cell	
05.0266	丛上细胞	epiplexus cell, Kolmer cell	
05.0267	神经节	[nervous] ganglion	
05.0268	[神经节]卫星细胞	satellite cell	
05.0269	脑[脊]膜	meninges	
05.0270	蛛网膜下隙	subarachnoid space	
05.0271	硬膜	dura mater	
05.0272	蛛网膜	arachnoid	
05.0273	软膜	pia mater	
05.0274	脉络丛	choroid plexus	
05.0275	脑脊液	cerebrospinal fluid	
05.0276	心包膜	pericardium	在人体又称"心包"。
05.0277	心外膜	epicardium	
05.0278	心肌膜	myocardium	
05.0279	心内膜	endocardium	
05.0280	传导系统	conducting system, Purkinje system	
05.0281	微动脉	arteriole	
05.0282	微静脉	venule	
05.0283	[血管]内膜	tunica intima, intima(拉)	
05.0284	[血管]中膜	tunica media, media(拉)	
05.0285	[血管]外膜	tunica externa, adventitia(拉)	
05.0286	周细胞	pericyte	
05.0287	毛细血管	blood capillary	
05.0288	毛细血管后微静脉	postcapillary venule, high endothelial venule	
05.0289	毛细淋巴管	lymphatic capillary	
05.0290	血管滋养管	nutrient vessel, vasa vasorum（拉）	又称"营养血管"。
05.0291	起搏细胞	pacemaker cell, P cell	
05.0292	移行细胞	transitional cell	
05.0293	束细胞	bundle cell	又称"浦肯野纤维

序　号	汉　文　名	英　文　名	注　释
			（Purkinje fiber）"。
05.0294	微循环	microcirculation	
05.0295	主动脉体	aortic body	
05.0296	颈动脉体	carotid body	
05.0297	感觉器官	sensory organ	
05.0298	眼球纤维膜	fibrous tunic, tunica fibrosa bulbi	
05.0299	巩膜	sclera	
05.0300	角膜	cornea	
05.0301	角膜缘	corneal limbus	
05.0302	眼球血管膜	vascular tunic of eyeball, uvea（拉）	又称"色素膜"。
05.0303	虹膜	iris	
05.0304	睫状体	ciliary body	
05.0305	脉络膜	choroid	
05.0306	视网膜	retina	
05.0307	色素上皮细胞	pigment epithelial cell	
05.0308	[视]杆细胞	rod cell	
05.0309	[视]锥细胞	cone cell	
05.0310	膜盘	membranous disc	
05.0311	视紫红质	rhodopsin	
05.0312	弥散双极细胞	diffuse bipolar cell	
05.0313	侏儒双极细胞	midget bipolar cell	
05.0314	弥散节细胞	diffuse ganglion cell	
05.0315	侏儒节细胞	midget ganglion cell	
05.0316	水平细胞	horizontal cell	
05.0317	无长突细胞	amacrine cell	
05.0318	放射状胶质细胞	radial neuroglia cell, Müller's cell	又称"米勒细胞"，是视网膜中的一种大型神经胶质细胞。
05.0319	色素上皮层	pigment epithelial layer	
05.0320	视杆视锥层	layer of rods and cones	
05.0321	外界膜	outer limiting membrane	
05.0322	外核层	outer nuclear layer	
05.0323	外网层	outer plexiform layer	
05.0324	内核层	inner nuclear layer	
05.0325	内网层	inner plexiform layer	
05.0326	节细胞层	ganglion cell layer	
05.0327	神经纤维层	nerve fiber layer	

序　号	汉　文　名	英　文　名	注　释
05.0328	内界膜	inner limiting membrane	
05.0329	黄斑	macula lutea（拉）	
05.0330	中央凹	central fovea	
05.0331	视盘	optic disc, papilla of optic nerve	又称"视神经乳头"。
05.0332	反光膜	tapetum lucidum, argentea	又称"银膜"。在视网膜深层或脉络膜与视网膜之间形成的一层反光组织。
05.0333	前房	anterior chamber	
05.0334	后房	posterior chamber	
05.0335	房水	aqueous humor	
05.0336	晶状体	lens	
05.0337	玻璃体腔	vitreous space	
05.0338	玻璃体	vitreous body	
05.0339	玻璃蛋白	vitrein	
05.0340	玻璃体细胞	hyalocyte	又称"透明细胞"。
05.0341	玻璃体管	hyaloid canal	又称"透明管"。
05.0342	眼睑	eyelid	
05.0343	睑板	tarsal plate, tarsus	
05.0344	睑板腺	tarsal gland, Meibomian gland	又称"迈博姆腺"。
05.0345	结膜	conjunctiva, conjunctive tunic	
05.0346	瞬膜	nictitating membrane	
05.0347	泪腺	lacrimal gland	
05.0348	瞳孔	pupil	
05.0349	瞳孔开大肌	dilator muscle of pupil	
05.0350	瞳孔括约肌	sphincter muscle of pupil	
05.0351	骨迷路	osseous labyrinth	
05.0352	膜迷路	membranous labyrinth	
05.0353	外淋巴膜	perilymphytic space	
05.0354	内淋巴导管	endolymphytic duct	
05.0355	内淋巴囊	endolymphytic sac	
05.0356	外淋巴	perilymph	
05.0357	内淋巴	endolymph	
05.0358	前庭	vestibule	
05.0359	半规管	semicircular canal	
05.0360	耳蜗	cochlea	
05.0361	蜗轴	modiolus	

序　号	汉　文　名	英　文　名	注　　释
05.0362	骨螺旋板	osseous spiral lamina	
05.0363	螺旋神经节	spiral ganglion	
05.0364	椭圆囊	utricle	
05.0365	球状囊	saccule	
05.0366	斑	macula	
05.0367	毛细胞	hair cell	
05.0368	耳砂	otoconium, otolith, statoconium, statolith	又称"耳石"、"位砂"、"位石"。
05.0369	耳砂膜	otoconium membrane, statoconium membrane	又称"耳石膜"、"位砂膜"、"位石膜"。
05.0370	壶腹	ampulla	
05.0371	壶腹嵴	crista ampullaris(拉)	
05.0372	动纤毛	kinocilium(拉)	
05.0373	壶腹帽	cupula(拉)	又称"终帽"。
05.0374	螺旋韧带	spiral ligament	
05.0375	膜螺旋板	membranous spiral lamina	
05.0376	膜蜗管	membranous cochlea, scala media(拉)	又称"中间阶"。
05.0377	前庭阶	scala vestibuli(拉)	
05.0378	鼓室阶	scala tympani(拉)	
05.0379	蜗孔	helicotrema(拉)	
05.0380	前庭膜	vestibular membrane, Reissner's membrane	又称"赖斯纳膜"。
05.0381	血管纹	stria vascularis(拉)	
05.0382	螺旋缘	spiral limbus	
05.0383	基底膜	basilar membrane	
05.0384	听弦	auditory string	
05.0385	盖膜	tectorial membrane	
05.0386	螺旋器	spiral organ, organ of Corti	又称"科尔蒂器"。
05.0387	柱细胞	pillar cell	指内耳螺旋器包围隧道的细胞和鳃板中血隙壁特化的内皮细胞。
05.0388	指细胞	phalangeal cell	
05.0389	内隧道	inner tunnel	
05.0390	神经丘	neuromast	
05.0391	听壶	lagena	

序 号	汉 文 名	英 文 名	注 释
05.0392	表皮	epidermis	
05.0393	角质形成细胞	keratinocyte	
05.0394	角化	keratinization	
05.0395	基底层	stratum basale, stratum germina-tivum(拉)	
05.0396	棘层	stratum spinosum(拉)	
05.0397	颗粒层	stratum granulosum(拉)	
05.0398	透明层	stratum lucidum(拉)	
05.0399	角质层	stratum corneum(拉), cuticle(节肢动物)	
05.0400	黑素细胞	melanocyte	
05.0401	黑素体	melanosome	
05.0402	黑素	melanin	
05.0403	黑素颗粒	melanin granule	
05.0404	入胞分泌	cytocrine secretion	
05.0405	朗格汉斯细胞	Langerhans cell	
05.0406	伯贝克颗粒	Birbeck granule	
05.0407	梅克尔细胞	Merkel's cell	
05.0408	张力原纤维	tonofibril	
05.0409	透明角质颗粒	keratohyalin granule	
05.0410	角蛋白	keratin	
05.0411	角质细胞	horny cell	
05.0412	表皮嵴	epidermal ridge	
05.0413	真皮	dermis, corium	
05.0414	真皮乳头	dermal papilla	
05.0415	乳头层	papillary layer	
05.0416	网状层	reticular layer	
05.0417	载黑素细胞	melanophore	
05.0418	皮下组织	hypodermis, subcutaneous tissue	
05.0419	局泌汗腺	merocrine sweat gland	
05.0420	顶泌汗腺	apocrine sweat gland	
05.0421	毛干	hair shaft	
05.0422	毛根	hair root	
05.0423	毛囊	hair follicle	
05.0424	毛乳头	hair papilla	
05.0425	毛球	hair bulb	
05.0426	毛母质	hair matrix	

序　号	汉　文　名	英　文　名	注　释
05.0427	毛[干]髓质	hair [shaft] medulla	
05.0428	毛[干]皮质	hair [shaft] cortex	
05.0429	毛[干]小皮	hair [shaft] cuticle	
05.0430	内根鞘	internal root sheath	
05.0431	外根鞘	external root sheath	
05.0432	玻璃膜	glassy membrane	
05.0433	甲	nail	
05.0434	甲根	nail root	
05.0435	甲板	nail plate	
05.0436	甲床	nail bed	
05.0437	甲母质	nail matrix	
05.0438	免疫系统	immune system	
05.0439	T 淋巴细胞	T lymphocyte	
05.0440	B 淋巴细胞	B lymphocyte	
05.0441	裸细胞	null cell	又称"无标记淋巴细胞"。
05.0442	杀伤[淋巴]细胞	killer cell	
05.0443	自然杀伤[淋巴]细胞	nature killer cell	
05.0444	辅助性 T[淋巴]细胞	helper T cell	
05.0445	抑制性 T[淋巴]细胞	suppressor T cell	
05.0446	细胞毒性 T[淋巴]细胞	cytotoxic T cell	
05.0447	细胞株	cell strain	
05.0448	处女型细胞	virgin cell	
05.0449	效应细胞	effector cell	
05.0450	记忆细胞	memory cell	
05.0451	母细胞化	blastoformation	
05.0452	抗原	antigen	
05.0453	抗体	antibody	
05.0454	免疫球蛋白	immunoglobulin	
05.0455	浆细胞	plasma cell	
05.0456	淋巴因子	lymphokine	
05.0457	白[细胞]介素	interleukin	
05.0458	抗原呈递细胞	antigen presenting cell	

序　号	汉　文　名	英　文　名	注　释
05.0459	疏松淋巴组织	loose lymphoid tissue	
05.0460	致密淋巴组织	dense lymphoid tissue	
05.0461	淋巴小结	lymphatic nodule	
05.0462	生发中心	germinal center	
05.0463	被膜	capsule	
05.0464	淋巴窦	lymphatic sinus	
05.0465	皮质	cortex	
05.0466	副皮质	paracortex	
05.0467	髓质	medulla	
05.0468	髓索	medullary cord	
05.0469	上皮网状细胞	epithelial reticular cell	
05.0470	胸腺细胞	thymocyte	
05.0471	胸腺小体	thymic corpuscle, Hassall's corpuscle	又称"哈索尔小体"。
05.0472	肌样细胞	myoid cell	
05.0473	抚育细胞	nurse cell	
05.0474	胸腺小囊	thymic cyst	
05.0475	红髓	red pulp	
05.0476	白髓	white pulp	
05.0477	血窦	[blood] sinusoid	又称"窦状隙"。
05.0478	笔毛动脉	penicillar artery	
05.0479	围动脉淋巴鞘	periarterial lymphatic sheath, PALS	
05.0480	椭球	ellipsoid, sheathed capillary	
05.0481	围椭球淋巴鞘	periellipsoidal lymphatic sheath, PELS	
05.0482	脾小结	splenic nodule, splenic follicle	
05.0483	孤立淋巴小结	solitary lymphatic nodule	
05.0484	边缘区	marginal zone	
05.0485	脾索	splenic cord, Billroth's cord	
05.0486	树突细胞	dendritic cell	
05.0487	交错突细胞	interdigitating cell	
05.0488	肠道淋巴组织	gut associated lymphatic tissue, GALT	
05.0489	淋巴集结	aggregate lymphatic nodule, Peyer's patch	又称"集合淋巴小结"、"派尔斑"。
05.0490	微褶细胞	microfold cell	

序号	汉文名	英文名	注释
05.0491	扁桃体隐窝	tonsil crypt	
05.0492	连滤泡上皮	follicle associated epithelium, FAE	
05.0493	滤泡间上皮	interfollicular epithelium, IFE	
05.0494	淋巴上皮滤泡	lympho-epithelial follicle	
05.0495	边缘层	marginal layer, cortex-medulla border	
05.0496	粘膜层	mucous layer, mucosa	
05.0497	上皮层	epithelial lining	又称"粘膜上皮"。
05.0498	固有层	lamina propria（拉）	
05.0499	粘膜肌层	muscularis mucosae（拉）	
05.0500	粘膜下层	submucosa（拉）	
05.0501	肌肉层	muscle layer, lamina muscularis（拉）	
05.0502	神经丛	nerve plexus	
05.0503	食管腺	esophageal gland	
05.0504	胃底	fundus	
05.0505	胃小凹	gastric pit	
05.0506	粘液细胞	mucous cell	
05.0507	壁细胞	parietal cell, oxyntic cell	又称"泌酸细胞"、"盐酸细胞"。
05.0508	[胃腺]主细胞	chief cell	
05.0509	胺与胺前体摄取和脱羧[细胞]系统	amine precursor uptake and decarboxylation system, APUD system	
05.0510	肠嗜铬细胞	enterochromaffin cell	
05.0511	亲银细胞	argentaffin cell	
05.0512	嗜银细胞	argyrophilic cell	
05.0513	无腺区	pars nonglandularis（拉）, cutaneous part	又称"皮区",是食管粘膜的延续。
05.0514	皱襞	plica	
05.0515	绒毛	villus	
05.0516	乳糜管	lacteal	
05.0517	乳糜微粒	chylomicron	
05.0518	肠腺	intestinal gland, crypt of Lieberkühn	
05.0519	杯形细胞	goblet cell	
05.0520	帕内特细胞	Paneth cell	又称"潘氏细胞"。

序　号	汉　文　名	英　文　名	注　释
05.0521	吸收细胞	absorptive cell	
05.0522	肛周窦	paranal sinus	
05.0523	肛周腺	circumanal gland	
05.0524	闰管	intercalated duct	
05.0525	纹状管	striated duct	
05.0526	门	hilum, hilus	某些器官血管、神经以及导管进出的部位。
05.0527	浆液腺泡	serous acinus	
05.0528	粘液腺泡	mucous acinus	
05.0529	浆液腺	serous gland	
05.0530	粘液腺	mucous gland	
05.0531	泡心细胞	centroacinar cell	
05.0532	门管	portal canal	
05.0533	肝细胞	hepatocyte, liver cell	
05.0534	肝板	hepatic plate, liver plate	
05.0535	胆小管	bile canaliculus	
05.0536	肝闰管	Hering canal	
05.0537	窦周[间]隙	perisinusoidal space of Disse	又称"迪塞间隙"，曾用名"狄氏隙"。
05.0538	肝巨噬细胞	Kupffer cell	又称"库普弗细胞"，曾用名"枯否细胞"。
05.0539	肝血窦	liver sinusoid	
05.0540	胰岛	pancreatic islet, islet of Langer-hans	
05.0541	A 细胞	A cell	
05.0542	B 细胞	B cell	
05.0543	C 细胞	C cell	
05.0544	胰岛素	insulin	
05.0545	高血糖素	glucagon	
05.0546	旁分泌	paracrine	
05.0547	肺泡囊	alveolar sac	
05.0548	肺泡隔	interalveolar septum	
05.0549	肺泡孔	alveolar pore	
05.0550	肺小叶	pulmonary lobule	
05.0551	嗅上皮	olfactory epithelium	
05.0552	嗅细胞	olfactory cell	
05.0553	嗅泡	olfactory vesicle, olfactory knob	

序 号	汉 文 名	英 文 名	注 释
05.0554	嗅腺	olfactory gland, Bowman's gland	又称"鲍曼腺"。
05.0555	I 型肺泡细胞	type I alveolar cell, squamous alveolar cell	
05.0556	II 型肺泡细胞	type II alveolar cell, great alveolar cell	
05.0557	表面活性物质	surfactant	
05.0558	尘细胞	dust cell, alveolar macrophage	
05.0559	刷细胞	brush cell	
05.0560	克拉拉细胞	Clara cell	又称"细支气管细胞"。
05.0561	初级支气管	primary bronchus	在鸟类又称"主支气管"。
05.0562	次级支气管	secondary bronchus, meso-bronchus	在鸟类又称"中支气管"。
05.0563	三级支气管	tertiary bronchus, parabronchus	在鸟类又称"副支气管"。
05.0564	氯细胞	chloride cell	
05.0565	肾柱	renal column	
05.0566	髓放线	medullary ray	
05.0567	肾小体	renal corpuscle	
05.0568	肾小囊	renal capsule, Bowman's capsule	又称"鲍曼囊"。
05.0569	肾小球	renal glomerulus	
05.0570	血管极	vascular pole	
05.0571	尿极	urinary pole	
05.0572	入球微动脉	afferent arteriole	
05.0573	出球微动脉	efferent arteriole	
05.0574	肾小管	renal tubule	
05.0575	近曲小管	proximal convoluted tubule	
05.0576	中间小管	intermediate tubule	
05.0577	远曲小管	distal convoluted tubule	
05.0578	髓襻	medullary loop, Henle's loop	又称"亨勒襻"、"亨氏襻"。
05.0579	肾单位	nephron	
05.0580	集合小管	collecting tubule	
05.0581	脏层(肾小囊)	visceral layer	
05.0582	足细胞	podocyte	
05.0583	壁层(肾小囊)	parietal layer	

序　号	汉　文　名	英　文　名	注　释
05.0584	[肾小]球旁器	juxtaglomerular apparatus	
05.0585	[肾小]球旁细胞	juxtaglomerular cell	
05.0586	致密斑	macula densa（拉）	
05.0587	[肾小]球外系膜细胞	extraglomerular mesangial cell, lacis cell	又称"极垫细胞（polar cushion cell）"。
05.0588	[肾小]球内系膜细胞	intraglomerular mesangial cell	
05.0589	靶器官	target organ	
05.0590	远侧部	pars distalis（拉）	
05.0591	神经部	pars nervosa（拉）	
05.0592	中间部	pars intermedia（拉）	
05.0593	结节部	pars tuberalis（拉）	
05.0594	拉特克囊	Rathke's pouch	
05.0595	[垂体]漏斗	infundibulum	
05.0596	正中隆起	median eminence	
05.0597	视上核	supraoptic nucleus	
05.0598	室旁核	paraventricular nucleus	
05.0599	腺垂体	adenohypophysis	
05.0600	神经垂体	neurohypophysis	
05.0601	嫌色细胞	chromophobe cell	
05.0602	嗜色细胞	chromophilic cell	
05.0603	嗜酸性细胞（腺垂体）	acidophilic cell	
05.0604	嗜碱性细胞（腺垂体）	basophilic cell	
05.0605	促生长激素细胞	somatotroph, somatotropic cell	简称"STH 细胞"。
05.0606	促乳激素细胞	mammotroph, mammotropic cell	简称"LTH 细胞"，又称"催乳激素细胞"。
05.0607	促性腺激素细胞	gonadotroph, gonadotropic cell	又称"催性腺激素细胞"。
05.0608	促甲状腺素细胞	thyrotroph, thyrotropic cell	简称"TSH 细胞"。
05.0609	促肾上腺皮质素细胞	corticotroph, corticotropic cell	简称"ACTH 细胞"。
05.0610	促黑[色]素激素细胞	melanotroph, melanotropic cell	简称"MSH 细胞"。
05.0611	神经分泌细胞	neurosecretory cell	
05.0612	垂体细胞	pituicyte	

序　号	汉　文　名	英　文　名	注　释
05.0613	肾间组织	interrenal tissue	
05.0614	嗜铬组织	chromaffin tissue	
05.0615	球状带	zona glomerulosa（拉）	
05.0616	束状带	zona fasciculata（拉）	
05.0617	网状带	zona reticularis（拉）	
05.0618	糖皮质激素	glucocorticoid, glucocorticosteroid	
05.0619	盐皮质激素	mineralocorticoid, mineralosteroid	
05.0620	雄激素	androgen	
05.0621	肾上腺素	adrenalin	
05.0622	去甲肾上腺素	noradrenalin	
05.0623	滤泡	follicle	
05.0624	胶体	colloid	
05.0625	滤泡旁细胞	parafollicular cell	
05.0626	甲状腺素	thyroxine	
05.0627	降钙素	calcitonin	
05.0628	[甲状旁腺]主细胞	principal cell	
05.0629	[甲状旁腺]嗜酸[性]细胞	oxyphil cell	
05.0630	甲状旁腺素	parathyroid hormone	
05.0631	松果体细胞	pinealocyte	
05.0632	褪黑激素	melatonin	
05.0633	脑砂	brain sand, acervulus cerebralis	
05.0634	巨大细胞	giant cell, Dahlgren cell	鱼类尾垂体的一种神经分泌细胞。
05.0635	减数分裂	meiosis	
05.0636	附睾管	epididymal duct	
05.0637	海绵体	corpus cavernosum（拉）	
05.0638	生精小管	seminiferous tubule	曾用名"曲精小管"。
05.0639	白膜	tunica albuginea（拉）	
05.0640	睾丸小叶	testicular lobule, lobulus testis（拉）	
05.0641	睾丸小隔	septula testis（拉）	
05.0642	直精小管	tubulus rectus（拉）	
05.0643	睾丸网	rete testis（拉）	
05.0644	生精上皮	seminiferous epithelium, spermatogenic epithelium	

序　号	汉　文　名	英　文　名	注　释
05.0645	支持细胞	supporting cell, Sertoli's cell	又称"塞托利细胞"。
05.0646	间质细胞	interstitial cell	
05.0647	峡部	isthmus	
05.0648	伞部	fimbria(拉), umbrella（腔肠动物）	
05.0649	子宫肌膜	myometrium	
05.0650	子宫外膜	perimetrium	
05.0651	子宫内膜	endometrium	
05.0652	子宫腺	uterine gland	
05.0653	颗粒细胞	granulosa cell	
05.0654	[卵泡]膜细胞	theca cell	
05.0655	闭锁卵泡	atretic follicle	
05.0656	黄体	corpus luteum（拉）	
05.0657	颗粒黄体细胞	granular lutein cell	
05.0658	膜黄体细胞	theca lutein cell	
05.0659	孕酮	progesterone	又称"黄体酮"。
05.0660	闭锁黄体	atretic corpus luteum	
05.0661	黄体解体	luteolysis	
05.0662	白体	corpus albicans	
05.0663	雌激素	estrogen	
05.0664	间质腺	interstitial gland	
05.0665	门细胞	hilus cell	

06. 无脊椎动物学

序　号	汉　文　名	英　文　名	注　释
06.0001	头[部]	head, cephalon（无脊椎动物）	
06.0002	胸[部]	thorax	
06.0003	腹[部]	abdomen	
06.0004	躯干[部]	trunk, metastomium（环节动物）	又称"胴部"。
06.0005	尾[部]	tail, pygidium（环节动物）	
06.0006	前体	prosome, prosoma	
06.0007	中体	mesosome, mesosoma	
06.0008	后体	metasome, metasoma	
06.0009	头胸部	cephalothorax	
06.0010	头胸甲	carapace	

序　号	汉 文 名	英 文 名	注　释
06.0011	背甲	tergum, tergite, carapace(节肢动物、脊椎动物)	
06.0012	侧甲	pleurum, pleuron, pleurite	
06.0013	腹甲	sternite(节肢动物), plastron (脊椎动物), sternum	
06.0014	同律分布	homonomous metamerism	
06.0015	异律分布	heteronomous metamerism	
06.0016	体节	somite, metamere	
06.0017	节	segment	
06.0018	体节器	segmental organ	
06.0019	体壁	body wall	
06.0020	上角质层	epicuticle	又称"上表皮"。
06.0021	外角质层	exocuticle	又称"外表皮"。
06.0022	中角质层	mesocuticle	又称"中表皮"。
06.0023	内角质层	endocuticle	又称"内表皮"。
06.0024	下皮	hypodermis	
06.0025	刚毛	seta, chaeta	
06.0026	感觉毛	aesthetasc	
06.0027	嗅毛	olfactory hair	
06.0028	刺	spine	
06.0029	小刺	spinule	
06.0030	小齿	denticle	
06.0031	沟	groove, furrow, sulcus, fluting (腕足动物)	
06.0032	吸盘	sucking disk, sucker	
06.0033	触手	tentacle	
06.0034	触须	cirrus, palp	
06.0035	腕	arm, brachiole (棘皮动物)	
06.0036	外骨骼	exoskeleton	
06.0037	内骨骼	endoskeleton	
06.0038	体腔	coelom	
06.0039	原体腔	primary coelom	又称"假体腔 (pseudocoel)"。
06.0040	前体腔	protocoel	
06.0041	中体腔	mesocoel	
06.0042	后体腔	metacoel	
06.0043	裂体腔	schizocoel	

序 号	汉 文 名	英 文 名	注 释
06.0044	肠体腔	enterocoel	
06.0045	吻	beak(苔藓动物), proboscis, rostrum, snout(鱼)	
06.0046	口[部]	mouth part, oral part	
06.0047	上唇	labrum	
06.0048	下唇	labium	
06.0049	口	mouth	
06.0050	口腔	mouth cavity, buccal cavity	
06.0051	[牙]齿	tooth	
06.0052	咽	pharynx	
06.0053	食道	esophagus	
06.0054	嗉囊	crop	
06.0055	砂囊	gizzard	
06.0056	胃	stomach	
06.0057	肠	intestine	
06.0058	肛门	anus	
06.0059	前肠	foregut	
06.0060	中肠	midgut	
06.0061	后肠	hindgut	
06.0062	皮肌囊	dermomuscular sac	
06.0063	环肌	circular muscle	
06.0064	纵肌	longitudinal muscle	
06.0065	斜肌	oblique muscle	
06.0066	鳃	gill, branchia	
06.0067	书肺	book-lung	
06.0068	眼点	eye spot, stigma(原生动物), ocellus(腔肠动物)	
06.0069	眼	eye	
06.0070	散漫神经系	diffuse nervous system	曾用名"网状神经系"。
06.0071	梯状神经系	ladder-type nervous system	
06.0072	链状神经索	chain-type nervous system	
06.0073	脑神经节	cerebral ganglion	
06.0074	围咽神经	circumpharyngeal nerve	
06.0075	腹神经节	ventral ganglion	
06.0076	腹神经链	ventral nerve cord	
06.0077	开管循环系[统]	open vascular system	

序　号	汉 文 名	英 文 名	注　释
06.0078	闭管循环系[统]	closed vascular system	
06.0079	心[脏]	heart	
06.0080	动脉	artery	
06.0081	静脉	vein	
06.0082	血管	blood vessel	
06.0083	血腔	haemocoel	
06.0084	血青素	hemocyanin	
06.0085	管肾	nephridium	
06.0086	肾孔	nephridiopore	
06.0087	肾口	nephrostome	
06.0088	原管肾	protonephridium	曾用名"原肾管"。
06.0089	后管肾	metanephridium	曾用名"后肾管"。
06.0090	大管肾	meganephridium	曾用名"大肾管"。后管肾之一种。
06.0091	小管肾	micronephridium	曾用名"小肾管"。后管肾之一种。
06.0092	尿殖器官	urogenital organ	
06.0093	泄殖腔	cloaca	
06.0094	泄殖孔	cloacal pore	
06.0095	生殖器	genital organ, reproductive organ	
06.0096	外生殖器	genitalia	
06.0097	生殖腺	gonad, genital gland	
06.0098	精巢	testis	
06.0099	输精管	vas deferens, spermaductus	
06.0100	卵巢	ovary	
06.0101	输卵管	oviduct	
06.0102	两性囊	hermaphroditic pouch, hermaphroditic vesicle	
06.0103	两性管	hermaphroditic duct	
06.0104	贮精囊	seminal vesicle, vesicula seminalis（拉）	某些无脊椎动物和低等脊椎动物贮存精子的器官。
06.0105	纳精囊	spermatheca, seminal receptacle	雌性或雌雄同体的无脊椎动物在交配时接纳并贮存精子的囊。
06.0106	交接器	copulatory organ	
06.0107	雄性交接器	petasma, penis	

序　号	汉 文 名	英 文 名	注　　释
06.0108	阴茎	penis, cirrus（寄生虫）	
06.0109	体外纳精器	thelycum	又称"雌性交接器"。
06.0110	阴门	vulva	
06.0111	生殖孔	genital pore, gonopore, genital orifice	
06.0112	精包	spermatophore	又称"精荚"。
06.0113	卵囊	egg sac, egg capsule, oocyst（原生动物）	
06.0114	平扁	depressed	
06.0115	侧扁	compressed	
06.0116	基部的	basal	
06.0117	近端的	proximal	
06.0118	远端的	distal	
06.0119	侧面	lateral	
06.0120	前面	frontal	
06.0121	游离端	free end	
06.0122	固着端	sessile end	
06.0123	原生动物学	protozoology	
06.0124	鞭毛	flagellum	
06.0125	鞭毛侧丝	flimmer	
06.0126	鞭毛丝	mastigoneme	
06.0127	鞭毛系统	mastigont system	又称"毛基体系统"。
06.0128	鞭毛动基体复合体	flagellar base-kinetoplast complex	
06.0129	鞭毛袋	flagellar pocket	
06.0130	鞭毛孔	flagellar pore	
06.0131	鞭毛根丝	flagellar rootlet	
06.0132	鞭毛列	flagellar row	
06.0133	鞭毛膨大区	flagellar swelling	
06.0134	鞭毛过渡区	flagellar transition region	
06.0135	后向鞭毛	recurrent flagellum	
06.0136	端茸鞭毛	acronematic flagellum	
06.0137	顶鞭毛束	loricula	
06.0138	球鞭毛体	sphaeromastigote	
06.0139	腰鞭毛虫孢囊	hystrichosphere	
06.0140	腰鞭核	dinokaryon, dinonucleus	
06.0141	腰鞭孢子	dinospore	

序　号	汉　文　名	英　文　名	注　释
06.0142	无核鞭毛系统	akaryomastigont	
06.0143	无鞭毛体	amastigote	
06.0144	同形鞭毛的鞭毛虫	isokont flagellate	
06.0145	异形鞭毛体	anisokont	
06.0146	异形鞭毛的鞭毛虫	heterokont flagellate	
06.0147	副鞭毛杆	paraflagellar rod	
06.0148	副鞭毛体	paraflagellar body	
06.0149	后鞭毛体	opisthomastigote	
06.0150	匐滴虫	herpetomonas	
06.0151	核鞭毛系统	karyomastigont	
06.0152	领鞭毛体[期]	choanomastigote	
06.0153	前鞭毛体	promastigote	
06.0154	单鞭体	haplomonad	
06.0155	游动鞭毛单分体	nectomonad	
06.0156	锥虫体期	trypaniform stage	
06.0157	锥鞭毛体	trypomastigote	
06.0158	唾液型	salivaria	
06.0159	粪便型	stercararia	
06.0160	利什曼期	leishmanial stage	
06.0161	细滴虫期	leptomonad stage	
06.0162	短膜虫期	crithidial stage, epimastigote	
06.0163	后循环型	metacyclic form	
06.0164	前循环型	procyclic form	
06.0165	轴头	axostylar capitulum	
06.0166	轴杆干	axostylar trunk	
06.0167	轴杆	axostyle	
06.0168	副轴杆	paraxial rod	
06.0169	副基器	parabasal apparatus	
06.0170	副基体	parabasal body	
06.0171	副基丝	parabasal filament	
06.0172	副肋粒	paracostal granule	
06.0173	储蓄泡	reservoir	
06.0174	生毛体	blepharoplast	
06.0175	微管轴	manchette	
06.0176	盾	pelta, scute（脊椎动物）	

序 号	汉 文 名	英 文 名	注 释
06.0177	根丝体	rhizoplast	
06.0178	根柱	rhizostyle	
06.0179	上锥	epicone	
06.0180	下锥	hypocone	
06.0181	胶群体期	palmella stage	
06.0182	连结纤丝	desmose	
06.0183	单分体	monad	
06.0184	盘形刺泡	discobolocyst	
06.0185	盘形群体	discoid colony	
06.0186	休眠合子	hypnozygote	
06.0187	休眠孢子	statospore	
06.0188	游动合子	planozygote	
06.0189	副淀粉	paramylon	
06.0190	萼[器]	calyx	
06.0191	球石粒	coccolith	
06.0192	体肌丝	somatoneme	
06.0193	感光小器	ocellus	
06.0194	白色体	leucoplast	
06.0195	透明体	hyalosome	
06.0196	类囊体	thylakoid	
06.0197	质体	plastid	
06.0198	球形群体	spherical colony	
06.0199	动基体	kinetoplast	
06.0200	腰带	cingulum	
06.0201	液泡	pusule	
06.0202	过渡螺旋	transitional helix	
06.0203	胶囊期	gleocystic stage	
06.0204	毛基皮层单元增殖区	falx	
06.0205	镜像对称分裂	symmetrogenic fission	
06.0206	伪足	pseudopodium	
06.0207	锥足	conopodium	
06.0208	透明足	pharopodium	
06.0209	内叶足	endolobopodium	
06.0210	外叶足	exolobopodium	
06.0211	外质足	epipod, epipodium	
06.0212	丝足	filopodium	

序　号	汉　文　名	英　文　名	注　释
06.0213	根足	rhizopodium	
06.0214	叶足	lobopodium	
06.0215	粘足	myxopodium	
06.0216	网足	reticulopodium	
06.0217	鞭毛足	flagellipodium	
06.0218	透明帽	hyaline cap	
06.0219	凝胶	plasmagel(原生动物)	
06.0220	溶胶	plasmasol (原生动物)	
06.0221	伪口	pseudostome	
06.0222	副核	amphosome, paranucleus	
06.0223	核内有丝分裂	mesomitosis	
06.0224	变形体	amoebula, plasmodium	
06.0225	单室的	unilocular, monothalamic	
06.0226	多室的	polythalamic	
06.0227	初室	proloculum, initial chamber (软体动物)	
06.0228	似瓷质的	porcellaneous	
06.0229	反突	retral process	
06.0230	显球型	megalospheric form	
06.0231	螺环	whorl	
06.0232	货币虫	nummulite	
06.0233	脐面	umbilical side	
06.0234	轴体	axoplast	
06.0235	轴足	axopodium	
06.0236	髓壳	medullary shell	
06.0237	泡层	calymma	
06.0238	星孔	astropyle	
06.0239	中央囊	central capsule	
06.0240	囊外区	extracapsular zone	
06.0241	胶泡基网	sarcomatrix	
06.0242	胶泡内网	sarcoplegma	
06.0243	胶泡表网	sarcodictyum	
06.0244	肌皱丝	myophrisk	
06.0245	暗块	phaeodium	
06.0246	吐丝	fusule	
06.0247	小球体	microsphere	
06.0248	生网体	bothrosome, sagenogen, sageneto-	

序 号	汉 文 名	英 文 名	注 释
		some	
06.0249	孢子发生	sporogenesis	
06.0250	胶丝变形体	myxamoeba	
06.0251	胶丝鞭毛体	myxoflagellate	
06.0252	孢子果	sporangium, sporocarp, fruiting body	
06.0253	孢子堆	sorus	
06.0254	孢堆果	sorocarp	
06.0255	孢堆果发生	sorogenesis	
06.0256	孢子生殖细胞	sporogonic cell	
06.0257	孢子生殖	sporogony	
06.0258	动性孢子	sporokinete	
06.0259	母孢子	sporont	
06.0260	孢质[团]	sporoplasm	
06.0261	子孢子	sporozoite	
06.0262	孢子形成	sporulation	
06.0263	小孢子	microspore	
06.0264	单孢子的	monosporous	
06.0265	孢[子]母细胞	sporoblast	
06.0266	孢[子]囊	sporocyst	
06.0267	孢子管	sporoduct	
06.0268	孢内生殖	endodyogeny	
06.0269	孢内体	endodyocyte	
06.0270	多孢子的	polysporous	
06.0271	大孢子	macrospore	
06.0272	裂体生殖周期	schizogonic cycle	
06.0273	裂体生殖期	schizogonic stage	
06.0274	裂体生殖	schizogony	
06.0275	裂殖体	schizont	
06.0276	裂殖子	merozoite	
06.0277	速殖子	tachyzoite	
06.0278	晚裂殖子	telomerozoite	
06.0279	慢殖子	bradyzoite	
06.0280	裂殖子胚	cytomere, merocyst	
06.0281	分裂体	segmenta, meront	
06.0282	红细胞内期	erythrocytic phase	
06.0283	红细胞内裂体生	erythrocytic schizogony	

序 号	汉 文 名	英 文 名	注 释
	殖		
06.0284	小配子形成	exflagellation	
06.0285	红细胞外裂体生殖	exoerythrocytic schizogony	
06.0286	红细胞外期	exoerythrocytic stage	
06.0287	潜隐体	cryptozoite	
06.0288	显隐子	phanerozoite	
06.0289	极帽	polar cap	
06.0290	极囊	polar capsule	
06.0291	极丝	polar filament	
06.0292	极粒	polar granule	
06.0293	极环	polar ring	
06.0294	极管	polar tube	
06.0295	卵囊残体	oocyst residuum	
06.0296	卵囊管	ooduct	
06.0297	动合子	ookinete	
06.0298	卵孔盖	micropyle cap	
06.0299	微孔	micropore	
06.0300	内生周期	endogenous cycle	
06.0301	外生周期	exogenous cycle	
06.0302	原簇虫	primite	
06.0303	有头簇虫	cephaline gregarine	
06.0304	单房簇虫	monocystid gregarine	
06.0305	双房簇虫	dicystid gregarine	
06.0306	多房簇虫	polycystid gregarine	
06.0307	裂簇虫	schizocystis gregarinoid	
06.0308	前节	protomerite	
06.0309	后节	deutomerite	
06.0310	外节	epimerite	
06.0311	端节	mucron	
06.0312	节体	segmenter	
06.0313	母细胞	metrocyte	
06.0314	融合体	syzygy	
06.0315	栓体	stieda body	
06.0316	肉孢囊	sarcocyst	
06.0317	孢囊子	cystozoite	
06.0318	随伴体	satellite	

序 号	汉 文 名	英 文 名	注 释
06.0319	配子囊	gametocyst	
06.0320	配子囊残体	gametocyst residuum	
06.0321	多元内出芽	endopolygeny	
06.0322	多元外出芽	ectopolygeny	
06.0323	胞外膜	epicyte	
06.0324	寄生泡	parasitophorous vacuole, periparasitic vacuole	
06.0325	类锥体	conoid	
06.0326	裸孢子	gymnospore	
06.0327	疟[原虫]色素	haemozoin	
06.0328	抱合体	pseudoconjugant	
06.0329	卵块发育	merogony	
06.0330	散在分裂体	sporadin	
06.0331	单孢体	haplosporosome	
06.0332	棒状体	rhoptry	
06.0333	环状体期	ring stage	
06.0334	休眠子	dormozoite, hypnozoite	
06.0335	顶复体	apical complex	
06.0336	伪接合	pseudoconjugation	
06.0337	折射体	refractile body	
06.0338	次潜隐体	metacryptozoite	
06.0339	残[余]体	residual body, residuum	
06.0340	微丝	microneme, microfilament	
06.0341	嗜碘泡	iodinophilous vacuole, iodophilous vacuole	
06.0342	成囊细胞	capsulogenic cell	
06.0343	泛孢[子]母细胞	pansporoblast	
06.0344	双孢子的	disporous	
06.0345	原质团	plasmodium	
06.0346	伪原质团	pseudoplasmodium	
06.0347	纤毛	cilium, ciliary process（软体动物）	
06.0348	纤毛子午线	ciliary meridian	
06.0349	纤毛根丝	ciliary rootlet	
06.0350	纤毛虫	ciliate	
06.0351	纤毛虫学	ciliatology	
06.0352	纤毛系	ciliature	
06.0353	纤毛孢子	ciliospore	

序　号	汉　文　名	英　文　名	注　释
06.0354	纤毛刷	brosse	
06.0355	纤毛后纤维	postciliary fiber	
06.0356	纤毛后微管	postciliary microtubule	
06.0357	纤毛后微纤维	postciliodesma	
06.0358	合纤毛	syncilium	
06.0359	尾纤毛	caudal cilium	
06.0360	尾合纤毛束	caudalia	
06.0361	感觉纤毛	tastcilien	
06.0362	无纤毛的	nonciliferous, aciliferous	
06.0363	弹跳纤毛	springborsten	
06.0364	棒状纤毛	clavate cilium	
06.0365	立体纤毛	stereocilium	
06.0366	触纤毛	tactile cilium	
06.0367	棘毛	cirrus	
06.0368	棘毛小膜	cirromembranelle	
06.0369	后微管	posterior microtubule	
06.0370	毛基体	kinetosome	
06.0371	毛基索	kinety	
06.0372	毛基索断片	kinetofragment, kinetofragmon	
06.0373	毛基皮层单元系统	kinetome	
06.0374	毛基索缝系统	kinetal suture system	
06.0375	毛基单元	kinetid	
06.0376	毛基索段	kinetal segment	
06.0377	毛基索下微管	subkinetal microtubule	
06.0378	基体	basal body	
06.0379	超额数毛基体	supernumerary kinetosome	
06.0380	横行毛基单元	parateny	
06.0381	体子午线	somatic-meridian	
06.0382	极性基体复合体	polar basal body-complex, PBB-complex	
06.0383	双型膜	stichodyad	
06.0384	单型膜	stichomonad	
06.0385	异小膜	heteromembranelle	
06.0386	合膜	synhymenium	
06.0387	罩膜	velum, veloid	
06.0388	伪小膜	pseudomembranelle	

序　号	汉　文　名	英　文　名	注　释
06.0389	小膜区	membranoid	
06.0390	小膜	membranelle	
06.0391	副小膜	paramembranelle	
06.0392	多膜现象	polyhymenium	
06.0393	胞口	cytostome, ooepore（苔藓动物）	
06.0394	口区	oral area, aperture（苔藓动物）	
06.0395	口前腔	oral atrium, preoral cavity（节肢动物）	
06.0396	口沟	oral groove	
06.0397	口－肛缝	bucco-anal striae	
06.0398	口表膜下纤毛系	oral infraciliature	
06.0399	口更新	oral replacement	
06.0400	口肋	oral rib	
06.0401	口前庭	oral vestibule	
06.0402	口后缝	postoral suture	
06.0403	口前区	prebuccal area	
06.0404	口侧膜	paroral membrane	
06.0405	口前纤毛器	preoral ciliary apparatus, PCA	
06.0406	口前缝	preoral suture	
06.0407	口后子午线	postoral meridian	
06.0408	口围	peristome	
06.0409	口缘纤毛穗	adoral ciliary fringe	
06.0410	口缘纤毛旋	adoral ciliary spiral	
06.0411	小膜口缘区	adoral zone of membranelle, AZM	
06.0412	多列单型膜	polystichomonad	
06.0413	多口	polystomy	
06.0414	四膜式[口]器	tetrahymenium	
06.0415	内口膜	endoral membrane	
06.0416	假口围	pseudoperistome	
06.0417	单口	monostomy	
06.0418	反口的	aboral	
06.0419	咽膜	peniculus	
06.0420	四分膜	quadrulus	
06.0421	半膜	semi-membrane	
06.0422	咽篮	pharyngeal basket	
06.0423	弯咽管	cyrtos	
06.0424	篮咽管	nasse	

序　号	汉　文　名	英　文　名	注　释
06.0425	假篮咽管	pseudonasse	
06.0426	围咽环	circumpharyngeal ring	
06.0427	咽微纤丝	nematodesma	
06.0428	胞咽器	cytopharyngeal apparatus	
06.0429	胞咽盔	cytopharyngeal armature	
06.0430	胞咽篮	cytopharyngeal basket	
06.0431	胞咽囊	cytopharyngeal pouch	
06.0432	胞咽杆	cytopharyngeal rod	
06.0433	胞咽	cytopharynx	
06.0434	表膜	pellicle	
06.0435	表膜泡	pellicular alveolus	
06.0436	表膜嵴	pellicular crest	
06.0437	表膜孔	pellicular pore	
06.0438	表膜条纹	pellicular stria	
06.0439	表膜上膜	perilemma	
06.0440	表膜下纤毛网格	infraciliary lattice	
06.0441	表膜下纤毛系	infraciliature	
06.0442	牵缩丝	spasmoneme	
06.0443	牵缩丝纤维	retrodesmal fiber	
06.0444	牵缩纤维	retractor fiber	
06.0445	动纤丝	kinetodesma	
06.0446	切向纤维	tangential fiber	
06.0447	导引微纤丝	cathetodesma	
06.0448	横向纤维	transverse fiber	
06.0449	纤维根丝	fibrillar rootlet	
06.0450	大核	macronucleus	
06.0451	小核	micronucleus	
06.0452	同部大核	homomerous macronucleus	
06.0453	异部大核	heteromerous macronucleus	
06.0454	营养核	trophic nucleus, vegetative nucleus	
06.0455	生殖核	generative nucleus	
06.0456	异形核的	heterokaryotic	
06.0457	核二型性	nuclear dualism	
06.0458	核双型现象	nuclear dimorphism	
06.0459	带核的口原基	nucleated oral primordium	
06.0460	核部	karyomere	
06.0461	大核系	karyonide	

序　号	汉　文　名	英　文　名	注　释
06.0462	悬核网	karyophore	
06.0463	正部	orthomere	
06.0464	副部	paramere	
06.0465	改组带	reorganization band	
06.0466	复制带	replication band	
06.0467	无大核的	amacronucleate	
06.0468	无小核的	amicronucleate	
06.0469	刺丝泡	trichocyst	
06.0470	喷射体	ejectisome	
06.0471	原刺泡	protrichocyst	
06.0472	毒丝泡	toxicyst	
06.0473	纤丝泡	fibrocyst	
06.0474	杆丝泡	rhabdocyst	
06.0475	坛形刺丝泡	ampullocyst	
06.0476	晶泡	crystallocyst	
06.0477	弯泡	cyrtocyst	
06.0478	粘液泡	mucocyst	
06.0479	系丝泡	haptocyst	
06.0480	锥泡	conocyst	
06.0481	固着泡	pexicyst	
06.0482	粘液刺丝泡	mucous trichocyst	
06.0483	碗状泡	phialocyst	
06.0484	网丝泡	clathrocyst	
06.0485	平衡泡	statocyst	又称"平衡囊"。
06.0486	平衡石	statolith	又称"平衡砂"。
06.0487	伸缩泡	contractile vacuole	
06.0488	搏动管	pulsating canal	
06.0489	搏动泡	pulsating vacuole	
06.0490	收集管	collecting canal	
06.0491	结合泡	concrement vacuole	
06.0492	收集泡	receiving vacuole	
06.0493	刺杆	trichite	
06.0494	皮层泡	cortical vesicle	
06.0495	口器发生	stomatogenesis	
06.0496	生口区	stomatogenic field	
06.0497	生口子午线	stomatogenous meridian	
06.0498	毛基索端生型	apokinetal, telokinetal	

序 号	汉 文 名	英 文 名	注 释
06.0499	毛基索口生型	buccokinetal	
06.0500	毛基索间生型	interkinetal	
06.0501	毛基索横生型	perkinetal	
06.0502	毛基索侧生型	parakinetal	
06.0503	外出芽	external budding, exogenous budding, exogemmy	
06.0504	内出芽	internal budding, endogenous budding, endogemmy	
06.0505	外翻出芽	evaginative budding, evaginogemmy	
06.0506	多芽生殖的	polygemmic	
06.0507	单芽生殖的	monogemmic	
06.0508	节片生殖	strobilation	
06.0509	单分裂的	monotomic	
06.0510	等分裂	isotomy	
06.0511	同侧对称分裂	homothetogenic fission	
06.0512	前仔虫	proter	
06.0513	后仔虫	opisthe	
06.0514	接合[生殖]	conjugation	
06.0515	接合体	conjugant	
06.0516	小接合体	microconjugant	
06.0517	大接合体	macroconjugant	
06.0518	接合后体	exconjugant	
06.0519	同形接合体	isoconjugant	
06.0520	交配型	mating type	
06.0521	配子母体	gamont	
06.0522	配子母体配合	gamontogamy	
06.0523	质配	cytogamy, plasmogamy	
06.0524	内融合	endomixis	
06.0525	帚体	phoront	
06.0526	吸吮触手	endosprit, suctorial tentacle, sucking tentacle	
06.0527	捕捉触手	prehensile tentacle	
06.0528	锤形触手	capitate tentacle	
06.0529	帚胚	scopula	
06.0530	帚胚小器	scopulary organelle	
06.0531	类帚胚	scopuloid	

序　号	汉　文　名	英　文　名	注　释
06.0532	动物紫	zoopurpurin	
06.0533	赭虫紫	blepharismin	
06.0534	赭虫素	blepharmone	
06.0535	喇叭虫素	stentorin	
06.0536	梗动体	pecilokont	
06.0537	梗突	pectinelle	
06.0538	梗节	pedicel	
06.0539	缝线	suture line	
06.0540	游动孢子	swarmer	
06.0541	锥器	boring apparatus	
06.0542	窝芽	cryptogemmy	
06.0543	杆状体	rhabdos, rhabdite（寄生蠕虫）	
06.0544	足状突	podite	
06.0545	侧体囊	parasomal sac	
06.0546	隐窝	crypt	
06.0547	鞘质	thecoplasm	
06.0548	掠食体	theront	
06.0549	吞噬质	phagoplasm	
06.0550	动质	kinoplasm	
06.0551	皮质层	lamina corticalis, tela corticalis	
06.0552	表质	epiplasm	
06.0553	肾质	nephridioplasm	
06.0554	胞肛	cytoproct, cytopyge	
06.0555	网格层	clathrum	
06.0556	齿体	denticle	
06.0557	齿环	denticulate ring	
06.0558	指状体	dactylozoite	
06.0559	银线网	dargyrome	
06.0560	嗜银系	argyrome	
06.0561	银线系	silverline system	
06.0562	浸银技术	silver impregnation technique	
06.0563	骨板粒	skeletal plaque	
06.0564	石质小体	lithosome	
06.0565	仔体	tomite	
06.0566	仔体发生	tomitogenesis	
06.0567	分裂前体	tomont	
06.0568	游泳体	telotroch	

序　号	汉 文 名	英　文　名	注　　释
06.0569	原仔体	protomite	
06.0570	原分裂前体	protomont	
06.0571	同极双体	homopolar doublet	
06.0572	滋养体	trophont	
06.0573	二分体	dyad	
06.0574	原肋壁	primary ribbed wall	
06.0575	鞭钩原基	scutica	
06.0576	胞质内囊	intracytoplasmic pouch	
06.0577	轮带	trochal band	
06.0578	辐针	radial pin	
06.0579	壳口	loricastome(原生动物)，aperture（软体动物)	
06.0580	无定形区	anarchic field	
06.0581	皮层型	corticotype	
06.0582	卡巴[颗]粒	Kappa particle	
06.0583	胃泡	gastriole	
06.0584	对映现象	enantiotropic	
06.0585	米勒泡	Müller's vesicle	
06.0586	运动中心	motorium	
06.0587	节奏波	metachronal wave	
06.0588	聚合作用	polymerization	
06.0589	胞质趋性	cytotaxis	
06.0590	小配子	microgamete	
06.0591	小配子母细胞	microgametocyte	
06.0592	小配子母体	microgamont	
06.0593	大配子	macrogamete	
06.0594	雌配子	oogamete	
06.0595	大配子母细胞	macrogametocyte	
06.0596	大配子母体	macrogamont	
06.0597	异形配子	anisogamete	
06.0598	异形配子母体	anisogamont	
06.0599	等配子	isogamete	
06.0600	等配子母体	isogamont	
06.0601	[交]配素	gamone	
06.0602	合子囊	zygocyst, oocyst	
06.0603	合核(纤毛虫学)	synkaryon	
06.0604	囊合子	cystozygote	

序　号	汉　文　名	英　文　名	注　释
06.0605	二分裂	binary fission	
06.0606	质膜	plasmalemma, plasma membrane	
06.0607	胞间连丝	plasmodesma	
06.0608	内质	endoplasm	
06.0609	内质膜	sarcolemma	
06.0610	外质	ectoplasm	
06.0611	波动膜	undulating membrane	
06.0612	波动足	undulipodium	
06.0613	排出小体	extrusome	
06.0614	孔腔(有孔虫)	vestibulum	
06.0615	箭泡	akontobolocyst	
06.0616	根丝	rootlet	
06.0617	轴粒	axosome, axostylar granule	
06.0618	纺锤器	atractophore	
06.0619	食物泡	food vacuole	
06.0620	子实体	fruiting body	
06.0621	孢子	spore	
06.0622	动孢子	zoospore	
06.0623	黄素体	xanthosome	
06.0624	虫黄藻	zooxanthella	
06.0625	虫绿藻	zoochlorella	
06.0626	共生蓝藻	syncyanosen	
06.0627	多核体的	syncytial, coenocytic	
06.0628	多倍性活质体	polyenergid	
06.0629	核内体	endosome	
06.0630	异体	xenoma	
06.0631	异生小体	xenosome	
06.0632	生骨构造	skeletogenous structure	
06.0633	轴丝	axoneme	
06.0634	表膜下微管	subpellicular microtubule	
06.0635	芽生	gemmation	
06.0636	包囊	cyst	
06.0637	包囊形成	encystment	
06.0638	伪包囊	pseudocyst	
06.0639	脱包囊	excystment	
06.0640	吞噬[作用]	phagocytosis	
06.0641	吞噬泡	phagocytic vacuole	

序　号	汉　文　名	英　文　名	注　释
06.0642	胞饮[作用]	pinocytosis	
06.0643	胞饮泡	pinocytotic vesicle	
06.0644	单元的	monophyletic	
06.0645	血生型	sanguicolous	
06.0646	体部分化	somatization	
06.0647	亲代类型	parental form	
06.0648	营养子	trophozoite	
06.0649	连续双分裂	falintomy	
06.0650	原质团分割	plasmotomy	
06.0651	双核体	dikaryon	
06.0652	双核的	dikaryotic	
06.0653	多分裂的	polytomic	
06.0654	复分裂	multiple fission	
06.0655	同型核的	homokaryotic	
06.0656	核分裂	karyokinesis	
06.0657	胞质分裂	cytokinesis	
06.0658	同配生殖	isogamy	
06.0659	暂聚群体	gregaloid colony	
06.0660	链状群体	catenoid colony	
06.0661	树枝状群体	dendritic colony, dendroid colony, arboroid	
06.0662	领细胞	choanocyte, collar cell	
06.0663	原始细胞	archaeocyte	
06.0664	传递细胞	carrier cell	
06.0665	中央细胞	central cell	
06.0666	小球细胞	spherulous cell	
06.0667	生成细胞	founder cell	
06.0668	扁平细胞	pinacocyte	
06.0669	海绵质细胞	spongocyte	
06.0670	球状细胞	globoferous cell	
06.0671	灰细胞	gray cell	
06.0672	泌胶细胞	iophocyte	
06.0673	泡细胞	cystencyte	
06.0674	泌钙细胞	etching cell	
06.0675	孔细胞	porocyte	
06.0676	内扁平细胞	endopinacocyte	
06.0677	胶原细胞	collencyte	

序　号	汉　文　名	英　文　名	注　释
06.0678	外扁平细胞	ectopinacocyte	
06.0679	基[底]扁平细胞	basopinacocyte	
06.0680	变形细胞	amoebocyte	
06.0681	造骨细胞	sclerocyte	
06.0682	营养细胞	trophoblast	
06.0683	储蓄细胞	thesocyte	
06.0684	实[囊]胚	parenchymula	
06.0685	内腔	atrium	
06.0686	星根	astrorhizae	
06.0687	中轴构造	axial construction	
06.0688	领细胞层	choanosome, choanoderm	
06.0689	闭合孔	lipostomous	
06.0690	中胶层	mesoglea	
06.0691	软胶质	maltha	
06.0692	宽幽门孔	eurypylorus	
06.0693	真孔	eupore	
06.0694	皮层	dermal epithelium, tegument（蠕虫）	
06.0695	胃层	gastral epithelium	
06.0696	单沟型	ascon	
06.0697	双沟型	sycon	
06.0698	复沟型	rhagon	
06.0699	内卷沟	aporhysis	
06.0700	萼管	porocalyx	
06.0701	筛区	sieve area	
06.0702	中质	mesohyl	
06.0703	围鞭毛膜	periflagellar membrane	
06.0704	海绵质	spongioplasm（原生动物），spongin（海绵）	
06.0705	围骨针海绵质	perispicular spongin	
06.0706	海绵丝	spongin fiber	
06.0707	沟系	canal system	
06.0708	流入孔	ostium	
06.0709	入水孔	incurrent pore	
06.0710	出水口	osculum	
06.0711	入水管	incurrent canal（多孔动物），inhalant siphon（软体动物）	

序　号	汉　文　名	英　文　名	注　释
06.0712	出水管	excurrent canal（多孔动物），exhalant siphon（软体动物）	
06.0713	放射管	radial canal	
06.0714	皮孔	dermal pore	
06.0715	雏海绵	olynthus	
06.0716	侧胃	paragastric	
06.0717	前幽门孔	prosopyle	
06.0718	后幽门孔	apopyle	
06.0719	后幽门管	apochete	
06.0720	锥状突	conule	
06.0721	海绵腔	spongocoel	
06.0722	胃腔	gastral cavity	
06.0723	外卷沟	epirhysis	
06.0724	全卷沟	diarhysis	
06.0725	等孔型	diplodal	
06.0726	鞭毛室	flagellate chamber	
06.0727	筛状孔	cribriporal	
06.0728	领细胞室	choanocyte chamber	
06.0729	冠须	coronal	
06.0730	缘须	marginalia	
06.0731	基须	basalia	
06.0732	表须	prostalia, pleuralia	
06.0733	胃须	gastralia	
06.0734	根束	rooting tuft	
06.0735	伞序	umbel	
06.0736	主杆	rhabd	
06.0737	主质	parenchyma	
06.0738	枝辐群	cladome	
06.0739	聚合体	diamorph	
06.0740	硅质膜鞘	silicalemma	
06.0741	骨针	sclere, spicule	
06.0742	小骨针	microsclere	
06.0743	大骨针	megasclere	
06.0744	皮层骨针	dermalia	
06.0745	树状骨针	dendritic [sclere]	
06.0746	盘六星骨针	discohexaster	
06.0747	二轴骨针	diaxon	

序　号	汉　文　名	英　文　名	注　释
06.0748	盘三叉骨针	discotriaene	
06.0749	半针六星骨针	hemioxyhexaster	
06.0750	全针六星骨针	holoxyhexaster	
06.0751	戟形骨针	hastate	
06.0752	六星骨针	hexaster	
06.0753	六辐骨针	hexactine, hexact	
06.0754	居间骨针	intermedia	
06.0755	后三叉骨针	anatriaene	
06.0756	双尖骨针	amphioxea	
06.0757	根枝骨针	rhizoclad	
06.0758	根杆骨针	rhizoclone	
06.0759	蛇杆骨针	ophirhabd	
06.0760	针星骨针	oxyaster	
06.0761	二尖骨针	oxea, acerate	
06.0762	正三辐骨针	regular triact	
06.0763	发状骨针	raphide	
06.0764	月星骨针	solenaster	
06.0765	球六星骨针	sphaerohexaster	
06.0766	链星骨针	streptaster	
06.0767	实星骨针	sterraster	
06.0768	十字骨针	stauract, stauractine	
06.0769	双轮骨针	birotule	
06.0770	萼丝骨针	calycocome	
06.0771	棘状骨针	calthrops	
06.0772	叉星骨针	chiaster	
06.0773	爪状骨针	chela	
06.0774	双盘骨针	amphidisc	
06.0775	纺锤骨针	fusiform	
06.0776	小枝骨针	cleme	
06.0777	二辐骨针	diactine, diact	
06.0778	针状骨针	style	
06.0779	棒状骨针	strongyle	
06.0780	棒星骨针	strongylaster	
06.0781	旋星骨针	spiraster	
06.0782	楔形骨针	tornote	
06.0783	毛束骨针	trichodragma	
06.0784	帚状骨针	scopule	

序　号	汉　文　名	英　文　名	注　释
06.0785	羽状三辐骨针	sagital	
06.0786	卷轴骨针	sigma	
06.0787	二次三叉骨针	dichotriaene	
06.0788	三次三叉骨针	trichotriaene	
06.0789	球星骨针	sphaeraster	
06.0790	球杆骨针	sphaeroclone	
06.0791	片叉骨针	phyllotriaene	
06.0792	主质骨针	parenchymalia	
06.0793	主骨针	principalia	
06.0794	前三叉骨针	protriaene	
06.0795	前四叉骨针	protetraene	
06.0796	多辐骨针	polyact, polyactine	
06.0797	掌形爪状骨针	palmate chela, palmate	
06.0798	侧三叉骨针	plagiotriaene	
06.0799	三冠骨针	trilophous microcalthrops	
06.0800	四冠骨针	tetralophous microcalthrops	
06.0801	三杆骨针	triod	
06.0802	大头骨针	tylostyle	
06.0803	弓旋骨针	toxaspire	
06.0804	上向皮层骨针	autodermalia	
06.0805	上向胃层骨针	autogastralia	
06.0806	下向皮层骨针	hypodermalia	
06.0807	下向胃层骨针	hypogastralia	
06.0808	针六辐骨针	oxyhexact, oxyhexactine	
06.0809	辅助骨针	accessory spicule	
06.0810	头枝骨针	tyloclad	
06.0811	多齿爪状骨针	unguiffrate	
06.0812	尖棒骨针	oxystrongyle	
06.0813	尖头骨针	oxytylote	
06.0814	直束骨针	orthodragma	
06.0815	针枝骨针	oxyclad	
06.0816	针六星骨针	oxyhexaster	
06.0817	近星骨针	plesiaster	
06.0818	密星骨针	pycnaster	
06.0819	多旋骨针	polyspire	
06.0820	杆状二尖骨针	rhabdus amphioxea	
06.0821	球状骨针	spheres, sphaerae	

序　号	汉　文　名	英　文　名	注　释
06.0822	棒尖骨针	strongyloxea	
06.0823	棒枝骨针	strongyloclad	
06.0824	卷束骨针	sigmadragma	
06.0825	板星骨针	saniaster	
06.0826	旋转骨针	spire	
06.0827	卷旋骨针	sigmaspire	
06.0828	球六辐骨针	spherohexact, spherohexactine	
06.0829	头尖骨针	tyloxea	
06.0830	弓束骨针	toxadragma	
06.0831	异辐骨针	anisoactinate	
06.0832	双三叉骨针	amphitriaene	
06.0833	花唇骨针	candelabrum	
06.0834	中三叉骨针	centrotriaene, mesotriaene	
06.0835	盘六辐骨针	discohexact, discohexactine	
06.0836	线束骨针	dragmas	
06.0837	双冠骨针	dilophous microcalthrops	
06.0838	向心辐骨针	esactine	
06.0839	离心辐骨针	exactine	
06.0840	等辐骨针	isoactinate	
06.0841	小球骨针	globule, spherule	
06.0842	后星骨针	metaster	
06.0843	单冠骨针	monolophous microcalthrops	
06.0844	小棒骨针	microstrongyle	
06.0845	小二尖骨针	microxea	
06.0846	小杆骨针	microrabdus, microrabd	
06.0847	小荆骨针	microcalthrops	
06.0848	音叉骨针	tuning fork	
06.0849	三叉骨针	triaene	
06.0850	三辐骨针	triactine, triact	
06.0851	三轴骨针	triaxon	
06.0852	弓形骨针	toxa	
06.0853	四轴骨针	tetraxon	
06.0854	四叉骨针	tetraene	
06.0855	四辐骨针	tetractine, tetract	
06.0856	头星骨针	tylaster	
06.0857	双头骨针	tylote	
06.0858	勾棘骨针	uncinate	

序　号	汉　文　名	英　文　名	注　释
06.0859	单轴骨针	monaxon	
06.0860	单叉骨针	monaene	
06.0861	单辐骨针	monactine, monact	
06.0862	正三叉骨针	orthotriaene	
06.0863	叉针骨针	rhopalostyle	
06.0864	八辐骨针	octact, octactine	
06.0865	羽丝骨针	plumicome	
06.0866	羽辐骨针	pinule	
06.0867	三辐爪状骨针	arcuate	
06.0868	星状骨针	aster	
06.0869	异杆骨针	anomoclad	
06.0870	线丝六星骨针	graphiohexaster	
06.0871	单针六星骨针	monoxyhexaster	
06.0872	蛇状骨针	eulerhabd	
06.0873	真星骨针	euaster	
06.0874	瘤棒骨针	kyphorhabd	
06.0875	钳状骨针	forcep	
06.0876	花丝骨针	floricome	
06.0877	管沟骨针	canalaria	
06.0878	球棒骨针	clavule	
06.0879	二叉骨针	diaene	
06.0880	双星骨针	amphiaster	
06.0881	四辐爪状骨针	anchorate	
06.0882	伴骨针	comitalia	
06.0883	膨头骨片	dicranoclona	
06.0884	大柱骨片	megaclone	
06.0885	大枝骨片	megaclad	
06.0886	瘤杆骨片	ennomoclone	
06.0887	网状骨片	desma	
06.0888	四枝骨片	tetraclad, tetraclone, tetracrepid desma	
06.0889	单轴原骨片	monocrepid	
06.0890	四轴骨片	tetracrepid	
06.0891	无枝骨片	acrepid desma	
06.0892	叉杆骨片	eutaxiclad	
06.0893	角质骨骼	keratose	
06.0894	棘状骨骼	echinating	

序 号	汉 文 名	英 文 名	注 释
06.0895	网状骨骼	dictyonalia	
06.0896	等网状骨骼	isodictyal skeleton	
06.0897	羽网状骨骼	plumoreticulate skeleton	
06.0898	外轴骨骼	extra-axial skeleton	
06.0899	芽球	gemmule	
06.0900	芽球生殖	gemmulation	
06.0901	抑制芽球	gemmulostasin	
06.0902	两囊幼虫	amphiblastula	
06.0903	实原肠胚	stereogastrula	
06.0904	口道囊胚	stomoblastula	
06.0905	植形动物	zoophyte	
06.0906	共肉	coenosarc	
06.0907	水螅[体]	polyp	
06.0908	水母[体]	medusa	
06.0909	腔肠	coelenteron	
06.0910	胶充质	collenchyma	
06.0911	皮肌细胞	epitheliomuscular cell	
06.0912	刺细胞	sting cell, cnidoblast	
06.0913	刺丝囊	nematocyst, cnidocyst	
06.0914	卷缠刺丝囊	volvent	
06.0915	粘性刺丝囊	glutinant	
06.0916	穿刺刺丝囊	penetrant	
06.0917	囊	capsule	
06.0918	螺状体	spiral zooid	
06.0919	刺丝环	nettle ring	
06.0920	螅状幼体	hydrula	
06.0921	碟状幼体	ephyra	
06.0922	辐状幼体	actinula	
06.0923	浮浪幼体	planula	
06.0924	钵口幼体	scyphistoma	
06.0925	匍匐繁殖	stolonization	
06.0926	水螅鞘	hydrotheca	
06.0927	钟形芽鞘	campanulate hydrotheca	
06.0928	水螅茎	hydrocaulus	
06.0929	匍匐水螅根	stolon	
06.0930	水螅根	hydrorhiza	
06.0931	水螅枝	hydrocladium	

序　号	汉　文　名	英　文　名	注　释
06.0932	茎生的	cauline	
06.0933	成束茎	fascicled stem	
06.0934	成束现象	fasciculation	
06.0935	合轴	sympodium	
06.0936	体表附生的	epizootic	
06.0937	单主附生的	auto-epizootic	
06.0938	近茎的	adcauline	
06.0939	远茎的	abcauline	
06.0940	近轴的	adaxial	
06.0941	远轴的	abaxial	
06.0942	硬茎	stiff stem	
06.0943	小柄	peduncle	
06.0944	膝状突起	apophysis	
06.0945	隔[膜]	diaphragm, mesentery, septum（软体动物）	
06.0946	垂唇	hypostome	
06.0947	口盖	operculum	
06.0948	子茎	blastostyle	
06.0949	围鞘	perisare	
06.0950	反口触手	aboral tentacle	
06.0951	刺丝体	nematophore	
06.0952	刺丝鞘	nematotheca	
06.0953	生殖笼	corbula	
06.0954	生殖体	gonophore	
06.0955	生殖鞘	gonotheca	
06.0956	囊胞体	sarcostyle	
06.0957	裂殖生殖	schizogeny	
06.0958	营养个虫	gastrozooid	
06.0959	真水母的	eumedusoid	
06.0960	上伞	exumbrella	
06.0961	下伞	subumbrella	
06.0962	垂管	manubrium	
06.0963	主辐	perradius	
06.0964	从辐	adradius	
06.0965	间辐	interradius	
06.0966	顶管	apical canal	
06.0967	顶突	apical process(腔肠动物), rostel-	

序 号	汉 文 名	英 文 名	注 释
		lum(寄生蠕虫), terminal apophysis(蜘蛛)	
06.0968	缘瓣	marginal lappet	
06.0969	胃丝	gastral filament	
06.0970	肩板	scapullet, aileron(多毛类)	
06.0971	缘膜	velum(腔肠动物, 头索动物), lamella(苔藓动物), fringe (脊椎动物)	
06.0972	假缘膜	velarium	
06.0973	生殖下腔	subgenital porticus	
06.0974	感觉棍	cordylus	
06.0975	边缘囊	marginal vesicle	
06.0976	环管	circular canal	
06.0977	辐管	radial canal	
06.0978	足囊	podocyst	
06.0979	柄	pedicel, manubrium (多毛类), petiole(蜘蛛)	
06.0980	口盘	oral disc	
06.0981	足盘	pedal disc	
06.0982	原鳞柄	bulb	
06.0983	卵生珊瑚虫	oozooid	
06.0984	管状体	siphonozooid	
06.0985	原生珊瑚体	founder polyp	
06.0986	体柱	scapus	
06.0987	冠部	capitutum	
06.0988	珊瑚冠	anthocodia	
06.0989	珊瑚冠柱	anthostele	
06.0990	领部	collaret	
06.0991	口道沟	siphonoglyph	
06.0992	隔膜丝	mesenterial filament	
06.0993	枪丝	acontium	
06.0994	壁孔	cinclides	
06.0995	消化腔	gastrovascular cavity	
06.0996	小室	loculus	
06.0997	中轴	core	
06.0998	中轴索	central chord	
06.0999	羽状体(腔肠动	pinnule	

序　号	汉　文　名	英　文　名	注　释
	物）		
06.1000	小裂片	lobule	
06.1001	裂片	lobe	
06.1002	珊瑚冠公式	anthocodial formula	
06.1003	珊瑚冠类别	anthocodial grade	
06.1004	无沟边	asulcal side	
06.1005	乳头突	mamelon	
06.1006	瓶刷形分枝	bottlebrush	
06.1007	丛状分枝	bushy	
06.1008	鳞骨片	scale	
06.1009	双锥形骨针	double cone	
06.1010	双杯形骨针	double cup	
06.1011	双盘形骨针	double disc	
06.1012	双球形骨针	double sphere	
06.1013	双纺锤形骨针	double spindle	
06.1014	双星形骨针	double star	
06.1015	双轮形骨针	double wheel	
06.1016	哑铃形骨针	dumb-bell	
06.1017	球形骨针	spheroid	
06.1018	纺锤形骨针	spindle	
06.1019	刺玫瑰花形骨针	spiny rosette	
06.1020	拟根共肉	rhizoids	
06.1021	棍棒形骨针	rod	
06.1022	根头形骨针	rooted head	
06.1023	根叶形骨针	rooted leaf	
06.1024	玫瑰花形骨针	rosette	
06.1025	舟形骨针	scaphoid	
06.1026	新月形骨针	crescent	
06.1027	十字形骨针	cross	
06.1028	冠骨针	crown	
06.1029	光头刺骨针	crown spine	
06.1030	叉头骨针	crutch	
06.1031	滚轴式骨针	cylinder	
06.1032	球棒形骨针	ballon club	
06.1033	短腰双圆球形骨针	barrel	
06.1034	茄形骨针	leptoclados-type club	

序　号	汉　文　名	英　文　名	注　释
06.1035	叶棒形骨针	leaf club	
06.1036	叶纺锤形骨针	leaf spindle	
06.1037	蝶形骨针	butterfly-form	
06.1038	弧形骨针	bracket	
06.1039	棒形骨针	club	
06.1040	绞盘形骨针	capstan	
06.1041	单边刺形骨针	caterpillar	
06.1042	盘纺锤形骨针	disk-spindle	
06.1043	辐射状骨针	radiate	
06.1044	辐射束骨针	ray	
06.1045	小板形骨针	platelet	
06.1046	翎骨针	point	
06.1047	火炬形骨针	torch	
06.1048	棱脊状骨针	shuttle	
06.1049	棘星形骨针	thornstar	
06.1050	叶球形骨针	foliate spheroid	
06.1051	针形骨针	needle	
06.1052	疣	verruca, wart(腔肠动物), tubercle(棘皮动物)	
06.1053	造礁珊瑚	hermatypic coral	
06.1054	非造礁珊瑚	ahermatypic coral, non-reef-building coral	
06.1055	珊瑚骼	corallum	
06.1056	珊瑚杯	calice	
06.1057	珊瑚单体	corallite	
06.1058	轴珊瑚单体	axial corallite	
06.1059	辐射珊瑚单体	radial corallite	
06.1060	单体的	solitary	
06.1061	共骨	coenosteum	
06.1062	隔片	septum	
06.1063	直接隔片	directive septum	
06.1064	初级隔片	primary septum	
06.1065	次级隔片	secondary septum	
06.1066	三级隔片	tertiary septum	
06.1067	肌旗	muscle banner	
06.1068	隔片鞘	septotheca	
06.1069	隔片珊瑚肋	septocosta	

序　号	汉　文　名	英　文　名	注　释
06.1070	珊瑚肋	costa	
06.1071	围栅	pali	
06.1072	围栅瓣	paliform lobe	
06.1073	合隔桁	synapticulae	
06.1074	轴柱	columella	
06.1075	小丘	monticule	
06.1076	灰质簇	sclerodermite	
06.1077	透明斑	fenestra	
06.1078	鳞板	dissepiment	
06.1079	外鞘鳞板	exothecal dissepiment	
06.1080	内鞘鳞板	endothecal dissepiment	
06.1081	泡状鳞板	vesicular dissepiment	
06.1082	横板	tabula	
06.1083	鞘	theca	
06.1084	内鞘	endotheca	
06.1085	外鞘	epitheca	
06.1086	副鞘	paratheca	
06.1087	窝	fossa	
06.1088	单口道芽	mono-stomodeal budding	
06.1089	双口道芽	di-stomodeal budding	
06.1090	三口道芽	triple-stomodeal budding	
06.1091	多口道芽	polystomodeal budding	
06.1092	内触手芽	intratentacular budding	
06.1093	外触手芽	extratentacular budding	
06.1094	寄生虫学	parasitology	
06.1095	人体寄生虫学	human parasitology	
06.1096	兽医寄生虫学	veterinary parasitology	
06.1097	免疫寄生虫学	immunoparasitology	
06.1098	蠕虫学	helminthology	
06.1099	吸虫学	trematology	
06.1100	绦虫学	cestodology	
06.1101	线虫学	nematology	
06.1102	动物线虫学	animal nematology	
06.1103	植物线虫学	plant nematology	
06.1104	血液寄生虫	haematozoic parasite, haematozoon	
06.1105	吸虫	trematode, fluke	
06.1106	绦虫	cestode, tapeworm	

序 号	汉 文 名	英 文 名	注 释
06.1107	棘头虫	acanthocephala, thorny-headed worm	
06.1108	寄生虫病	parasitic disease	
06.1109	蠕虫病	helminthiasis, helminthosis	
06.1110	吸虫病	trematodiasis	
06.1111	绦虫病	cestodiasis	
06.1112	线虫病	nematodiasis	
06.1113	棘头虫病	acanthocephaliasis	
06.1114	寄生虫感染	parasitic infection	
06.1115	长久性寄生虫	permanent parasite	
06.1116	暂时性寄生虫	temporary parasite, intermittent parasite	
06.1117	兼性寄生虫	facultative parasite	
06.1118	专性寄生虫	obligatory parasite	
06.1119	偶然寄生虫	accidental parasite, occasional parasite	
06.1120	假寄生虫	pseudoparasite, spurious parasite	自由生活的种类偶然进入某些动物体内，并继续在那里生存一段时间。
06.1121	周期性寄生虫	periodic parasite	
06.1122	生物源性蠕虫	biohelminth	
06.1123	土源性蠕虫	geohelminth	
06.1124	生物源性蠕虫病	biohelminthiasis	
06.1125	土源性蠕虫病	geohelminthiasis	
06.1126	寄生性人兽互通病	parasitic zoonosis	
06.1127	人兽互通病	zoonosis	
06.1128	直接人兽互通病	direct zoonosis	
06.1129	循环人兽互通病	cyclo-zoonosis	
06.1130	媒介人兽互通病	meta-zoonosis	
06.1131	污染人兽互通病	sapro-zoonosis	
06.1132	兽传人兽互通病	anthropozoonosis	
06.1133	人传人兽互通病	zooanthropozoonosis	
06.1134	互传人兽互通病	amphixenosis	
06.1135	自然疫源地	natural focus, nidus	
06.1136	自身感染	autoinfection	

序　号	汉　文　名	英　文　名	注　释
06.1137	消除性免疫	sterilizing immunity	
06.1138	非消除性免疫	non-sterilizing immunity	
06.1139	带虫免疫	premunition	
06.1140	伴随免疫	concomitant immunity	
06.1141	尾蚴膜反应	cercarian huellen reaction, CHR	
06.1142	环卵沉淀反应	circumoval precipitate reaction, COPR	
06.1143	单宫型	monodelphic type	
06.1144	双宫型	didelphic type	
06.1145	多宫型	polydelphic type	
06.1146	前后宫型	amphidelphic type	
06.1147	前宫型	prodelphic type	
06.1148	后宫型	opisthodelphic type	
06.1149	少肌型	meromyarian type	
06.1150	同肌型	holomyarian type	
06.1151	多肌型	polymyarian type	
06.1152	韧带	ligament	
06.1153	颈牵缩肌	neck retractor	
06.1154	链体	strobila	
06.1155	节片	segment, proglottid	
06.1156	成熟节片	mature segment, mature proglottid	
06.1157	未熟节片	immature segment, immature proglottid	
06.1158	孕卵节片	gravid segment, gravid proglottid	又称"孕节"。
06.1159	头感器	amphid	
06.1160	尾感器	phasmid	
06.1161	角质层窝	cuticular pit	
06.1162	端球	terminal bulb, end bulb(帚虫动物)	
06.1163	端囊	terminal vesicle	
06.1164	实质囊	parenchymal vesicle	
06.1165	附性囊	accessory sac	
06.1166	基囊	basal sac	
06.1167	生发细胞	germinal cell	
06.1168	生发囊	brood capsule	
06.1169	棘球子囊	daughter cyst	

序　号	汉　文　名	英　文　名	注　　释
06.1170	泡状棘球蚴	alveolar hydatid	
06.1171	棘球蚴沙	hydatid sand	又称"囊沙"。
06.1172	囊液	hydatid fluid	
06.1173	生发层	germinal layer	
06.1174	管道	lacuna	棘头虫体壁辐层内的一种通道。
06.1175	管道系统	lacunar system	
06.1176	腹塞	ventral plug	
06.1177	会阴花纹	perineal pattern	
06.1178	沙氏囊	Saefftigen's pouch	
06.1179	童虫(血吸虫)	schistosomulum	
06.1180	宿主	host	
06.1181	宿主交替	alternation of host	
06.1182	宿主特异性	host specificity	
06.1183	动物宿主	animal host	
06.1184	中间宿主	intermediate host	
06.1185	第一中间宿主	first intermediate host	
06.1186	第二中间宿主	second intermediate host	
06.1187	终宿主	final host, definitive host	
06.1188	储存宿主	reservoir host	又称"保虫宿主"。
06.1189	转续宿主	paratenic host	又称"输送宿主(transport host)"。
06.1190	暂时宿主	temporary host	
06.1191	偶见宿主	accidental host, incidental host	
06.1192	单宿主型	monoxenous form	
06.1193	异宿主型	heteroxenous form	
06.1194	自异宿主型	autoheteroxenous form	此型寄生虫的终末宿主可接着成为中间宿主。
06.1195	同型生活史	homogonic life cycle	
06.1196	异型生活史	heterogonic life cycle	
06.1197	无性繁殖阶段	asexual reproductive phase	
06.1198	有性繁殖阶段	sexual reproductive phase	
06.1199	组织内寄生虫	histozoic	
06.1200	囊毛蚴	oncomiracidium	
06.1201	毛蚴	miracidium	
06.1202	胞蚴	sporocyst	

序　号	汉　文　名	英　文　名	注　释
06.1203	母胞蚴	mother sporocyst	
06.1204	子胞蚴	daughter sporocyst	
06.1205	雷蚴	redia	
06.1206	母雷蚴	mother redia	
06.1207	子雷蚴	daughter redia	
06.1208	囊蚴	metacercaria	
06.1209	后尾蚴	excysted metacercaria	
06.1210	续绦期	metacestode	
06.1211	棘头体	acanthella	
06.1212	感染性棘头体	cystacanth	
06.1213	前棘头体	preacanthella	
06.1214	尾蚴	cercaria	
06.1215	无尾尾蚴	cercariaeum	
06.1216	对盘尾蚴	amphistome cercaria	
06.1217	囊尾尾蚴	cystocercous cercaria	
06.1218	叉尾尾蚴	furocercous cercaria	
06.1219	双口尾蚴	distome cercaria	
06.1220	腹口尾蚴	gasterostome cercaria	
06.1221	脊性尾蚴	lophocercaria	
06.1222	中尾蚴	mesocercaria	
06.1223	微尾尾蚴	microcercous cercaria	
06.1224	单口尾蚴	monostome cercaria	
06.1225	棒尾尾蚴	rhopalocercous cercaria	
06.1226	毛尾尾蚴	trichocercous cercaria	
06.1227	具囊尾蚴	cystophorous cercaria	
06.1228	盘尾尾蚴	cotylocercous cercaria	
06.1229	棘口尾蚴	echinostome cercaria	
06.1230	裸头尾蚴	gymnocephalus cercaria	
06.1231	矛口尾蚴	xiphidiocercaria	
06.1232	原尾蚴	procercoid	
06.1233	囊尾蚴	cysticercus	
06.1234	实尾蚴	plerocercoid	又称"裂头蚴(sparganum)"。
06.1235	拟囊尾蚴	cysticercoid	
06.1236	钩毛蚴	coracidium	
06.1237	多头蚴	coenurus	
06.1238	隐拟囊尾蚴	cryptocystis	

序 号	汉 文 名	英 文 名	注 释
06.1239	缺尾拟囊尾蚴	cercocystis	
06.1240	六钩蚴	oncosphere, hexacanth	
06.1241	十钩蚴	lycophora, decacanth	
06.1242	链尾蚴	strobilocercus	
06.1243	棘球蚴	echinococcus	
06.1244	羊囊尾蚴	cysticercus ovis(拉)	
06.1245	豆状囊尾蚴	cysticercus pisiformis(拉)	
06.1246	细颈囊尾蚴	cysticercus tenuicollis(拉)	
06.1247	猪囊尾蚴	cysticercus cellulosa(拉)	
06.1248	牛囊尾蚴	cysticercus bovis(拉)	
06.1249	骨棘球蚴	osseous hydatid	
06.1250	棘头蚴	acanthor	
06.1251	微丝蚴	microfilaria	
06.1252	杆状蚴	rhabtidiform larva	
06.1253	丝状蚴	filariform larva	
06.1254	四盘蚴	tetrathyridium	
06.1255	体被	integument	
06.1256	皮棘	tegumental spine	
06.1257	皮层细胞	tegumental cell	
06.1258	体褶	body fold	
06.1259	围腹吸盘褶	circumacetabular fold	
06.1260	侧沟	lateral groove	
06.1261	抱雌沟	gynecophoric canal	
06.1262	颈沟	cervical groove	
06.1263	饰带	cordon	
06.1264	肩饰片	epaulet	
06.1265	翼膜	ala	
06.1266	颈翼膜	cervical ala	
06.1267	侧翼膜	lateral ala	
06.1268	尾翼膜	caudal ala	
06.1269	杆状带	bacillary band	
06.1270	口道	stomodaeum	
06.1271	肛窝	anal pit	
06.1272	肛沟	anal groove	
06.1273	粘附器	adhesive organ	
06.1274	固着铗	attaching clamp	
06.1275	固着盘	attaching disc	

序　号	汉 文 名	英 文 名	注　释
06.1276	固着器	attaching organ	
06.1277	固吸器	haptor	
06.1278	前吸器	prohaptor	
06.1279	后吸器	opisthaptor	
06.1280	附着器	holdfast, adhering apparatus(软体动物)	
06.1281	内突	inner root	
06.1282	外突	outer root	
06.1283	粘器	tribocytic	
06.1284	端器	terminal organ	
06.1285	窦器	sinus organ	
06.1286	窦囊	sinus sac	
06.1287	鳞盘	squamodisc	
06.1288	基盘	basal disc	
06.1289	锚钩	anchor, hamulus	
06.1290	吻突	proboscis	
06.1291	吻鞘	proboscis receptacle	
06.1292	吻钩	rostellar hook	又称"吻囊"。
06.1293	垂棒	lemniscus	
06.1294	角皮凸	boss	
06.1295	鳞状膜片	squama	
06.1296	吸泡	alveolus	又称"吸沟"。
06.1297	吸槽	bothrium	
06.1298	突盘	bothridium	
06.1299	小钩	hooklet	
06.1300	边缘钩	marginal hook	
06.1301	终末钩	definitive hook	
06.1302	乳突	papilla	
06.1303	头乳突	cephalic papilla	
06.1304	口乳突	oral papilla	
06.1305	颈乳突	cervical papilla	
06.1306	内唇乳突	interno-labial papilla	
06.1307	生殖乳突	genital papilla	
06.1308	有柄乳突	pedunculated papilla	
06.1309	无柄乳突	sessile papilla	又称"座状乳突"。
06.1310	肛乳突	anal papilla	
06.1311	角质环	cuticular ring	

序　号	汉　文　名	英　文　名	注　释
06.1312	耳状突	auricular projection	
06.1313	襟刺	collar spine	
06.1314	口锥	stylet	又称"口针(spear)"。
06.1315	口锥球	stylet knob	
06.1316	口锥套	stylet protector	
06.1317	口锥杆	stylet shaft	
06.1318	尾刺	caudal spine	
06.1319	口吸盘	oral sucker	
06.1320	腹吸盘	acetabulum, ventral sucker	
06.1321	附吸盘	accessory sucker	
06.1322	腹吸盘指数	acetabular index	
06.1323	有柄腹吸盘	pedunculated acetabulum	
06.1324	无柄腹吸盘	sessile acetabulum	又称"座状腹吸盘"。
06.1325	前咽吸盘	buccal sucker	
06.1326	生殖吸盘	genital sucker	
06.1327	肛前吸盘	preanal sucker	
06.1328	生殖盘	gonotyl	
06.1329	侧吸吮杯	lateral suctorial cup	
06.1330	腹吸盘前窝	preacetabular pit	
06.1331	后腹吸盘瓣	postacetabular flap	
06.1332	边缘吸盘	marginal sucker	
06.1333	口腹吸盘比	sucker ratio	
06.1334	后吸盘	posterior sucker	
06.1335	头节	scolex	
06.1336	原头节	protoscolex	
06.1337	假头节	pseudoscolex	
06.1338	头领	head collar	
06.1339	头器	head organ	
06.1340	头冠	head crown	
06.1341	头沟	cephalic groove	
06.1342	头锥	cephalic cone	
06.1343	口甲	buccal armature	
06.1344	口后环	postoral ring	
06.1345	口前叶	peripheral lobe, preoral lobe, prostomium(环节动物)	
06.1346	围口刺	perioral spine	

序　号	汉　文　名	英　文　名	注　释
06.1347	围口冠	circumoral crown	
06.1348	口囊	buccal capsule	
06.1349	假唇	pseudolabium	
06.1350	叶冠	corona radiata(拉)	
06.1351	间唇	interlabium	
06.1352	切板	cutting plate	
06.1353	下沉上皮	insunk epithelium	
06.1354	前咽	prepharynx	
06.1355	咽囊	pharyngeal pouch	
06.1356	咽甲	pharyngeal armature	
06.1357	咽腔	pharyngeal cavity	
06.1358	食道球	oesophageal bulb	
06.1359	食道肠瓣	oesophago-intestinal valve	
06.1360	肠盲囊	diverticulum	
06.1361	肠支	intestinal cecum	
06.1362	肠叉	intestinal bifurcation	
06.1363	前胃	proventriculus	
06.1364	肛孔	anal pore	
06.1365	基片	basal piece	
06.1366	附片	accessory piece	
06.1367	辅助片	supplementary plate	
06.1368	支持器	supporting apparatus	
06.1369	连接棒	connective bar	
06.1370	附加棒	additional bar	
06.1371	支持带	retinaculum	
06.1372	前庭管	vestibular canal	
06.1373	阴茎囊	cirrus pouch, cirrus sac	
06.1374	假阴茎囊	false cirrus pouch	
06.1375	射精囊	ejaculatory vesicle	
06.1376	前列腺球	prostatic bulb	
06.1377	前列腺细胞	prostatic cell	
06.1378	交接管	copulatory tube	
06.1379	生殖消化管	genito-intestinal duct	
06.1380	生殖腔	genital atrium	
06.1381	生殖锥	genital cone	
06.1382	生殖联合	genital junction	
06.1383	生殖叶	genital lobe	

序 号	汉 文 名	英 文 名	注 释
06.1384	生殖窦	genital sinus	
06.1385	产孔	birth pore	
06.1386	交合刺囊	spicular sac, spicular pouch	
06.1387	交合刺鞘	spicular sheath	
06.1388	交合刺	spicule	
06.1389	副引带	telamon	
06.1390	引带	gubernaculum	
06.1391	交合伞	copulatory bursa	
06.1392	伞辐肋	bursal ray	
06.1393	卵黄腺	vitelline gland, yolk gland, vitellarium	
06.1394	卵黄滤泡	vitelline follicle	
06.1395	卵黄总管	common vitelline duct	
06.1396	卵黄贮囊	vitelline reservoir	
06.1397	卵巢球	ovarian ball	
06.1398	子宫受精囊	receptaculum seminis uterirum	
06.1399	受精囊孔	spermathecal orifice	
06.1400	劳氏管	Laurer's canal	
06.1401	副子宫器	paruterine organ	又称"子宫周器官"。
06.1402	子宫钟	uterine bell	见于棘头虫。
06.1403	子宫枝	uterine branch	
06.1404	子宫囊	uterine sac	
06.1405	子宫泡	uterine vesicle	
06.1406	子宫孔	uterine pore	
06.1407	排卵管	ovijector	又称"导卵管"。
06.1408	前阴道	provagina	
06.1409	韧带囊	ligament sac	
06.1410	子宫末段	metraterm	
06.1411	阴道管	vaginal tube	
06.1412	储卵器	egg reservoir	
06.1413	卵形成器	oogenotop	
06.1414	卵鞘	ootheca	
06.1415	梨形器	pyriform apparatus (绦虫), pyriform organ(苔藓动物)	
06.1416	卵盖	operculum	
06.1417	卵模	ootype	
06.1418	焰细胞	flame cell	

序　号	汉　文　名	英　文　名	注　释
06.1419	焰基球	flame bulb	
06.1420	排泄管	excretory canal, excretory duct	
06.1421	排泄孔	excretory pore	
06.1422	排泄小管	excretory tubule	
06.1423	排泄囊	excretory vesicle, excretory bladder	
06.1424	尿肠管	uroproct	
06.1425	围口排泄环	circumoral excretory ring	
06.1426	头腺	cephalic gland	
06.1427	顶腺	apical gland	
06.1428	穿刺腺	penetration gland	
06.1429	溶组织腺	histolytic gland	
06.1430	节间腺	interproglottidal gland	
06.1431	合胞体粘腺	syncytial cement	
06.1432	腹腺	ventral gland	
06.1433	围囊	atrial sac	
06.1434	围腺细胞	atrial gland cell	
06.1435	尾腺	caudal gland	
06.1436	胶粘腺	cement gland	
06.1437	粘液储囊	cement reservoir	
06.1438	粘液管	cement duct	
06.1439	咽腺	pharyngeal gland	
06.1440	顶突腺	rostellar gland	
06.1441	梅氏腺	Mehlis's gland	全称"梅利斯腺"。
06.1442	软体动物学	malacology	
06.1443	贝类学	conchology	
06.1444	贝壳	conch, shell	
06.1445	贝壳素	conchiolin	
06.1446	壳皮层	periostracum	曾用名"角质层"。
06.1447	壳层	ostracum	曾用名"棱柱层(prismatic layer)"。
06.1448	原始晶杆	protostyle	
06.1449	底层	hypostracum	又称"壳下层"，曾用名"珍珠层(pearl layer)"。
06.1450	壳顶	umbo	
06.1451	螺顶	apex	

序 号	汉 文 名	英 文 名	注 释
06.1452	体螺层	body whorl	
06.1453	螺层	spiral whorl	
06.1454	螺旋部	spire	
06.1455	缝合线	suture	
06.1456	内脏团	visceral mass	
06.1457	外唇	outer lip	
06.1458	内唇	inner lip	
06.1459	前沟	anterior canal	
06.1460	后沟	posterior canal	
06.1461	脐(贝壳)	umbilicus	
06.1462	原壳	protoconch	
06.1463	厣	operculum	
06.1464	亚厣	suboperculum	
06.1465	膜厣	epiphragm	
06.1466	头板	cephalic plate	
06.1467	尾板	tail plate	
06.1468	中间板	intermediate plate	
06.1469	盖层	tegmentum	
06.1470	嵌入片	insertional lamina	
06.1471	缝合片	sutural lamina	
06.1472	齿裂	slit	
06.1473	双壳[类]	bivalve	
06.1474	盾面	escutcheon	
06.1475	小月面	lunule	
06.1476	外韧带	outer ligament	
06.1477	内韧带	inner ligament	
06.1478	足丝孔	byssal foramen	
06.1479	足丝峡	byssal gape	
06.1480	足孔	pedal aperture	
06.1481	等侧[的]	equilateralis（拉）	
06.1482	不等侧[的]	inequilateralis（拉）	
06.1483	等壳	equivalve	
06.1484	栉	pecten	
06.1485	褶	plica	
06.1486	生长线	growth line	
06.1487	放射肋	radial rib	
06.1488	耳关节	auricular crura	又称"耳带脊"。

序 号	汉 文 名	英 文 名	注 释
06.1489	壳内柱	apophysis	
06.1490	铰合部	hinge	
06.1491	铰合线	hinge line	
06.1492	铰合韧带	hinge ligament	
06.1493	韧带脊	ligament ridge	
06.1494	韧带槽	ligament groove	
06.1495	韧带窝	ligament pit	
06.1496	内韧托	chondrophore	
06.1497	闭壳肌痕	adductor scar	
06.1498	外套线	pallial line	
06.1499	外套窦	pallial sinus	又称"外套湾"。
06.1500	原板	protoplax, primitiva(原生动物)	
06.1501	中板	mesoplax	
06.1502	后板	metaplax	
06.1503	腹板	hypoplax	
06.1504	水管板	siphonoplax	
06.1505	铠	pallet	
06.1506	列齿	taxodont	
06.1507	粒齿	dysodont	又称"弱齿"。
06.1508	等齿	isodont	
06.1509	隐齿	cryptodont	
06.1510	韧带齿	desmodont	
06.1511	铰合齿	hinge tooth	
06.1512	主齿	cardinal tooth, main tooth(多毛类)	
06.1513	拟主齿	pseudocardinal tooth	
06.1514	侧齿	lateral tooth	
06.1515	后侧齿	posterior lateral tooth	
06.1516	前侧齿	anterior lateral tooth	
06.1517	副齿	supplementary tooth	
06.1518	齿窝	tooth socket	
06.1519	中央齿	central tooth	
06.1520	缘齿	marginal tooth	
06.1521	锯齿	crenate	
06.1522	壳带	lithodesma	
06.1523	齿舌	radula	
06.1524	齿舌囊	radula sac	

序　号	汉　文　名	英　文　名	注　　释
06.1525	舌突起	odontophore	
06.1526	齿舌下器	subradular organ	
06.1527	外套膜	mantle	
06.1528	外套腔	mantle cavity	
06.1529	外套眼	pallial eye	
06.1530	水管	siphon	
06.1531	二孔型	bifora	
06.1532	三孔型	trifora	
06.1533	四孔型	quadrifora	
06.1534	唇瓣	labial palp	
06.1535	闭壳肌	adductor muscle	
06.1536	前闭壳肌	anterior adductor muscle	
06.1537	后闭壳肌	posterior adductor muscle	
06.1538	原单柱期	protomonomyaria stage	
06.1539	次单柱期	deutomonomyaria stage	
06.1540	单柱[的]	monomyarian	
06.1541	双柱[的]	dimyarian	
06.1542	异柱[的]	heteromyarian	
06.1543	等柱[的]	isomyarian	
06.1544	栉鳃	ctenidium	又称"本鳃"。
06.1545	上行鳃板	ascending lamella	
06.1546	下行鳃板	descending lamella	
06.1547	瓣间联系	interlamellar junction	
06.1548	丝间联系	interfilamental junction	
06.1549	次生鳃	secondary branchia	
06.1550	足丝	byssus	
06.1551	足丝腺	byssus gland	
06.1552	腹足[类]	gastropod	
06.1553	螺轴肌	columellar muscle	
06.1554	举足肌	pedal elevator muscle	
06.1555	伸足肌	pedal protractor muscle	
06.1556	收足肌	pedal retractor muscle	
06.1557	水管收缩肌	siphonal retractor muscle	
06.1558	外套收缩肌	pallial retractor muscle	
06.1559	头足	cephalopodium	
06.1560	头盘	cephalic disk	
06.1561	头丝	cephalic filament	

序　号	汉　文　名	英　文　名	注　释
06.1562	头盾	cephalic shield	
06.1563	侧针	lateral stylet	
06.1564	软骨针	cartilaginous stylet	
06.1565	头软骨	cranial cartilage	
06.1566	漏斗基	funnel base	
06.1567	漏斗管	funnel siphon	
06.1568	漏斗陷	funnel excavation	
06.1569	漏斗器	funnel organ	
06.1570	茎化	hectocotylization	
06.1571	茎化腕	hectocotylized arm	
06.1572	墨腺	ink gland	
06.1573	墨囊	ink sac	
06.1574	内锥体	inner cone	
06.1575	腕趾	pad	
06.1576	攫腕	grasping arm	
06.1577	触腕	tentacular arm	
06.1578	腕间膜	interbranchial membrane	
06.1579	外锥体	outer cone	
06.1580	触腕穗	tentacular club	
06.1581	端吸盘	terminal sucker	
06.1582	保护膜	protective membrane	
06.1583	眼窝	orbit	
06.1584	巩膜软骨	sclerotic cartilage	
06.1585	闭锥	phragmocone	
06.1586	顶鞘	rostrum	
06.1587	终室	last loculus	
06.1588	侧膜	lateral membrane	
06.1589	室管	siphuncle	
06.1590	隔颈	septal neck	
06.1591	索状物	pallial siphuncle	
06.1592	横纹面	striated area	
06.1593	羽状壳	gladius	
06.1594	钮突	adhering ridge	
06.1595	钮穴	adhering groove	
06.1596	伞膜	umbrella	
06.1597	腺质片	glandular lamella	
06.1598	脑足神经连索	cerebro-pedal connective	

序　号	汉　文　名	英　文　名	注　释
06.1599	脑侧神经连索	cerebro-pleural connective	
06.1600	脑脏神经连索	cerebro-visceral connective	
06.1601	视神经节	optic ganglion	
06.1602	口神经节	buccal ganglion	
06.1603	口神经索	buccal nerve cord	
06.1604	食管下神经节	suboesophageal ganglion	
06.1605	食管上神经节	supraoesophageal ganglion	
06.1606	咽上神经节	suprapharyngeal ganglion	
06.1607	咽下神经节	subpharyngeal ganglion	
06.1608	腕神经节	brachial ganglion	
06.1609	鳃神经节	branchial ganglion	
06.1610	侧神经节	pleural ganglion	
06.1611	外套神经节	pallial ganglion	
06.1612	足神经节	pedal ganglion	
06.1613	脏神经	visceral nerve	
06.1614	脏神经节	visceral ganglion	
06.1615	脏神经系[统]	visceral nervous system	
06.1616	侧脏神经连索	pleuro-visceral connective	
06.1617	侧神经索	pleural nerve cord	
06.1618	胃腹神经系[统]	stomato-gastric system	
06.1619	直神经[的]	euthyneurous	
06.1620	侧足神经连索	pleuro-pedal connective	
06.1621	森珀器	Semper's organ	曾用名"桑柏氏器官"。
06.1622	胃盾	gastric shield	
06.1623	肠沟	typhlosole	
06.1624	蜗牛素	helicin	
06.1625	前嗅检器	oral osphradium	
06.1626	后嗅检器	aboral osphradium	
06.1627	嗅角	rhinophora	
06.1628	晶杆	crystalline style	
06.1629	折光体	refractive body	
06.1630	味器	gustatory organ	
06.1631	平衡嵴	crista statica	
06.1632	嗅觉孔	olfactory pore	
06.1633	微眼	aesthete	
06.1634	小微眼	microaesthete	

序　号	汉　文　名	英　文　名	注　释
06.1635	嗅检器	osphradium	
06.1636	虹彩细胞	iridocyte	
06.1637	平衡器	otocyst	
06.1638	平衡斑	macula statica(拉)	
06.1639	玻璃状液	vitreous humour	
06.1640	须毛	cirrus	
06.1641	幼生的	larviparous	
06.1642	缠卵腔	nidamental chamber	
06.1643	缠卵腺	nidamental gland	
06.1644	博氏器	organ of Bojanus	全称"博亚努斯器"，曾用名"鲍雅氏器官"。
06.1645	壳腺	shell gland	
06.1646	疑性	ambisexual	
06.1647	担轮幼体	trochophora	
06.1648	钩介幼体	glochidium	
06.1649	面盘幼体	veliger	
06.1650	肉穗	spadix	
06.1651	射囊	dart sac	
06.1652	精荚囊	spermatophore sac	
06.1653	头极	cephalic pole	
06.1654	口前触手	prostomial tentacle	
06.1655	口前触须	prostomial palp	
06.1656	项器	organum nuchale	
06.1657	围口节	peristomium	
06.1658	口前部	prostomium	
06.1659	口后叶	metastomium	
06.1660	黄色细胞	chlorogogue cell	
06.1661	肠盲道	typhlosolis	
06.1662	蛭素	hirudin	
06.1663	围口触须	peristomium cirrus	
06.1664	颚环	maxillary ring	
06.1665	口环	oral ring	
06.1666	颚齿	paragnatha	
06.1667	环带	clitellum	又称"生殖带"。
06.1668	体环	annulus	
06.1669	疣足	parapodium (多毛类), papillate podium(棘皮动物)	

序　号	汉　文　名	英　文　名	注　释
06.1670	双叶型疣足	biramous parapodium	
06.1671	舌叶	ligula	
06.1672	刚叶	setal lobe	
06.1673	背刚叶	notosetal lobe	
06.1674	下背舌叶	infra-notoligule	
06.1675	前刚叶	presetal lobe	
06.1676	后刚叶	postsetal lobe	
06.1677	单叶型疣足	uniramous parapodium	
06.1678	亚双叶型疣足	sub-biramous parapodium	
06.1679	上背舌叶	supranotoligule	
06.1680	刚毛束	setal fascicle	
06.1681	背须	dorsal cirrus	
06.1682	腹须	ventral cirrus	
06.1683	肛须	anal cirrus	
06.1684	足刺	aciculum	
06.1685	锐突	mucco	
06.1686	后头域	occipital area	
06.1687	羽状鳃	pinnate gill	
06.1688	辐触手	radiole	
06.1689	锯齿列	serration	
06.1690	叶状腹叶	pinnule	
06.1691	脊状疣足	torus	
06.1692	腹盾	ventral shield	
06.1693	肾乳突	nephridial papilla	
06.1694	耳舟	scaphe	
06.1695	亚齿	secondary tooth	
06.1696	刚节	setiger	
06.1697	刺袋	spinous pocket	
06.1698	指突	stylode	
06.1699	围口触手	tentacular cirrus	
06.1700	端齿区	trepen	
06.1701	齿片刚节	unciniger	
06.1702	背足刺舌叶	notoacicular ligule	
06.1703	背肢	notopodium	
06.1704	腹肢	neuropodium, pleopod（甲壳动物）	
06.1705	树状鳃	arborescent branchia	

序 号	汉 文 名	英 文 名	注 释
06.1706	背缘	dorsal brim	
06.1707	侧叶	lateral lobe	
06.1708	肉突	carnucle	
06.1709	头槛	cephalic cage	
06.1710	头缘	cephalic rim	
06.1711	触手基节	ceratophore, ceratostyle	
06.1712	头幔	cephalic veil	
06.1713	双节触手	biarticulate tentacle	
06.1714	双节触须	biarticulate palp	
06.1715	人字颚	chevron	
06.1716	触须基节	cirrophore, cirrostyle	
06.1717	鳞片(多毛类)	elytron	
06.1718	鳞片柄	elytrophore	
06.1719	颜瘤	facial tubercle	
06.1720	半齿关节	hemigomph articulation	
06.1721	同齿关节	homogomph articulation	
06.1722	异齿关节	heterogomph articulation	
06.1723	口后部	metastomium	
06.1724	珠状触手	moniliform antenna	
06.1725	壁体腔膜	parietal peritoneum	
06.1726	脏体腔膜	visceral peritoneum	
06.1727	背纤毛器	dorsal ciliated organ	
06.1728	中胚层端细胞	mesodermic teloblast	
06.1729	中胚层带	mesodermic band	
06.1730	背肠系膜	dorsal mesentery	
06.1731	腹肠系膜	ventral mesentery	
06.1732	顶齿	apical tooth	
06.1733	初巾膜	primary hood	
06.1734	次巾膜	secondary hood	
06.1735	横背巾膜	transverse dorsal hood	
06.1736	疣足间囊	interparapodial pouch	
06.1737	垂突	lappet	
06.1738	侧围口翼	lateral peristomial wing	
06.1739	侧口前角	lateral prostomial horn	
06.1740	缘	limbus	
06.1741	肾管囊	nephridial pocket	
06.1742	后头触须	occipital cirrus	

序 号	汉 文 名	英 文 名	注 释
06.1743	管细胞	solenocyte	
06.1744	精漏斗	sperm funnel	
06.1745	无疣足体节	apodous segment	
06.1746	无刚毛体节	asetigerous segment	
06.1747	双节触角	biarticulate antenna	
06.1748	长柄齿刚毛	long-handled seta	
06.1749	齿刚毛	dentate seta	
06.1750	细齿刚毛	denticulate seta	
06.1751	镰形刚毛	falcate seta, falciger	
06.1752	具缘简单刚毛	limbate seta	
06.1753	梳状齿钩毛	pectinate uncinus	
06.1754	毛状刚毛	plumous seta	
06.1755	刷状刚毛	penicillate seta	
06.1756	短柄齿片刚毛	short-handled seta	
06.1757	匙状刚毛	spatulate seta	
06.1758	突锥状刚毛	sublate seta	
06.1759	小锯齿刚毛	serrulate seta	
06.1760	芒状刚毛	aristate seta	
06.1761	小齿次旋刚毛	serrulate subspiral seta	
06.1762	刺状钩齿刚毛	acicular hook	
06.1763	刺状齿片刚毛	acicular uncinus	
06.1764	屈曲刚毛	crooklike seta	
06.1765	船形钩齿刚毛	boathook	
06.1766	刺状刚毛	spiniger	
06.1767	齿片刚毛	uncinus	
06.1768	鸟头状齿片钩毛	avicular uncinus	
06.1769	有折刺毛	geniculate bristle	
06.1770	等齿刺状刚毛	homogomph spinigerous seta	
06.1771	异齿刺状刚毛	heterogomph spinigerous seta	
06.1772	等齿镰刀状刚毛	homogomph falcigerous seta	
06.1773	异齿镰刀状刚毛	heterogomph falcigerous seta	
06.1774	桨状刚毛	paddle seta	
06.1775	伪复型刚毛	pseudocompound seta	
06.1776	羽状刚毛	bilimbate seta	
06.1777	鸟头状刚毛	avicular seta	
06.1778	双齿刚毛	bidentate seta	
06.1779	叉状刚毛	bifid seta	

序　号	汉　文　名	英　文　名	注　　释
06.1780	双栉刚毛	bipinnate seta	
06.1781	耳状刚毛	auricular seta	
06.1782	伴随刚毛	companion seta	
06.1783	复型刚毛	compound seta	
06.1784	矛状刚毛	harpoon seta	
06.1785	具巾刚毛	hooded seta	
06.1786	钩齿刚毛	hook	
06.1787	腹刚毛	neuroseta	
06.1788	背刚毛	notoseta	
06.1789	稃毛	palea	
06.1790	掌状刚毛	palmate chaeta	
06.1791	单尖刚毛	simple pointed chaeta	
06.1792	双尖刚毛	bifid [needle] chaeta	
06.1793	毛节	nodulus	
06.1794	对生	lumbricine	
06.1795	环生	perichaetine	
06.1796	背孔	dorsal pore, tergopore(苔藓动物)	
06.1797	头孔	head pore	
06.1798	性隆脊	puberty wall, tuberculum puberty	
06.1799	生殖态	epitoky	
06.1800	异沙蚕体	heteronereis	
06.1801	后担轮幼虫	metatrochophore	
06.1802	多毛轮幼虫	polytrochal larva	
06.1803	疣足幼虫	nectochaeta	
06.1804	刚节幼虫	setiger juvenile	
06.1805	幼虫多型现象	poecilogony	
06.1806	双轮幼虫	amphitrocha	
06.1807	浮游多毛类	pelagic polychaete	
06.1808	游走多毛类	errant polychaete	
06.1809	隐居多毛类	sedentary polychaete	
06.1810	甲壳动物学	carcinology	
06.1811	甲壳	crusta	
06.1812	浮游甲壳动物	crustacean plankton	
06.1813	单眼	ocellus	
06.1814	中央眼	median eye	又称"无节幼体眼 (naupliar eye)"。
06.1815	侧眼	stemmate	

序 号	汉 文 名	英 文 名	注 释
06.1816	复眼	compound eye	
06.1817	连立相眼	apposition eye	
06.1818	重复相眼	superposition eye	
06.1819	角膜细胞	corneal cell	
06.1820	[视]网膜细胞	retina cell	
06.1821	[视]网膜色素	retinal pigment	
06.1822	眼节	ophthalmic somite	
06.1823	眼柄	eye stalk, eye peduncle, ocular peduncle	
06.1824	眼板	eye plate	
06.1825	眼叶	oculiferous lobe, eye lobe, optic lobe	
06.1826	额[部]	front(甲壳类), clypeus(蜘蛛)	
06.1827	额突起	frontal process, frontal appendage	
06.1828	背器	dorsal organ	
06.1829	额器	frontal organ	
06.1830	额剑	rostrum	
06.1831	假额剑	pseudorostrum	
06.1832	原头部	protocephalon	
06.1833	顶节	acron	
06.1834	后腹部	postabdomen	
06.1835	尾节	telson, pygidium	
06.1836	肛节	anal segment	
06.1837	尾突	caudal process, ampulla(腕足动物)	
06.1838	尾叉	caudal furca	
06.1839	额区	frontal region	
06.1840	触角区	antennal region	
06.1841	胃区	gastric region	
06.1842	肝区	hepatic region	
06.1843	心区	cardiac region	
06.1844	颊区	pterygostomian region	
06.1845	鳃区	branchial region	
06.1846	鳃下区	subbranchial region	
06.1847	肝下区	subhepatic region	
06.1848	眼下区	suborbital region	
06.1849	脊	carina	

序　号	汉　文　名	英　文　名	注　释
06.1850	额角后脊	post-rostral carina	
06.1851	额角侧脊	adrostral carina	
06.1852	额胃脊	gastro-frontal carina	
06.1853	眼胃脊	gastro-orbital carina	
06.1854	触角脊	antennal carina	
06.1855	颈脊	cervical carina	
06.1856	肝脊	hepatic carina	
06.1857	心鳃脊	branchio-cardiac carina	
06.1858	额后脊	post-frontal ridge	
06.1859	中央脊	median carina	
06.1860	副中央脊	accessory median carina	
06.1861	亚中央脊	submedian carina	
06.1862	间脊	intermediate carina	
06.1863	侧脊	lateral carina	
06.1864	缘脊	marginal carina	
06.1865	缘脊回折部分	reflected portion of marginal carina	
06.1866	胃上刺	epigastric spine	
06.1867	眼上刺	supraorbital spine	
06.1868	眼后刺	post-orbital spine	
06.1869	触角刺	antennal spine	
06.1870	鳃甲刺	branchiostegal spine	
06.1871	颊刺	pterygostomian spine	
06.1872	肝刺	hepatic spine	
06.1873	基节刺	basial spine	
06.1874	座节刺	ischial spine	
06.1875	腹刺	ventral spine	
06.1876	口前刺	preoral sting	
06.1877	毒刺	poisonous spine	
06.1878	亚中齿	submedian tooth	
06.1879	亚中小齿	submedian denticle	
06.1880	间齿	intermedian tooth	
06.1881	间小齿	intermedian denticle	
06.1882	侧小齿	lateral denticle	
06.1883	眼眶前刺	preorbital spine	
06.1884	鳃上齿	epibranchial tooth	
06.1885	眼下齿	suborbital tooth	
06.1886	中齿	median tooth	

序 号	汉 文 名	英 文 名	注 释
06.1887	中央沟	median groove	
06.1888	额角侧沟	adrostral groove	
06.1889	额胃沟	gastro-frontal groove	
06.1890	眼后沟	post-orbital groove	
06.1891	眼眶触角沟	orbito-antennal groove	
06.1892	胃沟	gastric groove	
06.1893	肝沟	hepatic groove	
06.1894	心鳃沟	branchio-cardiac groove	
06.1895	腹甲沟	sternal groove, sternal sulcus	
06.1896	鳃甲缝	linea homolica(人面蟹类), linea thalassinica(海蛄虾类), linea anomurica(歪尾类)	
06.1897	第一触角	first antenna, antennule	又称"小触角"。
06.1898	上触角	superior antenna	
06.1899	第一触角柄刺	antennular stylocerite	
06.1900	第一触角柄	antennular peduncle	
06.1901	第二触角	second antenna, antenna	又称"大触角"。
06.1902	下触角	inferior antenna	
06.1903	第二触角鳞片	scaphocerite, antennal scale	
06.1904	第二触角柄	antennal peduncle	
06.1905	触角板	antennular plate	
06.1906	触角腹甲	antennular sternum	
06.1907	触角缺刻	antennal notch	
06.1908	触角节	antennular somite	
06.1909	触角腺	antennal gland	
06.1910	绿腺	green gland	
06.1911	口前板	epistome	
06.1912	大颚	mandibula, mandible	
06.1913	大颚活动片	lacinia mobilis	
06.1914	切齿突	incisor process	
06.1915	臼齿突	molar process	
06.1916	第一小颚	maxillula, first maxilla	
06.1917	上鞭	upper flagellum	
06.1918	外鞭	outer flagellum	
06.1919	下鞭	lower flagellum	
06.1920	内鞭	inner flagellum	
06.1921	副鞭	accessory flagellum	

序　号	汉　文　名	英　文　名	注　　释
06.1922	颚基	gnathobase	
06.1923	第二小颚	maxilla, second maxilla	
06.1924	颚舟片	scaphognathite	
06.1925	颚足	maxilliped	
06.1926	攫肢	raptorial limb	
06.1927	小颚腺	maxillary gland	
06.1928	小颚钩	maxillary hook	
06.1929	壳瓣	shell	
06.1930	咀嚼叶	masticatory lobe	
06.1931	吸吮型口器	suctorial mouth parts	
06.1932	前上肢	preepipodite	
06.1933	侧前叶	prelateral lobe	
06.1934	内眼眶叶	inner orbital lobe	
06.1935	胸肢	thoracic appendage	
06.1936	单枝型附肢	uniramous type appendage	
06.1937	叶枝型附肢	phyllopod type appendage	
06.1938	内叶	endite	
06.1939	扇叶	flabellum	
06.1940	外叶	exite	
06.1941	附肢	appendage	
06.1942	原肢	protopod, protopodite	
06.1943	内肢	endopod, endopodite	
06.1944	外肢	exopod, exopodite	
06.1945	上肢	epipod, epipodite	
06.1946	内附肢	appendix interna（拉）	
06.1947	双枝型附肢	biramous type appendage	
06.1948	步足	pereiopod, walking leg, ambula-tory leg	
06.1949	基节	coxopodite, coxa	曾用名"底节"。
06.1950	底节	basipodite, basis	曾用名"基节"。
06.1951	座节	ischiopodite, ischium	
06.1952	腕节	carpopodite, carpus, wrist	
06.1953	掌节	propodite, propodus	
06.1954	掌部	palm, hand	
06.1955	指节	dactylopodite, dactylus	
06.1956	前座节	preischium	
06.1957	不动指	fixed finger, immovable finger	

序　号	汉　文　名	英　文　名	注　释
06.1958	活动指	movable finger	
06.1959	亚螯	sub-chela	
06.1960	螯	chela	
06.1961	爪	claw	
06.1962	螯足	cheliped	
06.1963	螯状	chelate	
06.1964	亚螯状	sub-chelate	
06.1965	游泳足	swimming leg	
06.1966	假外肢	pseudexopodite, pseudoexopodite	
06.1967	腮足	gnathopod	
06.1968	侧板	lateral plate, lateral compartment	
06.1969	底节板	coxal plate	
06.1970	清扫肢	cleaning foot	
06.1971	肢上板	epimera	
06.1972	腹突	ventral process	
06.1973	躯干肢	trunk limb	
06.1974	口后附肢	post-oral appendage	
06.1975	触觉突起	tactile process	
06.1976	基节腺	coxal gland	
06.1977	出鳃水沟	exhalant branchial canal	
06.1978	入鳃水沟	ingalant branchial canal	
06.1979	叶状鳃	phyllobranchiate	
06.1980	丝状鳃	trichobranchiate	
06.1981	枝状鳃	dendrobranchiate	
06.1982	足鳃	podobranchia	
06.1983	肢鳃	mastigobranchia	
06.1984	侧鳃	pleurobranchia	
06.1985	关节鳃	arthrobranchia	
06.1986	鳃小叶	branchial lobule	
06.1987	鳃式	branchial formula	
06.1988	鳃甲	branchiostegite	
06.1989	假上肢	pseudepipodite, pseudoepipodite	
06.1990	幼体	larva	
06.1991	糠虾期幼体	mysis larva	
06.1992	大眼幼体	megalopa larva	
06.1993	潘状幼体	zoea larva	
06.1994	后期幼体	post-larva	

序 号	汉 文 名	英 文 名	注 释
06.1995	无节幼体	nauplius larva	
06.1996	叶状幼体	phyllosoma larva	
06.1997	后期无节幼体	metanauplius larva	
06.1998	原溞状幼体	protozoea larva	
06.1999	拟水蚤幼体	erichthus larva	
06.2000	阿利马幼体	alima larva	
06.2001	前溞状幼体	antizoea larva	
06.2002	假溞状幼体	pseudozoea larva	
06.2003	桡足幼体	copepodid larva, copepodite	
06.2004	腺介幼体	cypris larva	又称"金星幼体"。
06.2005	龙虾幼体	puerulus larva	
06.2006	新轮幼体	kentrogon larva	
06.2007	磷虾类原溞状幼体	calyptopis	
06.2008	磷虾类溞状幼体	furcillia	
06.2009	磷虾类后期幼体	cyrtopia	
06.2010	樱虾类原溞状幼体	elaphocaris	
06.2011	樱虾类糠虾幼体	acanthosoma	
06.2012	樱虾类仔虾	mastigopus	
06.2013	磁蟹幼体	porcellana larva	
06.2014	闪光幼体	glaucothoe	
06.2015	雄性附肢	appendix masculina(拉)	
06.2016	雄性突起	processus masculinus(拉)	
06.2017	促雄性腺	androgenic gland	
06.2018	矮雄	dwarf male	
06.2019	备雄	complemental male	
06.2020	寄生去势	parasitic castration	
06.2021	中央板	median plate	
06.2022	抱持器	clasping organ	
06.2023	执握器	prehensile organ	
06.2024	生殖板	genital plate	
06.2025	生殖基节	genital coxa	
06.2026	膜部	pars astringins(拉)	
06.2027	育囊	brood pouch, brood sac, marsupium	
06.2028	冬卵	winter egg	

序 号	汉 文 名	英 文 名	注 释
06.2029	休眠卵	resting egg	
06.2030	夏卵	summer egg	
06.2031	抱卵片	oostegite	
06.2032	卵鞍	ephippium	
06.2033	卵块袋	egg string	
06.2034	抱卵肢	oostegopod	
06.2035	几丁质	chitin	又称"甲壳质"。
06.2036	Y 器	Y-organ	
06.2037	蜕皮激素	ecdysone	
06.2038	X 器	X-organ	
06.2039	蜕皮前期	premolt, proecdysis	
06.2040	蜕皮间期	intermolt	
06.2041	蜕皮后期	postmolt, metecdysis	
06.2042	类胡萝卜素	carotinoid	
06.2043	虾红素	astacin	
06.2044	虾青素	astaxanthin	
06.2045	胸窦	thoracic sinus	
06.2046	吻血窦	rostal sinus	
06.2047	肾导管	nephridioduct	
06.2048	[磨擦]发声器	stridulating organ	
06.2049	磨碎胃	masticatory stomach	
06.2050	胃磨	gastric mill	
06.2051	胃石	gastrolith	
06.2052	片状突起	lamellar process	
06.2053	双棘突起	bifurcated process	
06.2054	基突	basal process	
06.2055	雕纹	sculpture	
06.2056	假气管	pseudo-tracheae	
06.2057	压盖肌	depressor muscle	
06.2058	壳板	compartment, valve, coronal plate （棘皮动物）	
06.2059	壳盖	operculum	
06.2060	吻板	rostrum	
06.2061	吻端	rostral side	
06.2062	吻侧板	rostro-lateral compartment, latus rostrale	
06.2063	根状系	root-like system	

序　号	汉　文　名	英　文　名	注　释
06.2064	峰板	carina	
06.2065	峰端	carinal side	
06.2066	峰侧板	carino-lateral compartment, latus carinale	
06.2067	基底	basis, substratum	
06.2068	盖板	opercular valve	
06.2069	盾板	scutum, plastron(棘皮动物)	
06.2070	背板	tergum, dorsal lamina(脊椎动物)	
06.2071	辐部	radius	
06.2072	壁板	paries	
06.2073	上侧板	latus superius	
06.2074	中侧板	latus inframedium	
06.2075	附属小板	accessory plate	
06.2076	藤壶胶	barnacle cement	
06.2077	头状部	capitulum	
06.2078	鞭状附肢	filamentary appendage	
06.2079	膜质突起	membraneous process	
06.2080	蔓足	cirrus	
06.2081	前侧角	antero-lateral horn	
06.2082	腹突起	ventral abdominal appendage	
06.2083	尾部附肢	caudal appendage	
06.2084	侧突起	lateral process	
06.2085	基部突起	proximal process	
06.2086	末端突起	terminal process	
06.2087	尾肢	uropoda, uropodite	
06.2088	尾扇	tail fan, rhipidura	
06.2089	蛛形动物学	arachnology	
06.2090	颚叶	endite	
06.2091	放射沟	radial furrow	
06.2092	螯肢	chelicera	
06.2093	前齿堤	promargin	
06.2094	后齿堤	retromargin	
06.2095	牌板	lamella	跳蛛螯肢后齿堤上形似隆脊的齿。
06.2096	螯基	paturon	
06.2097	螯肢齿	cheliceral tooth	
06.2098	螯耙	rastellum	

序　号	汉　文　名	英　文　名	注　　释
06.2099	侧结节	lateral condyle	
06.2100	牙沟	fang groove, cheliceral furrow	
06.2101	反光色素层	tapetum	
06.2102	前眼列	anterior row of eyes	
06.2103	前中眼	anterior median eye	
06.2104	前侧眼	anterior lateral eye	
06.2105	后眼列	posterior row of eyes	
06.2106	后中眼	posterior median eye	
06.2107	后侧眼	posterior lateral eye	
06.2108	视杆前眼	prebacillar eye	
06.2109	视杆后眼	postbacillar eye	
06.2110	昼眼	diurnal eye	
06.2111	夜眼	nocturnal eye	
06.2112	足式	leg formula	
06.2113	后跗节	metatarsus	
06.2114	副爪	accessory claw	
06.2115	腿节沟	femoral groove	
06.2116	栉器	calanistrum	
06.2117	发声脊	stridulating ridge	
06.2118	跗节器	tarsal organ	
06.2119	琴形器	lyriform organ	
06.2120	琴形裂	lyrifissure	
06.2121	听毛	trichobothrium	
06.2122	前侧刺	prolateral spine	
06.2123	后侧刺	retrolateral spine	
06.2124	触肢器	palpal organ	
06.2125	生殖球	[genital] bulb	
06.2126	根片	radix	蜘蛛触肢器中插入器构造的一部分。
06.2127	茎片	stipe	蜘蛛触肢器中插入器构造的一部分。
06.2128	跗舟	cymbium	
06.2129	副跗舟	paracymbium	
06.2130	盾片	tegulum	
06.2131	亚盾片	subtegulum	
06.2132	中突	median apophysis	
06.2133	中亚顶突	mesal subterminal apophysis	

序　号	汉　文　名	英　文　名	注　释
06.2134	侧亚顶突	lateral subterminal apophysis	
06.2135	引导器	conductor	
06.2136	导杆	guide	
06.2137	插入器	embolus	
06.2138	突起	apophysis	
06.2139	顶柱	fulcrum	
06.2140	腔窝	alveolus	
06.2141	护器	tutaculum	
06.2142	新月板	lunate plate	
06.2143	端环	anellus	
06.2144	血囊	haematodocha	
06.2145	基血囊	basal haematodocha	
06.2146	中血囊	middle haematodocha	
06.2147	顶血囊	distal haematodocha	
06.2148	腹柄	pedicel	
06.2149	背桥	lorum	
06.2150	腹桥	plagula	
06.2151	胃外区	epigastrium	
06.2152	腹片	abdominal sclerite	
06.2153	腹内片	abdominal endosternite	
06.2154	筛器	cribellum(蜘蛛), cribriform organ （棘皮动物）	
06.2155	前纺器	anterior spinneret	
06.2156	后纺器	posterior spinneret	
06.2157	舌状体	colulus	
06.2158	纺管	spigot	
06.2159	细纺管	spool	
06.2160	肛丘	anal tubercle	
06.2161	外雌器	epigynum	
06.2162	垂兜	hood	
06.2163	交配孔	copulatory opening	
06.2164	中隔	median guide	
06.2165	中隔窝	septal pocket	
06.2166	容精球	fundus	
06.2167	导精管	afferent duct	
06.2168	吸胃	sucking stomach	
06.2169	直肠囊	rectal sac	又称"粪袋(stereoral

序　号	汉　文　名	英　文　名	注　释
			pocket)"。
06.2170	梨状腺	pyriform gland	
06.2171	葡萄状腺	aciniform gland	
06.2172	聚合腺	aggregate gland	
06.2173	壶状腺	ampulliform gland	
06.2174	鞭状腺	flagelliform gland	
06.2175	叶状腺	lobed gland	
06.2176	筛器腺	cribellate gland	
06.2177	幼蛛	spiderling	
06.2178	精网	sperm web	
06.2179	支架丝	scaffolding thread	
06.2180	拖丝	dragline	
06.2181	陷丝	trapline	
06.2182	定居型	sedentariae	
06.2183	前行性	prograde	
06.2184	横行性	laterigrade	
06.2185	游猎型	vagabundae	
06.2186	舞蹈病	tarantism	
06.2187	缠带	swathing band	
06.2188	之形带	zigzag ribbon	又称"Z形带"。
06.2189	匿带	stabilimentum	
06.2190	振动	vibration	
06.2191	三叶幼体	trilobite larva	
06.2192	多足动物[的]	myriopod	
06.2193	节肢动物化	arthropodization	
06.2194	半变态	hemi-anamorphosis	
06.2195	微变态	epimorphosis	
06.2196	原头	procephalon	
06.2197	颚头	gnathocephalon	
06.2198	头鞘	head capsule	
06.2199	前头部	fore head	
06.2200	后头部	hind head	
06.2201	头侧板	cephalic pleurite	
06.2202	后额板	metaclypeus	
06.2203	副额板	coclypeus	
06.2204	额沟线	frontal furrow	
06.2205	聚眼	agglomerate eye	

序　号	汉　文　名	英　文　名	注　释
06.2206	伪复眼	pseudo-compound eye	
06.2207	侧头器	organ of Tomosvery	
06.2208	前触角	preantenna	
06.2209	前触角体节	preantennal segment	
06.2210	前触角神经结	preantennal ganglion	
06.2211	触角体节	antennary segment	
06.2212	间插体节	intercalary segment	
06.2213	大颚体节	mandibular segment	
06.2214	颚唇	gnathochilarium	
06.2215	唇基节	mentum	
06.2216	前唇基节	promentum	
06.2217	后唇基节	postmentum	
06.2218	单唇基节	duplomentum	
06.2219	轴节	cardo	
06.2220	栉齿	pectinate tooth	
06.2221	口下片	hypostome	
06.2222	口上片	epistome	
06.2223	下基板	hypocoxa, infrabasal plate(棘皮动物)	
06.2224	嗅觉锥	olfactory cone	
06.2225	脑腺	cerebral gland	
06.2226	颈板	collum	
06.2227	颈节	collum segment	
06.2228	胸甲	breast theca	
06.2229	有足体节	pediferous segment	
06.2230	双体节	diplosomite	
06.2231	前环节	prosomite	
06.2232	后环节	metasomite	
06.2233	主背板	main tergite	
06.2234	前背板	pretergite	
06.2235	前胸板	presternite	
06.2236	背侧板	pleurotergite	
06.2237	前背侧板	prozonite	
06.2238	后背侧板	metazonite	
06.2239	基胸板	coxosternum	
06.2240	基侧板	coxopleura	
06.2241	围基节	pericoxa	

序　号	汉　文　名	英　文　名	注　释
06.2242	真基节	eucoxa	
06.2243	后基板	metacoxa	
06.2244	基节囊	coxal sac, eversible sac	
06.2245	气门	stigma	
06.2246	气门板	stigmatic shield	
06.2247	气门鞍	saddle of stigma	
06.2248	菱形气管网结	diamond anastomose	
06.2249	纵气管网结	longitudinal anastomose	
06.2250	侧气管网结	lateral anastomose	
06.2251	毒爪	poison claw	
06.2252	端肢	telopod	
06.2253	前股节	prefemur	
06.2254	后股节	postfemur	
06.2255	前股股节	prefemuro-femur	
06.2256	尾须	cercus	
06.2257	肛生殖节	ano-genital segment	
06.2258	肛扉	anal valve	
06.2259	肛鳞	anal scale	
06.2260	前生殖节	pregenital segment	
06.2261	前生殖节胸板	pregenital sternite	
06.2262	生殖节	genital segment	
06.2263	生殖肢	gonopod	
06.2264	生殖弓	arcus genitalis	
06.2265	圆锥突	conical process	
06.2266	群体形成类型	colony formation pattern	
06.2267	垂直出芽群体	vertical budding colony	
06.2268	水平出芽群体	horizontal budding colony	
06.2269	直立型[群体]	erect type	
06.2270	被覆型[群体]	incrusting type	
06.2271	初群体	ancestroarium	
06.2272	胚性群体	embryo-colony	
06.2273	硬体	zoarium	
06.2274	群体形成	colony formation	
06.2275	群体分裂	colonial division	
06.2276	横枝(苔藓动物)	trabecula	某些网形唇口类分隔网孔的分枝。
06.2277	前脊	frontal keel	

序　号	汉　文　名	英　文　名	注　释
06.2278	基脊	basal keel	
06.2279	背脊	dorsal keel	
06.2280	凹缘	emargination	
06.2281	生长缘	growing margin	
06.2282	生长端	growing end	
06.2283	附着基盘	attaching base, attachment disc	
06.2284	个虫列	zooidal row	
06.2285	个虫束	zooidal fascicle	
06.2286	分化多形	differentiative polymorphism	
06.2287	退化多形	degenerative polymorphism	
06.2288	假多形	pseudopolymorphism	
06.2289	群体发育	astogeny	
06.2290	群育变化	astogenetic change	
06.2291	单列的	uniserial	
06.2292	多列的	multiserial	
06.2293	端侧的	distolateral	
06.2294	单层的	unilaminar	
06.2295	双层的	bilaminar	
06.2296	多层的	multilaminar	
06.2297	五点形的	quincuncial	
06.2298	个体性	individuality	
06.2299	个虫群	zooid group	
06.2300	个虫	zooid	
06.2301	自个虫	autozooid	
06.2302	矮个虫	dwarf zooid	
06.2303	支持性空个虫	supporting kenozooid	
06.2304	边缘个虫	marginal zooid	
06.2305	生殖个虫	gonozooid	
06.2306	微个虫	nanozooid	
06.2307	空个虫	kenozooid	
06.2308	异个虫	heterozooid	
06.2309	普通个虫	ordinary zooid	
06.2310	末端个虫	distal zooid	
06.2311	前位个虫	preceeding zooid	
06.2312	后续个虫	successive zooid	
06.2313	雄个虫	androzooid, male zooid	
06.2314	雌个虫	gynozooid, female zooid	

序　号	汉　文　名	英　文　名	注　　释
06.2315	不育个虫	sterile zooid	
06.2316	受孕个虫	fertilizing zooid	
06.2317	初虫	ancestrula, primary zooid	
06.2318	双生初虫	twin ancestrula	
06.2319	答答型[初虫]（苔藓动物）	tatiform	
06.2320	根个虫	rhizoid	
06.2321	根纤维	radicular fibre	
06.2322	匍茎	stolon	
06.2323	假匍茎	pseudostolon	
06.2324	虫室	zooecium	
06.2325	原虫室	protoecium	
06.2326	总虫室	coenoecium	
06.2327	初盘	protoecium disc, primary disc	
06.2328	微虫室	zooecicule	
06.2329	间室	mesooecium	
06.2330	胞室	alveolus	
06.2331	格室	cancellus	
06.2332	附属鸟头体	dependent avicularium	
06.2333	独立鸟头体	independent avicularium	
06.2334	固着鸟头体	sessile avicularium	
06.2335	有柄鸟头体	pendicular avicularium	
06.2336	代位鸟头体	vicarious avicularium	
06.2337	室间鸟头体	interzooidal avicularium	
06.2338	振鞭体	vibraculum	
06.2339	泡状体(苔藓动物)	vesicle	
06.2340	触手间器官	intertentacular organ	
06.2341	指形管	dactylethrae	
06.2342	裂管	rimule	
06.2343	室口	orifice	
06.2344	初生室口	primary orifice	
06.2345	次生室口	secondary orifice	
06.2346	口下的	suboral	
06.2347	口侧的	oral-lateral	
06.2348	卵室口	ooecial orifice	
06.2349	虫体	polypide	

序　号	汉　文　名	英　文　名	注　释
06.2350	膜囊	membranous sac	
06.2351	触手鞘	tentacle sheath	
06.2352	褶襟	pleated collar	
06.2353	触手冠基盘	lophophoral disc	
06.2354	前口区	frontal aperture	
06.2355	前膜	frontal membrane	
06.2356	腹膜索	peritoneal chord	
06.2357	端膜	terminal membrane	
06.2358	侧纤毛	lateral cilium	
06.2359	前纤毛	frontal cilium	
06.2360	边缘刺	marginal spine	
06.2361	盾刺	scutum	
06.2362	肋刺	costula	
06.2363	肋盔	costate shield	
06.2364	前盔	frontal shield	
06.2365	前庭沟	vestibular groove	
06.2366	前庭窝	vestibular concavity	
06.2367	管细胞(内肛动物)	tube cell	
06.2368	胃盲囊	caecum	
06.2369	咀嚼器(苔藓动物)	gizzard	
06.2370	胃绪	funiculus	
06.2371	触手冠	lophophore	
06.2372	口上突起环	epistomial ring	
06.2373	围口环	circumoral ring	
06.2374	二重褶	duplicature fold	
06.2375	二重带	duplicature band	
06.2376	卵室囊	ooecial vesicle	
06.2377	内囊	inner vesicle	
06.2378	背瓣	dorsal valve	
06.2379	囊瓣	cystigenic valve	
06.2380	腹瓣	ventral valve	
06.2381	褐色体(苔藓动物)	brown body	苔藓虫个虫体腔内的有色球形体,由退化虫体非组织化残基聚集而成,具排泄功能。

序　号	汉　文　名	英　文　名	注　　释
06.2382	虫包体	cystid	
06.2383	调整囊	compendatrix, compensation sac	
06.2384	墙缘(苔藓动物)	mural rim	某些无囊类苔藓虫裸壁在前膜周缘的隆起脊。
06.2385	侧感觉器	lateral sense organ	
06.2386	虫体原基	polypidian primordium	
06.2387	触手襟	[tentacle] collar	
06.2388	颚骨(苔藓动物)	mandible	
06.2389	振鞭	flagellum	
06.2390	硬缘(苔藓动物)	sclerite	唇口类苔藓虫口盖或颚骨的几丁质加厚线。
06.2391	滋养瓣	deutoplasmic valve	
06.2392	环状部	annulus	
06.2393	气环	pneumatic ring, air-cell ring	
06.2394	气室	air-cell	
06.2395	浮环	float ring	
06.2396	附属小管	adventitious tubule	
06.2397	肛锥	anal cone	
06.2398	颚区	palate	后口类鸟头体由颚骨占据的区域。
06.2399	口栅	apertural bar	
06.2400	内袋	inner sac	
06.2401	连接管	connecting tube	
06.2402	环[纹]	annulation	
06.2403	假窦	pseudosinus	
06.2404	假孔	pseudopore	
06.2405	前庭孔	vestibular pore	
06.2406	神经上孔	supraneural pore	
06.2407	虫包外孔	cystial pore	
06.2408	虫体外孔	polipidial pore	
06.2409	侧窝	areola	
06.2410	侧壁孔	areole, areolar pore	
06.2411	边缘孔	marginal pore	
06.2412	丝孔	nematopore	
06.2413	间孔	misopore	

序　号	汉　文　名	英　文　名	注　释
06.2414	刺孔	acanthopore	
06.2415	膜下孔	opesium	
06.2416	中央孔	medium pore, spiramen	
06.2417	调整囊孔	ascopore	
06.2418	隐壁孔	opesiule	
06.2419	个虫间连络	interzooidal communication	
06.2420	单孔的	uniporous	
06.2421	多孔的	multiporous	
06.2422	墙孔	dietellae	
06.2423	孔室	pore chamber	
06.2424	壁孔室	mural porechamber	
06.2425	基孔室	basal porechamber	
06.2426	端孔室	distal porechamber	
06.2427	侧孔室	lateral porechamber	
06.2428	室间孔	interzooidal pore	
06.2429	连孔	communication pore	
06.2430	单孔	simple pore	
06.2431	孔板	pore plate	
06.2432	玫瑰板	rosette plate	
06.2433	多孔型玫瑰板	multiporous rosette plate	
06.2434	体腔孔	coelomopore	
06.2435	窗孔	fenestra	苔藓虫外卵室的非钙化区。
06.2436	粘着愈合	adhesive fusion	
06.2437	被覆皮壳	encrustation	
06.2438	脱水	desiccation	潮间带苔藓虫在退潮时体内水分有所丧失。
06.2439	隔壁（苔藓动物）	septum	苔藓虫个虫间的内壁。
06.2440	裸壁	gymnocyst	
06.2441	异形隔	heterophragma	
06.2442	侧壁	lateral wall	
06.2443	底壁	proximal wall	
06.2444	前壁	frontal wall	
06.2445	隐壁	cryptocyst	
06.2446	双重壁	double wall	

序　号	汉　文　名	英　文　名	注　释
06.2447	隐壁缺口	opediular indentation	
06.2448	刺状壁	acanthostege	
06.2449	隐囊壁的	cryptocystean	
06.2450	裸囊壁的	gymnocystidean	
06.2451	盾胞型的	umboloid	
06.2452	前区	frontal area	
06.2453	发芽	germination	
06.2454	出芽带	budding zone	
06.2455	出芽方向	budding direction	
06.2456	出芽潜能	budding activity, budding potential	
06.2457	水平出芽	horizontal budding	
06.2458	垂直出芽	vertical budding	
06.2459	端芽	distal budding	
06.2460	共芽	common bud	
06.2461	休[眠]芽	statoblast	
06.2462	夏休芽	summer statoblast	
06.2463	秋休芽	autumn statoblast	
06.2464	刺状休芽	spinoblast	
06.2465	漂浮性休芽	floatoblast	
06.2466	固着性休芽	sessoblast	
06.2467	游走性休芽	piptoblast	
06.2468	出芽型	budding pattern	
06.2469	主芽	main bud	
06.2470	附属芽	adventitious bud	
06.2471	重复芽	duplicate bud	
06.2472	芽囊	capsule	
06.2473	卵室	ooecium	
06.2474	无盖卵室	acleithral ooecium	
06.2475	有盖卵室	cleithral ooecium	
06.2476	卵胞	ovicell	
06.2477	内陷卵胞	endooecial ovicell	
06.2478	口上卵胞	hyperstomial ovicell	
06.2479	刺壁卵胞	acanthostegous ovicell	
06.2480	口围卵胞	peristomial ovicell	
06.2481	端卵胞	endotoichal ovicell	
06.2482	代位卵胞	vicarious ovicell	

序 号	汉 文 名	英 文 名	注 释
06.2483	壁卵胞	parietal ovicell	
06.2484	瓣卵胞	valve ovicell	
06.2485	育卵室	brood chamber	
06.2486	内卵室	entooecium	
06.2487	外卵室	ectooecium	
06.2488	卵室口盖	ooecial operculum	
06.2489	头向集中	cephalization	
06.2490	头叶	head lobe	
06.2491	前叶	anterior lobe, anter(苔藓动物)	
06.2492	中叶	median lobe	
06.2493	后叶	posterior lobe, poster(苔藓动物)	
06.2494	外皮	cuticle	
06.2495	槽板	socket plate	
06.2496	钩刺	hooked spine	
06.2497	钩突	barbed process	
06.2498	同心层	concentric layer	
06.2499	表皮刺	culticular spine	
06.2500	触角状刺	antenniform spine	
06.2501	锯齿状	spination	
06.2502	背三角孔	notothyrium	
06.2503	壳顶孔	foramen	
06.2504	茎瓣	pedicle valve	
06.2505	腹膜细胞	peritoneal cell	
06.2506	碳酸型[外壳]	calcareous type	
06.2507	磷酸型[外壳]	phosphatic type	
	（腕足动物）		
06.2508	具褶壳	plicated shell	
06.2509	胚壳	protegalum	
06.2510	假疹壳	pseudopunctate shell	
06.2511	有疹壳	punctate shell	
06.2512	无疹壳	impunctate shell	
06.2513	具刺壳	spiny shell	
06.2514	叶裂[法]	delamination	
06.2515	触手环	tentacular crown, tentacular circlet	
06.2516	褶冠型触手冠	ptycholophorus lophophore	
06.2517	复冠型触手冠	ptectolophorus lophophore	

序 号	汉 文 名	英 文 名	注 释
06.2518	S 形触手冠	sigmoid lophophore	
06.2519	裂冠型触手冠	schizophorus lophophore	
06.2520	四叶型触手冠	quadrilobulate lophophore	
06.2521	螺冠型触手冠	spirolophorus lophophore	
06.2522	盘冠型触手冠	trocholophorus lophophore	
06.2523	双叶形触手冠	bilabulate lophophore	
06.2524	双冠型触手冠	zygolophorus lophophore	
06.2525	触手冠腕	lophophoral arm	
06.2526	触手冠叶	lophophoral lobe	
06.2527	触手卷曲	tentacle coiling	
06.2528	触手缘	tentacular fringe	
06.2529	幼虫触手	larval tentacle	
06.2530	终生触手	definitive tentacle	
06.2531	中央触手	median tentacle	
06.2532	终生刚毛	definitive seta	
06.2533	原基[器官]	primordium	
06.2534	肉茎盖	deltidium	
06.2535	肉茎	pedicle, peduncle	
06.2536	壳尖	beak	
06.2537	侧纤毛束	lateral tract of cilia	
06.2538	背中隔壁	middorsal septum	
06.2539	中央隔壁	median septum	
06.2540	胃体壁隔膜	gastroparietal band	
06.2541	围脏鞘	peritoneal sheath	
06.2542	腹膜褶	peritoneal fold	
06.2543	主线	cardinal line	
06.2544	主缘	cardinal margin	
06.2545	主突	cardinal process	
06.2546	铰合缘	hinge margin	
06.2547	主基	cardinalia	
06.2548	齿板	dental plate	
06.2549	齿槽	dental socket	
06.2550	内铰合板	inner hinge plate	
06.2551	互锁机制	interlocking mechanism	
06.2552	铰合板	hinge plate	
06.2553	后转板	palintrope	
06.2554	三角双板	deltidial plate	

序　号	汉　文　名	英　文　名	注　释
06.2555	三角孔	delthyrium, triangular notch	
06.2556	背三角双板	chilidial plates	
06.2557	背三角板	chilidium	
06.2558	背腹壳间缘	commissure	
06.2559	螺旋腕	spiral arm	
06.2560	侧腕	lateral arm	
06.2561	中腕	median arm	
06.2562	腕骨	brachidium	
06.2563	腕骨支柱	brachidium support	
06.2564	腕骨突起	brachidium process	
06.2565	腕钩	crura	
06.2566	腕钩支板	crural plate	
06.2567	腕钩尖	crural point	
06.2568	腕钩突起	crural process	
06.2569	腕钩连板	cruralium	
06.2570	腕钩窝	crural fossette	
06.2571	腕钩槽	crural trough	
06.2572	腕钩基	crural base	
06.2573	腕环	loop	
06.2574	贯壳型腕环	terebratelliform loop	
06.2575	曲形腕环	recurved loop	
06.2576	支持腕环	supporting loop	
06.2577	支持脊	supporting ridge	
06.2578	腕丝（腕足动物）	cirrus	
06.2579	腕褶	brachial fold	
06.2580	腕沟	brachial groove	
06.2581	腕脊	arm ridge	
06.2582	腕瓣	brachial valve	
06.2583	腕型变化	brachidial change	
06.2584	腕型	brachidial pattern	
06.2585	腕支柱	brachidial support	
06.2586	腕板	brachialia	
06.2587	螺旋体（腕足动物）	spire	
06.2588	匙板	spondylium	
06.2589	齿槽装置	tooth-socket device	

序　号	汉　文　名	英　文　名	注　释
06.2590	槽脊	socket ridge	
06.2591	放射线	radial line	
06.2592	放射褶	radiating plication	
06.2593	侧肠隔膜	lateral mesentery	
06.2594	腹肠隔膜	ventral mesentery	
06.2595	背肠隔膜	dorsal mesentery	
06.2596	体躯隔壁	trunk septum	
06.2597	毛管腹膜组织	vasoperitoneal tissue	
06.2598	口前隔壁	preoral septum	
06.2599	内中胚层细胞	entomesodermal cell	
06.2600	口管	buccal tube	
06.2601	合胞体	syncytium	
06.2602	坛形器(帚虫动物)	ampulla	
06.2603	肛室	anal chamber	
06.2604	肾窝	nephridial pit	
06.2605	辐轮幼虫	actinotrocha	
06.2606	螺旋形回交纤维	spiral crisscrossed fibre	
06.2607	直肌	rectus muscle	
06.2608	提肌	elevator	
06.2609	外斜肌	external oblique muscle	
06.2610	内斜肌	internal oblique muscle	
06.2611	副开壳肌	accessory diductor	
06.2612	调整肌	adjustor	
06.2613	开壳肌	divarigator, diductor	
06.2614	肌脊	muscle ridge	
06.2615	横隔壁括约肌	diaphragmatic sphincter	
06.2616	茎肌	peduncular muscle	
06.2617	牵引肌	protractor	
06.2618	触手肌	tentacular muscle	
06.2619	触手括约肌	tentacular sphincter	
06.2620	闭颚肌	mandibular occlusor	
06.2621	口盖肌	opercular muscle	
06.2622	开颚肌	mandibular divarigator	
06.2623	降颚肌	mandibular depressor	
06.2624	柄肌	pedicular muscle	
06.2625	前庭扩张肌	vestibular dilator	

序　号	汉　文　名	英　文　名	注　释
06.2626	横隔壁扩张肌	diaphragmatic dilator	
06.2627	口前腔括约肌	atrial sphincter	
06.2628	触手冠缩肌	lophophoral retractor	
06.2629	神经肌肉带	neuromuscular band	
06.2630	肌槽	muscular socket	
06.2631	肌带	muscle strand	
06.2632	肌痕	muscle scar	
06.2633	腹囊(腕足动物)	ventral pouch	
06.2634	心囊	heart vesicle, heart sac	
06.2635	毛管盲囊	capillary caecum	
06.2636	顶毛丛	central apical tuft	
06.2637	顶板	apical plate	
06.2638	蠕动	peristalsis	
06.2639	蛆形运动	vermiform movement	
06.2640	蠕虫形曲折	wormlike convolution	
06.2641	半缘生长	semiperipheral growth	
06.2642	混合生长	mixed growth	
06.2643	全缘生长	holoperipheral growth	
06.2644	粘着丝	adhesive filament	
06.2645	附着丝	attachment filament	
06.2646	刚毛泡	setal follicle	
06.2647	胚块	germinal mass	
06.2648	中段	middle piece	
06.2649	早期授精	precocious insemination	
06.2650	环状褶	ring fold	
06.2651	外套褶	mantle fold	
06.2652	纤毛冠	corona	
06.2653	囊状杯	cystigenous cup	
06.2654	足腺	pedal gland	
06.2655	近等裂	adequal cleavage	
06.2656	二辐射裂	biradial cleavage	
06.2657	多胚发生	polyembryogeny	
06.2658	双壳幼虫	cyphonaute larva	
06.2659	粘液足	mucous pad	
06.2660	侧腹腔	ventrolateral compartment	
06.2661	围咽腔	periesophageal space	
06.2662	体躯腔	trunk coelom	

序　号	汉　文　名	英　文　名	注　释
06.2663	侧背腔	dorsolateral compartment	
06.2664	领腔	collar cavity	
06.2665	环腔	ring coelom	
06.2666	外体腔	outer coelom	
06.2667	内体腔	inner coelom	
06.2668	腕细腔	arm canal	
06.2669	腕腔	arm cavity	
06.2670	膜上腔	epistege	
06.2671	膜下腔	hypostegal cavity	
06.2672	群体体腔	colonial coelom	
06.2673	触手冠腔	lophophoral coelom, lophophoral lumen	
06.2674	触手细腔	tentacular lumen	
06.2675	外套缘	mantle edge	
06.2676	外套沟	mantle groove	
06.2677	外套叶	mantle lobe	
06.2678	外套乳头	mantle papillae	
06.2679	外套反转	mantle reversal	
06.2680	缘窦	marginal sinus	
06.2681	腔胞	coelomocyte	
06.2682	帽状胎盘	cap placenta	
06.2683	盘状胎盘	disc placenta	
06.2684	环状胎盘	ring placenta	
06.2685	反肛侧	abanal side	
06.2686	肛侧	anal side	
06.2687	围肛纤毛	perianal cilia	
06.2688	后纤毛环	metatroch	
06.2689	前纤毛环	prototroch	
06.2690	触手带	tentacle girdle	
06.2691	端纤毛环	telotroch	
06.2692	触手冠神经环	lophophoral nerve ring	
06.2693	触手冠器官	lophophoral organ	
06.2694	口前神经区	preoral nervous field	
06.2695	正形海胆	regular echinoid	
06.2696	非正形海胆	irregular echinoid	
06.2697	隐带海星	cryptozonate	
06.2698	显带海星	phanerozonate	

序　号	汉　文　名	英　文　名	注　释
06.2699	单腹板[的]（海胆）	meridosternous	
06.2700	双腹板[的]（海胆）	amphisternous	
06.2701	两侧对称祖先	dipleurula ancestor	
06.2702	海刺猬型	glyptocidaroid type	
06.2703	柔海胆型	echinothuroid type	
06.2704	拱齿型	camarodont type	
06.2705	脊齿型	stirodont type	
06.2706	管齿型	aulodont type	
06.2707	头帕型	cidaroid type	
06.2708	冠海胆型	diadematoid type	
06.2709	中央盘	central disc	
06.2710	腕棘	arm spine	
06.2711	刺腕棘	thorny arm spine	
06.2712	钩腕棘	hooked arm spine	
06.2713	小棘	miliary spine	
06.2714	次棘	secondary spine	
06.2715	背棘	dorsal spine	
06.2716	峙棘	opposing spine	
06.2717	振动小棘	vibratile spine	
06.2718	球棘	sphaeridium	
06.2719	栉棘	comb-papilla	
06.2720	侧步带棘	adambulacral spine	
06.2721	口棘	mouth papilla, oral papilla	
06.2722	齿下口棘	infradental papilla	
06.2723	齿棘	tooth papilla	
06.2724	叉棘	pedicellaria	
06.2725	泡状叉棘	alveolate pedicellaria	
06.2726	钳形叉棘	forcipiform pedicellaria	
06.2727	剪形叉棘	forficiform pedicellaria	
06.2728	球形叉棘	globiferous pedicellaria	
06.2729	蛇首叉棘	ophiocephalous pedicellaria	
06.2730	栉状叉棘	pectinate pedicellaria	
06.2731	嘴状叉棘	rostrate pedicellaria	
06.2732	四指叉棘	tetradactylous pedicellaria	
06.2733	三叉叉棘	tridentate pedicellaria	

序　号	汉　文　名	英　文　名	注　释
06.2734	三叶叉棘	triphyllous pedicellaria	
06.2735	瓣状叉棘	valvate pedicellaria	
06.2736	交叉叉棘	crossed pedicellaria	
06.2737	直形叉棘	straight pedicellaria	
06.2738	步带板	ambulacral plate	
06.2739	侧步带板	adambulacral plate	
06.2740	侧腕板	lateral arm plate	
06.2741	原腕板	primibrach	
06.2742	腹腕板	ventral arm plate	
06.2743	背腕板	dorsal arm plate	
06.2744	侧口板	adoral plate	
06.2745	围口板	peristomial plate	
06.2746	唇板	labrum	心形海胆口上部的板。
06.2747	中背板	central dorsal plate	
06.2748	半板	demi-plate	
06.2749	三角板	deltoid plate	
06.2750	双列板	distichal plate	
06.2751	三对孔板	trigeminate	
06.2752	穿孔板	perforated plate	
06.2753	少孔板	oligoporous plate	
06.2754	多孔板	polyporous plate	
06.2755	围肛板	periproct plate	
06.2756	间辐板	interradial plate	
06.2757	筛板	madreporic plate	
06.2758	复板	compound plate	
06.2759	掌板	palma	
06.2760	肛下盾板	subanal plastron	
06.2761	初级板	primary plate	
06.2762	次级板	secondary plate	
06.2763	原辐板	primary radial	
06.2764	原分歧腕板	primaxil	
06.2765	次分歧腕板	secundaxil	
06.2766	次分腕板	secundibrachus	
06.2767	端板	terminal plate	
06.2768	上缘板	supramarginal plate	
06.2769	下缘板	inframarginal plate	

序　号	汉　文　名	英　文　名	注　释
06.2770	腹侧板	ventral-lateral plate	
06.2771	间缘板	inter-marginal plate	
06.2772	龙骨板	carinal plate	
06.2773	边板	side plate	
06.2774	外眼板	exsert	
06.2775	内眼板	insert	
06.2776	单基板	monobasal	
06.2777	四基板	tetrabasal	
06.2778	玫板	rosette	
06.2779	不动关节	syzygy, immovable joint(脊椎动物), synarthrosis(脊椎动物)	
06.2780	隐不动关节	cryptosyzygy	
06.2781	隐合关节	cryptosynarthry	
06.2782	上不动关节	epizygal	
06.2783	下不动关节	hypozygal	
06.2784	过渡节	transition segment	
06.2785	合关节	synarthry	
06.2786	节椎关节	zygospondylous articulation	
06.2787	羽枝节	pinnular	
06.2788	捩椎关节	streptospondylous articulation	
06.2789	小柱体	paxillae	
06.2790	伪柱体	pseudo-paxillae	
06.2791	石灰体	calcareous body	
06.2792	振动小体	vibratile corpuscle	
06.2793	栉状体	comb	
06.2794	桌形体	table	
06.2795	扣状体	button	
06.2796	花纹样体	rosette	
06.2797	轮形体	wheel	
06.2798	锚形体	anchor	
06.2799	笼状体	basket	
06.2800	网状皿形体	reticulate cup	
06.2801	网状球形体	reticulate sphere	
06.2802	步带骨	ambulacral ossicle	
06.2803	上步带骨	supra-ambulacral ossicle	
06.2804	骨片	spicula	
06.2805	芽骨	virgalia	

序 号	汉 文 名	英 文 名	注 释
06.2806	轮骨	rotule	
06.2807	锥骨	pyramid	
06.2808	弧骨	compass	
06.2809	内突骨	apophysis	
06.2810	耳状骨	auricle	
06.2811	口面骨骼	actinal skeleton	
06.2812	反口面骨骼	abactinal skeleton	
06.2813	羽枝	pinnule	
06.2814	口羽枝	oral pinnule	
06.2815	生殖羽枝	genital pinnule	
06.2816	末梢羽枝	distal pinnule	
06.2817	卷枝	cirrus	
06.2818	根卷枝	radiculus	
06.2819	根	radix	
06.2820	盾状触手	peltate tentacle	
06.2821	枝状触手	dendritic tentacle	
06.2822	指状触手	digitate tentacle	
06.2823	羽状触手	pinnate tentacle	
06.2824	大疣	primary tubercle	
06.2825	小疣	miliary tubercle	
06.2826	中疣	secondary tubercle	
06.2827	轮疣	wheel papilla	
06.2828	合关节疣	synarthrial tubercle	
06.2829	卷枝间疣	intercirral tubercle	
06.2830	疣突	boss	
06.2831	小疣突	pustule	
06.2832	管足	podium	
06.2833	带线	fasciole	
06.2834	缘带线	marginal fasciole	
06.2835	周花带线	peripetalous fasciole	
06.2836	肛下带线	subanal fasciole	
06.2837	内带线	internal fasciole	
06.2838	侧带线	lateral fasciole	
06.2839	花形口缘	floscelle	
06.2840	端爪	terminal claw	
06.2841	端栉	terminal comb	
06.2842	端触手	terminal tentacle	

序 号	汉 文 名	英 文 名	注 释
06.2843	围口部	peristome	
06.2844	围肛部	periproct	
06.2845	围足部	peripodium	
06.2846	赤道部	ambitus	
06.2847	翻颈部	introvertere, introvert	
06.2848	二道体区	bivium	
06.2849	三道体区	trivium	
06.2850	口面间辐区	oral interradial area	
06.2851	皮鳃区	papularium	
06.2852	瓣区	petaloid area	
06.2853	步带区	ambulacral area	
06.2854	步带道	ambulacral avenue	
06.2855	步带沟	ambulacral furrow	
06.2856	步带孔	ambulacral pore	
06.2857	步带系	ambulacral system	
06.2858	步带	ambulacral zone	
06.2859	瓣状步带	petaloid ambulacrum	
06.2860	间步带	interambulacral area, interambulacrum	
06.2861	后背杆	postero-dorsal arm	
06.2862	后侧杆	postero-lateral arm	
06.2863	口后杆	postoral rod	
06.2864	口前杆	preoral rod	
06.2865	前背杆	antero-dorsal rod	
06.2866	前侧杆	antero-lateral rod	
06.2867	锚杆	shaft	
06.2868	锚臂	anchor-arm	
06.2869	横杆	transverse rod	
06.2870	横梁	cross beam	
06.2871	顶系	apical system	
06.2872	分筛顶系	ethmolytic apical system	
06.2873	合筛顶系	ethmophract apical system	
06.2874	内环的	endocyclic	
06.2875	外环的	exocyclic	
06.2876	口面	actinal surface, oral surface	
06.2877	反口面	abactinal surface, aboral surface	
06.2878	腕间的	interbrachial	

序　号	汉　文　名	英　文　名	注　释
06.2879	间辐的	interradial, interradius	
06.2880	腕间隔	interbrachial septum	
06.2881	后腕	posterior arm	
06.2882	多腕的	multibrachiate	
06.2883	内腕栉	inner arm comb	
06.2884	腕栉	arm comb	
06.2885	壳	corona(海胆), shell	
06.2886	壳板钉	dowel	
06.2887	孔带	pore area	
06.2888	孔对	pore pair	
06.2889	透孔	lunule	
06.2890	口盾	mouth shield, oral shield	
06.2891	副口盾	supplementary mouth shield	
06.2892	缘裂	marginal slit	
06.2893	瓣	valve	
06.2894	口框	buccal frame	
06.2895	生殖裂口	bursal slit	
06.2896	疣轮	areole	
06.2897	上盖	tegmen	
06.2898	触手鳞	tentacle scale	
06.2899	侧翼	lateral wing	
06.2900	立柱	pillar	
06.2901	凹环	scrobicular ring	
06.2902	钩刺环	girdle of hooked granule	
06.2903	围颚环	perignathic girdle	
06.2904	前口环	preoral loop	
06.2905	石灰环	calcareous ring	
06.2906	软骨环	cartilaginous ring	
06.2907	磨齿环	milled ring	
06.2908	口凸	bourrelet	
06.2909	近辐	adradii	
06.2910	近口的	adoral	
06.2911	单环萼	monocyclic calyx	
06.2912	双环萼	dicyclic calyx	
06.2913	萼孔	calyx pore	
06.2914	分歧轴	axillary	
06.2915	辐片	radial piece	

序　号	汉　文　名	英　文　名	注　　释
06.2916	间辐片	interradial piece	
06.2917	有色骨片	phosphatic deposit	
06.2918	洛文[定]律	Loven's law	曾用名"拉氏定律"。
06.2919	亚氏提灯	Aristotle's lantern	全称"亚里士多德提灯",系海胆类的咀嚼器。
06.2920	斯氏器	Stewart's organ	
06.2921	居维叶器	Cuvierian organ	又称"居氏器"。
06.2922	前庭器	vestibule	
06.2923	海绵器	spongy organ	
06.2924	中轴器	axial organ	
06.2925	分房器	chambered organ	
06.2926	蒂德曼体	Tiedemann's body	曾用名"铁氏器"。
06.2927	蒂德曼盲囊	Tiedemann's diverticulum	曾用名"铁氏盲囊"。
06.2928	波利囊	Polian vesicle	又称"波氏囊"。
06.2929	背囊	dorsal sac	
06.2930	坛囊	ampulla	
06.2931	触手坛囊	tentacle ampulla	
06.2932	小囊	saccule	
06.2933	轴窦	axial sinus	
06.2934	轴腺	axial gland	
06.2935	水管系	water vascular system	
06.2936	水腔	hydrocoel	
06.2937	筛孔	madreporic pore	
06.2938	筛管	madreporic canal	
06.2939	辐步管	ambulacral radial canal	
06.2940	虹管	siphon	
06.2941	石管	stone canal	
06.2942	纤毛漏斗	ciliated funnel	
06.2943	肩纤毛带	epaulettes	
06.2944	轴神经系	axial nerve system	
06.2945	口神经系	oral neural system	
06.2946	下神经系	hyponeural system	
06.2947	皮鳃	papula	
06.2948	叶鳃	phyllode	
06.2949	呼吸树	respiratory tree	
06.2950	水肺	water lung	

序　号	汉　文　名	英　文　名	注　释
06.2951	中背板腔	centrodorsal cavity	
06.2952	水咽球	aquapharyngeal bulb	
06.2953	背上膜	supra-dorsal membrane	
06.2954	海胆原基	echinus rudiment	
06.2955	五腕海百合期	pentacrinoid stage	
06.2956	五触手幼体	pentactula	
06.2957	短腕幼体	brachiolaria	
06.2958	长腕幼体	pluteus	
06.2959	蛇尾幼体	ophiopluteus	
06.2960	海胆幼体	echinopluteus	
06.2961	耳状幼体	auricularia	
06.2962	羽腕幼体	bipinnaria	
06.2963	樽形幼体	doliolaria	
06.2964	帽状幼体	pilidium	

07. 脊 椎 动 物 学

序　号	汉　文　名	英　文　名	注　释
07.0001	鱼类学	ichthyology	
07.0002	两栖爬行类学	herpetology	
07.0003	鸟类学	ornithology	
07.0004	哺乳动物学	mammalogy	又称"兽类学(theriology)"。
07.0005	灵长类学	primatology	
07.0006	无头类	acraniate	
07.0007	有头类	craniate	
07.0008	无颌类	agnatha	
07.0009	颌口类	gnathostomata	
07.0010	无羊膜动物	anamniote	
07.0011	羊膜动物	amniote	
07.0012	全头类	holocephalan	
07.0013	圆口类	cyclostomata	
07.0014	鱼	fish	
07.0015	两栖动物	amphibian	
07.0016	爬行动物	reptile	
07.0017	鸟	bird	

序　号	汉　文　名	英　文　名	注　释
07.0018	哺乳动物	mammal	
07.0019	四足动物	tetrapod	
07.0020	灵长类	primate	
07.0021	反刍类	ruminant	
07.0022	有蹄类	hoofed animal	
07.0023	鼻	nose	
07.0024	鼻孔	nostril	
07.0025	颊	cheek	
07.0026	鳃峡	isthmus	
07.0027	鳃盖	operculum	
07.0028	鳃盖条	branchiostegal ray	
07.0029	鳃盖膜	branchiostegal membrane	
07.0030	鳃盖孔(硬骨鱼)	opercular aperture	
07.0031	鳃裂	gill slit, branchial cleft	
07.0032	鳍	fin	
07.0033	偶鳍	paired fins	
07.0034	胸鳍	pectoral fin	
07.0035	腹鳍	ventral fin, pelvic fin	
07.0036	奇鳍	median fin	
07.0037	背鳍	dorsal fin	
07.0038	臀鳍	anal fin	
07.0039	尾鳍(鱼)	caudal fin	
07.0040	尾叶(鲸)	tail fluke	
07.0041	脂鳍	adipose fin	
07.0042	原型尾	protocercal tail	
07.0043	歪型尾	heterocercal tail	
07.0044	正型尾	homocercal tail	
07.0045	鳍肢	flipper	
07.0046	鳍脚	clasper	
07.0047	鳍式	fin formula	
07.0048	小鳍	finlet	
07.0049	鳍棘	fin spine	
07.0050	鳍条	fin ray	
07.0051	鳍膜	fin membrane	
07.0052	角质鳍条	ceratotrichia(拉)	
07.0053	鳞质鳍条	lepidotrichia(拉)	
07.0054	角质刺	horny spine	

序 号	汉 文 名	英 文 名	注 释
07.0055	硬刺	ossified spine	
07.0056	鳞	scale, shield(蜥蜴类)	
07.0057	盾鳞	placoid scale	
07.0058	硬鳞	ganoid scale	
07.0059	硬鳞质	ganoin	
07.0060	骨鳞	bony scale	
07.0061	圆鳞	cycloid scale	
07.0062	栉鳞	ctenoid scale	
07.0063	整列鳞	cosmoid scale	
07.0064	方鳞	square scale	
07.0065	疣粒	tubercle	
07.0066	棱鳞	keeled scale	
07.0067	锥鳞	conic scale	
07.0068	鬣鳞	crest scale	
07.0069	板鳞(蜥蜴类)	callose	
07.0070	胼胝	callosity	
07.0071	侧线	lateral line	
07.0072	侧线管	lateral line canal	
07.0073	瘰粒	wart	
07.0074	痣粒	granule	
07.0075	婚垫	nuptial pad	
07.0076	婚刺	nuptial spine	
07.0077	发光器	luminous organ	
07.0078	被囊	tunic	
07.0079	趾吸盘	digital disc, digital disk	
07.0080	关节下瘤	subarticular tubercle	
07.0081	掌突	metacarpal tubercle	
07.0082	蹠突	metatarsal tubercle	
07.0083	口漏斗	buccal funnel	
07.0084	瞬褶	nictitating fold	
07.0085	唇褶	labial fold	
07.0086	颏沟	mental groove	
07.0087	喷水孔	spiracle	
07.0088	角质颌	horny jaw	
07.0089	唇乳突	labial papilla	
07.0090	副突	additional papilla, paraphyle (原生动物)	

序　号	汉　文　名	英　文　名	注　释
07.0091	上板	epiplastron	
07.0092	舌板	hyoplastron	
07.0093	下板	hypoplastron	
07.0094	剑板	xiphiplastron	
07.0095	内板	entoplastron	
07.0096	板(龟鳖类)	plate	
07.0097	甲桥	bridge	
07.0098	肋沟	costal groove	
07.0099	颈褶	jugular plica, cervical fold (寄生蠕虫)	
07.0100	皮褶	skin fold	
07.0101	背侧褶	dorsolateral fold	
07.0102	跗褶	tarsal fold	
07.0103	颞褶	temporal fold	
07.0104	腹褶	metapleural fold	
07.0105	雄性线	linea masculina(拉)	
07.0106	趾下瓣	subdigital lamella	
07.0107	肉冠	comb	
07.0108	肉垂	wattle	
07.0109	肉裾	lappet	又称"肉裙"。
07.0110	距	spur, calcar	
07.0111	臀胝	ischial callosity	
07.0112	垫	pulvinus, thenar	
07.0113	爪垫	claw pad	
07.0114	[鸟]嘴	bill	又称"喙"。
07.0115	唇	lip	
07.0116	颊囊	cheek pouch	
07.0117	声囊	vocal sac	
07.0118	咽下声囊	subgular vocal sac	
07.0119	喉囊	gular pouch, gular sac	
07.0120	喉褶	gular fold, gular plica	
07.0121	颈侧囊	lateral flap	
07.0122	口笠	oral hood	
07.0123	口笠触须	buccal cirrum	
07.0124	羽	feather	
07.0125	羽衣	plumage	
07.0126	副羽	aftershaft, afterfeather	

序 号	汉 文 名	英 文 名	注 释
07.0127	裸区	apterium	
07.0128	羽区	pteryla	
07.0129	耳羽	auricular	
07.0130	小翼羽	alula, bastard wing	
07.0131	腋羽	axillary	
07.0132	羽支	barb	
07.0133	羽小支	barbule	
07.0134	羽纤支	barbicel	
07.0135	[翼]覆羽	wing covert	
07.0136	冠羽	crest	
07.0137	廓羽	contour feather	
07.0138	中央尾羽	central rectrice	
07.0139	绒羽	down-feather	
07.0140	羽状须	feathered bristle	
07.0141	飞羽	flight feather, remex	
07.0142	纤羽	filoplume, pin-feather	又称"毛羽"。
07.0143	粉绒羽	powder down	又称"粉䎶"。
07.0144	婚羽	nuptial plumage	
07.0145	雏绒羽	natal down	
07.0146	稚羽	juvenal plumage	
07.0147	翼	wing	又称"翅"。
07.0148	初级飞羽	primary feather	
07.0149	次级飞羽	secondary feather	
07.0150	三级飞羽	tertiary feather	
07.0151	蚀羽	eclipse plumage	
07.0152	肩羽	scapular	
07.0153	上背(鸟)	mantle	又称"翕"。
07.0154	翼镜	speculum	又称"翅斑"。
07.0155	副须(鸟)	supplementary bristle	
07.0156	羽片	vane	
07.0157	羽轴	shaft	
07.0158	羽干	rachis	
07.0159	羽根	calamus	
07.0160	尾羽	tail feather, rectrix	
07.0161	上脐	superior umbilicus	
07.0162	下脐	inferior umbilicus	
07.0163	内䎎	inner web	

序　号	汉　文　名	英　文　名	注　释
07.0164	外翈	outer web	
07.0165	毛	hair	
07.0166	竖毛肌	arrector pilorum	
07.0167	鬃	bristle	
07.0168	触须(哺乳动物)	vibrissae	
07.0169	鬣毛(哺乳动物)	mane	
07.0170	睫毛	eyelash	
07.0171	毛被	pelage	
07.0172	指甲	nail	
07.0173	趾甲	nail	
07.0174	蹄	hoof	
07.0175	犀角	rhino horn	
07.0176	洞角	horn	
07.0177	鹿角	antler	
07.0178	叉洞角	pronghorn	
07.0179	鹿茸	velvet	
07.0180	眉叉	brow tine	
07.0181	瘤角	stubby horn	
07.0182	肉角	fleshy horn	
07.0183	嘴峰	culmen	
07.0184	蜡膜	cere	
07.0185	嘴裂	gape	
07.0186	嘴底	gonys	
07.0187	嘴甲	nail	
07.0188	嘴须(鸟)	rictal bristle	
07.0189	口须(鸟)	barbel	
07.0190	头顶	crown, vertex	
07.0191	冠纹	medium coronary stripe	
07.0192	颊纹	cheek stripe, malar stripe	
07.0193	颏须	chin barbel, chin bristle, mental barbel(鱼)	
07.0194	颏纹	mental stripe	
07.0195	面盘	facial disk, velum(软体动物)	
07.0196	额板	frontal plate	
07.0197	喉	larynx	
07.0198	眼先(鸟)	lore	
07.0199	项	nape	

序　号	汉 文 名	英 文 名	注　释
07.0200	胁	flank, costa(原生动物)	
07.0201	腰	rump	
07.0202	鼻须(鸟)	nasal bristle	
07.0203	枕(鸟)	occiput	
07.0204	枕冠(鸟)	occipital crest	
07.0205	眼圈	eye ring	
07.0206	翎领	ruff	
07.0207	眉纹	superciliary stripe	
07.0208	贯眼纹	transocular stripe	
07.0209	尖翼	pointed wing	
07.0210	圆翼	rounded wing	
07.0211	方翼	square wing	
07.0212	蹼	web	
07.0213	满蹼	fully webbed	
07.0214	全蹼	entirely webbed	
07.0215	半蹼	half webbed	
07.0216	趾行	digitigrade	
07.0217	蹠行	plantigrade	
07.0218	蹄行	unguligrade	
07.0219	蹼迹	rudimentary web	
07.0220	不等趾足	anisodactylous foot	
07.0221	二趾足	bidactylous foot	
07.0222	索趾足	desmodactylous foot	
07.0223	离趾足	eleutherodactylous foot	
07.0224	异趾足	heterodactylous foot	
07.0225	凹蹼足	incised palmate foot	
07.0226	瓣蹼足	lobed foot	
07.0227	前趾足	pamprodactylous foot	
07.0228	蹼足	palmate foot, webbed foot	
07.0229	半对趾足	semi-zygodactylous foot	
07.0230	并趾足	syndactylous foot	
07.0231	半蹼足	semipalmate foot, half webbed foot	
07.0232	三趾足	tridactylous foot	
07.0233	对趾足	zygodactylous foot	
07.0234	肢	limb	
07.0235	臂	arm	

序　号	汉　文　名	英　文　名	注　　释
07.0236	前臂	forearm	
07.0237	腕	wrist	
07.0238	掌	palm [of hand]	
07.0239	指	finger	
07.0240	大腿	thigh	又称"股"。
07.0241	跗蹠	tarsometatarsus	
07.0242	小腿	shank	又称"胫"。
07.0243	踝	ankle	
07.0244	脚掌	sole of foot	
07.0245	趾	toe	
07.0246	拇趾	hallux	
07.0247	毒腺	poison gland, venom gland	
07.0248	前颌腺	premaxillary gland	
07.0249	鼻腺	nasal gland	
07.0250	颈腺	nuchal gland, cervical gland(寄生蠕虫)	
07.0251	脊腺	vertebral gland	
07.0252	肛腺	anal gland	
07.0253	泄殖腔腺	cloacal gland	
07.0254	上唇腺	supralabial gland	
07.0255	胸皮腺	chest gland	
07.0256	腋腺	axillary gland	
07.0257	肱腺	humeral gland	
07.0258	胫腺	tibial gland	
07.0259	汗腺	sweat gland	
07.0260	乳腺	mammary gland	
07.0261	皮脂腺	sebaceous gland	
07.0262	气味腺	scent gland, odoriferous gland	
07.0263	喉腺	laryngeal gland, throat gland	
07.0264	趾间腺	interdigital gland	
07.0265	蹠腺	metatarsal gland	
07.0266	麝香腺	musk gland	
07.0267	眶下腺	suborbital gland	
07.0268	额腺	frontal gland	
07.0269	会阴腺	perineal gland	
07.0270	鼠蹊腺	inguinal gland	
07.0271	盐腺	salt gland	

序　号	汉　文　名	英　文　名	注　释
07.0272	尾脂腺	uropygial gland	
07.0273	气腺	gas gland	
07.0274	脉络膜腺	choroid gland	
07.0275	颌腺	maxillary gland	
07.0276	臭腺	stink gland	
07.0277	盯聍腺	ceruminous gland	
07.0278	睫腺	ciliary gland	
07.0279	围鳃腔孔	atriopore	
07.0280	阴囊	scrotum	
07.0281	乳房	breast	
07.0282	乳头	nipple, teat	
07.0283	尿殖孔	urogenital aperture	
07.0284	尿殖乳突	urogenital papilla	
07.0285	肛前孔	preanal pore	
07.0286	鼠蹊孔	inguinal pore	
07.0287	股孔	femoral pore	
07.0288	软骨	cartilage	
07.0289	[硬]骨	bone	
07.0290	软骨成骨	cartilage bone	
07.0291	膜成骨	membranous bone	
07.0292	真皮骨	dermal bone	
07.0293	中轴骨骼	axial skeleton	
07.0294	附肢骨骼	appendicular skeleton	
07.0295	头骨	skull	
07.0296	脑匣	brain case	
07.0297	颅骨	cranium	
07.0298	脑颅	neurocranium	
07.0299	脏颅	splanchnocranium, viscerocranium	
07.0300	内脏骨骼	visceral skeleton	
07.0301	软骨颅	chondrocranium	
07.0302	平底型[颅]	platybasic type	
07.0303	脊底型[颅]	tropybasic type	
07.0304	鼻囊	nasal capsule	
07.0305	眼囊	optic capsule	
07.0306	耳囊	otic capsule	
07.0307	嗅区	olfactory region	
07.0308	眶区	orbital region	

序　号	汉　文　名	英　文　名	注　释
07.0309	耳区	otic region	
07.0310	枕区	occipital region	
07.0311	前囟	anterior fontanelle	
07.0312	内淋巴窝	endolymphatic fossa	
07.0313	内淋巴管孔	aperture of endolymphatic duct	
07.0314	枕大孔	foramen magnum	
07.0315	枕髁	occipital condyle	
07.0316	囟[门]	fontanelle	
07.0317	雀腭型	aegithognathism	
07.0318	索腭型	desmognathism	
07.0319	蜥腭型	saurognathism	
07.0320	裂腭型	schizognathism	
07.0321	全鼻型	holorhinal	
07.0322	裂鼻型	schizorhinal	
07.0323	双联型	amphistyly	
07.0324	舌联型	hyostyly	
07.0325	自联型	autostyly	
07.0326	全联型	holostyly	
07.0327	巩膜[骨]环	sclerotic ring	
07.0328	上枕骨	supraoccipital bone	
07.0329	外枕骨	exoccipital bone	
07.0330	基枕骨	basioccipital bone	
07.0331	筛骨	ethmoid bone	
07.0332	外筛骨	ectethmoid bone	
07.0333	前筛骨	preethmoid bone	
07.0334	翼蝶骨	alisphenoid bone	
07.0335	前蝶骨	presphenoid bone	
07.0336	基蝶骨	basisphenoid bone	
07.0337	眶蝶骨	orbitosphenoid bone	
07.0338	上耳骨	epiotic bone	
07.0339	前耳骨	prootic bone, prootica	
07.0340	后耳骨	opisthotic bone, opisthotica	
07.0341	翼耳骨	pterotic bone	
07.0342	蝶耳骨	sphenotic bone	
07.0343	围眶骨	circumorbital bone	
07.0344	眶上骨	supraorbital bone	
07.0345	眶下骨	infraorbital bone	

序　号	汉　文　名	英　文　名	注　释
07.0346	眶前骨	preorbital bone	
07.0347	眶后骨	postorbital bone	
07.0348	副蝶骨	parasphenoid bone	
07.0349	额鳞弓	fronto-squamosal arch	
07.0350	中筛骨	mesethmoid bone	
07.0351	枕骨	occipital bone	
07.0352	颞骨	temporal bone	
07.0353	蝶骨	sphenoid bone	
07.0354	鳞骨	squamosal bone	
07.0355	顶骨	parietal bone	
07.0356	顶间骨	interparietal bone	
07.0357	上颌骨	maxillary bone	
07.0358	前颌骨	premaxillary bone	
07.0359	围耳骨	periotic bone	
07.0360	鼓泡	tympanic bulla	
07.0361	鼓围耳骨	tympano-periotic bone	
07.0362	岩鼓骨	petrotympanic bone	
07.0363	颞孔	temporal fossa	又称"颞窝"。
07.0364	眶间隔	interorbital septum	
07.0365	额骨	frontal bone	
07.0366	泪骨	lachrymal bone, lacrimal bone	
07.0367	轭骨	jugal bone	
07.0368	颧弓	zygomatic arch	
07.0369	颧骨	malar bone	
07.0370	鼻骨	nasal bone	
07.0371	鼻甲骨	turbinal bone	
07.0372	上鼻甲	superior concha	
07.0373	中鼻甲	middle concha	
07.0374	下鼻甲	inferior concha	
07.0375	腭骨	palatine bone	
07.0376	翼骨	pterygoid bone	
07.0377	犁骨	vomer bone	
07.0378	犁骨脊	vomerine ridge	
07.0379	鼓骨	tympanic bone	
07.0380	鼓膜	tympanic membrane	
07.0381	听小骨	auditory ossicle	
07.0382	耳柱骨	columella	

序　号	汉　文　名	英　文　名	注　释
07.0383	镫骨	stapes	
07.0384	砧骨	incus	
07.0385	锤骨	malleus	
07.0386	颌弓	mandibular arch	
07.0387	腭方软骨	palatoquadrate cartilage	
07.0388	麦克尔软骨	Meckel's cartilage	
07.0389	前翼骨	prepterygoid bone	
07.0390	中翼骨	mesopterygoid bone	
07.0391	后翼骨	metapterygoid bone	
07.0392	方轭骨	quadratojugal bone	
07.0393	方骨	quadrate bone	
07.0394	关节骨	articular bone	
07.0395	下颌骨	mandible	
07.0396	齿骨	dentary bone	
07.0397	隅骨	angular bone	
07.0398	舌弓	hyoid arch	
07.0399	舌颌骨	hyomandibular bone	
07.0400	角舌骨	ceratohyal bone	
07.0401	基舌骨	basihyal bone	
07.0402	上舌骨	epihyal bone	
07.0403	下舌骨	hypohyal bone	
07.0404	间舌骨	interhyal bone	
07.0405	尾舌骨	urohyal bone	
07.0406	续骨	symplectic bone	
07.0407	鳃弓	branchial arch	
07.0408	咽鳃骨	pharyngobranchial bone	
07.0409	上鳃骨	epibranchial bone	
07.0410	角鳃骨	ceratobranchial bone	
07.0411	下鳃骨	hypobranchial bone	
07.0412	基鳃骨	basibranchial bone	
07.0413	咽骨	pharyngeal bone	
07.0414	咽齿	pharyngeal tooth	
07.0415	鳃盖骨	opercular bone, operculum	
07.0416	下鳃盖骨	subopercular bone	
07.0417	间鳃盖骨	interopercular bone	
07.0418	前鳃盖骨	preopercular bone	
07.0419	舌骨器	hyoid apparatus	

序　号	汉　文　名	英　文　名	注　　释
07.0420	茎舌骨	stylohyal bone	
07.0421	甲舌骨	thyrohyal bone	
07.0422	鼓舌骨	tympanohyal bone	
07.0423	气管软骨	tracheal cartilage	
07.0424	环状软骨	cricoid cartilage	
07.0425	杓状软骨	arytenoid cartilage	
07.0426	会厌软骨	epiglottal cartilage	
07.0427	甲状软骨	thyroid cartilage	
07.0428	楔状软骨	cuneiform cartilage	
07.0429	悬器	suspensorium	
07.0430	韦伯器[官]	Weber's organ	
07.0431	韦伯小骨	Weber's ossicle	
07.0432	三脚骨	tripus	
07.0433	间插骨	intercalarium	
07.0434	舟骨	scaphoid bone, scaphoideum	
07.0435	闩骨	claustrum	又称"屏状骨"。鲤科鱼类的骨片，形似屏风。
07.0436	脊索	notochord	
07.0437	口索	stomochord	
07.0438	脊柱	vertebral column	
07.0439	椎骨	vertebra	
07.0440	椎体	centrum	
07.0441	横突	transverse process	
07.0442	椎弓	vertebral arch, neural arch	
07.0443	椎棘	vertebral spine, neural spine	
07.0444	前关节突	anterior articular process	
07.0445	后关节突	posterior articular process	
07.0446	脉弓	haemal arch	
07.0447	脉棘	haemal spine	
07.0448	椎管	vertebral canal	
07.0449	椎间孔	intervertebral foramen	
07.0450	椎间盘	intervertebral disk	
07.0451	椎弓横突	diapophysis	
07.0452	椎体横突	parapophysis	
07.0453	躯椎	trunk vertebra	
07.0454	颈椎	cervical vertebra	

序 号	汉 文 名	英 文 名	注 释
07.0455	胸椎	thoracic vertebra	
07.0456	腰椎	lumbar vertebra	
07.0457	荐椎	sacral vertebra	在人体称"骶椎"。
07.0458	荐骨	sacrum	在人体称"骶骨"。
07.0459	尾椎	caudal vertebra	
07.0460	侧椎体	pleurocentrum	
07.0461	间椎体	intercentrum	
07.0462	下椎体	hypocentrum	
07.0463	荐前椎	presacral vertebra	
07.0464	尾综骨	pygostyle	
07.0465	尾杆骨	urostyle	
07.0466	尾上骨	epural bone	
07.0467	尾下骨	hypural bone	
07.0468	肋骨	rib, costa	
07.0469	背肋	dorsal rib	
07.0470	腹肋	ventral rib	
07.0471	胸肋	sternal rib	
07.0472	肋头	capitulum of rib	
07.0473	肋结节	tuberculum of rib	
07.0474	双头肋骨	double headed rib	
07.0475	腹皮肋	abdominal rib, gastralia [rib]	
07.0476	椎肋	vertebral rib	
07.0477	[肋骨]钩突	uncinate process	
07.0478	人字骨	chevron bone	
07.0479	寰椎	atlas	
07.0480	枢椎	axis	
07.0481	齿突	odontoid process, condyle	
07.0482	前凹椎体	procoelous centrum	
07.0483	后凹椎体	opisthocoelous centrum	
07.0484	两凹椎体	amphicoelous centrum	
07.0485	变凹型椎体	anomocoelous centrum	
07.0486	参差型椎体	diplasiocoelous centrum	
07.0487	异凹椎体	heterocoelous centrum	
07.0488	双平椎体	amphiplatyan centrum	
07.0489	固胸型	firmisternia	
07.0490	弧胸型	arcifera	
07.0491	龙骨[突]	keel	

序　号	汉　文　名	英　文　名	注　释
07.0492	肩带	pectoral girdle	
07.0493	肩胛骨	scapula	
07.0494	喙骨	coracoid	
07.0495	中喙骨	mesocoracoid	
07.0496	锁骨	clavicle	
07.0497	匙骨	cleithrum	
07.0498	腰带	pelvic girdle	
07.0499	基鳍骨	basipterygium	
07.0500	辐鳍骨	radialium	
07.0501	喙突	coracoid process	
07.0502	肩胛冈	scapular spine	
07.0503	肩峰	acromion	
07.0504	冈上窝	supraspinous fossa	
07.0505	冈下窝	infraspinous fossa	
07.0506	肩臼	glenoid cavity, glenoid fossa	
07.0507	合荐骨	synsacrum	
07.0508	叉骨	furcula	
07.0509	三骨管	triosseal canal	
07.0510	髂坐孔	ilioischiatic foramen	
07.0511	肱骨	humerus	
07.0512	桡骨	radius, epiphysis(棘皮动物)	
07.0513	尺骨	ulna	
07.0514	腕骨	carpal bone	
07.0515	掌骨	metacarpal bone	
07.0516	指骨	digital bone	
07.0517	趾骨	digital bone	
07.0518	指序	digital formula	
07.0519	趾序	digital formula	
07.0520	豌豆骨	pisiform bone	
07.0521	楔骨	cuneiform bone	
07.0522	月骨	lunar bone	
07.0523	副籽骨	accessory sesamoid [bone]	
07.0524	钩骨	unciform bone	
07.0525	棱形骨	trapezoid [bone]	在人体又称"小多角骨"。
07.0526	头状骨	capital bone	
07.0527	斜方骨	trapezium bone	在人体又称"大多角

序　号	汉　文　名	英　文　名	注　释
			骨"。
07.0528	腰痕骨	pelvic rudiment bone	
07.0529	髋骨	hip bone	
07.0530	髋臼	acetabulum	
07.0531	闭孔	obturator foramen	
07.0532	髂骨	ilium, iliac bone	
07.0533	骨盆	pelvis	
07.0534	股骨	femur	
07.0535	髌骨	patella	
07.0536	胫骨	tibia	
07.0537	腓骨	fibula	
07.0538	跗骨	tarsal bone	
07.0539	蹠骨	metatarsal bone	
07.0540	骰骨	cuboid bone	
07.0541	足舟骨	navicular bone	
07.0542	外楔骨	ectocuneiform bone	
07.0543	中楔骨	mesocuneiform bone	
07.0544	内楔骨	entocuneiform bone	
07.0545	跟骨	calcaneus, calcaneum bone	
07.0546	距骨	talus, astragalus bone	
07.0547	袋骨	marsupial bone	
07.0548	间介软骨	intercalary cartilage	
07.0549	Y 形软骨	Y-shaped cartilage	
07.0550	胫跗骨	tibiotarsus	
07.0551	跗蹠骨	tarsometatarsus	
07.0552	阴茎骨	baculum	
07.0553	关节	joint, articulation	
07.0554	关节腔	joint cavity	
07.0555	关节囊	joint capsule	
07.0556	关节面	articular facet	
07.0557	关节软骨	articular cartilage	
07.0558	滑膜	synovial membrane	
07.0559	动关节	movable joint, diarthrosis	
07.0560	纤维连接	fibrous joint	
07.0561	[骨]缝	suture	
07.0562	嵌合	gomphosis	
07.0563	软骨关节	cartilage joint	

序 号	汉 文 名	英 文 名	注 释
07.0564	软骨结合	synchondrosis	
07.0565	滑膜关节	synovial joint	
07.0566	颞颌关节	temporomandibular joint	
07.0567	寰枕关节	atlantooccipital joint	
07.0568	寰枢关节	atlantoaxial joint	
07.0569	关节突间关节	zygapophysial joint	
07.0570	腰荐关节	lumbosacral joint	在人体又称"腰骶连结"。
07.0571	荐尾关节	sacrococcygeal joint	在人体又称"骶尾关节"。
07.0572	肋椎关节	costovertebral joint	
07.0573	肋横突关节	costotransverse joint	
07.0574	胸肋关节	sternocostal joint	
07.0575	肋软骨关节	costochondral joint	
07.0576	软骨间关节	interchondral joint	
07.0577	跗间关节	intertarsal joint	
07.0578	肩锁关节	acromioclavicular joint	
07.0579	肩关节	glenohumeral joint	
07.0580	肘关节	elbow joint	
07.0581	桡尺远侧关节	distal radioulnar joint	
07.0582	腕关节	wrist joint	
07.0583	腕掌关节	carpometacarpal joint	
07.0584	掌间关节	intermetacarpal joint	
07.0585	掌指关节	metacarpophalangeal joint	
07.0586	指间关节	interphalangeal joint	
07.0587	荐髂关节	sacroiliac joint	在人体又称"骶髂关节"。
07.0588	髋关节	hip joint	
07.0589	膝关节	knee joint	
07.0590	胫腓关节	tibiofibular joint	
07.0591	踝关节	ankle joint	
07.0592	跗横关节	transverse tarsal joint	
07.0593	距跟关节	talocalcanean joint	
07.0594	跗蹠关节	tarsometatarsal joint	
07.0595	趾间关节	interphalangeal joint	
07.0596	肌隔	myocomma	
07.0597	水平[骨质]隔	horizontal skeletogenous septum	

序 号	汉 文 名	英 文 名	注 释
07.0598	轴上肌	epaxial muscle	
07.0599	轴下肌	hypaxial muscle	
07.0600	鳃节肌	branchiomeric muscle	
07.0601	上直肌	superior rectus muscle	
07.0602	下直肌	inferior rectus muscle	
07.0603	前直肌	anterior rectus muscle	
07.0604	后直肌	posterior rectus muscle	
07.0605	上斜肌	superior oblique muscle	
07.0606	下斜肌	inferior oblique muscle	
07.0607	颜面[表情]肌	muscle of facial expression	
07.0608	咀嚼肌	muscle of mastication	
07.0609	舌肌	muscle of tongue	
07.0610	颈肌	muscle of neck	
07.0611	舌骨上肌	suprahyoid muscle	
07.0612	舌骨下肌	infrahyoid muscle	
07.0613	颈筋膜	cervical fascia	
07.0614	喉肌	muscle of larynx	
07.0615	竖棘突肌	erector spine muscle	
07.0616	下鳃肌	hypobranchial muscle	
07.0617	下颌收肌	adductor mandibulae	
07.0618	下颌间肌	intermandibular muscle	
07.0619	腭弓提肌	levator arcus palatine muscle	
07.0620	腭弓收肌	adductor arcus palatine muscle	
07.0621	鳃弓提肌	levator arcus branchial muscle	
07.0622	鳃弓收肌	adductor arcus branchial muscle	
07.0623	鳃弓降肌	depressor arcus branchial muscle	
07.0624	鳃弓连肌	interbranchialis muscle	
07.0625	鳃盖开肌	dilator opercular muscle	
07.0626	鳃盖收肌	adductor opercular muscle	
07.0627	鳃盖提肌	levator opercular muscle	
07.0628	咽上肌	epipharyngeal muscle	
07.0629	乳头肌	papillary muscle	
07.0630	背鳍竖肌	dorsal erector muscle	
07.0631	臀鳍竖肌	erector analis muscle	
07.0632	背鳍降肌	depressor dorsalis muscle	
07.0633	臀鳍降肌	depressor analis muscle	
07.0634	背鳍倾肌	inclinator dorsalis muscle	

序　号	汉　文　名	英　文　名	注　释
07.0635	臀鳍倾肌	inclinator analis muscle	
07.0636	背鳍引肌	protractor dorsalis muscle	
07.0637	腹鳍引肌	protractor ventralis muscle	
07.0638	背鳍缩肌	retractor dorsalis muscle	
07.0639	臀鳍缩肌	retractor analis muscle	
07.0640	腹鳍缩肌	retractor ventralis muscle	
07.0641	胸鳍展肌	abductor pectoralis muscle	
07.0642	腹鳍展肌	abductor ventralis muscle	
07.0643	胸鳍收肌	adductor pectoralis muscle	
07.0644	腹鳍收肌	adductor ventralis muscle	
07.0645	腹鳍提肌	levator ventralis muscle	
07.0646	腹鳍降肌	depressor ventralis muscle	
07.0647	尾鳍收肌	adductor caudi muscle	
07.0648	尾鳍屈肌	flexor caudi muscle	
07.0649	脂膜肌	panniculus carnosus muscle	
07.0650	咬肌	masseter muscle	
07.0651	头斜肌	obliquus capitis muscle	
07.0652	头夹肌	splenius capitis muscle	
07.0653	头半棘肌	semispinalis capitis muscle	
07.0654	颈最长肌	longissimus cervicis muscle	
07.0655	肱肌	brachialis muscle	
07.0656	尺侧腕伸肌	extensor carpi ulnaris muscle	
07.0657	指总伸肌	extensor digitorum communis muscle	
07.0658	趾总伸肌	extensor digitorum communis muscle	
07.0659	指浅屈肌	flexor digitorum superficialis muscle	
07.0660	趾浅屈肌	flexor digitorum superficialis muscle	
07.0661	指深屈肌	flexor digitorum profundus muscle	
07.0662	趾深屈肌	flexor digitorum profundus muscle	
07.0663	腹直肌	rectus abdominis muscle	
07.0664	腹横肌	transversus abdominis muscle	
07.0665	腹外斜肌	external oblique muscle of abdomen	
07.0666	腹内斜肌	internal oblique muscle of abdomen	

序 号	汉 文 名	英 文 名	注 释
07.0667	前锯肌	serratus anterior muscle	
07.0668	斜方肌	trapezius muscle	
07.0669	髂肋肌	iliocostalis muscle	
07.0670	最长肌	longissimus muscle	
07.0671	颈半棘肌	semispinalis cervicis muscle	
07.0672	背最长肌	longissimus dorsi muscle	
07.0673	鼓膜张肌	tensor tympani muscle	
07.0674	鼓韧带	tympanic ligament	
07.0675	镫骨肌	stapedial muscle	
07.0676	横突棘肌	transversospinalis muscle	
07.0677	棘间肌	interspinous muscle	
07.0678	横突间肌	intertransverse muscle	
07.0679	胸肌	pectoral muscle	
07.0680	腹肌	abdominal muscle	
07.0681	前肢肌	muscle of anterior limb	
07.0682	后肢肌	muscle of posterior limb	
07.0683	腓骨肌	peroneus muscle	
07.0684	指伸肌	extensor digitorum muscle	
07.0685	趾伸肌	extensor digitorum muscle	
07.0686	胫骨前肌	tibialis anterior muscle	
07.0687	肋间肌	intercostal muscle	
07.0688	多裂肌	multifidus muscle	
07.0689	荐棘肌	sacrospinalis muscle	
07.0690	腰大肌	psoas major muscle	
07.0691	臀中肌	gluteus medius muscle	
07.0692	梨状肌	piriformis muscle	
07.0693	臀大肌	gluteus maximus muscle	
07.0694	孖肌	gemellus muscle	
07.0695	股直肌	rectus femoris muscle	
07.0696	股中间肌	vastus intermedius muscle	
07.0697	腓肠肌	gastrocnemius muscle	
07.0698	跖肌	plantaris muscle	
07.0699	比目鱼肌	soleus muscle	
07.0700	指长屈肌	flexor digitorum longus muscle	
07.0701	趾长屈肌	flexor digitorum longus muscle	
07.0702	头最长肌	longissimus capitis muscle	
07.0703	肩胛提肌	levator scapulae muscle	

序 号	汉 文 名	英 文 名	注 释
07.0704	胸乳突肌	sternomastoideus muscle	
07.0705	斜角肌	scalenus muscle	
07.0706	冈上肌	supraspinatus muscle	
07.0707	冈下肌	infraspinatus muscle	
07.0708	背阔肌	latissimus dorsi muscle	
07.0709	肩胛下肌	subscapularis muscle	
07.0710	三角肌	deltoid muscle	
07.0711	三头肌	triceps muscle	
07.0712	二头肌	biceps muscle	
07.0713	环甲肌	cricothyroid muscle	
07.0714	环杓背肌	dorsal cricoarytenoid muscle	
07.0715	环杓侧肌	lateral cricoarytenoid muscle	
07.0716	杓横肌	transverse arytenoid muscle	
07.0717	甲杓肌	thyroarytenoid muscle	
07.0718	喉内缩肌	internal constrictor muscle of larynx	
07.0719	腭咽肌	palatopharyngeus muscle	
07.0720	翼咽肌	pterygopharyngeus muscle	
07.0721	茎突咽肌	stylopharyngeus muscle	
07.0722	鼻咽括约肌	nasopharyngeal sphincter muscle	
07.0723	栖肌	ambiens muscle	
07.0724	食管	esophagus	
07.0725	贲门	cardia	
07.0726	幽门	pylorus	
07.0727	小肠	small intestine	
07.0728	十二指肠	duodenum	
07.0729	十二指肠球部	duodenal ampulla	
07.0730	十二指肠本部	duodenum proper	
07.0731	大肠	large intestine	
07.0732	空肠	jejunum	
07.0733	回肠	ileum	
07.0734	盲肠	cecum	
07.0735	结肠	colon	
07.0736	直肠	rectum	
07.0737	贲门部	cardiac region	
07.0738	幽门部	pyloric region	
07.0739	贲门腺	cardiac gland	

序　号	汉　文　名	英　文　名	注　释
07.0740	胃底腺	fundic gland	
07.0741	幽门腺	pyloric gland	
07.0742	唾液腺	salivary gland	
07.0743	口腔腺	oral gland	
07.0744	颌下腺	submaxillary gland	
07.0745	舌下腺	sublingual gland	
07.0746	腮腺	parotid gland	又称"耳后腺"。
07.0747	网胃	reticulum	
07.0748	瓣胃	omasum	
07.0749	皱胃	abomasum	
07.0750	瘤胃	rumen	
07.0751	舌	tongue, lingua	
07.0752	舌系带	lingual frenulum	
07.0753	舌乳头	lingual papilla	
07.0754	扁桃体	tonsil	
07.0755	味蕾	taste bud	
07.0756	软腭	soft palate	
07.0757	硬腭	hard palate	
07.0758	鲸须	baleen	
07.0759	鲸须板	baleen plate	
07.0760	内柱	endostyle	
07.0761	肝盲囊	hepatic caecum	
07.0762	食管囊	esophageal sac	
07.0763	腺胃	glandular stomach	
07.0764	肌胃	muscular stomach	
07.0765	肛道腺	proctodeal gland	
07.0766	尿殖道	urodeum	
07.0767	粪道	coprodeum	
07.0768	肛道	proctodeum	
07.0769	胸膜腔	pleural cavity	
07.0770	腹膜腔	peritoneal cavity	
07.0771	腹膜	peritoneum	
07.0772	肝韧带	hepatic ligament	
07.0773	腹膜壁层	somatic peritoneum, parietal peritoneum	
07.0774	腹膜脏层	splanchnic peritoneum	
07.0775	镰状韧带	falciform ligament	

序 号	汉 文 名	英 文 名	注 释
07.0776	肝胃韧带	hepatogastric ligament	
07.0777	小网膜	lesser omentum	
07.0778	肠系膜	mesentery	
07.0779	结肠系膜	mesocolon	
07.0780	直肠系膜	mesorectum	
07.0781	大网膜	greater omentum	
07.0782	螺旋瓣	spiral valve	
07.0783	幽门盲囊	pyloric caecum	
07.0784	肝胰脏	hepatopancreas	
07.0785	肝	liver	
07.0786	肝管	hepatic duct	
07.0787	胆管	bile duct	
07.0788	胆囊	gall bladder	
07.0789	胰	pancreas	
07.0790	肝胰管	hepatopancreatic duct	
07.0791	直肠腺	rectal gland	
07.0792	乳齿	deciduous tooth	
07.0793	乳齿齿系	deciduous dentition	
07.0794	恒齿	permanent tooth	
07.0795	恒齿齿系	permanent dentition	
07.0796	异型齿	heterodont	
07.0797	同型齿	homodont	
07.0798	端生齿	acrodont	
07.0799	侧生齿	pleurodont	
07.0800	槽生齿	thecodont	
07.0801	迷齿	labyrinthodont	
07.0802	犬齿	canine tooth	
07.0803	门齿	incisor tooth	
07.0804	臼齿	molar tooth	
07.0805	前臼齿	premolar tooth	
07.0806	颊齿	cheek tooth	
07.0807	齿隙	diastema	在人体又称"牙间隙"。
07.0808	裂齿	carnassial tooth, schizodont (软体动物)	
07.0809	常生齿	evergrowing tooth	
07.0810	下内尖	endoconid	

序　号	汉　文　名	英　文　名	注　　释
07.0811	下内小尖	endoconulid	
07.0812	丘型齿	bunodont	
07.0813	脊型齿	lophodont	
07.0814	月型齿	selenodont	
07.0815	高冠齿	hypsodont	
07.0816	低冠齿	brachyodont	
07.0817	跟座	talonid	
07.0818	咬合面	occlusal surface	
07.0819	獠牙	tusk	
07.0820	象牙	ivory	
07.0821	毒牙	fang	
07.0822	齿尖	tooth cusp	
07.0823	齿冠	tooth crown	
07.0824	齿根	tooth root	
07.0825	齿颈	tooth neck	
07.0826	齿龈	gum	
07.0827	齿骨质	cement	
07.0828	齿质	dentine	在人体又称"牙[本]质"。
07.0829	釉质	enamel	
07.0830	齿髓	dental pulp	
07.0831	[齿]髓腔	pulp cavity	
07.0832	次尖	hypocone	
07.0833	下次尖	hypoconid	
07.0834	次小尖	hypoconule	
07.0835	下次小尖	hypoconulid	
07.0836	下后尖	metaconid	
07.0837	后尖	metacone	
07.0838	后小尖	metaconule	
07.0839	前尖	paracone	
07.0840	下前尖	paraconid	
07.0841	原尖	protocone	
07.0842	下原尖	protoconid	
07.0843	原小尖	protoconule	
07.0844	三角座	trigonid	
07.0845	前颌齿	premaxillary tooth	
07.0846	上颌齿	maxillary tooth	

序　号	汉　文　名	英　文　名	注　释
07.0847	犁骨齿	vomerine tooth	
07.0848	腭骨齿	palatal tooth	
07.0849	翼骨齿	pterygoid tooth	
07.0850	卵齿	egg tooth	
07.0851	唇齿	labial tooth	
07.0852	无沟牙	aglyphic tooth	
07.0853	前沟牙	proteroglyphic tooth	
07.0854	后沟牙	opisthoglyphic tooth	
07.0855	管牙	solenoglyphic tooth	
07.0856	齿式	dental formula	
07.0857	鼻腔	nasal cavity	
07.0858	鼻旁窦	paranasal sinus	
07.0859	喉软骨	laryngeal cartilage	
07.0860	小角软骨	corniculate cartilage	
07.0861	鸣骨	pessulus	
07.0862	半月膜	semilunar membrane	
07.0863	会厌	epiglottis	
07.0864	喉腔	laryngeal cavity	
07.0865	气管	trachea	
07.0866	支气管	bronchus	
07.0867	肺	lung	
07.0868	肺门	hilum of lung	
07.0869	胸腔	thoracic cavity	
07.0870	胸膜	pleura	
07.0871	纵隔	mediastinum	
07.0872	会厌管	epiglottic spout	
07.0873	声门	glottis	
07.0874	声带	vocal cord	
07.0875	气囊	air sac	
07.0876	鳃笼	branchial basket	
07.0877	鳃囊	gill pouch	
07.0878	围鳃腔	atrium	
07.0879	鳃瓣	gill lamella	
07.0880	鳃丝	gill filament	
07.0881	鳃耙	gill raker	
07.0882	鳃隔	interbranchial septum	
07.0883	鳃孔	gill opening	

序　号	汉　文　名	英　文　名	注　释
07.0884	鳃室	branchial chamber	
07.0885	鳃上腔	suprabranchial chamber	
07.0886	假鳃	pseudobranch	
07.0887	半鳃	hemibranch	
07.0888	全鳃	holobranch	
07.0889	鳔	swim bladder	
07.0890	气管环	tracheal ring	
07.0891	鸣膜(鸟)	tympaniform membrane	
07.0892	鸣管	syrinx	
07.0893	呼吸孔	blow hole	
07.0894	鼻栓	nasal plug	齿鲸类外鼻道前壁突向后方的卵圆形肉质体,正好合到鼻孔上。
07.0895	内鼻孔	internal naris, choana	
07.0896	咽鼓管	pharyngotympanic tube, Eustachian tube	又称"欧氏管"。
07.0897	咽门	fauces	
07.0898	咽扁桃体	pharyngeal tonsil	
07.0899	细支气管	bronchiole	
07.0900	膈	diaphragm	
07.0901	红腺	red gland	
07.0902	鲸蜡器	spermaceti organ	抹香鲸颅骨背方的结缔组织巨囊,内容鲸蜡油。
07.0903	体循环	systemic circulation	
07.0904	肺循环	pulmonary circulation	
07.0905	围心腔	pericardial cavity	在人体又称"心包腔"。
07.0906	动脉圆锥	conus arteriosus	
07.0907	静脉窦	venous sinus	
07.0908	心房	atrium, cardiac atrium	
07.0909	心室	ventricle, cardiac ventricle	
07.0910	右心室	right ventricle	
07.0911	左心室	left ventricle	
07.0912	右心房	right atrium	
07.0913	左心房	left atrium	

序　号	汉　文　名	英　文　名	注　释
07.0914	主动脉瓣	aortic valve	
07.0915	半月瓣	semilunar valve	
07.0916	二尖瓣	bicuspid valve	
07.0917	室间隔	interventricular septum	
07.0918	三尖瓣	tricuspid valve	
07.0919	房室结	atrioventricular node	
07.0920	窦房结	sinoatrial node	
07.0921	肺动脉干	pulmonary trunk	
07.0922	肺动脉	pulmonary artery	
07.0923	主动脉	aorta	
07.0924	胸主动脉	thoracic aorta	
07.0925	腹主动脉	abdominal aorta	
07.0926	主动脉弓	aortic arch	
07.0927	颈动脉窦	carotid sinus	
07.0928	颈动脉弓	carotid arch	
07.0929	体动脉弓	systemic arch	
07.0930	肺动脉弓	pulmonary arch	
07.0931	颈外动脉	external carotid artery	
07.0932	颈内动脉	internal carotid artery	
07.0933	皮动脉	cutaneous artery	
07.0934	椎动脉	vertebral artery	
07.0935	颈动脉导管	carotid duct	
07.0936	动脉导管	ductus arteriosus	
07.0937	锁骨下动脉	subclavian artery	
07.0938	内乳动脉	internal mammary artery	
07.0939	肋间动脉	intercostal artery	
07.0940	腹腔动脉	celiac artery, coeliac artery	
07.0941	脾动脉	splenic artery	
07.0942	髂总动脉	common iliac artery	
07.0943	胃动脉	gastric artery	
07.0944	肝动脉	hepatic artery	
07.0945	前肠系膜动脉	anterior mesenteric artery	
07.0946	后肠系膜动脉	posterior mesenteric artery	
07.0947	颈动脉	carotid artery	
07.0948	腋动脉	axillary artery	
07.0949	臂动脉	brachial artery	
07.0950	髂动脉	iliac artery	

序　号	汉　文　名	英　文　名	注　释
07.0951	股动脉	femoral artery	
07.0952	冠状动脉	coronary artery	
07.0953	肺皮动脉	pulmo-cutaneous artery	
07.0954	无名动脉	innominate artery	
07.0955	奇静脉	azygos vein	
07.0956	半奇静脉	hemiazygos vein	
07.0957	卵黄动脉	vitelline artery	
07.0958	卵黄静脉	vitelline vein	
07.0959	肠下静脉	subintestinal vein	
07.0960	腹静脉	abdominal vein	
07.0961	门静脉	portal vein	
07.0962	肺静脉	pulmonary vein	
07.0963	心静脉	cardiac vein	
07.0964	前腔静脉	precaval vein	
07.0965	后腔静脉	postcaval vein	
07.0966	颈外静脉	external jugular vein	
07.0967	颈内静脉	internal jugular vein	
07.0968	无名静脉	innominate vein	
07.0969	肝静脉	hepatic vein	
07.0970	总腹下静脉	common hypogastric vein	
07.0971	肝门静脉	hepatic portal vein	
07.0972	大脑静脉	cerebral vein	
07.0973	锁骨下静脉	subclavian vein	
07.0974	肾门静脉	renal portal vein	
07.0975	髂静脉	iliac vein	
07.0976	奇网	rete mirabile	小动脉和小静脉交织组成。
07.0977	淋巴心	lymph heart	
07.0978	淋巴管	lymphatic vessel	
07.0979	胸腺	thymus	
07.0980	腔上囊	cloacal bursa, bursa of Fabricius	又称"法氏囊",位于鸟类泄殖腔背侧,是 B 淋巴细胞系的中枢器官。
07.0981	淋巴结	lymph node	
07.0982	脾	spleen	
07.0983	鳃上动脉	epibranchial artery	

序　号	汉　文　名	英　文　名	注　释
07.0984	背主动脉	dorsal aorta	
07.0985	入鳃动脉	afferent branchial artery	
07.0986	出鳃动脉	efferent branchial artery	
07.0987	动脉球	bulbus arteriosus	
07.0988	前主静脉	anterior cardinal vein	
07.0989	后主静脉	posterior cardinal vein	
07.0990	总主静脉	common cardinal vein	
07.0991	侧腹静脉	lateral abdominal vein	
07.0992	尾动脉	caudal artery	
07.0993	尾静脉	caudal vein	
07.0994	帕尼扎孔	Panizza's pore	曾用名"潘氏孔"。
07.0995	肾	kidney	
07.0996	前[期]肾	pronephros	
07.0997	后位肾	opisthonephros	无羊膜动物成体的肾。
07.0998	中[期]肾	mesonephros	
07.0999	后[期]肾	metanephros	
07.1000	输尿管	ureter	
07.1001	膀胱	urinary bladder	
07.1002	尿道	urethra	
07.1003	肾管	nephridium	
07.1004	头肾	head kidney	
07.1005	腰肾	pelvic kidney	
07.1006	输尿管膀胱	tubal bladder	
07.1007	泄殖腔膀胱	cloacal bladder	
07.1008	尿囊膀胱	allantoic bladder	
07.1009	半阴茎	hemipenis	
07.1010	包皮	prepuce	
07.1011	射精管	ejaculatory duct	
07.1012	阴茎头	glans penis	
07.1013	阴茎海绵体	corpus cavernosum penis	
07.1014	尿道海绵体	corpus cavernosum urethrae	
07.1015	精索	spermatic cord	
07.1016	附睾	epididymis	
07.1017	前列腺	prostate [gland]	
07.1018	尿道球腺	bulbourethral gland	
07.1019	精囊[腺]	seminal vesicle	

序 号	汉 文 名	英 文 名	注 释
07.1020	子宫	uterus	
07.1021	子宫角	horn of uterus	
07.1022	子宫体	body of uterus	
07.1023	子宫颈	cervix of uterus	
07.1024	双子宫	duplex uterus	
07.1025	双腔子宫	bipartite uterus	
07.1026	双角子宫	bicornute uterus	
07.1027	单子宫	simplex uterus	
07.1028	胎盘	placenta	
07.1029	弥散胎盘	diffuse placenta	
07.1030	子叶胎盘	cotyledonary placenta	
07.1031	环带胎盘	zonary placenta	
07.1032	盘形胎盘	discoidal placenta	
07.1033	绒膜尿囊胎盘	chorioallantoic placenta	
07.1034	绒膜卵黄囊胎盘	choriovitelline placenta	
07.1035	蜕膜胎盘	deciduous placenta	
07.1036	非蜕膜胎盘	nondeciduous placenta	
07.1037	上皮绒膜胎盘	epitheliochorial placenta	
07.1038	结缔绒膜胎盘	syndesmochorial placenta	
07.1039	内皮绒膜胎盘	endotheliochorial placenta	
07.1040	血绒膜胎盘	haemochorial placenta	
07.1041	血内皮胎盘	haemoendothelial placenta	
07.1042	阴道	vagina	
07.1043	阴道前庭	vestibule of vagina	
07.1044	中阴道	medial vagina	
07.1045	侧阴道	lateral vagina	
07.1046	阴蒂	clitoris	
07.1047	大阴唇	labium majus [pudendi], greater lip of pudendum	
07.1048	小阴唇	labium minus [pudendi], lesser lip of pudendum	
07.1049	会阴	perineum	
07.1050	阴唇	lip of pudendum	
07.1051	阴门裂	rima vulvae	
07.1052	育[仔]袋	marsupium	
07.1053	卵袋	egg sac	
07.1054	胶被膜	gelatinous envelope	

序　号	汉　文　名	英　文　名	注　释
07.1055	卵块	egg mass	
07.1056	卵壳腺	nidamental gland	
07.1057	副肾管	accessory urinary duct	
07.1058	比德腺	Bidder's gland	简称"比氏腺"。
07.1059	脂肪体	fat body	
07.1060	神经系统	nervous system	
07.1061	中枢神经系统	central nervous system	
07.1062	交感神经系统	sympathetic nervous system	
07.1063	副交感神经系统	parasympathetic nervous system	
07.1064	自主神经系统	autonomic nervous system, vegetative nervous system	又称"植物性神经系统"。
07.1065	周围神经系统	peripheral nervous system	
07.1066	神经索	nerve cord	
07.1067	脊髓	spinal cord	
07.1068	灰质	grey matter	
07.1069	白质	white matter	
07.1070	脑	brain, encephalon	
07.1071	脑干	brain stem	
07.1072	延髓	myelencephalon	
07.1073	脑桥	pons	
07.1074	脑室	brain ventricle	
07.1075	大脑	cerebrum	
07.1076	大脑半球	cerebral hemisphere	
07.1077	脑沟	sulcus	
07.1078	脑回	gyrus	
07.1079	原皮层	archipallium	
07.1080	新皮层	neopallium	
07.1081	古皮层	paleopallium	
07.1082	大脑脚盖	tegmentum	
07.1083	中脑盖	tectum mesencephali	
07.1084	丘脑上部	epithalamus	在人体称"上丘脑"。
07.1085	丘脑后部	metathalamus	在人体称"后丘脑"。
07.1086	丘脑下部	hypothalamus	在人体称"下丘脑"。
07.1087	第三脑室	third ventricle	
07.1088	第四脑室	fourth ventricle	
07.1089	小脑	cerebellum	
07.1090	胼胝体	corpus callosum	

序　号	汉　文　名	英　文　名	注　释
07.1091	纹状体	corpus striatum	
07.1092	四叠体	corpora quadrigemina	
07.1093	上丘	superior colliculus	
07.1094	下丘	inferior colliculus	
07.1095	后连合	posterior commissure	
07.1096	前连合	anterior commissure	
07.1097	大脑脚	cerebral peduncle	
07.1098	额叶	frontal lobe	
07.1099	顶叶	parietal lobe	
07.1100	枕叶	occipital lobe	
07.1101	颞叶	temporal lobe	
07.1102	岛叶	insular lobe	
07.1103	陷器	pit organ	
07.1104	侧脑室	lateral ventricle	
07.1105	神经突	neurite	
07.1106	脑神经	cranial nerve	
07.1107	终神经	terminal nerve	
07.1108	嗅神经	olfactory nerve	
07.1109	视神经	optic nerve	
07.1110	动眼神经	oculomotor nerve	
07.1111	滑车神经	trochlear nerve	
07.1112	三叉神经	trigeminal nerve	
07.1113	展神经	abducent nerve	又称"外展神经"。
07.1114	面神经	facial nerve	
07.1115	前庭蜗神经	vestibulocochlear nerve	又称"位听神经"。
07.1116	舌咽神经	glossopharyngeal nerve	
07.1117	迷走神经	vagus nerve	
07.1118	副神经	accessory nerve	
07.1119	舌下神经	hypoglossal nerve	
07.1120	膈神经	phrenic nerve	
07.1121	脊神经	spinal nerve	
07.1122	颈神经	cervical nerve	
07.1123	颈丛	cervical plexus	
07.1124	臂丛	brachial plexus	
07.1125	腰神经	lumbar nerve	
07.1126	荐神经	sacral nerve	
07.1127	尾神经	coccygeal nerve	

序　号	汉　文　名	英　文　名	注　释
07.1128	腰荐丛	lumbosacral plexus	在人体又称"腰骶丛"。
07.1129	视觉器[官]	visual organ	
07.1130	眼球	eyeball	
07.1131	眼前房	anterior chamber of the eye	
07.1132	眼后房	posterior chamber of the eye	
07.1133	外耳	external ear	
07.1134	外耳道	external auditory meatus	
07.1135	耳郭	auricle, pinna	又称"耳廓"。
07.1136	嗅觉器[官]	olfactory organ	
07.1137	颊窝	facial pit	
07.1138	唇窝	labial pit	
07.1139	侧线器[官]	lateral line organ	
07.1140	洛伦齐尼瓮	ampulla of Lorenzini	又称"罗伦瓮"。
07.1141	皮肤感受器	skin receptor	
07.1142	梨状叶	pyriform lobe	
07.1143	嗅球	olfactory bulb	
07.1144	视交叉	optic chiasma	
07.1145	[脑]室间孔	interventricular foramen	
07.1146	中脑水管	cerebral aqueduct	
07.1147	小脑半球	cerebellar hemisphere	
07.1148	交感神经链	sympathetic chain	
07.1149	节前神经纤维	preganglionic [nerve] fiber	
07.1150	节后神经纤维	postganglionic [nerve] fiber	
07.1151	背神经节	dorsal ganglion	
07.1152	背根	dorsal root	
07.1153	腹根	ventral root	
07.1154	听觉器官	auditory organ	
07.1155	反射弧	reflex arc	
07.1156	栉状膜	pecten	
07.1157	脑泡	cerebral vesicle	
07.1158	松果眼	pineal eye	
07.1159	脑垂体囊	hypophyseal sac	
07.1160	镰状突	falciform process	
07.1161	触角感受器	tactile receptor	
07.1162	眶筋膜	orbital fascia	
07.1163	前庭蜗器	vestibulocochlear organ	又称"位听器[官]"。

序 号	汉 文 名	英 文 名	注 释
07.1164	内耳	internal ear	
07.1165	前庭迷路	vestibular labyrinth	
07.1166	耳蜗迷路	cochlear labyrinth	
07.1167	中耳	middle ear	
07.1168	鼓室	tympanic cavity	
07.1169	前庭窗	fenestra vestibuli	
07.1170	蜗窗	fenestra cochleae	
07.1171	瓶状囊	lagena	
07.1172	球囊	saccule	
07.1173	脑垂体	pituitary gland, hypophysis	
07.1174	甲状腺	thyroid gland	
07.1175	甲状旁腺	parathyroid gland	
07.1176	松果体	pineal body, pineal gland	又称"松果腺"。
07.1177	尾垂体	urohypophysis	
07.1178	后鳃体	ultimobranchial body	
07.1179	肾上腺	adrenal gland	

英 汉 索 引

A

abactinal skeleton 反口面骨骼 06.2812

abactinal surface 反口面 06.2877

abanal side 反肛侧 06.2685

A band 暗带，*A 带 05.0152

abaxial 远轴的 06.0941

abcauline 远茎的 06.0939

abdomen 腹[部] 06.0003

abdominal aorta 腹主动脉 07.0925

abdominal endosternite 腹内片 06.2153

abdominal muscle 腹肌 07.0680

abdominal rib 腹皮肋 07.0475

abdominal sclerite 腹片 06.2152

abdominal vein 腹静脉 07.0960

abducent nerve 展神经，*外展神经 07.1113

abductor pectoralis muscle 胸鳍展肌 07.0641

abductor ventralis muscle 腹鳍展肌 07.0642

abiogenesis 自然发生 01.0155

abiotic factor 非生物因子 03.0055

abomasum 皱胃 07.0749

aboral 反口的 06.0418

aboral osphradium 后嗅检器 06.1626

aboral surface 反口面 06.2877

aboral tentacle 反口触手 06.0950

abrupt succession 急转演替 03.0816

absorptive cell 吸收细胞 05.0521

abundance 多度 03.0795

abyssopelagic plankton 深海浮游生物 03.0339

acanthella 棘头体 06.1211

acanthocephala 棘头虫 06.1107

Acanthocephala（拉） 棘头动物 01.0046

acanthocephalan 棘头动物 01.0046

acanthocephaliasis 棘头虫病 06.1113

acanthopore 刺孔 06.2414

acanthor 棘头蚴 06.1250

acanthosoma 樱虾类糠虾幼体 06.2011

acanthostege 刺状壁 06.2448

acanthostegous ovicell 刺壁卵胞 06.2479

accessory claw 副爪 06.2114

accessory diductor 副开壳肌 06.2611

accessory flagellum 副鞭 06.1921

accessory median carina 副中央脊 06.1860

accessory nerve 副神经 07.1118

accessory piece 附片 06.1366

accessory plate 附属小板 06.2075

accessory sac 附性囊 06.1165

accessory sesamoid [bone] 副籽骨 07.0523

accessory spicule 辅助骨针 06.0809

accessory sucker 附吸盘 06.1321

accessory urinary duct 副肾管 07.1057

accidental host 偶见宿主 06.1191

accidental parasite 偶然寄生虫 06.1119

acclimation 顺应 03.0991

acclimatization [风土]驯化 03.0992

A cell A 细胞 05.0541

acerate 二尖骨针 06.0761

acervulus cerebralis 脑砂 05.0633

acetabular index 腹吸盘指数 06.1322

acetabulum 腹吸盘 06.1320，髋臼 07.0530

acicular hook 刺状钩齿刚毛 06.1762

acicular uncinus 刺状齿片刚毛 06.1763

aciculum 足刺 06.1684

acidophile 适酸性 03.0181

acidophilic cell 嗜酸性细胞(腺垂体) 05.0603

acidophilic erythroblast 晚幼红细胞，*嗜酸性成红细胞，*正成红细胞 05.0116

acidophobe 厌酸性 03.0171

aciliferous 无纤毛的 06.0362

aciniform gland 葡萄状腺 06.2171

acinus 腺泡 05.0027

acleithral ooecium 无盖卵室 06.2474

acoelomate 无体腔动物 01.0029

acontium 枪丝 06.0993

· 194 ·

acquired character 获得性状 02.0022

acraniate 无头类 07.0006

acrepid desma 无枝骨片 06.0891

acrodont 端生齿 07.0798

acromioclavicular joint 肩锁关节 07.0578

acromion 肩峰 07.0503

acron 顶节 06.1833

acronematic flagellum 端茸鞭毛 06.0136

acrosome 顶体 04.0109

actin 肌动蛋白 05.0163

actinal skeleton 口面骨骼 06.2811

actinal surface 口面 06.2876

actinotrocha 辐轮幼虫 06.2605

actinula 辐状幼体 06.0922

actium 海岩群落 03.0856

activation 激活，＊激动 04.0122

activator 激活剂 04.0123

active space 信息素作用区 03.0437

adambulacral plate 侧步带板 06.2739

adambulacral spine 侧步带棘 06.2720

adaptability 适应性 03.0140

adaptation 适应 01.0115

adaptation pattern 适应型 03.0142

adaptation type 适应型 03.0142

adaptive capacity 适应量 03.0141

adaptive dispersion 适应性扩散 03.0697

adaptive evolution 适应进化 03.0953

adaptive radiation 适应辐射 02.0031

adaptive selection 适应性选择 02.0028

adaxial 近轴的 06.0940

adcauline 近茎的 06.0938

addenda（拉）补遗 02.0227

additional bar 附加棒 06.1370

additional papilla 副突 07.0090

adductor arcus branchial muscle 鳃弓收肌 07.0622

adductor arcus palatine muscle 腭弓收肌 07.0620

adductor caudi muscle 尾鳍收肌 07.0647

adductor mandibulae 下颌收肌 07.0617

adductor muscle 闭壳肌 06.1535

adductor opercular muscle 鳃盖收肌 07.0626

adductor pectoralis muscle 胸鳍收肌 07.0643

adductor scar 闭壳肌痕 06.1497

adductor ventralis muscle 腹鳍收肌 07.0644

adenohypophysis 腺垂体 05.0599

adequal cleavage 近等裂 06.2655

adhering apparatus 附着器（软体动物） 06.1280

adhering groove 钮穴 06.1595

adhering ridge 钮突 06.1594

adhesive filament 粘着丝 06.2644

adhesive fusion 粘着愈合 06.2436

adhesive organ 粘附器 06.1273

adichogamy 雌雄同熟 04.0033

adipocyte 脂肪细胞 05.0047

adipose fin 脂鳍 07.0041

adipose tissue 脂肪组织 05.0055

adjustor 调整肌 06.2612

adoral 近口的 06.2910

adoral ciliary fringe 口缘纤毛穗 06.0409

adoral ciliary spiral 口缘纤毛旋 06.0410

adoral plate 侧口板 06.2744

adoral zone of membranelle 小膜口缘区 06.0411

adradii 近辐 06.2909

adradius 从辐 06.0964

adrenal gland 肾上腺 07.1179

adrenalin 肾上腺素 05.0621

adrostral carina 额角侧脊 06.1851

adrostral groove 额角侧沟 06.1888

adult 成体 03.0543

adventitia(拉) [血管]外膜 05.0285

adventitious bud 附属芽 06.2470

adventitious tubule 附属小管 06.2396

aegithognathism 雀腭型 07.0317

aerobe 好氧生物 03.0174

aeroplankton 空中漂浮生物 03.0295

aesthetasc 感觉毛 06.0026

aesthete 微眼 06.1633

aestivation 夏蛰 03.0501

aff.(拉) 近似 02.0228

afferent arteriole 入球微动脉 05.0572

afferent branchial artery 入鳃动脉 07.0985

afferent duct 导精管 06.2167

affinis(拉) 近似 02.0228

Afrotropical realm 热带界，＊埃塞俄比亚界 02.0248

afterfeather 副羽 07.0126

aftershaft 副羽 07.0126

age composition 年龄组成 03.0647

age distribution 年龄分布 03.0650

age polyethism 年龄分工 03.0599

age-specific natality rate 特定年龄组出生率 03.0668

age structure 年龄结构 03.0649

agglomerate eye 聚眼 06.2205

agglutinating substance 凝集质(精子) 04.0124

agglutination 凝集[作用] 04.0125

aggregate gland 聚合腺 06.2172

aggregate lymphatic nodule 淋巴集结，＊集合淋巴小结，＊派尔斑 05.0489

aggregation 群聚 03.0703，聚生 03.0704

aggressiveness 进攻性 03.0489

aglyphic tooth 无沟牙 07.0852

agnatha 无颌类 07.0008

agonistic 对抗[行为] 03.0469

agonistic buffering 缓冲对抗[行为] 03.0470

agranulocyte 无粒[白]细胞 05.0103

agrophile 适农田动物 03.0373

ahermatypic coral 非造礁珊瑚 06.1054

aileron 肩板(多毛类) 06.0970

air-cell 气室 06.2394

air-cell ring 气环 06.2393

air sac 气囊 07.0875

akaryomastigont 无核鞭毛系统 06.0142

akontobolocyst 箭泡 06.0615

ala 翼膜 06.1265

alarm call 告警声 03.0584

alarm-defense system 警戒防御系[统] 03.0579

alarm pheromone 警戒信息素 03.0436

alarm-recruitment system 警戒复原系[统] 03.0580

albinism 白化[型] 02.0170

alecithal egg 无黄卵 04.0087

alima larva 阿利马幼体 06.2000

alisphenoid bone 翼蝶骨 07.0334

allantoic bladder 尿囊膀胱 07.1008

allantois 尿囊 04.0376

allelochemics 异种化感物 03.0744

allelomimicry 多体拟态 03.0450

allelopathy 异种化感 03.0743

Allen's rule 艾伦律 03.0144

allied species 近似种 02.0184

allochronic isolation 异时隔离 02.0033

allogrooming 他梳理 03.0479

allometry 异速生长 03.0510

allomone 种间信息素 03.0432

alloparent 异亲 03.0602

alloparent care 异亲抚育 03.0603

allopatric hybridization 异域杂交 02.0134

allopatric speciation 异域物种形成 02.0013

allopatric species 异域种 02.0192

allopatry 异域分布 02.0240

allotrophy 异养 03.0237

allotype 配模标本 02.0051

alpha 社群首领 03.0605

alternation of generations 世代交替 01.0170

alternation of host 宿主交替 06.1181

altrices 晚成雏 03.0547

altricialism 晚成性 03.0549

altruism 利它行为 03.0740

alula 小翼羽 07.0130

alveolar hydatid 泡状棘球蚴 06.1170

alveolar macrophage 尘细胞 05.0558

alveolar pore 肺泡孔 05.0549

alveolar sac 肺泡囊 05.0547

alveolate pedicellaria 泡状叉棘 06.2725

alveolus 吸泡，＊吸沟 06.1296，腔窝 06.2140，胞室 06.2330

amacrine cell 无长突细胞 05.0317

amacronucleate 无大核的 06.0467

amastigote 无鞭毛体 06.0143

ambiens muscle 栖肌 07.0723

ambisexual 疑性 06.1646

ambitus 赤道部 06.2846

ambulacral area 步带区 06.2853

ambulacral avenue 步带道 06.2854

ambulacral furrow 步带沟 06.2855

ambulacral ossicle 步带骨 06.2802

ambulacral plate 步带板 06.2738

ambulacral pore 步带孔 06.2856

ambulacral radial canal 辐步管 06.2939

ambulacral system 步带系 06.2857

ambulacral zone 步带 06.2858

ambulatory leg 步足 06.1948

amensalism 偏害共生 03.0777

ametoecism 单主寄生 03.0761

amicronucleate 无小核的 06.0468

amine precursor uptake and decarboxylation system
  胺与胺前体摄取和脱羧[细胞]系统 05.0509

amnio-cardiac vesicle 羊膜心泡 04.0385

amniogenesis 羊膜形成 04.0381

amnion 羊膜 04.0377

amniote 羊膜动物 07.0011

amniotic cavity 羊膜腔 04.0382

amniotic fluid 羊膜液，＊羊水 04.0383

amniotic fold 羊膜褶 04.0384

amoebocyte 变形细胞 06.0680

amoebula 变形体 06.0224

amphiaster 双星骨针 06.0880

amphibian 两栖动物 07.0015

amphiblastula 两囊幼虫 06.0902

amphicoelous centrum 两凹椎体 07.0484

amphid 头感器 06.1159

amphidelphic type 前后官型 06.1146

amphidisc 双盘骨针 06.0774

amphigamy 两性结合，＊受精作用，＊两性细胞
  融合 04.0199

amphimict 两性融合体 04.0194

amphioxea 双尖骨针 06.0756

amphiplatyan centrum 双平椎体 07.0488

amphisternous 双腹板[的]（海胆） 06.2700

amphistome cercaria 对盘尾蚴 06.1216

amphistyly 双联型 07.0323

amphitoky 产两性单性生殖 01.0102

amphitriaene 双三叉骨针 06.0832

amphitrocha 双轮幼虫 06.1806

amphixenosis 互传人兽互通病 ·06.1134

amphoheterogony 双传嵌合体 04.0195

amphosome 副核 06.0222

ampulla 壶腹 05.0370，坛形器（帚虫动物）
  06.2602，坛囊 06.2930，尾突（腕足动物）
  06.1837

ampulla of Lorenzini 洛伦齐尼瓮，＊罗伦瓮
  07.1140

ampulliform gland 壶状腺 06.2173

ampullocyst 坛形刺丝泡 06.0475

anabiosis 复苏 03.0427

anabiotic state 复苏态 03.0426

anadromous fish 溯河产卵鱼 03.0396

anaerobe 厌氧生物 03.0165

anal chamber 肛室 06.2603

anal cirrus 肛须 06.1683

anal cone 肛锥 06.2397

anal fin 臀鳍 07.0038

anal gland 肛腺 07.0252

anal groove 肛沟 06.1272

analog signal 同功分级信号 03.0572

analogy 同功 01.0144

anal papilla 肛乳突 06.1310

anal pit 肛窝 06.1271

anal pore 肛孔 06.1364

anal scale 肛鳞 06.2259

anal segment 肛节 06.1836

anal side 肛侧 06.2686

anal tubercle 肛丘 06.2160

anal valve 肛扉 06.2258

anamniote 无羊膜动物 07.0010

anarchic field 无定形区 06.0580

anatriaene 后三叉骨针 06.0755

ancestroarium 初群体 06.2271

ancestrula 初虫 06.2317

anchor 锚钩 06.1289，锚形体 06.2798

anchor-arm 锚臂 06.2868

anchorate 四辐爪状骨针 06.0881

androgamete 雄配子 04.0025

androgen 雄激素 05.0620

androgenesis 雄核发育 04.0159

androgenic gland 促雄性腺 06.2017

androspermium 产雄精子 04.0116

androtype 雄模标本 02.0052

androzooid 雄个虫 06.2313

anellus 端环 06.2143

anemochory 风播 03.0405

anemotaxis 趋风性 03.0160

angioblast 成血管细胞 04.0344

angonekton 短命生物 03.0375

angular bone 隅骨 07.0397

animal 动物 01.0022

animal community　动物群落　03.0783

animal ecology　动物生态学　01.0010

animal embryology　动物胚胎学　04.0001

animal ethology　动物行为学　01.0012

animal histology　动物组织学　05.0001

animal host　动物宿主　06.1183

animal kingdom　动物界　01.0023

animal morphology　动物形态学　01.0005

animal nematology　动物线虫学　06.1102

animal physiology　动物生理学　01.0007

animal pole　动物极　04.0058

[animal] society　[动物]社群　03.0673

animal sociology　动物社会学　01.0011

animal taxonomy　动物分类学　01.0016

anisoactinate　异辐骨针　06.0831

anisodactylous foot　不等趾足　07.0220

anisogamete　异形配子　06.0597

anisogamont　异形配子母体　06.0598

anisogamy　异配生殖，＊配子异型　04.0197

anisokont　异形鞭毛体　06.0145

ankle　踝　07.0243

ankle joint　踝关节　07.0591

anlage　原基　04.0274

annelid　环节动物　01.0052

Annelida（拉）　环节动物　01.0052

annual cycle　年周期　03.0960

annulation　环[纹]　06.2402

annulo-spiral ending　环旋末梢　05.0241

annulus　体环　06.1668，环状部　06.2392

ano-genital segment　肛生殖节　06.2257

anomoclad　异杆骨针　06.0869

anomocoelous centrum　变凹型椎体　07.0485

antagonistic symbiosis　对抗共生　03.0779

Antarctic realm　南极界　02.0246

antenna　第二触角，＊大触角　06.1901

antennal carina　触角脊　06.1854

antennal gland　触角腺　06.1909

antennal notch　触角缺刻　06.1907

antennal peduncle　第二触角柄　06.1904

antennal region　触角区　06.1840

antennal scale　第二触角鳞片　06.1903

antennal spine　触角刺　06.1869

antennary segment　触角体节　06.2211

antenniform spine　触角状刺　06.2500

antennular peduncle　第一触角柄　06.1900

antennular plate　触角板　06.1905

antennular somite　触角节　06.1908

antennular sternum　触角腹甲　06.1906

antennular stylocerite　第一触角柄刺　06.1899

antennule　第一触角，＊小触角　06.1897

anter　前叶(苔藓动物)　06.2491

anterior adductor muscle　前闭壳肌　06.1536

anterior articular process　前关节突　07.0444

anterior canal　前沟　06.1459

anterior cardinal vein　前主静脉　07.0988

anterior chamber　前房　05.0333

anterior chamber of the eye　眼前房　07.1131

anterior commissure　前连合　07.1096

anterior fontanelle　前囟　07.0311

anterior intestinal portal　前肠门　04.0372

anterior lateral eye　前侧眼　06.2104

anterior lateral tooth　前侧齿　06.1516

anterior lobe　前叶　06.2491

anterior median eye　前中眼　06.2103

anterior mesenteric artery　前肠系膜动脉　07.0945

anterior neuropore　前神经孔　04.0305

anterior rectus muscle　前直肌　07.0603

anterior row of eyes　前眼列　06.2102

anterior spinneret　前纺器　06.2155

antero-dorsal rod　前背杆　06.2865

antero-lateral horn　前侧角　06.2081

antero-lateral rod　前侧杆　06.2866

anthocodia　珊瑚冠　06.0988

anthocodial formula　珊瑚冠公式　06.1002

anthocodial grade　珊瑚冠类别　06.1003

anthostele　珊瑚冠柱　06.0989

anthropic factor　人为因子　03.0059

anthropozoonosis　兽传人兽互通病　06.1132

antibiont　相克生物　03.0778

antibody　抗体　05.0453

antifertilizin　抗受精素　04.0127

antifouling　防污浊　03.1026

antigen　抗原　05.0452

antigen presenting cell　抗原呈递细胞　05.0458

antisocial factor　抗社群因素　03.0608

antizoea larva　前溞状幼体　06.2001

antler 鹿角 07.0177

anus 肛门 06.0058

aorta 主动脉 07.0923

aortic arch 主动脉弓 07.0926

aortic body 主动脉体 05.0295

aortic valve 主动脉瓣 07.0914

aperiodicity 非周期性 03.0962

apertural bar 口栅 06.2399

aperture 壳口（软体动物）06.0579，口区（苔藓
动物）06.0394

aperture of endolymphatic duct 内淋巴管孔
07.0313

apex 螺顶 06.1451

apical canal 顶管 06.0966

apical complex 顶复体 06.0335

apical gland 顶腺 06.1427

apical plate 顶板 06.2637

apical process 顶突（腔肠动物）06.0967

apical system 顶系 06.2871

apical tooth 顶齿 06.1732

aplacentalia 无胎盘动物 01.0162

apochete 后幽门管 06.0719

apocrine gland 顶质分泌腺，＊顶浆分泌 05.0024

apocrine sweat gland 顶泌汗腺 05.0420

apodous segment 无疣足体节 06.1745

apogamety 无配子生殖 01.0164

apogamy 无配子生殖 01.0164

apokinetal 毛基索端生型 06.0498

apomict population 单性种群 03.0615

apomixia 无融合生殖，＊无配生殖 04.0193

apomixis 无融合生殖，＊无配生殖 04.0193

apomorphy 衍征，＊离征 02.0178

apophysis 膝状突起 06.0944，壳内柱
06.1489，突起 06.2138，内突骨 06.2809

apopyle 后幽门孔 06.0718

aporhysis 内卷沟 06.0699

aposematic color 警戒色 03.0446

aposematism 警戒态 03.0448

apotype 补模标本 02.0046

appendage 附肢 06.1941

appendicular skeleton 附肢骨骼 07.0294

appendix interna（拉）内附肢 06.1946

appendix masculina（拉）雄性附肢 06.2015

appositional growth 外加生长，＊附加生长
05.0089

apposition eye 连立相眼 06.1817

apterium 裸区 07.0127

APUD system 胺与胺前体摄取和脱羧[细胞]系统
05.0509

apyrene spermatozoon 无核精子 04.0118

aquapharyngeal bulb 水咽球 06.2952

aquatic 水生 03.0275

aquatic cave animal 水[生]穴[居]动物 03.0356

aquatic community 水生群落 03.0845

aqueous humor 房水 05.0335

arachnoid 蛛网膜 05.0272

arachnology 蛛形动物学 06.2089

arboreal animal 林栖动物 03.0359

arborescent branchia 树状鳃 06.1705

arboroid 树枝状群体 06.0661

archaeocyte 原始细胞 06.0663

archenteric cavity 原肠腔 04.0246

archenteron 原肠腔 04.0246

archetype 原祖型 02.0132

archipallium 原皮层 07.1079

arcifera 弧胸型 07.0490

arcuate 三辐爪状骨针 06.0867

arcus genitalis 生殖弓 06.2264

area 分布区 02.0239

area opaca 暗区 04.0363

area pellucida 明区 04.0364

area vasculosa 血管区 04.0365

areola 侧窝 06.2409

areolar pore 侧壁孔 06.2410

areole 侧壁孔 06.2410，疣轮 06.2896

argentaffin cell 亲银细胞 05.0511

argentea 反光膜，＊银膜 05.0332

argyrome 嗜银系 06.0560

argyrophilic cell 嗜银细胞 05.0512

aristate seta 芒状刚毛 06.1760

Aristotle's lantern 亚氏提灯，＊亚里士多德提灯
06.2919

arm 腕 06.0035，臂 07.0235

arm canal 腕细腔 06.2668

arm cavity 腕腔 06.2669

arm comb 腕栉 06.2884

arm ridge　腕脊　06.2581

arm spine　腕棘　06.2710

arrector pilorum　竖毛肌　07.0166

arteriole　微动脉　05.0281

artery　动脉　06.0080

arthrobranchia　关节鳃　06.1985

arthropod　节肢动物　01.0056

Arthropoda（拉）　节肢动物　01.0056

arthropodization　节肢动物化　06.2193

articular bone　关节骨　07.0394

articular cartilage　关节软骨　07.0557

articular facet　关节面　07.0556

articulation　关节　07.0553

artificial ecosystem　人工生态系统　03.0883

artificial selection　人工选择　01.0145

arytenoid cartilage　构状软骨　07.0425

ascending lamella　上行鳃板　06.1545

aschelminth　袋形动物　01.0068

Aschelminthes（拉）　袋形动物　01.0068

ascon　单沟型　06.0696

ascopore　调整囊孔　06.2417

asetigerous segment　无刚毛体节　06.1746

asexual hybrid　无性杂种　01.0165

asexual hybridization　无性杂交　01.0166

asexual reproduction　无性生殖　01.0099

asexual reproductive phase　无性繁殖阶段　06.1197

aspection　季相　03.0821

assembly　集群　03.0702

assimilation　同化　01.0110

assortative mating　同征择偶　03.0523

astacin　虾红素　06.2043

astaxanthin　虾青素　06.2044

aster　星状骨针　06.0868

astogenetic change　群育变化　06.2290

astogeny　群体发育　06.2289

astragalus bone　距骨　07.0546

astropyle　星孔　06.0238

astrorhizae　星根　06.0686

asulcal side　无沟边　06.1004

asymptotic population　饱和种群　03.0623

atavism　返祖现象　02.0023

atlantoaxial joint　寰枢关节　07.0568

atlantooccipital joint　寰枕关节　07.0567

atlas　寰椎　07.0479

atractophore　纺锤器　06.0618

atretic corpus luteum　闭锁黄体　05.0660

atretic follicle　闭锁卵泡　05.0655

atrial gland cell　围腺细胞　06.1434

atrial sac　围囊　06.1433

atrial sphincter　口前腔括约肌　06.2627

atriopore　围鳃腔孔　07.0279

atrioventricular node　房室结　07.0919

atrium　内腔　06.0685，围鳃腔　07.0878，心房　07.0908

attaching base　附着基盘　06.2283

attaching clamp　固着铗　06.1274

attaching disc　固着盘　06.1275

attaching organ　固着器　06.1276

attachment disc　附着基盘　06.2283

attachment filament　附着丝　06.2645

auditory organ　听觉器官　07.1154

auditory ossicle　听小骨　07.0381

auditory pit　听窝　04.0339

auditory placode　听板　04.0340

auditory string　听弦　05.0384

auditory vesicle　听泡　04.0341

aulodont type　管齿型　06.2706

auricle　耳状骨　06.2810，耳郭，＊耳廓　07.1135

auricular　耳羽　07.0129

auricular crura　耳关节，＊耳带脊　06.1488

auricularia　耳状幼体　06.2961

auricular projection　耳状突　06.1312

auricular seta　耳状刚毛　06.1781

Australian realm　澳大利亚界　02.0250

autapomorphy　独征　02.0181

autecology　个体生态学　03.0001

autodermalia　上向皮层骨针　06.0804

auto-epizootic　单主附生的　06.0937

autogastralia　上向胃层骨针　06.0805

autogeny　自然发生　01.0155

autoheteroxenous form　自异宿主型　06.1194

autoinfection　自身感染　06.1136

automimicry　种内拟态　03.0451

autonomic nervous system　自主神经系统，＊植物性神经系统　07.1064

autostyly 自联型 07.0325

autotomy 自切，＊自残 01.0123

autotroph 自养生物 03.0236

autotrophy 自养 03.0235

autotype 图模标本 02.0048

autozooid 自个虫 06.2301

autumn molt 秋季换羽 03.0517

autumn statoblast 秋休芽 06.2463

auxocyte 性母细胞 04.0023

auxotrophy 辅源营养 03.0894

available name 可用学名 02.0210

avicular seta 鸟头状刚毛 06.1777

avicular uncinus 鸟头状齿片钩毛 06.1768

axial construction 中轴构造 06.0687

axial corallite 轴珊瑚单体 06.1058

axial filament 轴丝(精子) 04.0112

axial gland 轴腺 06.2934

axial mesoderm 轴中胚层 04.0285

axial nerve system 轴神经系 06.2944

axial organ 中轴器 06.2924

axial sinus 轴窦 06.2933

axial skeleton 中轴骨骼 07.0293

axillary 分歧轴 06.2914，腋羽 07.0131

axillary artery 腋动脉 07.0948

axillary gland 腋腺 07.0256

axis 枢椎 07.0480

axon 轴突 05.0188

axoneme 轴丝 06.0633

axon hillock 轴丘 05.0218

axoplasm 轴质 05.0222

axoplast 轴体 06.0234

axopodium 轴足 06.0235

axosome 轴粒 06.0617

axostylar capitulum 轴头 06.0165

axostylar granule 轴粒 06.0617

axostylar trunk 轴杆干 06.0166

axostyle 轴杆 06.0167

AZM 小膜口缘区 06.0411

azoospermia 无精子 04.0119

azurophilic granule 嗜天青颗粒 05.0122

azygos vein 奇静脉 07.0955

B

bacillary band 杆状带 06.1269

baculum 阴茎骨 07.0552

baleen 鲸须 07.0758

baleen plate 鲸须板 07.0759

ballon club 球棒形骨针 06.1032

ballooning 飞航 03.0395

band form nuclear granulocyte 带形核粒细胞，＊杆状核粒细胞 05.0126

barb 羽支 07.0132

barbed process 钩突 06.2497

barbel 口须(鸟) 07.0189

barbicel 羽纤支 07.0134

barbule 羽小支 07.0133

barnacle cement 藤壶胶 06.2076

barrel 短腰双圆球形骨针 06.1033

basal 基部的 06.0116

basal body 基体 06.0378

basal decidua 基蜕膜，＊底蜕膜 04.0398

basal disc 基盘 06.1288

basal haematodocha 基血囊 06.2145

basalia 基须 06.0731

basal keel 基脊 06.2278

basal lamina 基板 05.0012

basal piece 基片 06.1365

basal plate 基板(腔肠动物) 05.0012

basal porechamber 基孔室 06.2425

basal process 基突 06.2054

basal sac 基囊 06.1166

basement membrane 基膜 05.0011

basial spine 基节刺 06.1873

basibranchial bone 基鳃骨 07.0412

basihyal bone 基舌骨 07.0401

basilar membrane 基底膜 05.0383

basioccipital bone 基枕骨 07.0330

basipodite 底节，＊基节 06.1950

basipterygium 基鳍骨 07.0499

basis 底节，＊基节 06.1950，基底 06.2067

basisphenoid bone 基蝶骨 07.0336

basket　笼状体　06.2799

basket cell　篮[状]细胞　05.0259

basophil　嗜碱性粒细胞　05.0100

basophilic cell　嗜碱性细胞(腺垂体)　05.0604

basophilic erythroblast　早幼红细胞，＊嗜碱性成红细胞　05.0114

basophilic granulocyte　嗜碱性粒细胞　05.0100

basopinacocyte　基[底]扁平细胞　06.0679

bastard wing　小翼羽　07.0130

bathypelagic plankton　半深海浮游生物　03.0338

B cell　B 细胞　05.0542

beak　壳尖　06.2536，吻(苔藓动物)　06.0045

begging call　求食声　03.0586

behavior　行为　01.0121

behavior adaptation　行为适应　03.0457

behavioral biology　行为生物学　03.0009

behavioral ecology　行为生态学　03.0008

behavioral scale　行为级　03.0460

behavioral scaling　行为级　03.0460

behavior gradient　行为梯度　03.0458

benthos　底栖生物　03.0326

Bergmann's rule　伯格曼律　03.0145

biarticulate antenna　双节触角　06.1747

biarticulate palp　双节触须　06.1714

biarticulate tentacle　双节触手　06.1713

biased sex ratio　偏性比　03.0652

biceps muscle　二头肌　07.0712

bicornute uterus　双角子宫　07.1026

bicuspid valve　二尖瓣　07.0916

bidactylous foot　二趾足　07.0221

Bidder's gland　比德腺，＊比氏腺　07.1058

bidentate seta　双齿刚毛　06.1778

bifid [needle] chaeta　双尖刚毛　06.1792

bifid seta　叉状刚毛　06.1779

bifora　二孔型　06.1531

bifurcated process　双棘突起　06.2053

bilabulate lophophore　双叶形触手冠　06.2523

bilaminar　双层的　06.2295

bilateral cleavage　对称卵裂　04.0210

bile canaliculus　胆小管　05.0535

bile duct　胆管　07.0787

bilimbate seta　羽状刚毛　06.1776

bill　[鸟]嘴，＊喙　07.0114

Billroth's cord　脾索　05.0485

binary fission　二分裂　06.0605

binominal nomenclature　双名法　02.0100

biochore　生物景带　02.0257

bioclimatic zone　生物气候带　02.0255

biocoenology　生物群落学　03.0005

biocoenosis　生物群落　03.0834

biocoenosium　生物群落　03.0834

biocommunity　生物群落　03.0834

biodegradation　生物降解　03.1032

biodeposition　生物沉积　03.0024

biodiversity　生物多样性　02.0147

bioelement　生命元素　03.0115

biogenetic law　生物发生律　04.0014

biogeochemical cycle　生物地化循环　03.0118

biogeocoenosis　生物地理群落　03.0832

biohelminth　生物源性蠕虫　06.1122

biohelminthiasis　生物源性蠕虫病　06.1124

biological barrier　生物[学]障碍　02.0152

biological character　生物学性状　02.0107

biological clock　生物钟　03.0491

biological diversity　生物多样性　02.0147

biological enrichment　生物富集　03.1030

biological factor　生物因子　03.0056

biological magnification　生物放大　03.1031

[biological] productivity　[生物]生产力　03.0921

bioluminescence　生物发光　03.0429

biomass　生物量　03.0917

biome　生物群系　03.0833

biophage　活食者　03.0899

biosocial facilitation　生物社群互助　03.0725

biosphere　生物圈　03.0022

biosphere conservation　生物圈保护　03.0990

biota　生物区系　01.0113，生物相　03.0023

biotelemetry　生物遥测　03.0046

biotic barrier　生物[学]障碍　02.0152

biotic factor　生物因子　03.0056

biotic potential　繁殖潜力　03.0670

biotic resistance　生物抗性　03.0136

biotic season　生物季节　03.0492

biotope　生物小区　03.0032

biotype　生物型　03.0025

biozone　生物带　02.0254

bipartite uterus　双腔子宫　07.1025

bipinnaria　羽腕幼体　06.2962

bipinnate seta　双栉刚毛　06.1780

bipolar neuron　双极神经元　05.0192

biradial cleavage　二辐射裂　06.2656

biramous parapodium　双叶型疣足　06.1670

biramous type appendage　双枝型附肢　06.1947

Birbeck granule　伯贝克颗粒　05.0406

bird　鸟　07.0017

[bird] banding　环志　03.0043

[bird] ringing　环志　03.0043

birotule　双轮骨针　06.0769

birth-death ratio　生死比率　03.0661

birth pore　产孔　06.1385

birth rate　出生率　03.0667

bisymmetry　两侧对称　01.0084

bivalve　双壳[类]　06.1473

bivium　二道体区　06.2848

blastema　芽基　04.0354

blastocoel　囊胚腔　04.0237

blastocyst　胚泡　04.0353

blastoderm　囊胚层　04.0362

blastodisc　胚盘　04.0357

blastoformation　母细胞化　05.0451

blastokinesis　胚动　04.0374

blastomere　卵裂球　04.0229

blastoporal lip　胚孔唇　04.0259

blastopore　胚孔　04.0258

blastostyle　子茎　06.0948

blastula　囊胚　04.0238

blepharismin　赭虫紫　06.0533

blepharmone　赭虫素　06.0534

blepharoplast　生毛体　06.0174

blood　血[液]　05.0093

blood capillary　毛细血管　05.0287

[blood] platelet　血小板　05.0107

[blood] sinusoid　血窦，＊窦状隙　05.0477

blood vessel　血管　06.0082

blow hole　呼吸孔　07.0893

B lymphocyte　B 淋巴细胞　05.0440

boathook　船形钩齿刚毛　06.1765

body fold　体褶　06.1258

body of uterus　子宫体　07.1022

body wall　体壁　06.0019

body whorl　体螺层　06.1452

bonding　亲键　03.0600

bone　[硬]骨　07.0289

bone canaliculus　骨小管　05.0084

bone collar　骨领　05.0087

bone lamella　骨板　05.0076

bone marrow　骨髓　05.0111

bone matrix　骨基质　05.0075

bone trabecula　骨小梁　05.0085

bonitation　繁殖适度　03.0671

bony scale　骨鳞　07.0060

book-lung　书肺　06.0067

boring apparatus　锥器　06.0541

boss　角皮凸　06.1294，疣突　06.2830

bothridium　突盘　06.1298

bothrium　吸槽　06.1297

bothrosome　生网体　06.0248

bottlebrush　瓶刷形分枝　06.1006

bottom community　水底群落　03.0864

bourrelet　口凸　06.2908

Bowman's capsule　肾小囊，＊鲍曼囊　05.0568

Bowman's gland　嗅腺，＊鲍曼腺　05.0554

brachial artery　臂动脉　07.0949

brachial fold　腕褶　06.2579

brachial ganglion　腕神经节　06.1608

brachial groove　腕沟　06.2580

brachialia　腕板　06.2586

brachialis muscle　肱肌　07.0655

brachial plexus　臂丛　07.1124

brachial valve　腕瓣　06.2582

brachidial change　腕型变化　06.2583

brachidial pattern　腕型　06.2584

brachidial support　腕支柱　06.2585

brachidium　腕骨　06.2562

brachidium process　腕骨突起　06.2564

brachidium support　腕骨支柱　06.2563

brachiolaria　短腕幼体　06.2957

brachiole　腕（棘皮动物）　06.0035

brachiopod　腕足动物　01.0065

Brachiopoda（拉）　腕足动物　01.0065

brachyodont　低冠齿　07.0816

bracket 弧形骨针 06.1038

brackish water 半咸水 03.0110

brackish water plankton 半咸水浮游生物 03.0315

bradyzoite 慢殖子 06.0279

brain 脑 07.1070

brain case 脑匣 07.0296

brain sand 脑砂 05.0633

brain stem 脑干 07.1071

brain ventricle 脑室 07.1074

branchia 鳃 06.0066

branchial arch 鳃弓 07.0407

branchial basket 鳃笼 07.0876

branchial chamber 鳃室 07.0884

branchial cleft 鳃裂 07.0031

branchial formula 鳃式 06.1987

branchial ganglion 鳃神经节 06.1609

branchial lobule 鳃小叶 06.1986

branchial region 鳃区 06.1845

branchio-cardiac carina 心鳃脊 06.1857

branchio-cardiac groove 心鳃沟 06.1894

branchiomeric muscle 鳃节肌 07.0600

branchiostegal membrane 鳃盖膜 07.0029

branchiostegal ray 鳃盖条 07.0028

branchiostegal spine 鳃甲刺 06.1870

branchiostegite 鳃甲 06.1988

breast 乳房 07.0281

breast theca 胸甲 06.2228

breeding 生殖 01.0097

breeding activity 繁殖活动 03.0662

bridge 甲桥 07.0097

bridge worm 桥虫 01.0070

bristle 鬃 07.0167

bronchiole 细支气管 07.0899

bronchus 支气管 07.0866

brood 窝 03.0556

brood capsule 生发囊 06.1168

brood cell 抚幼室 03.0558

brood chamber 育卵室 06.2485

brood parasitism 巢寄生 03.0775

brood pouch 育囊 06.2027

brood sac 育囊 06.2027

brosse 纤毛刷 06.0354

brotium 人为演替 03.0818

brown body 褐色体(苔藓动物) 06.2381

brown fat 棕脂肪，＊多泡脂肪 05.0057

browsevore 食枝芽动物 03.0256

browsing 食枝芽 03.0481

brow tine 眉叉 07.0180

brush border 刷状缘 05.0033

brush cell 刷细胞 05.0559

Bryozoa（拉） 苔藓动物 01.0063

bryozoan 苔藓动物 01.0063

buccal armature 口甲 06.1343

buccal capsule 口囊 06.1348

buccal cavity 口腔 06.0050

buccal cirrum 口笠触须 07.0123

buccal frame 口框 06.2894

buccal funnel 口漏斗 07.0083

buccal ganglion 口神经节 06.1602

buccal nerve cord 口神经索 06.1603

buccal sucker 前咽吸盘 06.1325

buccal tube 口管 06.2600

bucco-anal striae 口－肛缝 06.0397

buccokinetal 毛基索口生型 06.0499

budding activity 出芽潜能 06.2456

budding direction 出芽方向 06.2455

budding pattern 出芽型 06.2468

budding potential 出芽潜能 06.2456

budding zone 出芽带 06.2454

bulb 原鳞柄 06.0982

bulbourethral gland 尿道球腺 07.1018

bulbus arteriosus 动脉球 07.0987

bundle cell 束细胞 05.0293

bunodont 丘型齿 07.0812

burrowing animal 洞穴动物 03.0351

bursal ray 伞辐肋 06.1392

bursal slit 生殖裂口 06.2895

bursa of Fabricius 腔上囊，＊法氏囊 07.0980

bushy 丛状分枝 06.1007

butterfly-form 蝶形骨针 06.1037

button 扣状体 06.2795

byssal foramen 足丝孔 06.1478

byssal gape 足丝峡 06.1479

byssus 足丝 06.1550

byssus gland 足丝腺 06.1551

C

caecum 胃盲囊 06.2368

caespiticole 草栖动物 03.0366

calamus 羽根 07.0159

calanistrum 栉器 06.2116

calcaneum bone 跟骨 07.0545

calcaneus 跟骨 07.0545

calcar 距 07.0110

calcareous body 石灰体 06.2791

calcareous ring 石灰环 06.2905

calcareous type 碳酸型[外壳] 06.2506

calcification 钙化 05.0091

calcitonin 降钙素 05.0627

calcium pump 钙泵 05.0171

calice 珊瑚杯 06.1056

call 鸣叫 03.0581

callose 板鳞(蜥蜴类) 07.0069

callosity 胼胝 07.0070

calsequestrin [肌]集钙蛋白 05.0172

calthrops 棘状骨针 06.0771

calycocome 萼丝骨针 06.0770

calymma 泡层 06.0237

calyptopis 磷虾类原溞状幼体 06.2007

calyx 萼[器] 06.0190

calyx pore 萼孔 06.2913

camarodont type 拱齿型 06.2704

campanulate hydrotheca 钟形芽鞘 06.0927

campestral animal 田野动物 03.0372

canal 导管 05.0028

canalaria 管沟骨针 06.0877

canaliculus 小管 05.0029

canalized development hypothesis 定向发育假说 01.0156

canal of fecundation 受精道 04.0134

canal system 沟系 06.0707

cancellous bone 骨松质, *松质骨 05.0067

cancellus 格室 06.2331

candelabrum 花唇骨针 06.0833

canine tooth 犬齿 07.0802

cannibalism 同种相残 03.0718

capacitation 获能 04.0120

capillary caecum 毛管盲囊 06.2635

capital bone 头状骨 07.0526

capitate tentacle 锤形触手 06.0528

capitulum 头状部 06.2077

capitulum of rib 肋头 07.0472

capitutum 冠部 06.0987

cap placenta 帽状胎盘 06.2682

capstan 绞盘形骨针 06.1040

capsular decidua 包蜕膜 04.0400

capsule 被膜 05.0463, 囊 06.0917, 芽囊 06.2472

capsulogenic cell 成囊细胞 06.0342

carapace 头胸甲 06.0010, 背甲(节肢动物、脊椎动物) 06.0011

carbon cycle 碳循环 03.0120

carbon dioxide cycle 二氧化碳循环 03.0121

carcinology 甲壳动物学 06.1810

cardia 贲门 07.0725

cardiac atrium 心房 07.0908

cardiac gland 贲门腺 07.0739

cardiac muscle 心肌 05.0145

cardiac region 心区 06.1843, 贲门部 07.0737

cardiac vein 心静脉 07.0963

cardiac ventricle 心室 07.0909

cardinalia 主基 06.2547

cardinal line 主线 06.2543

cardinal margin 主缘 06.2544

cardinal process 主突 06.2545

cardinal tooth 主齿 06.1512

cardioblast 成心细胞 04.0346

cardo 轴节 06.2219

carina 脊 06.1849, 峰板 06.2064

carinal plate 龙骨板 06.2772

carinal side 峰端 06.2065

carino-lateral compartment 峰侧板 06.2066

carnassial tooth 裂齿 07.0808

carnivore 食肉动物 03.0260

carnucle 肉突 06.1708

carotid arch　颈动脉弓　07.0928

carotid artery　颈动脉　07.0947

carotid body　颈动脉体　05.0296

carotid duct　颈动脉导管　07.0935

carotid sinus　颈动脉窦　07.0927

carotinoid　类胡萝卜素　06.2042

carpal bone　腕骨　07.0514

carpometacarpal joint　腕掌关节　07.0583

carpopodite　腕节　06.1952

carpus　腕节　06.1952

carrier cell　传递细胞　06.0664

carrying capacity　负载力　03.0128

cartilage　软骨　07.0288

cartilage bone　软骨成骨　07.0290

cartilage joint　软骨关节　07.0563

cartilage matrix　软骨基质　05.0065

cartilaginous ring　软骨环　06.2906

cartilaginous stylet　软骨针　06.1564

casual society　偶见群　03.0597

catadromous fish　降河产卵鱼　03.0397

category　阶元　02.0116

catenoid colony　链状群体　06.0660

caterpillar　单边刺形骨针　06.1041

catharobia　清水生物　03.0282

cathetodesma　导引微纤丝　06.0447

caudal ala　尾翼膜　06.1268

caudal appendage　尾部附肢　06.2083

caudal artery　尾动脉　07.0992

caudal cilium　尾纤毛　06.0359

caudal fin　尾鳍(鱼)　07.0039

caudal furca　尾叉　06.1838

caudal gland　尾腺　06.1435

caudalia　尾合纤毛束　06.0360

caudal process　尾突　06.1837

caudal spine　尾刺　06.1318

caudal vein　尾静脉　07.0993

caudal vertebra　尾椎　07.0459

cauline　茎生的　06.0932

cave animal　穴居动物　03.0350

C cell　C细胞　05.0543

cecum　盲肠　07.0734

celiac artery　腹腔动脉　07.0940

cell aggregation　细胞集合　04.0269

cell differentiation　细胞分化　04.0175

cell lineage　细胞谱系　04.0180

cell strain　细胞株　05.0447

cement　齿骨质　07.0827

cement duct　粘液管　06.1438

cement gland　胶粘腺　06.1436

cement line　粘合线　05.0078

cement reservoir　粘液储囊　06.1437

census method　种群数量调查法　03.0045

central apical tuft　顶毛丛　06.2636

central canal　中央管，＊哈弗斯管　05.0080

central capsule　中央囊　06.0239

central cell　中央细胞　06.0665

central chord　中轴索　06.0998

central disc　中央盘　06.2709

central dorsal plate　中背板　06.2747

central fovea　中央凹　05.0330

central nervous system　中枢神经系统　07.1061

central rectrice　中央尾羽　07.0138

central tooth　中央齿　06.1519

centroacinar cell　泡心细胞　05.0531

centrodorsal cavity　中背板腔　06.2951

centrolecithal egg　中央黄卵　04.0081

centrotriaene　中三叉骨针　06.0834

centrum　椎体　07.0440

cephalic cage　头槛　06.1709

cephalic cone　头锥　06.1342

cephalic disk　头盘　06.1560

cephalic filament　头丝　06.1561

cephalic gland　头腺　06.1426

cephalic groove　头沟　06.1341

cephalic papilla　头乳突　06.1303

cephalic plate　头板　06.1466

cephalic pleurite　头侧板　06.2201

cephalic pole　头极　06.1653

cephalic rim　头缘　06.1710

cephalic shield　头盾　06.1562

cephalic veil　头幔　06.1712

cephaline gregarine　有头簇虫　06.0303

cephalization　头部形成　04.0276，头向集中 06.2489

Cephalochordata（拉）　头索动物　01.0077

cephalochordate　头索动物　01.0077

cephalon 头[部]（无脊椎动物） 06.0001

cephalopodium 头足 06.1559

cephalothorax 头胸部 06.0009

ceratobranchial bone 角鳃骨 07.0410

ceratohyal bone 角舌骨 07.0400

ceratophore 触手基节 06.1711

ceratostyle 触手基节 06.1711

ceratotrichia(拉) 角质鳍条 07.0052

cercaria 尾蚴 06.1214

cercariaeum 无尾尾蚴 06.1215

cercarian huellen reaction 尾蚴膜反应 06.1141

cercocystis 缺尾拟囊尾蚴 06.1239

cercus 尾须 06.2256

cere 蜡膜 07.0184

cerebellar cortex 小脑皮层 05.0253

cerebellar hemisphere 小脑半球 07.1147

cerebellum 小脑 07.1089

cerebral aqueduct 中脑水管 07.1146

cerebral cortex 大脑皮层 05.0262

cerebral ganglion 脑神经节 06.0073

cerebral gland 脑腺 06.2225

cerebral hemisphere 大脑半球 07.1076

cerebral peduncle 大脑脚 07.1097

cerebral vein 大脑静脉 07.0972

cerebral vesicle 脑泡 07.1157

cerebro-pedal connective 脑足神经连索 06.1598

cerebro-pleural connective 脑侧神经连索 06.1599

cerebrospinal fluid 脑脊液 05.0275

cerebro-visceral connective 脑脏神经连索 06.1600

cerebrum 大脑 07.1075

ceremony 仪表行为 03.0464

ceruminous gland 耵聍腺 07.0277

cervical ala 颈翼膜 06.1266

cervical carina 颈脊 06.1855

cervical fascia 颈筋膜 07.0613

cervical fold 颈褶（寄生蠕虫） 07.0099

cervical gland 颈腺（寄生蠕虫） 07.0250

cervical groove 颈沟 06.1262

cervical nerve 颈神经 07.1122

cervical papilla 颈乳突 06.1305

cervical plexus 颈丛 07.1123

cervical vertebra 颈椎 07.0454

cervix of uterus 子宫颈 07.1023

cestode 绦虫 06.1106

cestodiasis 绦虫病 06.1111

cestodology 绦虫学 06.1100

CFU 集落生成单位 05.0142

chaeta 刚毛 06.0025

chaetognath 毛颚动物，＊箭虫 01.0066

Chaetognatha（拉） 毛颚动物，＊箭虫 01.0066

chain-type nervous system 链状神经索 06.0072

chalaza 卵[黄系]带 04.0068

chambered organ 分房器 06.2925

character 性状 02.0124

character convergence 特性趋同 03.0472

character displacement 特性替换 03.0473

character divergence 性状趋异 02.0015

checklist 分类名录 02.0140

cheek 颊 07.0025

cheek pouch 颊囊 07.0116

cheek stripe 颊纹 07.0192

cheek tooth 颊齿 07.0806

chela 爪状骨针 06.0773，螯 06.1960

chelate 螯状 06.1963

chelicera 螯肢 06.2092

cheliceral furrow 牙沟 06.2100

cheliceral tooth 螯肢齿 06.2097

Chelicerata(拉) 螯肢动物 01.0057

chelicerate 螯肢动物 01.0057

cheliped 螯足 06.1962

chemical differentiation 化学分化 04.0179

chemical ecology 化学生态学 03.0013

chemical embryology 化学胚胎学 04.0004

chemoautotroph 化能自养生物 03.0241

chemolithotrophy 无机化能营养 03.0906

chemotaxis 趋化性 03.0157

chemotaxy 趋化性 03.0157

chest gland 胸皮腺 07.0255

chevron 人字颚 06.1715

chevron bone 人字骨 07.0478

chiaster 叉星骨针 06.0772

chief cell [胃腺]主细胞 05.0508

chilidial plates 背三角双板 06.2556

chilidium 背三角板 06.2557

chimera 嵌合体 04.0200

chimonophile 适冬性 03.0177

chimopelagic plankton 冬季海面浮游生物 03.0317

chin barbel 颏须 07.0193

chin bristle 颏须 07.0193

chionophile 适雪性 03.0184

chionophobe 厌雪性 03.0169

chirotype 稿模标本 02.0055

chitin 几丁质，*甲壳质 06.2035

chloride cell 氯细胞 05.0564

chlorogogue cell 黄色细胞 06.1660

choana 内鼻孔 07.0895

choanocyte 领细胞 06.0662

choanocyte chamber 领细胞室 06.0728

choanoderm 领细胞层 06.0688

choanomastigote 领鞭毛体[期] 06.0152

choanosome 领细胞层 06.0688

chondroblast 成软骨细胞 05.0063

chondrocranium 软骨颅 07.0301

chondrocyte 软骨细胞 05.0064

chondrophore 内韧托 06.1496

chordal plate 脊索板 04.0307

chorda-mesoderm 脊索中胚层 04.0308

Chordata（拉）脊索动物 01.0075

chordate 脊索动物 01.0075

chorioallantoic membrane 尿囊绒膜 04.0379

chorioallantoic placenta 绒膜尿囊胎盘 07.1033

chorioallantois 尿囊绒膜 04.0379

chorion 卵壳 04.0067，绒毛膜 04.0378

choriovitelline placenta 绒膜卵黄囊胎盘 07.1034

chorocline 地理分布梯度 02.0182

choroid 脉络膜 05.0305

choroid gland 脉络膜腺 07.0274

choroid plexus 脉络丛 05.0274

chorology 分布学 02.0232

chorus 合鸣 03.0587

CHR 尾蚴膜反应 06.1141

chromaffin tissue 嗜铬组织 05.0614

chromatophore 载色素细胞 05.0050

chromophilic cell 嗜色细胞 05.0602

chromophobe cell 嫌色细胞 05.0601

chronobiology 时间生物学 03.0012

chylomicron 乳糜微粒 05.0517

cidaroid type 头帕型 06.2707

ciliary body 睫状体 05.0304

ciliary gland 睫腺 07.0278

ciliary meridian 纤毛子午线 06.0348

ciliary process 纤毛（软体动物）06.0347

ciliary rootlet 纤毛根丝 06.0349

ciliate 纤毛虫 06.0350

ciliated funnel 纤毛漏斗 06.2942

ciliatology 纤毛虫学 06.0351

ciliature 纤毛系 06.0352

ciliospore 纤毛孢子 06.0353

cilium 纤毛 06.0347

cinclides 壁孔 06.0994

cingulum 腰带 06.0200

circadian rhythm 昼夜节律 03.0495

circular canal 环管 06.0976

circular muscle 环肌 06.0063

circulation 循环 01.0091

circumacetabular fold 围腹吸盘褶 06.1259

circumanal gland 肛周腺 05.0523

circumferential lamella 环骨板 05.0082

circumoral crown 围口冠 06.1347

circumoral excretory ring 围口排泄环 06.1425

circumoral ring 围口环 06.2373

circumorbital bone 围眶骨 07.0343

circumoval precipitate reaction 环卵沉淀反应 06.1142

circumpharyngeal nerve 围咽神经 06.0074

circumpharyngeal ring 围咽环 06.0426

cirromembranelle 棘毛小膜 06.0368

cirrophore 触须基节 06.1716

cirrostyle 触须基节 06.1716

cirrus 触须 06.0034，阴茎（寄生虫）06.0108，棘毛 06.0367，须毛 06.1640，蔓足 06.2080，腕丝（腕足动物）06.2578，卷枝 06.2817

cirrus pouch 阴茎囊 06.1373

cirrus sac 阴茎囊 06.1373

cladism 分支理论 02.0125

cladistic ranking 分支排列 02.0126

cladistics 分支系统学，*支序分类学 02.0004

cladistic systematics 分支系统学，*支序分类学 02.0004

cladogram 分支图 02.0129

cladome 枝辐群 06.0738

Clara cell 克拉拉细胞，*细支气管细胞 05.0560

clasper 鳍脚 07.0046

clasping organ 抱持器 06.2022

class 纲 02.0066

classification 分类 02.0103

clathrocyst 网丝泡 06.0484

clathrum 网格层 06.0555

claustrum 闩骨，*屏状骨 07.0435

clavate cilium 棒状纤毛 06.0364

clavicle 锁骨 07.0496

clavule 球棒骨针 06.0878

claw 爪 06.1961

claw pad 爪垫 07.0113

cleaning foot 清扫肢 06.1970

cleavage 卵裂 04.0205

cleavage cavity 卵裂腔 04.0225

cleavage plane 卵裂面 04.0215

cleidoic egg 有壳卵(爬行类、鸟类) 04.0066

cleithral ooecium 有盖卵室 06.2475

cleithrum 匙骨 07.0497

cleme 小枝骨针 06.0776

cleptobiosis 盗食共生 03.0781

cleptoparasitism 盗食寄生 03.0782

climax 顶极 03.0806

climax community 顶极群落 03.0807

climbing fiber 攀缘纤维 05.0260

cline 梯度变异，*变异群 02.0176

clitellum 环带，*生殖带 06.1667

clitoris 阴蒂 07.1046

cloaca 泄殖腔 06.0093

cloacal bladder 泄殖腔膀胱 07.1007

cloacal bursa 腔上囊，*法氏囊 07.0980

cloacal gland 泄殖腔腺 07.0253

cloacal pore 泄殖孔 06.0094

closed vascular system 闭管循环系[统] 06.0078

club 棒形骨针 06.1039

clustering 聚类 02.0130

clutch 窝 03.0556

clutch size [满]窝卵数 03.0557

clypeus 额[部](蜘蛛) 06.1826

Cnidaria(拉) 刺胞动物 01.0036

cnidarian 刺胞动物 01.0036

cnidoblast 刺细胞 06.0912

cnidocyst 刺丝囊 06.0913

coadaptation 相互适应 02.0016

coccolith 球石粒 06.0191

coccygeal nerve 尾神经 07.1127

cochlea 耳蜗 05.0360

cochlear labyrinth 耳蜗迷路 07.1166

coclypeus 副额板 06.2203

co-dominance 共优势 03.0803

coefficient of injury 危害系数 03.1021

Coelenterata(拉) *腔肠动物 01.0036

coelenterate *腔肠动物 01.0036

coelenteron 腔肠 06.0909

coeliac artery 腹腔动脉 07.0940

coeloblastula 有腔囊胚 04.0241

coelom 体腔 06.0038

coelomate 体腔动物 01.0031

coelomation 体腔形成 04.0319

coelomocyte 腔胞 06.2681

coelomopore 体腔孔 06.2434

coenocytic 多核体的 06.0627

coenoecium 总虫室 06.2326

coenosarc 共肉 06.0906

coenosium 群落 01.0132

coenosteum 共骨 06.1061

coenurus 多头蚴 06.1237

coevolution 协同进化 01.0134

coexistence 共存 03.0728

cohort 股 02.0072，同龄组 03.0648

cold hardiness 耐寒性 03.0133

cold resistance 抗寒性 03.0137

collagen 胶原蛋白 05.0038

collagen fiber 胶原纤维 05.0039

collar cavity 领腔 06.2664

collar cell 领细胞 06.0662

collaret 领部 06.0990

collar spine 襟刺 06.1313

collateral branch 侧副支 05.0221

collecting canal 收集管 06.0490

collecting tubule 集合小管 05.0580

collection 标本收藏 02.0145

collenchyma 胶充质 06.0910

collencyte 胶原细胞 06.0677

colloid 胶体 05.0624

colloquial name 俗名 02.0217

collum 颈板 06.2226

collum segment 颈节 06.2227

colon 结肠 07.0735

colonial coelom 群体体腔 06.2672

colonial division 群体分裂 06.2275

colonial theory 群体说 01.0154

colonization 建群 03.0716

colony 群体 03.0677

colony fission 分群 03.0678

colony formation 群体形成 06.2274

colony formation pattern 群体形成类型 06.2266

colony forming unit 集落生成单位 05.0142

colony odor 群体气味 03.0576

color adaptation 颜色适应 03.0441

colulus 舌状体 06.2157

columella 轴柱 06.1074, 耳柱骨 07.0382

columellar muscle 螺轴肌 06.1553

column 柱 05.0249

columnar epithelium 柱状上皮 05.0009

comb 栉状体 06.2793, 肉冠 07.0107

comb-papilla 栉棘 06.2719

comitalia 伴骨针 06.0882

commensalism 偏利共生, *偏利共栖 03.0738

commensal union 共栖结合 03.0734

commissure 背腹壳间缘 06.2558

committed stem cell 定向干细胞 05.0141

common bud 共芽 06.2460

common cardinal vein 总主静脉 07.0990

common hypogastric vein 总腹下静脉 07.0970

common iliac artery 髂总动脉 07.0942

common name 俗名 02.0217

common species 常见种 03.0786

common vitelline duct 卵黄总管 06.1395

communal [同代]建巢群 03.0688

communication 通讯 03.0566

communication pore 连孔 06.2429

community 群落 01.0132

community component 群落成分 03.0785

community composition 群落组成 03.0784

community ecology 群落生态学 03.0006

compact bone 骨密质, *密质骨 05.0066

companion seta 伴随刚毛 06.1782

companion species 伴生种 03.0792

comparative anatomy 比较解剖学 01.0006

compartment 壳板 06.2058

compass 弧骨 06.2808

compatibility 相容性 02.0131

compendatrix 调整囊 06.2383

compensation 补偿作用 03.0108

compensation sac 调整囊 06.2383

competence 反应能力, *感应性 04.0188

competition 竞争 03.0720

competition exclusion 竞争排斥 03.0722

competitor 竞争者 03.0721

complemental male 备雄 06.2019

complete metamorphosis 完全变态 01.0127

composite signal 复合信号 03.0573

compound eye 复眼 06.1816

compound nest 多种混居巢 03.0555

compound plate 复板 06.2758

compound seta 复型刚毛 06.1783

compressed 侧扁 06.0115

concentric layer 同心层 06.2498

conch 贝壳 06.1444

conchiolin 贝壳素 06.1445

conchology 贝类学 06.1443

concomitant immunity 伴随免疫 06.1140

concrement vacuole 结合泡 06.0491

conducting system 传导系统 05.0280

conductor 引导器 06.2135

condyle 齿突 07.0481

cone cell [视]锥细胞 05.0309

congeneric 同属的 02.0127

conical process 圆锥突 06.2265

conic scale 锥鳞 07.0067

conjugant 接合体 06.0515

conjugation 接合[生殖] 06.0514

conjunctiva 结膜 05.0345

conjunctive tunic 结膜 05.0345

connectedness 通讯连续性 03.0570

connecting piece 中段(精子) 04.0110

connecting tube 连接管 06.2401

connective bar 连接棒 06.1369

connective tissue 结缔组织 05.0036

connective tissue proper　固有结缔组织　05.0052

conocyst　锥泡　06.0480

conoid　类锥体　06.0325

conopodium　锥足　06.0207

conspecific　同种的　02.0121

constancy　恒定性　03.0939

constant species　恒有种　03.0787

consumer　消费者　03.0896

consumption　消费　03.0890

contact call　召唤声　03.0583

continental drift theory　大陆漂移说　02.0259

contour feather　廓羽　07.0137

contractile vacuole　伸缩泡　06.0487

controlled ecosystem　受控生态系统　03.0882

conule　锥状突　06.0720

conus arteriosus　动脉圆锥　07.0906

conventional behavior　示量行为　03.0463

convergence　趋同　01.0136，会聚　04.0264

convergent community　趋同群落　03.0838

convergent evolution　趋同进化　01.0135

co-operation　合作　03.0727

copepodid larva　桡足幼体　06.2003

copepodite　桡足幼体　06.2003

COPR　环卵沉淀反应　06.1142

coprodeum　粪道　07.0767

coprophage　食粪动物　03.0266

coprozoon　粪生动物　03.0369

copulatory bursa　交合伞　06.1391

copulatory opening　交配孔　06.2163

copulatory organ　交接器　06.0106

copulatory tube　交接管　06.1378

coracidium　钩毛蚴　06.1236

coracoid　喙骨　07.0494

coracoid process　喙突　07.0501

corallite　珊瑚单体　06.1057

corallum　珊瑚骼　06.1055

corbula　生殖笼　06.0953

cordon　饰带　06.1263

cordylus　感觉棍　06.0974

core　中轴　06.0997

corium　真皮　05.0413

cornea　角膜　05.0300

corneal cell　角膜细胞　06.1819

corneal limbus　角膜缘　05.0301

corniculate cartilage　小角软骨　07.0860

corona　纤毛冠　06.2652，壳(海胆)　06.2885

coronal　冠须　06.0729

coronal plate　壳板(棘皮动物)　06.2058

corona radiata(拉)　叶冠　06.1350，放射冠　04.0043

coronary artery　冠状动脉　07.0952

corpora quadrigemina　四叠体　07.1092

corpus albicans　白体　05.0662

corpus callosum　胼胝体　07.1090

corpus cavernosum(拉)　海绵体　05.0637

corpus cavernosum penis　阴茎海绵体　07.1013

corpus cavernosum urethrae　尿道海绵体　07.1014

corpus luteum(拉)　黄体　05.0656

corpus striatum　纹状体　07.1091

correlated character　相关性状　02.0128

cortex　皮质　05.0465

cortex-medulla border　边缘层　05.0495

cortical reaction　皮质反应，＊皮层反应　04.0133

cortical vesicle　皮层泡　06.0494

corticotroph　促肾上腺皮质素细胞，＊ACTH细胞　05.0609

corticotropic cell　促肾上腺皮质素细胞，＊ACTH细胞　05.0609

corticotype　皮层型　06.0581

cosmoid scale　整列鳞　07.0063

cosmopolitan species　广布种　02.0193

costa　珊瑚肋　06.1070，肋　(原生动物)　07.0200，肋骨　07.0468

costal groove　肋沟　07.0098

costate shield　肋盾　06.2363

costochondral joint　肋软骨关节　07.0575

costotransverse joint　肋横突关节　07.0573

costovertebral joint　肋椎关节　07.0572

costula　肋刺　06.2362

cotyledonary placenta　子叶胎盘　07.1030

cotylocercous cercaria　盘尾尾蚴　06.1228

counter-adaptation　逆适应　02.0017

counter-evolution　逆进化　02.0018

courtship　求偶　03.0525

covering epithelium　被覆上皮　05.0003

coxa　基节，＊底节　06.1949

coxal gland 基节腺 06.1976

coxal plate 底节板 06.1969

coxal sac 基节囊 06.2244

coxopleura 基侧板 06.2240

coxopodite 基节，*底节 06.1949

coxosternum 基胸板 06.2239

cranial cartilage 头软骨 06.1565

cranial nerve 脑神经 07.1106

craniate 有头类 07.0007

cranium 颅骨 07.0297

crenate 锯齿 06.1521

crenium 水泉群落 03.0846

crenophile 适泉[水]性 03.0186

crescent 新月体 04.0254, 新月形骨针
06.1026

crest 冠羽 07.0136

crest scale 鬣鳞 07.0068

cribellate gland 筛器腺 06.2176

cribellum 筛器(蜘蛛) 06.2154

cribriform organ 筛器(棘皮动物) 06.2154

cribriporal 筛状孔 06.0727

cricoid cartilage 环状软骨 07.0424

cricothyroid muscle 环甲肌 07.0713

crista ampullaris(拉) 壶腹崎 05.0371

crista statica 平衡崎 06.1631

crithidial stage 短膜虫期 06.0162

critical point 临界点 03.0074

critical species 极危种 03.1003

critical state 临界状态 03.0075

crooklike seta 屈曲刚毛 06.1764

crop 嗉囊 06.0054

cross 十字形骨针 06.1027

cross beam 横梁 06.2870

cross-breed 杂种 02.0092

cross bridge 横桥 05.0161

crossed pedicellaria 交叉叉棘 06.2736

crown 冠骨针 06.1028, 头顶 07.0190

crown spine 光头刺骨针 06.1029

cruising 巡游 03.0392

cruising radius 巡游半径 03.0393

crura 腕钩 06.2565

crural base 腕钩基 06.2572

crural fossette 腕钩窝 06.2570

cruralium 腕钩连板 06.2569

crural plate 腕钩支板 06.2566

crural point 腕钩尖 06.2567

crural process 腕钩突起 06.2568

crural trough 腕钩槽 06.2571

crusta 甲壳 06.1811

Crustacea(拉) 甲壳动物 01.0059

crustacean 甲壳动物 01.0059

crustacean plankton 浮游甲壳动物 06.1812

crutch 叉头骨针 06.1030

cryophile 适寒性 03.0178

cryoplankton 冰雪浮游生物 03.0310

crypt 隐窝 06.0546

cryptic species 隐存种 02.0133

cryptocyst 隐壁 06.2445

cryptocystean 隐囊壁的 06.2449

cryptocystis 隐拟囊尾蚴 06.1238

cryptodont 隐齿 06.1509

crypt of Lieberkühn 肠腺 05.0518

cryptogemmy 窝芽 06.0542

cryptosynarthry 隐合关节 06.2781

cryptosyzygy 隐不动关节 06.2780

cryptozoite 潜隐体 06.0287

cryptozonate 隐带海星 06.2697

cryptozoon 穴居动物 03.0350

crystalline style 晶杆 06.1628

crystallocyst 晶泡 06.0476

ctenidium 栉鳃，*本鳃 06.1544

ctenoid scale 栉鳞 07.0062

Ctenophora(拉) 栉水母动物，*栉板动物
01.0037

ctenophore 栉水母动物，*栉板动物 01.0037

cuboidal epithelium 立方上皮 05.0008

cuboid bone 骰骨 07.0540

culmen 嘴峰 07.0183

cultcular spine 表皮刺 06.2499

cultural eutrophication 人为富营养化 03.0868

cuneiform bone 楔骨 07.0521

cuneiform cartilage 楔状软骨 07.0428

cupula(拉) 壶腹帽，*终帽 05.0373

curythermal 广温性 03.0215

cutaneous artery 皮动脉 07.0933

cutaneous part 无腺区，*皮区 05.0513

D

defense adaptation　防御适应　03.0487

definitive hook　终末钩　06.1301

definitive host　终宿主　06.1187

definitive seta　终生刚毛　06.2532

definitive tentacle　终生触手　06.2530

defoliater　食叶动物　03.0254

degeneration　退化　01.0141

degenerative polymorphism　退化多形　06.2287

delamination　分层　04.0266，叶裂［法］ 06.2514

delthyrium　三角孔　06.2555

deltidial plate　三角双板　06.2554

deltidium　肉茎盖　06.2534

deltoid muscle　三角肌　07.0710

deltoid plate　三角板　06.2749

demarcation membrane　分隔膜　05.0138

deme　繁殖群　03.0680

demi-plate　半板　06.2748

demography　种群统计　03.0610

dendrite　树突　05.0189

dendritic cell　树突细胞　05.0486

dendritic colony　树枝状群体　06.0661

dendritic ［sclere］　树状骨针　06.0745

dendritic spine　树突棘　05.0219

dendritic tentacle　枝状触手　06.2821

dendrobranchiate　枝状鳃　06.1981

dendrocole　树栖动物　03.0360

dendrogram　［进化］系统树　02.0011

dendroid colony　树枝状群体　06.0661

dendrophile　适树性　03.0196

dense area　密区　05.0183

dense body　密体　05.0184

dense connective tissue　致密结缔组织　05.0053

dense lymphoid tissue　致密淋巴组织　05.0460

density　密度　03.0613

density-dependent factor　密度制约因子　03.0634

density-independent factor　非密度制约因子 03.0635

density of infection　危害密度　03.1022，感染密 度　03.1023

dental formula　齿式　07.0856

dental plate　齿板　06.2548

dental pulp　齿髓　07.0830

dental socket　齿槽　06.2549

dentary bone　齿骨　07.0396

dentate seta　齿刚毛　06.1749

denticle　小齿　06.0030，齿体　06.0556

denticulate ring　齿环　06.0557

denticulate seta　细齿刚毛　06.1750

dentine　齿质，*牙［本］质　07.0828

dependent avicularium　附属鸟头体　06.2332

dependent differentiation　依赖性分化，*非自主分 化　04.0173

deposit feeder　食底泥动物　03.0269

depressed　平扁　06.0114

depressor analis muscle　臀鳍降肌　07.0633

depressor arcus branchial muscle　鳃弓降肌 07.0623

depressor dorsalis muscle　背鳍降肌　07.0632

depressor muscle　压盖肌　06.2057

depressor ventralis muscle　腹鳍降肌　07.0646

dermal bone　真皮骨　07.0292

dermal epithelium　皮层　06.0694

dermalia　皮层骨针　06.0744

dermal papilla　真皮乳头　05.0414

dermal pore　皮孔　06.0714

dermatome　生皮节　04.0311

dermis　真皮　05.0413

dermomuscular sac　皮肌囊　06.0062

descending lamella　下行鳃板　06.1546

deserta　荒漠群落　03.0842

desiccation　脱水　06.2438

desma　网状骨片　06.0887

desmodactylous foot　索趾足　07.0222

desmodont　韧带齿　06.1510

desmognathism　索腭型　07.0318

desmose　连结纤丝　06.0182

desmosome　桥粒　05.0020

determinative factor　决定因子　03.0067

detritivore　食碎屑动物　03.0270

detritus feeder　食碎屑动物　03.0270

detritus-feeding animal　食碎屑动物　03.0270

deuterostome　后口动物　01.0033

Deuterostomia(拉)　后口动物　01.0033

deuterotoky　产两性单性生殖　01.0102

deutomerite　后节　06.0309

deutomonomyaria stage 次单柱期 06.1539

deutoplasmic valve 滋养瓣 06.2391

development 发育 04.0007

developmental biology 发育生物学 01.0020

developmental index 发育指数 03.0506

developmental rate 发育[速]率 03.0507

developmental threshold 发育临界 03.0509

developmental zero 发育零点 03.0508

diact 二辐骨针 06.0777

diactine 二辐骨针 06.0777

diad 二联体 05.0182

diadematoid type 冠海胆型 06.2708

diaene 二叉骨针 06.0879

diagnosis 鉴别 02.0220

diagnostic characteristics 鉴别特征 02.0221

dialect 方言 03.0588

diamond anastomose 菱形气管网结 06.2248

diamorph 聚合体 06.0739

diapause 滞育 03.0512

diaphragm 隔[膜] 06.0945, 膈 07.0900

diaphragmatic dilator 横隔壁扩张肌 06.2626

diaphragmatic sphincter 横隔壁括约肌 06.2615

diapophysis 椎弓横突 07.0451

diarhysis 全卷沟 06.0724

diarthrosis 动关节 07.0559

diastema 齿隙, *牙间隙 07.0807

diaxon 二轴骨针 06.0747

dichogamy 雌雄不同熟 04.0034

dichotriaene 二次三叉骨针 06.0787

dicranoclona 膨头骨片 06.0883

dictyonalia 网状骨骼 06.0895

dicyclic calyx 双环萼 06.2912

dicystid gregarine 双房簇虫 06.0305

didelphic type 双宫型 06.1144

diductor 开壳肌 06.2613

diencephalon 间脑 04.0331

diestrus 动情间期 04.0100

dietellae 墙孔 06.2422

differentiation 分化 01.0138

differentiative polymorphism 分化多形 06.2286

diffuse bipolar cell 弥散双极细胞 05.0312

diffuse ganglion cell 弥散节细胞 05.0314

diffuse nervous system 散漫神经系, *网状神经系 06.0070

diffuse placenta 弥散胎盘 07.1029

digenetic reproduction 两性生殖 01.0100

digestion 消化 01.0089

digital bone 指骨 07.0516, 趾骨 07.0517

digital disc 趾吸盘 07.0079

digital disk 趾吸盘 07.0079

digital formula 指序 07.0518, 趾序 07.0519

digitate tentacle 指状触手 06.2822

digitigrade 趾行 07.0216

digyny 双卵受精 04.0148

dikaryon 双核体 06.0651

dikaryotic 双核的 06.0652

dilator muscle of pupil 瞳孔开大肌 05.0349

dilator opercular muscle 鳃盖开肌 07.0625

dilophous microcalthrops 双冠骨针 06.0837

dimorphism 二态 01.0106

dimyarian 双柱[的] 06.1541

dinokaryon 腰鞭核 06.0140

dinonucleus 腰鞭核 06.0140

dinospore 腰鞭孢子 06.0141

dioecism 雌雄异体 01.0083

diplasiocoelous centrum 参差型椎体 07.0486

dipleurula ancestor 两侧对称祖先 06.2701

diplodal 等孔型 06.0725

diploparasitism 二重寄生 03.0763

diplosomite 双体节 06.2230

directional selection 定向选择 01.0146

directive septum 直接隔片 06.1063

direct zoonosis 直接人兽互通病 06.1128

disassortative mating 异征择偶 03.0524

disclimax 人为顶极[群落] 03.0813

discoblastula 盘状囊胚 04.0240

discobolocyst 盘形刺泡 06.0184

discohexact 盘六辐骨针 06.0835

discohexactine 盘六辐骨针 06.0835

discohexaster 盘六星骨针 06.0746

discoidal cleavage 盘状卵裂 04.0208

discoidal placenta 盘形胎盘 07.1032

discoid colony 盘形群体 06.0185

discotriaene 盘三叉骨针 06.0748

disc placenta 盘状胎盘 06.2683

disjunctive symbiosis 间断共生 03.0732

disk-spindle 盘纺锤形骨针 06.1042

disoperation 侵害 03.0490

dispermy 双精入卵 04.0139

dispersal 扩散 03.0696

dispersion pattern 扩散型 02.0237

displacement activity 替换活动 03.0474

display 炫耀 03.0526

disporous 双孢子的 06.0344

disruptive selection 分裂选择 02.0020

dissepiment 鳞板 06.1078

dissimilation 异化 01.0111

distal 远端的 06.0118

distal budding 端芽 06.2459

distal convoluted tubule 远曲小管 05.0577

distal haematodocha 顶血囊 06.2147

distal pinnule 末梢羽枝 06.2816

distal porechamber 端孔室 06.2426

distal radioulnar joint 桡尺远侧关节 07.0581

distal zooid 末端个虫 06.2310

distichal plate 双列板 06.2750

distolateral 端侧的 06.2293

distome cercaria 双口尾蚴 06.1219

di-stomodeal budding 双口道芽 06.1089

distraction display 引离[天敌]行为 03.0468

distribution center 分布中心 02.0235

distribution pattern 分布型 02.0238

distribution range 分布范围 02.0234

ditto(拉) 同上 02.0229

diurnal 昼行, *昼出 03.0496

diurnal eye 昼眼 06.2110

diurnal migration 昼夜迁徙 03.0383

diurnal vertical migration 昼夜垂直移动 03.0386

divarigator 开壳肌 06.2613

divergence 趋异 01.0137, 分散 04.0265

divergence of character 性状分异 02.0172

diverticulum 肠盲囊 06.1360

division 部 02.0071

division of labor 分工 03.0689

divoltine 二化 03.0538

do.(拉) 同上 02.0229

doliolaria 樽形幼体 06.2963

domestication 家化 03.0993

dominance 优势[度] 03.0797

dominance hierarchy 优势序位 03.0604

dominance order 优势序位 03.0604

dominance system 优势序位 03.0604

dominant 优势者 03.0690

dominant species 优势种 03.0788

dormancy 休眠 03.0424

dormozoite 休眠子 06.0334

dorsal aorta 背主动脉 07.0984

dorsal arm plate 背腕板 06.2743

dorsal brim 背缘 06.1706

dorsal ciliated organ 背纤毛器 06.1727

dorsal cirrus 背须 06.1681

dorsal cricoarytenoid muscle 环杓背肌 07.0714

dorsal erector muscle 背鳍竖肌 07.0630

dorsal fin 背鳍 07.0037

dorsal ganglion 背神经节 07.1151

dorsal keel 背脊 06.2279

dorsal lamina 背板(脊椎动物) 06.2070

dorsal mesentery 背肠系膜 06.1730, 背肠隔膜 06.2595

dorsal organ 背器 06.1828

dorsal pore 背孔 06.1796

dorsal rib 背肋 07.0469

dorsal root 背根 07.1152

dorsal sac 背囊 06.2929

dorsal spine 背棘 06.2715

dorsal valve 背瓣 06.2378

dorsolateral compartment 侧背腔 06.2663

dorsolateral fold 背侧褶 07.0101

double cone 双锥形骨针 06.1009

double cup 双杯形骨针 06.1010

double disc 双盘形骨针 06.1011

double headed rib 双头肋骨 07.0474

double sphere 双球形骨针 06.1012

double spindle 双纺锤形骨针 06.1013

double star 双星形骨针 06.1014

double wall 双重壁 06.2446

double wheel 双轮形骨针 06.1015

dowel 壳板钉 06.2886

down-feather 绒羽 07.0139

dragline 拖丝 06.2180

dragmas 线束骨针 06.0836

drought resistance 抗旱性 03.0138

duct　导管　05.0028

ductulus　小管　05.0029

ductus arteriosus　动脉导管　07.0936

dumb-bell　哑铃形骨针　06.1016

duodenal ampulla　十二指肠球部　07.0729

duodenum　十二指肠　07.0728

duodenum proper　十二指肠本部　07.0730

duplex uterus　双子宫　07.1024

duplicate bud　重复芽　06.2471

duplicature band　二重带　06.2375

duplicature fold　二重褶　06.2374

duplomentum　单唇基节　06.2218

dura mater　硬膜　05.0271

dust cell　尘细胞　05.0558

dwarf male　矮雄　06.2018

dwarf zooid　矮个虫　06.2302

dyad　二分体　06.0573

dysodont　粒齿，＊弱齿　06.1507

E

ecdysis　蜕皮　01.0128

ecdysone　蜕皮激素　06.2037

echinating　棘状骨骼　06.0894

echinococcus　棘球蚴　06.1243

echinoderm　棘皮动物　01.0067

Echinodermata（拉）　棘皮动物　01.0067

echinopluteus　海胆幼体　06.2960

echinostome cercaria　棘口尾蚴　06.1229

echinothuroid type　柔海胆型　06.2703

echinus rudiment　海胆原基　06.2954

Echiura（拉）　螠虫[动物]　01.0051

echiuran　螠虫[动物]　01.0051

echolocation　回声定位　03.0410

eclipse plumage　蚀羽　07.0151

eclosion　羽化　03.0536

ecoclimate　生态气候　03.0086

ecocline　生态梯度　03.0029

ecological age　生态年龄　03.0646

ecological amplitude　生态幅度　03.0081

ecological balance　生态平衡　03.0943

ecological barrier　生态[学]障碍　02.0153

ecological complex　生态综合体　03.0054

ecological concentration　生态浓缩　03.1029

ecological crisis　生态危机　03.1034

ecological efficiency　生态效率　03.0934

ecological energetics　生态能量学　03.0938

ecological engineering　生态工程　03.0021

ecological equilibrium　生态平衡　03.0943

ecological equivalence　生态等价　03.0030

ecological factor　生态因子　03.0058

ecological group　生态群　03.0672

ecological homeostasis　生态稳态　03.0942

ecological impact　生态影响　03.0949

ecological invasion　生态入侵　03.1024

ecological isolation　生态隔离　02.0160

[ecological] niche　生态位　03.0869

ecological optimum　生态最适度　03.0082

ecological pyramid　生态锥体　03.0911

ecological stability　生态稳定性　03.0941

ecological strategy　生态对策　03.0981

ecological subsystem　生态亚系[统]　03.0879

ecological succession　生态演替　03.0805

ecological survey method　生态调查法　03.0037

ecological technique　生态工程　03.0021

ecological threshold　生态阈值　03.0073

ecological tolerance　生态耐性　03.0131

ecosystem　生态系[统]　03.0878

ecosystem development　生态系[统]发育　03.0884

ecosystem diversity　生态系统多样性　02.0150

ecosystem ecology　生态系统生态学　03.0007

ecosystem-type　生态系[统]类型　03.0885

ecotone　群落交错区　03.0876

ecotope　生态区　03.0031

ecotype　生态型　03.0026

ectendotrophy　内外营养　03.0244

ectethmoid bone　外筛骨　07.0332

ectoblast　外胚层　04.0290

ectocuneiform bone　外楔骨　07.0542

ectoderm　外胚层　04.0290

ectomesenchyme　外胚层间质　04.0291

ectooecium　外卵室　06.2487

ectoparasite　外寄生物，＊体外寄生虫　03.0753

ectoparasitism　外寄生　03.0752

ectopinacocyte　外扁平细胞　06.0678

ectoplasm　外质　06.0610

ectopolygeny　多元外出芽　06.0322

ectoproct　＊外肛动物　01.0063

ectotherm　外温动物　03.0412

ectotroph　外养生物　03.0240

edaphic factor　土壤因子　03.0114

edge effect　边缘效应　03.0877

effective population size　有效种群大小　03.0614

effective temperature　有效温度　03.0092

effector cell　效应细胞　05.0449

efferent arteriole　出球微动脉　05.0573

efferent branchial artery　出鳃动脉　07.0986

egestion　排遗　01.0096

egg　卵[细胞]　04.0047

egg axis　卵轴　04.0060

egg capsule　卵囊　06.0113

egg envelope　卵膜　04.0048

egg mass　卵块　07.1055

egg membrane　卵膜　04.0048

egg reservoir　储卵器　06.1412

egg sac　卵囊　06.0113，卵袋　07.1053

egg string　卵块袋　06.2033

egg tooth　卵齿　07.0850

egoism　利己行为　03.0739

ejaculatory duct　射精管　07.1011

ejaculatory vesicle　射精囊　06.1375

ejectisome　喷射体　06.0470

elaphocaris　樱虾类原溞状幼体　06.2010

elastic cartilage　弹性软骨　05.0060

elastic fiber　弹性纤维　05.0040

elasticity　弹性　03.0950

elastin　弹性蛋白　05.0037

elbow joint　肘关节　07.0580

eleutherodactylous foot　离趾足　07.0223

elevator　提肌　06.2608

ellipsoid　椭球　05.0480

elytron　鳞片（多毛类）　06.1717

elytrophore　鳞片柄　06.1718

emargination　凹缘　06.2280

embolus　插入器　06.2137

embryo　胚胎　04.0181

embryoblast　成胚细胞　04.0184

embryo-colony　胚性群体　06.2272

embryogenesis　胚胎发生　04.0234

embryogeny　胚胎发生　04.0234

embryology　胚胎学　01.0009

embryonic induction　胚胎诱导　04.0186

embryonic knot　胚结　04.0359

embryonic layer　胚层　04.0253

embryonic shield　胚盾　04.0360

embryonic stage　胚胎期　04.0182

embryonic stem cell　胚胎干细胞　04.0356

embryonic tissue　胚胎组织　04.0183

embryophore　胚托　04.0361

embryotrophy　胚胎营养　04.0189

emendation　学名订正　02.0213

emergence　羽化　03.0536

emigration　迁出　03.0698

empathic learning　观摩学习　03.0475

enamel　釉质　07.0829

enantiotropic　对映现象　06.0584

encapsulated nerve ending　被囊神经末梢　05.0230

encasement theory　套装论　04.0012

encephalon　脑　07.1070

encrustation　被覆皮壳　06.2437

encystment　包囊形成　06.0637

endangered species　濒危种　03.1004

end bulb　端球（帚虫动物）　06.1162

endemic　地方性的　03.0996

endemic species　特有种　02.0190

endite　内叶　06.1938，颚叶　06.2090

endoadaptation　内[源]适应　01.0116

endoblast　内胚层　04.0278

endocardium　心内膜　05.0279

endoconid　下内尖　07.0810

endoconulid　下内小尖　07.0811

endocrine organ　内分泌器官　01.0094

endocuticle　内角质层，＊内表皮　06.0023

endocyclic　内环的　06.2874

endoderm　内胚层　04.0278

endodyocyte　孢内体　06.0269

endodyogeny　孢内生殖　06.0268

endogamy　同系交配，＊亲近繁殖　01.0167

endogemmy　内出芽　06.0504

endogenous　内源　03.0958

endogenous budding　内出芽　06.0504

endogenous cycle　内生周期　06.0300

endolobopodium　内叶足　06.0209

endolymph　内淋巴　05.0357

endolymphatic fossa　内淋巴窝　07.0312

endolymphytic duct　内淋巴导管　05.0354

endolymphytic sac　内淋巴囊　05.0355

endometrium　子宫内膜　05.0651

endomixis　内融合　06.0524

endomysium　肌内膜　05.0177

endoneurium　神经内膜　05.0213

endooecial ovicell　内陷卵胞　06.2477

endoparasite　内寄生物，＊体内寄生虫　03.0751

endoparasitism　内寄生　03.0750

endopinacocyte　内扁平细胞　06.0676

endoplasm　内质　06.0608

endopod　内肢　06.1943

endopodite　内肢　06.1943

endopolygeny　多元内出芽　06.0321

endoral membrane　内口膜　06.0415

endoskeleton　内骨骼　06.0037

endosome　核内体　06.0629

endosprit　吸吮触手　06.0526

endosteum　骨内膜　05.0069

endostyle　内柱　07.0760

endotheca　内鞘　06.1084

endothecal dissepiment　内鞘鳞板　06.1080

endotheliochorial placenta　内皮绒膜胎盘　07.1039

endothelium　内皮　05.0015

endotherm　内温动物　03.0411

endotoichal ovicell　端卵胞　06.2481

end piece　尾段（精子）　04.0113

energy drain　分流能量　03.0898

energy flow　能流　03.0915

energy subsidy　辅加能量　03.0897

ennomoclone　瘤杆骨片　06.0886

enterochromaffin cell　肠嗜铬细胞　05.0510

enterocoel　肠体腔　06.0044

entirely webbed　全蹼　07.0214

entocuneiform bone　内楔骨　07.0544

entomesenchyme　内胚层间质　04.0280

entomesodermal cell　内中胚层细胞　06.2599

entomophage　食虫动物　03.0263

entooecium　内卵室　06.2486

entoplastron　内板　07.0095

entoproct　内肛动物　01.0064

Entoprocta（拉）　内肛动物　01.0064

entropy　熵　03.0916

enucleation　去核　04.0162

enucleolation　去核仁　04.0163

environmental capacity　环境容量　03.0129

environmental complex　环境综合体　03.0052

environmental resistance　环境抗性，＊环境阻力　03.0080

eosinophil　嗜酸性粒细胞，＊嗜伊红粒细胞　05.0099

eosinophilic granulocyte　嗜酸性粒细胞，＊嗜伊红粒细胞　05.0099

eotic animal　流水动物　03.0280

EP　灭绝概率　03.0998

epaulet　肩饰片　06.1264

epaulettes　肩纤毛带　06.2943

epaxial muscle　轴上肌　07.0598

ependymal cell　室管膜细胞　05.0201

ephippium　卵鞍　06.2032

ephyra　碟状幼体　06.0921

epibenthic plankton　底表浮游生物　03.0340

epiblast　上胚层　04.0293

epiboly　外包　04.0260

epibranchial artery　鳃上动脉　07.0983

epibranchial bone　上鳃骨　07.0409

epibranchial tooth　鳃上齿　06.1884

epicardium　心外膜　05.0277

epicole　外附生动物　03.0358

epicone　上锥　06.0179

epicuticle　上角质层，＊上表皮　06.0020

epicyte　胞外膜　06.0323

epideictic display　夸量行为　03.0462

epidermal ridge　表皮嵴　05.0412

epidermis　表皮　05.0392

epididymal duct　附睾管　05.0636

epididymis　附睾　07.1016

epigastric spine　胃上刺　06.1866

epigastrium　胃外区　06.2151

epigenesis theory　渐成论，＊后成论　04.0010

epiglottal cartilage　会厌软骨　07.0426

epiglottic spout　会厌管　07.0872

epiglottis　会厌　07.0863

epigynum　外雌器　06.2161

epihyal bone　上舌骨　07.0402

epimastigote　短膜虫期　06.0162

epimera　肢上板　06.1971

epimerite　外节　06.0310

epimorphosis　微变态　06.2195

epimyocardium　心外肌膜　04.0348

epimysium　肌外膜　05.0179

epineurium　神经外膜　05.0211

epiotic bone　上耳骨　07.0338

epipelagic plankton　大洋上层浮游生物　03.0336

epipharyngeal muscle　咽上肌　07.0628

epiphragm　膜厣　06.1465

epiphyseal plate　骺板　05.0086

epiphysis　梳骨(棘皮动物)　07.0512

epiplankton　上层浮游生物　03.0323

epiplasm　表质　06.0552

epiplastron　上板　07.0091

epiplexus cell　丛上细胞　05.0266

epipod　外质足　06.0211，上肢　06.1945

epipodite　上肢　06.1945

epipodium　外质足　06.0211

epirhysis　外卷沟　06.0723

epistege　膜上腔　06.2670

epistome　口前板　06.1911，口上片　06.2222

epistomial ring　口上突起环　06.2372

epithalamus　丘脑上部，＊上丘脑　07.1084

epitheca　外鞘　06.1085

epithelial lining　上皮层，＊粘膜上皮　05.0497

epithelial reticular cell　上皮网状细胞　05.0469

epitheliochorial placenta　上皮绒膜胎盘　07.1037

epitheliomuscular cell　皮肌细胞　06.0911

epithelium　上皮　05.0002

epitoky　生殖态　06.1799

epizootic　体表附生的　06.0936

epizygal　上不动关节　06.2782

epural bone　尾上骨　07.0466

equal cleavage　均等卵裂　04.0213

equatorial cleavage　中纬[卵]裂　04.0218

equatorial furrow　中纬沟，＊赤道沟　04.0219

equilateralis(拉)　等侧[的]　06.1481

equitability　均匀度　03.0796

equivalve　等壳　06.1483

erector analis muscle　臀鳍竖肌　07.0631

erector spine muscle　竖棘突肌　07.0615

erect type　直立型[群体]　06.2269

eremium　荒漠群落　03.0842

eremophile　适荒漠性　03.0195

erichthus larva　拟水蚤幼体　06.1999

errantia　漫游生物　03.0327

errant polychaete　游走多毛类　06.1808

error　学名差错　02.0214

erythroblast　成红血细胞　04.0345

erythrocyte　红细胞　05.0094

erythrocytic phase　红细胞内期　06.0282

erythrocytic schizogony　红细胞内裂体生殖　06.0283

erythrocytopoiesis　红细胞发生　05.0112

erythropoiesis　红细胞发生　05.0112

esactine　向心辐骨针　06.0838

escape mechanism　逃避机制　03.0454

escutcheon　盾面　06.1474

esophageal gland　食管腺　05.0503

esophageal sac　食管囊　07.0762

esophagus　食道　06.0053，食管　07.0724

estrogen　雌激素　05.0663

et al.(拉)　及其他作者　02.0230

et alii(拉)　及其他作者　02.0230

etching cell　泌钙细胞　06.0674

Ethiopian realm　热带界，＊埃塞俄比亚界　02.0248

ethmoid bone　筛骨　07.0331

ethmolytic apical system　分筛顶系　06.2872

ethmophract apical system　合筛顶系　06.2873

ethocline　行为梯度变异　03.0459

euapogamy　真无配生殖　01.0168

euaster　真星骨针　06.0873

eucoxa　真基节　06.2242

euhermaphrodite　真雌雄同体　01.0180

euheterosis　真杂种优势　01.0181

eulerhabd　蛇状骨针　06.0872

eulimnoplankton　湖心浮游生物　03.0308

eumedusoid　真水母的　06.0959

eupelagic plankton 远洋浮游生物 03.0335

euplankton 真浮游生物 03.0299

eupore 真孔 06.0693

euroky 广域性 03.0209

euroxybiotic 广氧性 03.0217

eurybaric 广压性 03.0214

eurybathic 广深性 03.0213

euryhaline 广盐性 03.0216

euryoecic 广栖性 03.0210

euryphagy 广食性 03.0218

eurypylorus 宽幽门孔 06.0692

eurysalinity 广盐性 03.0216

eurythermic 广温性 03.0215

eurytope 广生境[性] 03.0211

eurytrophy 广[营]养性 03.0219

eurytropy 广适性 03.0208

euryzone 广带性 03.0212

eusocial 真社群性 03.0591

Eustachian tube 咽鼓管，＊欧氏管 07.0896

eusynanthropic 栖宅的 03.0234

eutaxiclad 叉杆骨片 06.0892

euthyneurous 直神经[的] 06.1619

eutroglobiont 真洞居生物 03.0353

eutrophication 富营养化 03.0867

eutrophy 富营养 03.0866

evagination 外凸 04.0268

evaginative budding 外翻出芽 06.0505

evaginogemmy 外翻出芽 06.0505

evenness 均匀度 03.0796

evergrowing tooth 常生齿 07.0809

eversible sac 基节囊 06.2244

evocation 诱发 04.0128

evocator 诱发物 04.0129

evolution 进化 01.0133

evolutional ecology 进化生态学 03.0020

evolutionary stable strategy 稳定进化对策 03.0143

evolutionary systematics 进化系统学 02.0005

exactine 离心辐骨针 06.0839

exanthropic 远宅的 03.0232

exconjugant 接合后体 06.0518

excretion 排泄 01.0095

excretory bladder 排泄囊 06.1423

excretory canal 排泄管 06.1420

excretory duct 排泄管 06.1420

excretory pore 排泄孔 06.1421

excretory tubule 排泄小管 06.1422

excretory vesicle 排泄囊 06.1423

excurrent canal 出水管(多孔动物) 06.0712

excysted metacercaria 后尾蚴 06.1209

excystment 脱包囊 06.0639

exflagellation 小配子形成 06.0284

exhalant branchial canal 出鳃水沟 06.1977

exhalant siphon 出水管(软体动物) 06.0712

exite 外叶 06.1940

exoadaptation 外[源]适应 01.0117

exoccipital bone 外枕骨 07.0329

exocoelom 胚外体腔 04.0320

exocuticle 外角质层，＊外表皮 06.0021

exocyclic 外环的 06.2875

exoerythrocytic schizogony 红细胞外裂体生殖 06.0285

exoerythrocytic stage 红细胞外期 06.0286

exogastrula 外凸原肠胚 04.0249

exogastrulation 原肠外凸 04.0250

exogemmy 外出芽 06.0503

exogenous 外源 03.0957

exogenous budding 外出芽 06.0503

exogenous cycle 外生周期 06.0301

exolobopodium 外叶足 06.0210

exopod 外肢 06.1944

exopodite 外肢 06.1944

exoskeleton 外骨骼 06.0036

exothecal dissepiment 外鞘鳞板 06.1079

exotic species 外来种 02.0191

experimental embryology 实验胚胎学 04.0003

exponential growth 指数增长 03.0621

exsert 外眼板 06.2774

ex situ conservation 易地保护 03.1017

extensor carpi ulnaris muscle 尺侧腕伸肌 07.0656

extensor digitorum communis muscle 指总伸肌 07.0657，趾总伸肌 07.0658

extensor digitorum muscle 指伸肌 07.0684，趾伸肌 07.0685

external auditory meatus 外耳道 07.1134

external budding 外出芽 06.0503

external carotid artery 颈外动脉 07.0931

external ear 外耳 07.1133

external jugular vein 颈外静脉 07.0966

external oblique muscle 外斜肌 06.2609

external oblique muscle of abdomen 腹外斜肌 07.0665

external root sheath 外根鞘 05.0431

extinction 灭绝 03.0997

extinction probablity 灭绝概率 03.0998

extinction rate 灭绝率 03.0999

extinction vortex 灭绝旋涡 03.1000

extinct species 灭绝种 03.1007

extirpated species 绝迹种 03.1008

extra-axial skeleton 外轴骨骼 06.0898

extracapsular zone 囊外区 06.0240

extraembryonic coelom 胚外体腔 04.0320

extraglomerular mesangial cell [肾小]球外系膜细胞 05.0587

extratentacular budding 外触手芽 06.1093

extrinsic factor 外因 03.0061

extrusome 排出小体 06.0613

exumbrella 上伞 06.0960

eye 眼 06.0069

eyeball 眼球 07.1130

eyelash 睫毛 07.0170

eyelid 眼睑 05.0342

eye lobe 眼叶 06.1825

eye peduncle 眼柄 06.1823

eye plate 眼板 06.1824

eye ring 眼圈 07.0205

eye spot 眼点 06.0068

eye stalk 眼柄 06.1823

F

facial disk 面盘 07.0195

facial nerve 面神经 07.1114

facial pit 颊窝 07.1137

facial tubercle 颜瘤 06.1719

facultative parasite 兼性寄生虫 06.1117

facultative parasitism 兼性寄生 03.0757

FAE 连滤泡上皮 05.0492

falcate seta 镰形刚毛 06.1751

falciform ligament 镰状韧带 07.0775

falciform process 镰状突 07.1160

falciger 镰形刚毛 06.1751

falintomy 连续双分裂 06.0649

false cirrus pouch 假阴茎囊 06.1374

falx 毛基皮层单元增殖区 06.0204

family 科 02.0068

fam. nov.(拉) 新科 02.0202

fang 毒牙 07.0821

fang groove 牙沟 06.2100

fascicled stem 成束茎 06.0933

fasciculation 成束现象 06.0934

fasciculus 神经束 05.0248

fasciole 带线 06.2833

fast twitch fiber 白肌纤维, *快缩肌纤维 05.0174

fatal factor 致死因子 03.0071

fatal high temperature 致死高温 03.0098

fatal humidity 致死湿度 03.0103

fatal low temperature 致死低温 03.0097

fat body 脂肪体 07.1059

fat cell 脂肪细胞 05.0047

fauces 咽门 07.0897

fauna 动物志 02.0138, 动物区系 02.0139

faunal component [动物]区系组成 02.0142

faunistics 动物区系学 01.0017

feather 羽 07.0124

feathered bristle 羽状须 07.0140

fecundity 生殖力 03.0663, 产卵力 03.0666

feedback 反馈 03.0636

feeding adaptation 摄食适应 03.0149

feeding migration 索饵洄游 03.0388

female gamete 雌配子 04.0026

female gametic nucleus 卵核 04.0052

female pronucleus 雌原核 04.0152

female zooid 雌个虫 06.2314

femoral artery 股动脉 07.0951

femoral groove 腿节沟 06.2115

femoral pore 股孔 07.0287

femur 股骨 07.0534

fenestra 透明斑 06.1077, 窗孔 06.2435

fenestra cochleae 蜗窗 07.1170

fenestra vestibuli 前庭窗 07.1169

feralization 野化 03.0995

fertility 生育率 03.0664, 能育性 04.0405

fertilization 受精 04.0131

fertilization cone 受精锥 04.0154

fertilization filament 受精丝 04.0156

fertilization membrane 受精膜 04.0155

fertilized egg 受精卵 04.0135

fertilizin 受精素 04.0126

fertilizing zooid 受孕个虫 06.2316

fetal circulation 胎循环 04.0393

fetal membrane 胎膜 04.0396

fetal stalk 胚柄 04.0394

fetus 胎[儿] 04.0392

fibrillar rootlet 纤维根丝 06.0449

fibroblast 成纤维细胞 05.0044

fibrocartilage 纤维软骨 05.0061

fibrocyst 纤丝泡 06.0473

fibrocyte 纤维细胞 05.0045

fibrous astrocyte 纤维性星形胶质细胞 05.0198

fibrous cartilage 纤维软骨 05.0061

fibrous joint 纤维连接 07.0560

fibrous tunic 眼球纤维膜 05.0298

fibula 腓骨 07.0537

field 场 04.0202

field gradient 场梯度 04.0203

filamentary appendage 鞭状附肢 06.2078

filariform larva 丝状蚴 06.1253

filoplume 纤羽, *毛羽 07.0142

filopodium 丝足 06.0212

filter feeder 滤食动物 03.0272

fimbria(拉) 伞部 05.0648

fin 鳍 07.0032

final host 终宿主 06.1187

fin formula 鳍式 07.0047

finger 指 07.0239

finite rate of increase 有限增长率 03.0622

finlet 小鳍 07.0048

fin membrane 鳍膜 07.0051

fin ray 鳍条 07.0050

fin spine 鳍棘 07.0049

firmisternia 固胸型 07.0489

first antenna 第一触角, *小触角 06.1897

first intermediate host 第一中间宿主 06.1185

first maxilla 第一小颚 06.1916

fish 鱼 07.0014

fitness 适[合]度 03.0078

fitness of environment 环境适度 03.0079

fixed finger 不动指 06.1957

flabellum 扇叶 06.1939

flagellar base-kinetoplast complex 鞭毛动基体复合体 06.0128

flagellar pocket 鞭毛袋 06.0129

flagellar pore 鞭毛孔 06.0130

flagellar rootlet 鞭毛根丝 06.0131

flagellar row 鞭毛列 06.0132

flagellar swelling 鞭毛膨大区 06.0133

flagellar transition region 鞭毛过渡区 06.0134

flagellate chamber 鞭毛室 06.0726

flagelliform gland 鞭状腺 06.2174

flagellipodium 鞭毛足 06.0217

flagellum 鞭毛 06.0124, 振鞭 06.2389

flame bulb 焰基球 06.1419

flame cell 焰细胞 06.1418

flank 胁 07.0200

flatworm 扁形动物 01.0038

fledgling 离巢雏 03.0553

fleshy horn 肉角 07.0182

flexor caudi muscle 尾鳍屈肌 07.0648

flexor digitorum longus muscle 指长屈肌 07.0700, 趾长屈肌 07.0701

flexor digitorum profundus muscle 指深屈肌 07.0661, 趾深屈肌 07.0662

flexor digitorum superficialis muscle 指浅屈肌 07.0659, 趾浅屈肌 07.0660

flight feather 飞羽 07.0141

flimmer 鞭毛侧丝 06.0125

flipper 鳍肢 07.0045

floater 游荡者 03.0471

floatoblast 漂浮性休芽 06.2465

float ring 浮环 06.2395

floricome 花丝骨针 06.0876

floscelle 花形口缘 06.2839

flower-spray ending 花枝末梢 05.0242

fluke 吸虫 06.1105

fluting 沟(腕足动物) 06.0031

fly way 迁飞路线 03.0391

foliate spheroid 叶球形骨针 06.1050

folivore 食叶动物 03.0254

follicle 滤泡 05.0623

follicle associated epithelium 连滤泡上皮 05.0492

follicular cavity 卵泡腔 04.0044

follicular theca 卵泡膜 04.0072

fontanelle 囟[门] 07.0316

food chain 食物链 03.0907

food habit 食性 03.0246

food vacuole 食物泡 06.0619

food web 食物网 03.0908

foramen 壳顶孔 06.2503

foramen magnum 枕大孔 07.0314

forcep 钳状骨针 06.0875

forcipiform pedicellaria 钳形叉棘 06.2726

forearm 前臂 07.0236

forebrain 前脑 04.0326

foregut 前肠 06.0059

fore head 前头部 06.2199

forficiform pedicellaria 剪形叉棘 06.2727

forma 型 02.0166

fossa 窝 06.1087

fossil species 化石种 02.0195

fouling organism 污着生物 03.0374

founder cell 生成细胞 06.0667

founder polyp 原生珊瑚体 06.0985

fourth ventricle 第四脑室 07.1088

free end 游离端 06.0121

free nerve ending 游离神经末梢 05.0229

frequency 频度 03.0077

fresh water 淡水 03.0109

freshwater plankton 淡水浮游生物 03.0312

fringe 缘膜(脊椎动物) 06.0971

front 额[部](甲壳类) 06.1826

frontal 前面 06.0120

frontal aperture 前口区 06.2354

frontal appendage 额突起 06.1827

frontal area 前区 06.2452

frontal bone 额骨 07.0365

frontal cilium 前纤毛 06.2359

frontal furrow 额沟线 06.2204

frontal gland 额腺 07.0268

frontal keel 前脊 06.2277

frontal lobe 额叶 07.1098

frontal membrane 前膜 06.2355

frontal organ 额器 06.1829

frontal plate 额板 07.0196

frontal process 额突起 06.1827

frontal region 额区 06.1839

frontal shield 前盔 06.2364

frontal wall 前壁 06.2444

fronto-squamosal arch 额鳞弓 07.0349

frugivore 食果动物 03.0255

fruiting body 孢子果 06.0252，子实体 06.0620

fulcrum 顶柱 06.2139

fully webbed 满蹼 07.0213

fundamental niche 基础生态位 03.0871

fundic gland 胃底腺 07.0740

fundus 胃底 05.0504，容精球 06.2166

funiculus 胃绪 06.2370

funnel base 漏斗基 06.1566

funnel excavation 漏斗陷 06.1568

funnel organ 漏斗器 06.1569

funnel siphon 漏斗管 06.1567

furcillia 磷虾类潘状幼体 06.2008

furcula 叉骨 07.0508

furocercous cercaria 叉尾尾蚴 06.1218

furrow 沟 06.0031

fusiform 纺锤骨针 06.0775

fusion 融合 04.0201

fusule 吐丝 06.0246

G

gall bladder 胆囊 07.0788

GALT 肠道淋巴组织 05.0488

galvanotaxis 趋电性 03.0156

gamete 配子 04.0024

gametid [cell] 配子细胞 04.0028

gametocyst 配子囊 06.0319

gametocyst residuum 配子囊残体 06.0320

gametocyte 配子母细胞 04.0030

gametogamy 配子融合 04.0031

gametogenesis 配子发生，*配子形成 04.0027

gametogeny 配子发生，*配子形成 04.0027

gametogonium 配原细胞 04.0029

gametogony 配子生殖 04.0032

gamone [交]配素 06.0601

gamont 配子母体 06.0521

gamontogamy 配子母体配合 06.0522

ganglion cell layer 节细胞层 05.0326

ganoid scale 硬鳞 07.0058

ganoin 硬鳞质 07.0059

gape 嘴裂 07.0185

gap junction 缝隙连接 05.0021

gaseous cycle 气态物循环，*气体型循环 03.0126

gas gland 气腺 07.0273

gasterostome cercaria 腹口尾蚴 06.1220

gastral cavity 胃腔 06.0722

gastral epithelium 胃层 06.0695

gastral filament 胃丝 06.0969

gastralia 胃须 06.0733

gastralia [rib] 腹皮肋 07.0475

gastric artery 胃动脉 07.0943

gastric groove 胃沟 06.1892

gastric mill 胃磨 06.2050

gastric pit 胃小凹 05.0505

gastric region 胃区 06.1841

gastric shield 胃盾 06.1622

gastriole 胃泡 06.0583

gastrocnemius muscle 腓肠肌 07.0697

gastro-frontal carina 额胃脊 06.1852

gastro-frontal groove 额胃沟 06.1889

gastrolith 胃石 06.2051

gastro-orbital carina 眼胃脊 06.1853

gastroparietal band 胃体壁隔膜 06.2540

gastropod 腹足[类] 06.1552

gastrotrich 腹毛动物 01.0042

Gastrotricha（拉） 腹毛动物 01.0042

gastrovascular cavity 消化腔 06.0995

gastrozooid 营养个虫 06.0958

gastrula 原肠胚 04.0243

gastrulation 原肠胚形成 04.0244

gelatinous envelope 胶被膜 07.1054

gemellus muscle 孖肌 07.0694

gemmation 芽生 06.0635

gemmulation 芽球生殖 06.0900

gemmule 树突棘 05.0219，芽球 06.0899

gemmulostasin 抑制芽球 06.0901

genealogy 系谱学 02.0008

gene bank 基因库 02.0151

generalization 泛化 01.0140

general zoology 普通动物学 01.0002

generation [世]代 03.0540

generative nucleus 生殖核 06.0455

genetic diversity 遗传多样性 02.0149

genetic isolation 遗传隔离 02.0161

geniculate bristle 有折刺毛 06.1769

genital atrium 生殖腔 06.1380

[genital] bulb 生殖球 06.2125

genital cone 生殖锥 06.1381

genital cord 生殖索 04.0021

genital coxa 生殖基节 06.2025

genital gland 生殖腺 06.0097

genitalia 外生殖器 06.0096

genital junction 生殖联合 06.1382

genital lobe 生殖叶 06.1383

genital organ 生殖器 06.0095

genital orifice 生殖孔 06.0111

genital papilla 生殖乳突 06.1307

genital pinnule 生殖羽枝 06.2815

genital plate　生殖板　06.2024

genital pore　生殖孔　06.0111

genital ridge　生殖脊　04.0349

genital segment　生殖节　06.2262

genital sinus　生殖窦　06.1384

genital sucker　生殖吸盘　06.1326

genital system　生殖系[统]　04.0015

genito-intestinal duct　生殖消化管　06.1379

gen.nov.(拉)　新属　02.0201

genus　属　02.0069

genus group　属组　02.0062

geobiont　土壤生物　03.0345

geocole　半栖土壤动物　03.0346

geodyte　地上生物　03.0343

geographical barrier　地理[学]障碍　02.0154

geographical distribution　地理分布　02.0236

geographical isolation　地理隔离　02.0157

geographical race　地理宗　02.0188

geographical relic species　地理孑遗种，＊地理残遗种　02.0141

geographical replacement　地理替代　02.0174

geographical subspecies　地理亚种　02.0189

geographic ecology　地理生态学　03.0015

geohelminth　土源性蠕虫　06.1123

geohelminthiasis　土源性蠕虫病　06.1125

geophage　食土动物　03.0267

geophile　适土性　03.0203

geotaxis　趋地性　03.0159

geotype　地理型　03.0027

geoxene　偶栖土壤动物　03.0347

Gephyra(拉)　桥虫　01.0070

germ　胚原基，＊胚芽　04.0235

germ cell　生殖细胞　04.0019

germinal cell　生发细胞　06.1167

germinal center　生发中心　05.0462

germinal epithelium　生殖上皮　04.0020

germinal layer　生发层　06.1173

germinal localization　胚区定位　04.0295

germinal mass　胚块　06.2647

germinal vesicle　核泡，＊生发泡　04.0053

germination　发芽　06.2453

germ layer　胚层　04.0253

germ line　种系，＊生殖系　01.0182

germocyte　生殖细胞　04.0019

germplasm　种质　04.0056

germ ring　胚环　04.0239

gestation　妊娠　04.0403

giant cell　巨大细胞　05.0634

gill　鳃　06.0066

gill filament　鳃丝　07.0880

gill lamella　鳃瓣　07.0879

gill opening　鳃孔　07.0883

gill pouch　鳃囊　07.0877

gill raker　鳃耙　07.0881

gill slit　鳃裂　07.0031

girdle of hooked granule　钩刺环　06.2902

gizzard　砂囊　06.0055，咀嚼器(苔藓动物)　06.2369

gladius　羽状壳　06.1593

gland　腺　05.0023

glandular epithelium　腺上皮　05.0022

glandular lamella　腺质片　06.1597

glandular stomach　腺胃　07.0763

glans penis　阴茎头　07.1012

glassy membrane　玻璃膜　05.0432

glaucothoe　闪光幼体　06.2014

glenohumeral joint　肩关节　07.0579

glenoid cavity　肩臼　07.0506

glenoid fossa　肩臼　07.0506

gleocystic stage　胶囊期　06.0203

glial limiting membrane　[神经]胶质界膜　05.0252

global ecology　全球生态学　03.0018

globiferous pedicellaria　球形叉棘　06.2728

globoferous cell　球状细胞　06.0670

globule　小球骨针　06.0841

glochidium　钩介幼体　06.1648

Gloger's rule　格洛格尔律　03.0146

glossopharyngeal nerve　舌咽神经　07.1116

glottis　声门　07.0873

glucagon　高血糖素　05.0545

glucocorticoid　糖皮质激素　05.0618

glucocorticosteroid　糖皮质激素　05.0618

gluteus maximus muscle　臀大肌　07.0693

gluteus medius muscle　臀中肌　07.0691

glutinant　粘性刺丝囊　06.0915

glyptocidaroid type　海刺猬型　06.2702

gnathobase 颚基 06.1922

gnathocephalon 颚头 06.2197

gnathochilarium 颚唇 06.2214

gnathopod 腮足 06.1967

gnathostomata 颌口类 07.0009

gnathostomulid 颚咽动物 01.0040

Gnathostomulida（拉） 颚咽动物 01.0040

goblet cell 杯形细胞 05.0519

Golgi tendon organ 神经腱梭 05.0245

Golgi type Ⅰ neuron 高尔基Ⅰ型神经元 05.0194

Golgi type Ⅱ neuron 高尔基Ⅱ型神经元 05.0195

gomphosis 嵌合 07.0562

gonad 生殖腺 06.0097

gonadotroph 促性腺激素细胞，*催性腺激素细胞 05.0607

gonadotropic cell 促性腺激素细胞，*催性腺激素细胞 05.0607

gonochorism 雌雄异体 01.0083

gonophore 生殖体 06.0954

gonopod 生殖肢 06.2263

gonopore 生殖孔 06.0111

gonotheca 生殖鞘 06.0955

gonotyl 生殖盘 06.1328

gonozooid 生殖个虫 06.2305

gonys 嘴底 07.0186

Graafian follicle 成熟卵泡，*赫拉夫卵泡，*格拉夫卵泡 04.0074

grade 级 02.0076

graded signal 分级信号 03.0571

gradient 梯度 04.0062

gramnicole 草栖动物 03.0366

granivore 食谷动物 03.0258

granivorous food chain 食谷食物链 03.0910

granular cell layer 颗粒细胞层 05.0257

granular layer 颗粒细胞层 05.0257

granular lutein cell 颗粒黄体细胞 05.0657

granule 痣粒 07.0074

granulocyte 粒细胞 05.0097

granulocytopoiesis 粒细胞发生 05.0119

granulosa cell 颗粒细胞 05.0653

grape ending 葡萄样末梢 05.0243

graphiohexaster 线丝六星骨针 06.0870

grasping arm 攫腕 06.1576

gravid proglottid 孕卵节片，*孕节 06.1158

gravid segment 孕卵节片，*孕节 06.1158

gray cell 灰细胞 06.0671

gray commissure 灰质联合 05.0250

grazing 食草 03.0482，食植 03.0483

great alveolar cell Ⅱ型肺泡细胞 05.0556

greater lip of pudendum 大阴唇 07.1047

greater omentum 大网膜 07.0781

green gland 绿腺 06.1910

gregaloid colony 暂聚群体 06.0659

gregariousness 集群性 03.0717

grey crescent 灰新月 04.0255

grey matter 灰质 07.1068

grooming 梳理 03.0477

groove 沟 06.0031

gross primary productivity 总初级生产力 03.0925

ground substance 基质 05.0042

group 类群 02.0077

group predation 群体猎食 03.0484

group selection 类群选择 02.0021

growing end 生长端 06.2282

growing follicle 生长卵泡 04.0073

growing margin 生长缘 06.2281

growth 生长 01.0172

growth line 生长线 06.1486

gubernaculum 引带 06.1390

guide 导杆 06.2136

guild 共位群 03.0802

gular fold 喉褶 07.0120

gular plica 喉褶 07.0120

gular pouch 喉囊 07.0119

gular sac 喉囊 07.0119

gum 齿龈 07.0826

gustatory organ 味器 06.1630

gut associated lymphatic tissue 肠道淋巴组织 05.0488

gymnocephalus cercaria 裸头尾蚴 06.1230

gymnocyst 裸壁 06.2440

gymnocystidean 裸囊壁的 06.2450

gymnospore 裸孢子 06.0326

gynander 雌雄嵌合体，*两性体 04.0170

gynandromorph 雌雄嵌合体，*两性体 04.0170

gynecophoric canal　抱雌沟　06.1261

gynetype　雌模标本　02.0053

gynogenesis　雌核发育　04.0160

gynozooid　雌个虫　06.2314

gyrus　脑回　07.1078

H

habit　习性　01.0122

habitat　栖息地，＊生境　03.0033

habitat factor　栖息地因子　03.0034

habitat form　栖息地型　03.0035

habitat selection　栖息地选择，＊生境选择
　03.0971

habitat type　栖息地类型　02.0252

Haeckel's law　黑克尔律　01.0152

haemal arch　脉弓　07.0446

haemal spine　脉棘　07.0447

haematodocha　血囊　06.2144

haematozoic parasite　血液寄生虫　06.1104

haematozoon　血液寄生虫　06.1104

haemochorial placenta　血绒膜胎盘　07.1040

haemocoel　血腔　06.0083

haemoendothelial placenta　血内皮胎盘　07.1041

haemozoin　疟[原虫]色素　06.0327

hair　毛　07.0165

hair bulb　毛球　05.0425

hair cell　毛细胞　05.0367

hair follicle　毛囊　05.0423

hair matrix　毛母质　05.0426

hair papilla　毛乳头　05.0424

hair root　毛根　05.0422

hair shaft　毛干　05.0421

hair [shaft] cortex　毛[干]皮质　05.0428

hair [shaft] cuticle　毛[干]小皮　05.0429

hair [shaft] medulla　毛[干]髓质　05.0427

half webbed　半蹼　07.0215

half webbed foot　半蹼足　07.0231

halinecline　盐跃层　03.0113

haliplankton　咸水浮游生物　03.0313

hallux　拇趾　07.0246

halobios　盐生生物　03.0290

halophile　适盐性　03.0182

halophobe　厌盐性　03.0172

halosere　盐生演替系列　03.0830

hamulus　锚钩　06.1289

hand　掌部　06.1954

haplomonad　单鞭体　06.0154

haploparasitism　单寄生　03.0760

haplosporosome　单孢体　06.0331

haptocyst　系丝泡　06.0479

haptor　固吸器　06.1277

hardiness　耐性　03.0130

hard palate　硬腭　07.0757

harem　眷群，＊妻群　03.0686

harpoon seta　矛状刚毛　06.1784

Hassall's corpuscle　胸腺小体，＊哈索尔小体
　05.0471

hastate　戟形骨针　06.0751

hatching　孵化　03.0534

hatching period　孵化期　03.0533

hatching rate　孵化率　03.0535

Haversian canal　中央管，＊哈弗斯管　05.0080

Haversian system　骨单位，＊哈氏系统，＊哈弗斯
　系统　05.0070

H band　H 带　05.0153

head　头[部]　06.0001

head capsule　头鞘　06.2198

head collar　头领　06.1338

head crown　头冠　06.1340

head kidney　头肾　07.1004

head lobe　头叶　06.2490

head organ　头器　06.1339

head pore　头孔　06.1797

head process　头突　04.0371

heart　心[脏]　06.0079

heart sac　心囊　06.2634

heart vesicle　心囊　06.2634

heat　发情　03.0527

heat budget　热量收支　03.0419

heat hardiness　耐热性　03.0134

heautotype　仿模标本　02.0054

hectocotylization　茎化　06.1570

hectocotylized arm　茎化腕　06.1571

heleoplankton　沼泽浮游生物　03.0309

helicin　蜗牛素　06.1624

helicotrema(拉)　蜗孔　05.0379

heliophobe　厌阳性　03.0167

helminth　蠕虫　01.0069

helminthiasis　蠕虫病　06.1109

helminthology　蠕虫学　06.1098

helminthosis　蠕虫病　06.1109

helotism　役生　03.0742

helper T cell　辅助性 T[淋巴]细胞　05.0444

hematophage　食血动物　03.0262

hemi-anamorphosis　半变态　06.2194

hemiazygos vein　半奇静脉　07.0956

hemibranch　半鳃　07.0887

Hemichordata(拉)　半索动物　01.0073

hemichordate　半索动物　01.0073

hemidesmosome　半桥粒　05.0014

hemigomph articulation　半齿关节　06.1720

hemioxyhexaster　半针六星骨针　06.0749

hemipenis　半阴茎　07.1009

hemitroglobiont　半洞居生物　03.0354

hemocyanin　血青素　06.0084

hemocytopoiesis　血细胞发生　05.0109

hemoglobin　血红蛋白　05.0095

hemopoietic stem cell　造血干细胞　05.0139

hemopoietic tissue　造血组织　05.0110

Henle's loop　髓襻，＊亨氏襻，＊亨勒襻　05.0578

Hensen's node　原结，＊亨森氏结　04.0367

hepatic artery　肝动脉　07.0944

hepatic caecum　肝盲囊　07.0761

hepatic carina　肝脊　06.1856

hepatic duct　肝管　07.0786

hepatic groove　肝沟　06.1893

hepatic ligament　肝韧带　07.0772

hepatic plate　肝板　05.0534

hepatic portal vein　肝门静脉　07.0971

hepatic region　肝区　06.1842

hepatic spine　肝刺　06.1872

hepatic vein　肝静脉　07.0969

hepatocyte　肝细胞　05.0533

hepatogastric ligament　肝胃韧带　07.0776

hepatopancreas　肝胰脏　07.0784

hepatopancreatic duct　肝胰管　07.0790

herbivore　食植动物　03.0252，食草动物　03.0253

Hering canal　肝闰管　05.0536

hermaphrodite　雌雄同体　01.0082

hermaphroditic duct　两性管　06.0103

hermaphroditic pouch　两性囊　06.0102

hermaphroditic vesicle　两性囊　06.0102

hermatypic coral　造礁珊瑚　06.1053

herpetology　两栖爬行类学　07.0002

herpetomonas　蜎滴虫　06.0150

heterocercal tail　歪型尾　07.0043

heterocoelous centrum　异凹椎体　07.0487

heterodactylous foot　异趾足　07.0224

heterodont　异型齿　07.0796

heteroecism　异主寄生　03.0769

heterogeneity　异质性　03.0956

heterogeny　异型世代交替　01.0171

heterogomph articulation　异齿关节　06.1722

heterogomph falcigerous seta　异齿镰刀状刚毛　06.1773

heterogomph spinigerous seta　异齿刺状刚毛　06.1771

heterogonic life cycle　异型生活史　06.1196

heterokaryotic　异形核的　06.0456

heterokont flagellate　异形鞭毛的鞭毛虫　06.0146

heteromembranelle　异小膜　06.0385

heteromerous macronucleus　异部大核　06.0453

heteromyarian　异柱[的]　06.1542

heteronereis　异沙蚕体　06.1800

heteronomous metamerism　异律分布　06.0015

heterophilic granulocyte　嗜异性粒细胞　05.0102

heterophragma　异形隔　06.2441

heterothermy　异温性　03.0413

heterotroph　异养生物　03.0238

heterotrophy　异养　03.0237

heteroxenous form　异宿主型　06.1193

heterozone organism　异境生物　03.0273

heterozooid　异个虫　06.2308

heterozygote　杂合子，＊异型合子　04.0145

hexacanth　六钩蚴　06.1240

hexact　六辐骨针　06.0753

hexactine 六辐骨针 06.0753

hexapod 六足动物 01.0060

Hexapoda(拉) 六足动物 01.0060

hexaster 六星骨针 06.0752

hibernaculum 越冬场所 03.0502

hibernation 冬眠 03.0499

hierarchy 序位 03.0028

high endothelial venule 毛细血管后微静脉 05.0288

hilum 门 05.0526

hilum of lung 肺门 07.0868

hilus 门 05.0526

hilus cell 门细胞 05.0665

hind brain 后脑 04.0328

hindgut 后肠 06.0061

hind head 后头部 06.2200

hinge 铰合部 06.1490

hinge ligament 铰合韧带 06.1492

hinge line 铰合线 06.1491

hinge margin 铰合缘 06.2546

hinge plate 铰合板 06.2552

hinge tooth 铰合齿 06.1511

hip bone 髋骨 07.0529

hip joint 髋关节 07.0588

hirudin 蛭素 06.1662

histogenesis 组织发生 04.0273

histological differentiation 组织分化 04.0176

histology 组织学 01.0008

histolytic gland 溶组织腺 06.1429

histoteliosis 细胞最后分化 04.0421

histozoic 组织内寄生虫 06.1199

Holarctic realm 全北界 02.0251

holdfast 附着器 06.1280

holoblastic cleavage 全裂 04.0206

holobranch 全鳃 07.0888

holocephalan 全头类 07.0012

holocrine gland 全质分泌腺 05.0025

holological approach 整体[研究]法 03.0050

holometabolous development 全变态发育 01.0157

holomyarian type 同肌型 06.1150

holoparasite 全寄生物 03.0771

holoperipheral growth 全缘生长 06.2643

holophytic nutrition 全植型营养 03.0243

holoplankton 终生浮游生物 03.0297

holorhinal 全鼻型 07.0321

holostyly 全联型 07.0326

holotype 正模标本 02.0036

holoxyhexaster 全针六星骨针 06.0750

homeotherm 恒温动物 03.0417

homeotype 等模标本 02.0043

home range 巢域 03.0694

homocercal tail 正型尾 07.0044

homodont 同型齿 07.0797

homogeneity 同质性 03.0955

homogomph articulation 同齿关节 06.1721

homogomph falcigerous seta 等齿镰刀状刚毛 06.1772

homogomph spinigerous seta 等齿刺状刚毛 06.1770

homogonic life cycle 同型生活史 06.1195

homoiothermal animal 恒温动物 03.0417

homoiothermy 恒温性 03.0416

homokaryotic 同型核的 06.0655

homologous 同源的 02.0122

homology 同源 01.0143

homomerous macronucleus 同部大核 06.0452

homonomous metamerism 同律分布 06.0014

homonym [异物]同名 02.0118

homopolar doublet 同极双体 06.0571

homoquadrant cleavage 四等分卵裂 04.0220

homothetogenic fission 同侧对称分裂 06.0511

homozygote 纯合子，*同型合子 04.0146

hood 垂兜 06.2162

hooded seta 具巾刚毛 06.1785

hoof 蹄 07.0174

hoofed animal 有蹄类 07.0022

hook 钩齿刚毛 06.1786

hooked arm spine 钩腕棘 06.2712

hooked spine 钩刺 06.2496

hooklet 小钩 06.1299

horizontal budding 水平出芽 06.2457

horizontal budding colony 水平出芽群体 06.2268

horizontal cell 水平细胞 05.0316

horizontal distribution 水平分布 03.0964

horizontal skeletogenous septum 水平[骨质]隔 07.0597

horn 洞角 07.0176

horn of uterus 子宫角 07.1021

horny cell 角质细胞 05.0411

horny jaw 角质颌 07.0088

horny spine 角质刺 07.0054

horsehair worm 线形动物 01.0045

host 宿主 06.1180

host resistance 宿主抗性 03.0139

host specificity 宿主特异性 06.1182

human parasitology 人体寄生虫学 06.1095

humeral gland 肱腺 07.0257

humerus 肱骨 07.0511

humidity factor 湿度因子 03.0102

hyaline cap 透明帽 06.0218

hyaline cartilage 透明软骨 05.0059

hyalocyte 玻璃体细胞，*透明细胞 05.0340

hyaloid canal 玻璃体管，*透明管 05.0341

hyalosome 透明体 06.0195

hybrid 杂种 02.0092

hydatid fluid 囊液 06.1172

hydatid sand 棘球蚴沙，*囊沙 06.1171

hydradephage 水生食肉动物 03.0261

hydric 水生 03.0275

hydroarch sere 水生演替系列 03.0829

hydrobiology 水生生物学 01.0013

hydrobiont 水生生物 03.0278

hydrobios 水生生物 03.0278

hydrocaulus 水螅茎 06.0928

hydrocladium 水螅枝 06.0931

hydroclimate 水面气候 03.0089

hydrocoel 水腔 06.2936

hydrocole [animal] 水生动物 03.0279

hydrophile 适水性 03.0183

hydrophobe 厌水性 03.0168

hydroplankton 水生浮游生物 03.0296

hydrorhiza 水螅根 06.0930

hydrosere 水生演替系列 03.0829

hydrotaxis 趋水性 03.0158

hydrotheca 水螅鞘 06.0926

hydrotherm graph 温湿图 03.0104

hydrula 螅状幼体 06.0920

hygrocole 湿生动物 03.0286

hygromorphism 湿生型 03.0285

hygropetrobios 湿岩生物 03.0348

hylacole 树栖动物 03.0360

hylophage 食木动物 03.0257

hylophile 适林性 03.0198

hyoid apparatus 舌骨器 07.0419

hyoid arch 舌弓 07.0398

hyomandibular bone 舌颌骨 07.0399

hyoplastron 舌板 07.0092

hyostyly 舌联型 07.0324

hypaxial muscle 轴下肌 07.0599

hyperchimaera 镶嵌[嵌]合体 04.0196

hyperparasitism 重寄生 03.0774

hyperplasia 增生 04.0411

hyperstomial ovicell 口上卵胞 06.2478

hypervolume niche 多维生态位 03.0870

hypnozoite 休眠子 06.0334

hypnozygote 休眠合子 06.0186

hypoblast 下胚层 04.0294

hypobranchial bone 下鳃骨 07.0411

hypobranchial muscle 下鳃肌 07.0616

hypocentrum 下椎体 07.0462

hypocone 下锥 06.0180，次尖 07.0832

hypoconid 下次尖 07.0833

hypoconule 次小尖 07.0834

hypoconulid 下次小尖 07.0835

hypocoxa 下基板 06.2223

hypodermalia 下向皮层骨针 06.0806

hypodermis 皮下组织 05.0418

hypodermis 下皮 06.0024

hypogastralia 下向胃层骨针 06.0807

hypoglossal nerve 舌下神经 07.1119

hypohyal bone 下舌骨 07.0403

hypomere 下段(中胚层) 04.0310

hyponeural system 下神经系 06.2946

hypophyseal sac 脑垂体囊 07.1159

hypophysis 脑垂体 07.1173

hypoplankton 下层浮游生物 03.0324

hypoplastron 下板 07.0093

hypoplax 腹板 06.1503

hypostegal cavity 膜下腔 06.2671

hypostome 垂唇 06.0946，口下片 06.2221

hypostracum 底层，*壳下层 06.1449

hypothalamus 丘脑下部，*下丘脑 07.1086

hypothermophile 适低温性 03.0176

hypozygal 下不动关节 06.2783

hypsodont 高冠齿 07.0815

hypural bone 尾下骨 07.0467

hystrichosphere 腰鞭毛虫孢囊 06.0139

I

I band 明带, * I 带 05.0151

ichthyology 鱼类学 07.0001

ideotype 异模标本 02.0047

idiotrophy 特殊营养 03.0245

IFE 滤泡间上皮 05.0493

ileum 回肠 07.0733

iliac artery 髂动脉 07.0950

iliac bone 髂骨 07.0532

iliac vein 髂静脉 07.0975

iliocostalis muscle 髂肋肌 07.0669

ilioischiatic foramen 髂坐孔 07.0510

ilium 髂骨 07.0532

imaginal disc 器官芽 04.0275

imaginal organogenesis 成体器官发生 04.0418

imitation 模仿 03.0476

immature proglottid 未熟节片 06.1157

immature segment 未熟节片 06.1157

immigration 迁入 03.0699

immovable finger 不动指 06.1957

immovable joint 不动关节(脊椎动物) 06.2779

immune system 免疫系统 05.0438

immunoglobulin 免疫球蛋白 05.0454

immunoparasitology 免疫寄生虫学 06.1097

implantation 植入 04.0402

impunctate shell 无疹壳 06.2512

incertae sedis (拉) 位置未[确]定 02.0231

incidental host 偶见宿主 06.1191

incidental species 偶见种 03.0790

incised palmate foot 凹蹼足 07.0225

incisor process 切齿突 06.1914

incisor tooth 门齿 07.0803

incisure of myelin 髓鞘切迹, * 施－兰切迹 05.0207

inclinator analis muscle 臀鳍倾肌 07.0635

inclinator dorsalis muscle 背鳍倾肌 07.0634

incomplete cleavage 不全裂 04.0207

incomplete metamorphosis 不完全变态 01.0126

incrusting type 被覆型[群体] 06.2270

incurrent canal 入水管(多孔动物) 06.0711

incurrent pore 入水孔 06.0709

incus 砧骨 07.0384

independent avicularium 独立鸟头体 06.2333

independent differentiation 非依赖性分化, * 自主分化 04.0174

indeterminate cleavage 不定[型卵]裂 04.0212

indicator 指示物 03.0072

indicator community 指示群落 03.0810

indicator species 指示种 03.0789

individual distance 个体间距 03.0607

individuality 个体性 06.2298

individual variation 个体变异 02.0165

inductor 诱导者 04.0185

inequilateralis(拉) 不等侧[的] 06.1482

inertia 惯性 03.0940

infanticide 杀婴现象 03.0485

inferior antenna 下触角 06.1902

inferior colliculus 下丘 07.1094

inferior concha 下鼻甲 07.0374

inferior oblique muscle 下斜肌 07.0606

inferior rectus muscle 下直肌 07.0602

inferior umbilicus 下脐 07.0162

infertility 不育[性] 04.0407

infrabasal plate 下基板(棘皮动物) 06.2223

infraciliary lattice 表膜下纤毛网格 06.0440

infraciliature 表膜下纤毛系 06.0441

infra-class 下纲 02.0085

infradental papilla 齿下口棘 06.2722

infra-family 下科 02.0087

infrahyoid muscle 舌骨下肌 07.0612

inframarginal plate 下缘板 06.2769

infra-notoligule 下背舌叶 06.1674

infraorbital bone 眶下骨 07.0345

infra-order 下目 02.0086

infraspecific 种下的 02.0199

infraspinatus muscle　冈下肌　07.0707

infraspinous fossa　冈下窝　07.0505

infundibulum　[垂体]漏斗　05.0595

ingalant branchial canal　入鳃水沟　06.1978

ingestion　摄食　03.0480

ingression　内移　04.0267

inguinal gland　鼠蹊腺　07.0270

inguinal pore　鼠蹊孔　07.0286

inhalant siphon　入水管(软体动物)　06.0711

inhibition　抑制作用　03.0439

inhibitive factor　抑制因子　03.0064

initial chamber　初室(软体动物)　06.0227

initiative community　先锋群落　03.0808

ink gland　墨腺　06.1572

ink sac　墨囊　06.1573

in litt.(拉)　据通信　02.0222

in litteris(拉)　据通信　02.0222

inner arm comb　内腕栉　06.2883

inner cell mass　内细胞团　04.0355

inner coelom　内体腔　06.2667

inner cone　内锥体　06.1574

inner flagellum　内鞭　06.1920

inner hinge plate　内铰合板　06.2550

inner ligament　内韧带　06.1477

inner limiting membrane　内界膜　05.0328

inner lip　内唇　06.1458

inner nuclear layer　内核层　05.0324

inner orbital lobe　内眼眶叶　06.1934

inner plexiform layer　内网层　05.0325

inner root　内突　06.1281

inner sac　内袋　06.2400

inner tunnel　内隧道　05.0389

inner vesicle　内囊　06.2377

inner web　内蹼　07.0163

innominate artery　无名动脉　07.0954

innominate vein　无名静脉　07.0968

in op. cit.(拉)　据引证文献　02.0223

in opere citato(拉)　据引证文献　02.0223

input environment　输入环境　03.0887

inquilinism　巢寄生　03.0775

insectivore　食虫动物　03.0263

insemination　授精　04.0158

insert　内眼板　06.2775

insertional lamina　嵌入片　06.1470

in situ conservation　就地保护　03.1016

instinct　本能　01.0120

instinctive behavior　本能行为　03.0455

insular lobe　岛叶　07.1102

insulin　胰岛素　05.0544

insunk epithelium　下沉上皮　06.1353

integument　体被　06.1255

intention movement　预向动作　03.0465

interalveolar septum　肺泡隔　05.0548

interambulacral area　间步带　06.2860

interambulacrum　间步带　06.2860

interbrachial　腕间的　06.2878

interbrachial septum　腕间隔　06.2880

interbranchialis muscle　鳃弓连肌　07.0624

interbranchial membrane　腕间膜　06.1578

interbranchial septum　鳃隔　07.0882

intercalarium　间插骨　07.0433

intercalary cartilage　间介软骨　07.0548

intercalary segment　间插体节　06.2212

intercalated disk　闰盘　05.0180

intercalated duct　闰管　05.0524

intercellular substance　细胞间质　05.0051

intercentrum　间椎体　07.0461

interchondral joint　软骨间关节　07.0576

intercirral tubercle　卷枝间疣　06.2829

intercostal artery　肋间动脉　07.0939

intercostal muscle　肋间肌　07.0687

interdemic selection　群间选择　03.0972

interdigital gland　趾间腺　07.0264

interdigitating cell　交错突细胞　05.0487

interfilamental junction　丝间联系　06.1548

interfollicular epithelium　滤泡间上皮　05.0493

interhyal bone　间舌骨　07.0404

interkinetal　毛基索间生型　06.0500

interlabium　间唇　06.1351

interlamellar junction　瓣间联系　06.1547

interleukin　白[细胞]介素　05.0457

interlocking mechanism　互锁机制　06.2551

intermandibular muscle　下颌间肌　07.0618

inter-marginal plate　间缘板　06.2771

intermedia　居间骨针　06.0754

intermedian denticle　间小齿　06.1881

intermedian tooth 间齿 06.1880

intermediate carina 间脊 06.1862

intermediate character 中间性状 02.0119

intermediate fiber 中间型纤维 05.0175

intermediate host 中间宿主 06.1184

intermediate junction 中间连接 05.0019

intermediate mesoderm 中段(中胚层) 04.0309

intermediate plate 中间板 06.1468

intermediate species 受胁未定种 03.1002

intermediate tubule 中间小管 05.0576

intermediate type 中间类型 02.0253

intermetacarpal joint 掌间关节 07.0584

intermittent parasite 暂时性寄生虫 06.1116

intermolt 蜕皮间期 06.2040

internal budding 内出芽 06.0504

internal carotid artery 颈内动脉 07.0932

internal constrictor muscle of larynx 喉内缩肌 07.0718

internal ear 内耳 07.1164

internal fasciole 内带线 06.2837

internal jugular vein 颈内静脉 07.0967

internal mammary artery 内乳动脉 07.0938

internal naris 内鼻孔 07.0895

internal oblique muscle 内斜肌 06.2610

internal oblique muscle of abdomen 腹内斜肌 07.0666

internal root sheath 内根鞘 05.0430

internode 结间[段] 05.0209

interno-labial papilla 内唇乳突 06.1306

interopercular bone 间鳃盖骨 07.0417

interorbital septum 眶间隔 07.0364

interparapodial pouch 疣足间囊 06.1736

interparietal bone 顶间骨 07.0356

interphalangeal joint 指间关节 07.0586, 趾间关节 07.0595

interproglottidal gland 节间腺 06.1430

interradial 间辐的 06.2879

interradial piece 间辐片 06.2916

interradial plate 间辐板 06.2756

interradius 间辐 06.0965, 间辐的 06.2879

interrenal tissue 肾间组织 05.0613

interspecies adaptation 种间适应 03.0719

interspecific competition 种间竞争 03.0724

interspinous muscle 棘间肌 07.0677

interstitial cell 间质细胞 05.0646

interstitial gland 间质腺 05.0664

interstitial growth 间质生长，＊内积生长 05.0088

interstitial lamella 间骨板 05.0081

intertarsal joint 跗间关节 07.0577

intertentacular organ 触手间器官 06.2340

intertidal community 潮间带群落 03.0857

intertransverse muscle 横突间肌 07.0678

interventricular foramen [脑]室间孔 07.1145

interventricular septum 室间隔 07.0917

intervertebral disk 椎间盘 07.0450

intervertebral foramen 椎间孔 07.0449

interzooidal avicularium 室间鸟头体 06.2337

interzooidal communication 个虫间连络 06.2419

interzooidal pore 室间孔 06.2428

intestinal bifurcation 肠叉 06.1362

intestinal cecum 肠支 06.1361

intestinal gland 肠腺 05.0518

intestine 肠 06.0057

intima(拉) [血管]内膜 05.0283

intracytoplasmic pouch 胞质内囊 06.0576

intraembryonic coelom 胚内体腔 04.0321

intrafusal muscle fiber 梭内肌纤维 05.0238

intraglomerular mesangial cell [肾小]球内系膜细胞 05.0588

intraspecific competition 种内竞争 03.0723

intratentacular budding 内触手芽 06.1092

intrauterine developmental period 子宫内发育期 04.0413

intrinsic factor 内因 03.0060

introduced species 引入种 03.1011

introduction 引入 03.1009

introvert 翻颈部 06.2847

introvertere 翻颈部 06.2847

invagination 内陷 04.0261

invasion 侵入 03.0695

invertebrate 无脊椎动物 01.0024

invertebrate zoology 无脊椎动物学 01.0003

in vivo fluorescence technique 活体荧光技术 03.0048

involution 内卷 04.0262

iodinophilous vacuole 嗜碘泡 06.0341

iodophilous vacuole 嗜碘泡 06.0341

iophocyte 泌胶细胞 06.0672

iridocyte 虹彩细胞 06.1636

iris 虹膜 05.0303

irregular echinoid 非正形海胆 06.2696

ischial callosity 臀胝 07.0111

ischial spine 座节刺 06.1874

ischiopodite 座节 06.1951

ischium 座节 06.1951

islet of Langerhans 胰岛 05.0540

isoactinate 等辐骨针 06.0840

isoconjugant 同形接合体 06.0519

isodictyal skeleton 等网状骨骼 06.0896

isodont 等齿 06.1508

isogamete 等配子 06.0599

isogamont 等配子母体 06.0600

isogamy 同配生殖 06.0658

isokont flagellate 同形鞭毛的鞭毛虫 06.0144

isolating mechanism 隔离机制 02.0032

isolation 隔离 02.0155

isolecithal egg 均黄卵 04.0080

isomyarian 等柱[的] 06.1543

isotomy 等分裂 06.0510

isthmus 峡部 05.0647, 鳃峡 07.0026

ivory 象牙 07.0820

J

jejunum 空肠 07.0732

joint 关节 07.0553

joint capsule 关节囊 07.0555

joint cavity 关节腔 07.0554

Jordan's rule 乔丹律 03.0147

jugal bone 轭骨 07.0367

jugular plica 颈褶 07.0099

juvenal plumage 稚羽 07.0146

juvenile 幼[态]的 03.0541

juxtaglomerular apparatus [肾小]球旁器 05.0584

juxtaglomerular cell [肾小]球旁细胞 05.0585

K

Kappa particle 卡巴[颗]粒 06.0582

karyogamy 核配，*精卵核融合 04.0198

karyokinesis 核分裂 06.0656

karyomastigont 核鞭毛系统 06.0151

karyomere 核部 06.0460

karyonide 大核系 06.0461

karyophore 悬核网 06.0462

karyorrhexis 脱核 05.0118

keel 龙骨[突] 07.0491

keeled scale 棱鳞 07.0066

kenozooid 空个虫 06.2307

kentrogon larva 新轮幼体 06.2006

keratin 角蛋白 05.0410

keratinization 角化 05.0394

keratinocyte 角质形成细胞 05.0393

keratohyalin granule 透明角质颗粒 05.0409

keratose 角质骨骼 06.0893

K-extinction K 灭绝 03.0977

key 检索[表] 02.0106

key factor 关键因子 03.0068

key species 关键种 03.0791

kidney 肾 07.0995

killer cell 杀伤[淋巴]细胞 05.0442

kinetal segment 毛基索段 06.0376

kinetal suture system 毛基索缝系统 06.0374

kinetid 毛基单元 06.0375

kinetodesma 动纤丝 06.0445

kinetofragment 毛基索断片 06.0372

kinetofragmon 毛基索断片 06.0372

kinetome 毛基皮层单元系统 06.0373

kinetoplast 动基体 06.0199

kinetosome 毛基体 06.0370

kinety 毛基索 06.0371

kingdom 界 02.0064

kinocilium(拉)　动纤毛　05.0372

kinoplasm　动质　06.0550

kinopsis　招引行为　03.0466

kinorhynch　动吻动物　01.0043

Kinorhyncha(拉)　动吻动物　01.0043

kin selection　亲属选择　03.0973

kinship　亲缘关系　02.0173

knee joint　膝关节　07.0589

Kolmer cell　丛上细胞　05.0266

Krause end bulb　克劳泽终球　05.0234

K-selection　K 选择　03.0976

K-strategy　K 对策　03.0982

Kupffer cell　肝巨噬细胞，＊枯否细胞，＊库普弗细胞　05.0538

kyphorhabd　瘤棒骨针　06.0874

L

labial fold　唇褶　07.0085

labial palp　唇瓣　06.1534

labial papilla　唇乳突　07.0089

labial pit　唇窝　07.1138

labial tooth　唇齿　07.0851

labile pool　流动库　03.0936

labium　下唇　06.0048

labium majus [pudendi]　大阴唇　07.1047

labium minus [pudendi]　小阴唇　07.1048

labrum　上唇　06.0047，唇板　06.2746

labyrinthodont　迷齿　07.0801

lachrymal bone　泪骨　07.0366

lacinia mobilis　大颚活动片　06.1913

lacis cell　[肾小]球外系膜细胞　05.0587

lacrimal bone　泪骨　07.0366

lacrimal gland　泪腺　05.0347

lacteal　乳糜管　05.0516

lacuna　陷窝　05.0079，管道　06.1174

lacunar system　管道系统　06.1175

ladder-type nervous system　梯状神经系　06.0071

lagena　听壶　05.0391，瓶状囊　07.1171

lamella　牌板　06.2095

lamellar process　片状突起　06.2052

lamina corticalis　皮质层　06.0551

lamina muscularis(拉)　肌肉层　05.0501

lamina propria(拉)　固有层　05.0498

landscape ecology　景观生态学　03.0017

Langerhans cell　朗格汉斯细胞　05.0405

lapidicolous animal　石栖动物　03.0349

lappet　垂突　06.1737，肉裙，＊肉裙　07.0109

lapsus calami(拉)　学名笔误　02.0215

large intestine　大肠　07.0731

large young strategy　大仔对策　03.0985

larva　幼体　06.1990

larval tentacle　幼虫触手　06.2529

larviparous　幼生的　06.1641

laryngeal cartilage　喉软骨　07.0859

laryngeal cavity　喉腔　07.0864

laryngeal gland　喉腺　07.0263

larynx　喉　07.0197

last loculus　终室　06.1587

lateral　侧面　06.0119

lateral abdominal vein　侧腹静脉　07.0991

lateral ala　侧翼膜　06.1267

lateral anastomose　侧气管网结　06.2250

lateral arm　侧腕　06.2560

lateral arm plate　侧腕板　06.2740

lateral carina　侧脊　06.1863

lateral cilium　侧纤毛　06.2358

lateral compartment　侧板　06.1968

lateral condyle　侧结节　06.2099

lateral cricoarytenoid muscle　环杓侧肌　07.0715

lateral denticle　侧小齿　06.1882

lateral fasciole　侧带线　06.2838

lateral flap　颈侧囊　07.0121

lateral groove　侧沟　06.1260

lateral line　侧线　07.0071

lateral line canal　侧线管　07.0072

lateral line organ　侧线器[官]　07.1139

lateral lobe　侧叶　06.1707

lateral membrane　侧膜　06.1588

lateral mesentery　侧肠隔膜　06.2593

lateral mesoderm　侧中胚层　04.0286

lateral peristomial wing 侧围口翼 06.1738

lateral plate 侧板 06.1968

lateral porechamber 侧孔室 06.2427

lateral process 侧突起 06.2084

lateral prostomial horn 侧口前角 06.1739

lateral sense organ 侧感觉器 06.2385

lateral stylet 侧针 06.1563

lateral subterminal apophysis 侧亚顶突 06.2134

lateral suctorial cup 侧吸吮杯 06.1329

lateral tooth 侧齿 06.1514

lateral tract of cilia 侧纤毛束 06.2537

lateral vagina 侧阴道 07.1045

lateral ventricle 侧脑室 07.1104

lateral wall 侧壁 06.2442

lateral wing 侧翼 06.2899

laterigrade 横行性 06.2184

latissimus dorsi muscle 背阔肌 07.0708

latitudinal cleavage 纬裂，＊横[卵]裂 04.0217

latus carinale 峰侧板 06.2066

latus inframedium 中侧板 06.2074

latus rostrale 吻侧板 06.2062

latus superius 上侧板 06.2073

Laurer's canal 劳氏管 06.1400

law of priority 优先律 02.0098

layer of rods and cones 视杆视锥层 05.0320

leadership 领头 03.0606

leaf club 叶棒形骨针 06.1035

leaf spindle 叶纺锤形骨针 06.1036

lecithal egg 有黄卵 04.0083

lecithocoel 卵黄腔 04.0079

lectotype 选模标本 02.0039

left atrium 左心房 07.0913

left ventricle 左心室 07.0911

leg formula 足式 06.2112

leimocole 草地动物 03.0367

leishmanial stage 利什曼期 06.0160

lek 择偶场 03.0529

lemniscus 垂棒 06.1293

lenetic [community] 静水群落 03.0848

lens 晶状体 05.0336

lens placode 晶状体板 04.0342

lens vesicle 晶状体泡 04.0343

lepidotrichia(拉) 鳞质鳍条 07.0053

leptoclados-type club 茄形骨针 06.1034

leptomonad stage 细滴虫期 06.0161

lesser lip of pudendum 小阴唇 07.1048

lesser omentum 小网膜 07.0777

leucocyte 白细胞 05.0096

leucoplast 白色体 06.0194

leukocyte 白细胞 05.0096

levator arcus branchial muscle 鳃弓提肌 07.0621

levator arcus palatine muscle 腭弓提肌 07.0619

levator opercular muscle 鳃盖提肌 07.0627

levator scapulae muscle 肩胛提肌 07.0703

levator ventralis muscle 腹鳍提肌 07.0645

lichenophage 食地衣动物 03.0259

Liebig's law of the minimum 利比希最低量法则 03.0066

life curve 生命曲线 03.0645

life cycle 生活周期 01.0169

life expectancy 生命期望 03.0654

life form 生活型 03.0151

life history 生活史 01.0129

life intensity 生命强度 03.0641

life support system 生命保障系统 03.0886

life table 生命表 03.0653

life zone 生命带 02.0256

ligament 韧带 06.1152

ligament groove 韧带槽 06.1494

ligament pit 韧带窝 06.1495

ligament ridge 韧带脊 06.1493

ligament sac 韧带囊 06.1409

light and dark bottle technique 黑白瓶法 03.0049

light band 明带，＊Ⅰ带 05.0151

lignicole 栖木动物 03.0364

ligula 舌叶 06.1671

limb 肢 07.0234

limbate seta 具缘简单刚毛 06.1752

limbus 缘 06.1740

limiting factor 限制因子 03.0065

limnicole 湖沼动物 03.0287

limnium 湖泊群落 03.0855

limnodium 沼泽群落 03.0854

limnology 淡水生物学 01.0014

limnophage 食泥动物 03.0268

limnoplankton 淡水浮游生物 03.0312

linea anomurica 鳃甲缝(歪尾类) 06.1896

lineage group 同系群 03.0596

linea homolica 鳃甲缝(人面蟹类) 06.1896

linea masculina(拉) 雄性线 07.0105

linear migration 直线迁徙 03.0380

linea thalassinica 鳃甲缝(海蛄虾类) 06.1896

line transect 样带法 03.0041

lingua 舌 07.0751

lingual frenulum 舌系带 07.0752

lingual papilla 舌乳头 07.0753

lining epithelium 被覆上皮 05.0003

lip 唇 07.0115

lip of pudendum 阴唇 07.1050

lipofuscin 脂褐素 05.0181

lipostomous 闭合孔 06.0689

lithic community 石生群落 03.0840

lithodesma 壳带 06.1522

lithosome 石质小体 06.0564

litter size 胎仔数 03.0665

littoral community 沿岸群落 03.0859

liver 肝 07.0785

liver cell 肝细胞 05.0533

liver plate 肝板 05.0534

liver sinusoid 肝血窦 05.0539

lobe 叶 05.0030, 裂片 06.1001

lobed foot 瓣蹼足 07.0226

lobed gland 叶状腺 06.2175

lobopodium 叶足 06.0214

lobule 小叶 05.0031, 小裂片 06.1000

lobulus testis(拉) 睾丸小叶 05.0640

loc. cit.(拉) 已引证 02.0224

loco laudato(拉) 已引证 02.0224

loculus 小室 06.0996

logistic equation 逻辑斯谛方程 03.0620

longevity 寿命 01.0130

long-handled seta 长柄齿刚毛 06.1748

longissimus capitis muscle 头最长肌 07.0702

longissimus cervicis muscle 颈最长肌 07.0654

longissimus dorsi muscle 背最长肌 07.0672

longissimus muscle 最长肌 07.0670

longitudinal anastomose 纵气管网结 06.2249

longitudinal muscle 纵肌 06.0064

loop 腕环 06.2573

loose connective tissue 疏松结缔组织 05.0054

loose lymphoid tissue 疏松淋巴组织 05.0459

lophocercaria 脊性尾蚴 06.1221

lophodont 脊型齿 07.0813

lophophoral arm 触手冠腕 06.2525

lophophoral coelom 触手冠腔 06.2673

lophophoral disc 触手冠基盘 06.2353

lophophoral lobe 触手冠叶 06.2526

lophophoral lumen 触手冠腔 06.2673

lophophoral nerve ring 触手冠神经环 06.2692

lophophoral organ 触手冠器官 06.2693

lophophoral retractor 触手冠缩肌 06.2628

Lophophorata(拉) 触手冠动物 01.0072

lophophorate 触手冠动物 01.0072

lophophore 触手冠 06.2371

lore 眼先(鸟) 07.0198

loricastome 壳口(原生动物) 06.0579

Loricifera(拉) 铠甲动物 01.0049

loriciferan 铠甲动物 01.0049

loricula 顶鞭毛束 06.0137

lorum 背桥 06.2149

lotic [community] 激流群落 03.0851

Loven's law 洛文[定]律,＊拉氏定律 06.2918

lower flagellum 下鞭 06.1919

lumbar nerve 腰神经 07.1125

lumbar vertebra 腰椎 07.0456

lumbosacral joint 腰荐关节,＊腰骶连结 07.0570

lumbosacral plexus 腰荐丛,＊腰骶丛 07.1128

lumbricine 对生 06.1794

luminous organ 发光器 07.0077

luminous organism 发光生物 03.0430

lumpers 主合派 02.0115

lunar bone 月骨 07.0522

lunate plate 新月板 06.2142

lung 肺 07.0867

lunule 小月面 06.1475, 透孔 06.2889

luteolysis 黄体解体 05.0661

lycophora 十钩蚴 06.1241

lymph 淋巴 05.0104

lymphatic capillary 毛细淋巴管 05.0289

lymphatic nodule 淋巴小结 05.0461

lymphatic sinus 淋巴窦 05.0464

lymphatic vessel 淋巴管 07.0978

lymph heart 淋巴心 07.0977

lymph node 淋巴结 07.0981

lymphoblast 原淋巴细胞，＊淋巴母细胞 05.0128

lymphocyte 淋巴细胞 05.0105

lympho-epithelial follicle 淋巴上皮滤泡 05.0494

lymphokine 淋巴因子 05.0456

lyrifissure 琴形裂 06.2120

lyriform organ 琴形器 06.2119

M

macroconjugant 大接合体 06.0517

macroconsumer 大型消费者 03.0901

macroevolution 宏[观]进化 02.0026

macrogamete 大配子 06.0593

macrogametocyte 大配子母细胞 06.0595

macrogamont 大配子母体 06.0596

macromere 大分裂球 04.0226

macromutation 大突变 02.0163

macronucleus 大核 06.0450

macronutrient 常量营养物 03.0116

macrophage 巨噬细胞 05.0046

macroplankton 大型浮游生物 03.0301

macrospore 大孢子 06.0271

macrotaxonomy 大分类学 02.0001

macula 斑 05.0366

macula adherens（拉） ＊粘着斑 05.0020

macula densa（拉） 致密斑 05.0586

macula lutea（拉） 黄斑 05.0329

macula statica（拉） 平衡斑 06.1638

madreporic canal 筛管 06.2938

madreporic plate 筛板 06.2757

madreporic pore 筛孔 06.2937

main bud 主芽 06.2469

main tergite 主背板 06.2233

main tooth 主齿（多毛类） 06.1512

malacology 软体动物学 06.1442

malar bone 颧骨 07.0369

malar stripe 颊纹 07.0192

male gamete 雄配子 04.0025

male pronucleus 雄原核 04.0151

male zooid 雄个虫 06.2313

malleus 锤骨 07.0385

maltha 软胶质 06.0691

mamelon 乳头突 06.1005

mammal 哺乳动物 07.0018

mammalogy 哺乳动物学 07.0004

mammary gland 乳腺 07.0260

mammotroph 促乳激素细胞，＊LTH 细胞，＊催乳激素细胞 05.0606

mammotropic cell 促乳激素细胞，＊LTH 细胞，＊催乳激素细胞 05.0606

manchette 微管轴 06.0175

mandible 大颚 06.1912，颚骨（苔藓动物） 06.2388，下颌骨 07.0395

mandibula 大颚 06.1912

mandibular arch 颌弓 07.0386

mandibular depressor 降颚肌 06.2623

mandibular divarigator 开颚肌 06.2622

mandibular occlusor 闭颚肌 06.2620

mandibular segment 大颚体节 06.2213

mane 鬣毛（哺乳动物） 07.0169

mantle 外套膜 06.1527，上背（鸟），＊翕 07.0153

mantle cavity 外套腔 06.1528

mantle edge 外套缘 06.2675

mantle fold 外套褶 06.2651

mantle groove 外套沟 06.2676

mantle lobe 外套叶 06.2677

mantle papillae 外套乳头 06.2678

mantle reversal 外套反转 06.2679

manubrium 垂管 06.0962，柄（多毛类） 06.0979

manuscript name 未刊学名 02.0209

marginal carina 缘脊 06.1864

marginal fasciole 缘带线 06.2834

marginal hook 边缘钩 06.1300

marginalia 缘须 06.0730

marginal lappet 缘瓣 06.0968

marginal layer 边缘层 05.0495

marginal pore 边缘孔 06.2411

marginal sinus 缘窦 06.2680

marginal slit 缘裂 06.2892

marginal spine 边缘刺 06.2360

marginal sucker 边缘吸盘 06.1332

marginal tooth 缘齿 06.1520

marginal vesicle 边缘囊 06.0975

marginal zone 边缘区 05.0484

marginal zooid 边缘个虫 06.2304

marine bottom community 海底群落 03.0862

marine ecology 海洋生态学 01.0015

marine plankton 海洋浮游生物 03.0314

marking 标记，＊标志 03.0042

marking-recapture method 标记重捕法，＊标志重捕法 03.0044

marsupial bone 袋骨 07.0547

marsupium 育囊 06.2027，育[仔]袋 07.1052

mass communication 群体通讯 03.0567

masseter muscle 咬肌 07.0650

mast cell 肥大细胞 05.0048

masticatory lobe 咀嚼叶 06.1930

masticatory stomach 磨碎胃 06.2049

mastigobranchia 肢鳃 06.1983

mastigoneme 鞭毛丝 06.0126

mastigont system 鞭毛系统，＊毛基体系统 06.0127

mastigopus 樱虾类仔虾 06.2012

materilineal 母系群 03.0598

mathematical ecology 数学生态学 03.0014

mating system 交配系统，＊配偶制 03.0522

mating type 交配型 06.0520

matrix 基质 05.0042

maturation 成熟 01.0173

mature follicle 成熟卵泡，＊赫拉夫卵泡，＊格拉夫卵泡 04.0074

mature proglottid 成熟节片 06.1156

mature segment 成熟节片 06.1156

maxilla 第二小颚 06.1923

maxillary bone 上颌骨 07.0357

maxillary gland 小颚腺 06.1927，颌腺 07.0275

maxillary hook 小颚钩 06.1928

maxillary ring 颚环 06.1664

maxillary tooth 上颌齿 07.0846

maxilliped 颚足 06.1925

maxillula 第一小颚 06.1916

maximum sustained yield 最大持续产量 03.0629

Meckel's cartilage 麦克尔软骨 07.0388

media(拉) [血管]中膜 05.0284

medial vagina 中阴道 07.1044

median apophysis 中突 06.2132

median arm 中腕 06.2561

median carina 中央脊 06.1859

median eminence 正中隆起 05.0596

median eye 中央眼 06.1814

median fin 奇鳍 07.0036

median groove 中央沟 06.1887

median guide 中隔 06.2164

median lobe 中叶 06.2492

median plate 中央板 06.2021

median septum 中央隔壁 06.2539

median tentacle 中央触手 06.2531

median tooth 中齿 06.1886

mediastinum 纵隔 07.0871

medium coronary stripe 冠纹 07.0191

medium pore 中央孔 06.2416

medulla 髓质 05.0467

medullary cord 髓索 05.0468

medullary loop 髓襻，＊亨勒襻，＊亨氏襻 05.0578

medullary ray 髓放线 05.0566

medullary shell 髓壳 06.0236

medusa 水母[体] 06.0908

megaclad 大枝骨片 06.0885

megaclone 大柱骨片 06.0884

megakaryoblast 原巨核细胞，＊成巨核细胞 05.0135

megakaryocyte 巨核细胞 05.0137

megalecithal egg 多黄卵 04.0084

megalopa larva 大眼幼体 06.1992

megaloplankton 巨型浮游生物 03.0300

megalospheric form 显球型 06.0230

meganephridium 大管肾，＊大肾管 06.0090

megasclere 大骨针 06.0743

Mehlis's gland 梅氏腺，＊梅利斯腺 06.1441

Meibomian gland 睑板腺，＊迈博姆腺 05.0344

meiosis 减数分裂 05.0635

Meissner's corpuscle 触觉小体，＊迈斯纳小体 05.0235

melanin　黑素　05.0402

melanin granule　黑素颗粒　05.0403

melanism　黑化[型]　02.0169

melanocyte　黑素细胞　05.0400

melanophore　载黑素细胞　05.0417

melanosome　黑素体　05.0401

melanotroph　促黑[色]素激素细胞，＊MSH 细胞　05.0610

melanotropic cell　促黑[色]素激素细胞，＊MSH 细胞　05.0610

melatonin　褪黑激素　05.0632

membranelle　小膜　06.0390

membraneous process　膜质突起　06.2079

membranoid　小膜区　06.0389

membranous bone　膜成骨　07.0291

membranous cochlea　膜蜗管，＊中间阶　05.0376

membranous disc　膜盘　05.0310

membranous labyrinth　膜迷路　05.0352

membranous sac　膜囊　06.2350

membranous spiral lamina　膜螺旋板　05.0375

memory cell　记忆细胞　05.0450

meninges　脑[脊]膜　05.0269

mental barbel　颏须（鱼）　07.0193

mental groove　颏沟　07.0086

mental stripe　颏纹　07.0194

mentum　唇基节　06.2215

meridional cleavage　经裂，＊纵[卵]裂　04.0216

meridosternous　单腹板[的]（海胆）　06.2699

Merkel's cell　梅克尔细胞　05.0407

Merkel's tactile disk　梅克尔触盘　05.0233

meroblastic cleavage　不全裂　04.0207

merocrine gland　局质分泌腺　05.0026

merocrine sweat gland　局泌汗腺　05.0419

merocyst　裂殖子胚　06.0280

merogony　卵块发育　06.0329

merological approach　分部[研究]法　03.0051

meromyarian type　少肌型　06.1149

meront　分裂体　06.0281

meroplankton　阶段浮游生物　03.0298

merozoite　裂殖子　06.0276

mesal subterminal apophysis　中亚顶突　06.2133

mesectoderm　中外胚层　04.0292

mesencephalon　中脑　04.0327

mesenchyme　间充质　04.0279

mesendoderm　中内胚层　04.0282

mesenterial filament　隔膜丝　06.0992

mesentery　隔[膜]　06.0945，肠系膜　07.0778

mesethmoid bone　中筛骨　07.0350

mesoblast　中胚层　04.0284

mesobronchus　次级支气管，＊中支气管　05.0562

mesocercaria　中尾蚴　06.1222

mesocoel　中体腔　06.0041

mesocole　中湿动物　03.0288

mesocolon　结肠系膜　07.0779

mesocoracoid　中喙骨　07.0495

mesocuneiform bone　中楔骨　07.0543

mesocuticle　中角质层，＊中表皮　06.0022

mesoderm　中胚层　04.0284

mesodermic band　中胚层带　06.1729

mesodermic teloblast　中胚层端细胞　06.1728

mesoglea　中胶层　06.0690

mesohaline　中盐　03.0112

mesohalobion　中盐性生物　03.0291

mesohyl　中质　06.0702

mesolecithal egg　中黄卵　04.0085

mesomere　中分裂球　04.0227

mesomitosis　核内有丝分裂　06.0223

mesonephric duct　中肾管，＊沃尔夫管，＊吴氏管　04.0352

mesonephros　中[期]肾　07.0998

mesooecium　间室　06.2329

mesoplankton　中型浮游生物　03.0302

mesoplax　中板　06.1501

mesopterygoid bone　中翼骨　07.0390

mesorectum　直肠系膜　07.0780

mesosoma　中体　06.0007

mesosome　中体　06.0007

mesothelium　间皮　05.0016

mesotriaene　中三叉骨针　06.0834

mesotroph　中养生物　03.0239

Mesozoa(拉)　中生动物　01.0027

mesozoan　中生动物　01.0027

metabolism　代谢　01.0109

metacarpal bone　掌骨　07.0515

metacarpal tubercle　掌突　07.0081

metacarpophalangeal joint　掌指关节　07.0585

metacercaria　囊蚴　06.1208

metacestode　续绦期　06.1210

metachromasia　异染性　05.0043

metachronal wave　节奏波　06.0587

metaclypeus　后额板　06.2202

metacoel　后体腔　06.0042

metacommunication　后示通讯　03.0568

metacone　后尖　07.0837

metaconid　下后尖　07.0836

metaconule　后小尖　07.0838

metacoxa　后基板　06.2243

metacryptozoite　次潜隐体　06.0338

metacyclic form　后循环型　06.0163

metagastrula　后原肠胚　04.0251

metagenesis　世代交替　01.0170

metamere　体节　06.0016

metamerism　分节　04.0318

metamorphosis　变态　01.0125

metamyelocyte　晚幼粒细胞，＊后髓细胞
　05.0124

metanauplius larva　后期无节幼体　06.1997

metanephridium　后管肾，＊后肾管　06.0089

metanephros　后[期]肾　07.0999

metaplax　后板　06.1502

metapleural fold　腹褶　07.0104

metapopulation　联种群　03.0609

metapterygoid bone　后翼骨　07.0391

metarubricyte　晚幼红细胞，＊嗜酸性成红细胞，
　＊正成红细胞　05.0116

metasoma　后体　06.0008

metasome　后体　06.0008

metasomite　后环节　06.2232

metaster　后星骨针　06.0842

metastomium　躯干[部](环节动物)，＊胴部
　06.0004，　口后叶　06.1659，　口后部
　06.1723

metatarsal bone　蹠骨　07.0539

metatarsal gland　蹠腺　07.0265

metatarsal tubercle　蹠突　07.0082

metatarsus　后跗节　06.2113

metathalamus　丘脑后部，＊后丘脑　07.1085

metatroch　后纤毛环　06.2688

metatrochophore　后担轮幼虫　06.1801

metatype　后模标本　02.0042

Metazoa（拉）　后生动物　01.0028

metazoan　后生动物　01.0028

metazonite　后背侧板　06.2238

meta-zoonosis　媒介人兽互通病　06.1130

metecdysis　蜕皮后期　06.2041

metencephalon　后脑　04.0328

metraterm　子宫末段　06.1410

metrocyte　母细胞　06.0313

microaesthete　小微眼　06.1634

microbivore　食微生物动物　03.0271

microcalthrops　小荆骨针　06.0847

microcercous cercaria　微尾尾蚴　06.1223

microcirculation　微循环　05.0294

microclimate　小气候　03.0088

microconjugant　小接合体　06.0516

microconsumer　小型消费者　03.0902

microcosm　实验生态系[统]，＊微宇宙　03.0881

microecosystem　微生态系[统]　03.0880

microevolution　微[观]进化　02.0027

microfilament　微丝　06.0340

microfilaria　微丝蚴　06.1251

microfold cell　微褶细胞　05.0490

microgamete　小配子　06.0590

microgametocyte　小配子母细胞　06.0591

microgamont　小配子母体　06.0592

microglia　小胶质细胞　05.0200

microhabitat　小栖息地　03.0036

microlecithal egg　少黄卵　04.0086

micromere　小分裂球　04.0228

micromutation　微突变　02.0164

micronekton　微型游泳生物　03.0331

microneme　微丝　06.0340

micronephridium　小管肾，＊小肾管　06.0091

micronucleus　小核　06.0451

micronutrient　微量营养物　03.0117

microplankton　小型浮游生物　03.0303

micropore　微孔　06.0299

micropyle　卵孔　04.0069

micropyle cap　卵孔盖　06.0298

microrabd　小杆骨针　06.0846

microrabdus　小杆骨针　06.0846

microsclere　小骨针　06.0742

microsere 小演替系列 03.0823

microsphere 小球体 06.0247

microspore 小孢子 06.0263

microstrongyle 小棒骨针 06.0844

microsymbiont 小共生体 03.0731

microtaxonomy 小分类学 02.0002

microvillus 微绒毛 05.0017

microxea 小二尖骨针 06.0845

midbrain 中脑 04.0327

middle concha 中鼻甲 07.0373

middle ear 中耳 07.1167

middle haematodocha 中血囊 06.2146

middle piece 中段(精子) 04.0110, 中段 06.2648

middorsal septum 背中隔壁 06.2538

midget bipolar cell 侏儒双极细胞 05.0313

midget ganglion cell 侏儒节细胞 05.0315

midgut 中肠 06.0060

migrant 迁徙动物 03.0381

migrant [bird] 候鸟 03.0399

migrant selection 迁徙选择 03.0974

migration 迁徙 03.0376, 迁飞 03.0377, 洄游 03.0378, 移行 03.0379

migration mechanism 迁徙机制 03.0390

miliary spine 小棘 06.2713

miliary tubercle 小疣 06.2825

milled ring 磨齿环 06.2907

Miller's ovum 密勒胚卵 04.0169

mimic coloration 拟色 03.0445

mimic death 装死 03.0453

mineralocorticoid 盐皮质激素 05.0619

mineralosteroid 盐皮质激素 05.0619

minimum viable population 最小可生存种群 03.0624

miracidium 毛蚴 06.1201

misopore 间孔 06.2413

mixed growth 混合生长 06.2642

mixed nest 多种混居巢 03.0555

mixed species flock 多种合群 03.0715

M line M线, *M膜 05.0154

M membrane M线, *M膜 05.0154

modiolus 蜗轴 05.0361

molar process 臼齿突 06.1915

molar tooth 臼齿 07.0804

molecular embryology 分子胚胎学 04.0002

molecular layer 分子层 05.0254

Mollusca(拉) 软体动物 01.0050

molluscoid 拟软体动物 01.0071

Molluscoidea(拉) 拟软体动物 01.0071

mollusk 软体动物 01.0050

mollusk size rule 软体动物大小律 03.0148

molt 换羽 03.0515

monact 单辐骨针 06.0861

monactine 单辐骨针 06.0861

monad 单分体 06.0183

monaene 单叉骨针 06.0860

monaxon 单轴骨针 06.0859

moniliform antenna 珠状触手 06.1724

monobasal 单基板 06.2776

monoblast 原单核细胞, *成单核细胞 05.0130

monocrepid 单轴原骨片 06.0889

monocyclic calyx 单环萼 06.2911

monocystid gregarine 单房簇虫 06.0304

monocyte 单核细胞 05.0106

monodelphic type 单宫型 06.1143

monoecism 雌雄同体 01.0082

monogamy 单配性 03.0682

monogemmic 单芽生殖的 06.0507

monogynopaedium 母子集群 03.0713

monolophous microcalthrops 单冠骨针 06.0843

monomorphism 单态 01.0105

monomyarian 单柱[的] 06.1540

mononuclear phygocyte system 单核吞噬细胞系统 05.0132

monoparasitism 单寄生 03.0760

monophagy 单食性 03.0247

monophasic allometry 单相异速生长 03.0511

monophyletic 单元的 06.0644

monophyly 单系 02.0109

monospermy 单精入卵 04.0138

monosporous 单孢子的 06.0264

monostome cercaria 单口尾蚴 06.1224

mono-stomodeal budding 单口道芽 06.1088

monostomy 单口 06.0417

monothalamic 单室的 06.0225

monotomic 单分裂的 06.0509

monotype 独模标本 02.0044

monotypic genus 单型属 02.0096

monotypic species 单型种 02.0093

monoxenous form 单宿主型 06.1192

monoxyhexaster 单针六星骨针 06.0871

monozygote 单精合子 04.0147

monticule 小丘 06.1075

morphocline 形态梯度 02.0175

morphodifferentiation 形态分化 04.0270

morphogenesis 形态发生 04.0271

morphospecies 形态种 02.0196

morphotype 态模标本 02.0050

mortality 死亡率 03.0659

mortality curve 死亡率曲线 03.0660

morula 桑椹胚 04.0236

mosaic 嵌合体 04.0200

mosaic cleavage 镶嵌型卵裂 04.0231

mosaic development 镶嵌式发育 04.0233

mosaic distribution 镶嵌分布 02.0233

mosaic egg 镶嵌卵 04.0093

moss animal 苔藓动物 01.0063

mossy fiber 苔藓纤维 05.0261

mother cell of mesoderm 中胚层母细胞 04.0289

mother redia 母雷蚴 06.1206

mother sporocyst 母胞蚴 06.1203

motility of sperm 精子活[动能]力 04.0117

motor end-plate 运动终板 05.0247

motorium 运动中心 06.0586

motor nerve ending 运动神经末梢 05.0246

mouth 口 06.0049

mouth cavity 口腔 06.0050

mouth papilla 口棘 06.2721

mouth part 口[部] 06.0046

mouth shield 口盾 06.2890

movable finger 活动指 06.1958

movable joint 动关节 07.0559

MPS 单核吞噬细胞系统 05.0132

mucco 锐突 06.1685

mucocyst 粘液泡 06.0478

mucosa 粘膜层 05.0496

mucous acinus 粘液腺泡 05.0528

mucous cell 粘液细胞 05.0506

mucous gland 粘液腺 05.0530

mucous layer 粘膜层 05.0496

mucous pad 粘液足 06.2659

mucous trichocyst 粘液刺丝泡 06.0482

mucron 端节 06.0311

Müllerian duct 米勒管，＊缪[勒]氏管 04.0351

Müller's cell 放射状胶质细胞，＊米勒细胞 05.0318

Müller's vesicle 米勒泡 06.0585

multibrachiate 多腕的 06.2882

multidimensional niche 多维生态位 03.0870

multifidus muscle 多裂肌 07.0688

multiform layer 多形层 05.0264

multilaminar 多层的 06.2296

multilocular fat 棕脂肪，＊多泡脂肪 05.0057

multiparasitism 多寄生 03.0762

multiple fission 复分裂 06.0654

multiplier effect 延增效应 03.0975

multipolar neuron 多极神经元 05.0193

multiporous 多孔的 06.2421

multiporous rosette plate 多孔型玫瑰板 06.2433

multipotential stem cell 多能干细胞 05.0140

multiserial 多列的 06.2292

mural porechamber 壁孔室 06.2424

mural rim 墙缘(苔藓动物) 06.2384

muscle 肌肉 01.0088

muscle banner 肌旗 06.1067

muscle fiber 肌纤维 05.0148

muscle layer 肌肉层 05.0501

muscle of anterior limb 前肢肌 07.0681

muscle of facial expression 颜面[表情]肌 07.0607

muscle of larynx 喉肌 07.0614

muscle of mastication 咀嚼肌 07.0608

muscle of neck 颈肌 07.0610

muscle of posterior limb 后肢肌 07.0682

muscle of tongue 舌肌 07.0609

muscle ridge 肌脊 06.2614

muscle satellite cell 肌卫星细胞 05.0176

muscle scar 肌痕 06.2632

muscle spindle [神经]肌梭 05.0237

muscle strand 肌带 06.2631

muscle tissue 肌[肉]组织 05.0143

muscularis mucosae（拉） 粘膜肌层 05.0499

muscular socket 肌槽 06.2630

muscular stomach 肌胃 07.0764

musk gland 麝香腺 07.0266

mutation 突变 02.0162

mutual antagonism 互抗 03.0780

mutualism 互利共生 03.0736

mutualistic symbiosis 互利共生 03.0736

MVP 最小可生存种群 03.0624

myelencephalon 末脑 04.0332, 延髓 07.1072

myelinated nerve fiber 有髓神经纤维 05.0203

myelin sheath 髓鞘 05.0205

myeloblast 原粒细胞, ＊成髓细胞, ＊成粒细胞 05.0120

myelocyte 中幼粒细胞, ＊髓细胞 05.0123

myoblast 成肌细胞 04.0347

myocardium 心肌 05.0145, 心肌膜 05.0278

myocoel 肌节腔 04.0314

myocomma 肌隔 07.0596

myoepithelial cell 肌上皮细胞 05.0035

myofibril 肌原纤维 05.0150

myofilament 肌丝 05.0157

myoid cell 肌样细胞 05.0472

myometrium 子宫肌膜 05.0649

myophrisk 肌皱丝 06.0244

myosin 肌球蛋白 05.0159

myotome 生肌节 04.0312

myriopod 多足动物[的] 06.2192

myrmecophile 适蚁动物 03.0206

mysis larva 糠虾期幼体 06.1991

myxamoeba 胶丝变形体 06.0250

myxoflagellate 胶丝鞭毛体 06.0251

myxopodium 粘足 06.0215

N

nail 甲 05.0433, 指甲 07.0172, 趾甲 07.0173, 嘴甲 07.0187

nail bed 甲床 05.0436

nail matrix 甲母质 05.0437

nail plate 甲板 05.0435

nail root 甲根 05.0434

naked name 虚名, ＊裸名 02.0218

naked ovum 裸卵 04.0070

nannoplankton 微型浮游生物 03.0304

nanozooid 微个虫 06.2306

nape 项 07.0199

nasal bone 鼻骨 07.0370

nasal bristle 鼻须(鸟) 07.0202

nasal capsule 鼻囊 07.0304

nasal cavity 鼻腔 07.0857

nasal gland 鼻腺 07.0249

nasal pit 嗅窝, ＊鼻窝 04.0335

nasal plug 鼻栓 07.0894

nasopharyngeal sphincter muscle 鼻咽括约肌 07.0722

nasse 篮咽管 06.0424

natal down 雏绒羽 07.0145

natality 出生率 03.0667

natural focus 自然疫源地 06.1135

naturalization 自然化 03.0994

natural selection 自然选择 01.0147

natural system 自然系统 02.0010

nature conservation 自然保护 03.1015

nature control 自然控制 03.1013

nature killer cell 自然杀伤[淋巴]细胞 05.0443

nature management 自然管理 03.1014

nature reserve 自然保护区 03.1018

nature sanctuary 自然保护区 03.1018

naupliar eye ＊无节幼体眼 06.1814

nauplius larva 无节幼体 06.1995

navicular bone 足舟骨 07.0541

navigation 导航 03.0406

Nearctic realm 新北界 02.0247

neck retractor 颈牵缩肌 06.1153

necrophage 食尸动物 03.0264

nectar food chain 食花蜜食物链 03.0909

nectochaeta 疣足幼虫 06.1803

nectomonad 游动鞭毛单分体 06.0155

needle 针形骨针 06.1051

nekton 游泳生物 03.0330

nematocyst 刺丝囊 06.0913

Nematoda（拉） 线虫[动物] 01.0044

nematode 线虫[动物] 01.0044

nematodesma 咽微纤丝 06.0427

nematodiasis 线虫病 06.1112

nematology 线虫学 06.1101

nematomorph 线形动物 01.0045

Nematomorpha（拉） 线形动物 01.0045

nematophore 刺丝体 06.0951

nematopore 丝孔 06.2412

nematotheca 刺丝鞘 06.0952

Nemertinea（拉） 纽形动物 01.0039

nemertinean 纽形动物 01.0039

neopallium 新皮层 07.1080

neoteny 幼态延续 03.0565

Neotropical realm 新热带界 02.0249

neotype 新模标本 02.0040

nephridial papilla 肾乳突 06.1693

nephridial pit 肾窝 06.2604

nephridial pocket 肾管囊 06.1741

nephridioduct 肾导管 06.2047

nephridioplasm 肾质 06.0553

nephridiopore 肾孔 06.0086

nephridium 管肾 06.0085，肾管 07.1003

nephrogenic tissue 生肾组织 04.0350

nephromere 生肾节 04.0317

nephron 肾单位 05.0579

nephrostome 肾口 06.0087

nephrotome 生肾节 04.0317

neritic plankton 浅海浮游生物 03.0334

nerve 神经 01.0093

nerve cord 神经索 07.1066

nerve ending 神经末梢 05.0228

nerve fiber 神经纤维 05.0202

nerve fiber layer 神经纤维层 05.0327

nerve plexus 神经丛 05.0502

nerve tissue 神经组织 05.0185

[nervous] ganglion 神经节 05.0267

nervous system 神经系统 07.1060

nervous tissue 神经组织 05.0185

nestling 留巢雏 03.0552

nest odor 巢气味 03.0577

net community productivity 净群落生产力 03.0927

net primary productivity 净初级生产力 03.0926

nettle ring 刺丝环 06.0919

neural arch 椎弓 07.0442

neural crest 神经脊 04.0300

neural fold 神经褶 04.0304

neural groove 神经沟 04.0301

neural plate 神经板 04.0303

neural ridge 神经褶 04.0304

neural spine 椎棘 07.0443

neural tube 神经管 04.0302

neurenteric canal 神经原肠管 04.0247

neurenteric pore 神经肠孔 04.0248

neurite 神经突 07.1105

neuroblast 成神经细胞 04.0306

neurocranium 脑颅 07.0298

neuroepithelial cell 神经上皮细胞 05.0034

neurofibril 神经原纤维 05.0215

neurofilament 神经丝 05.0216

neuroglia 神经胶质 05.0196

neurohypophysis 神经垂体 05.0600

neurokeratin 神经角蛋白 05.0206

neurolemmal cell 神经膜细胞 05.0210

neuromast 神经丘 05.0390

neuromuscular band 神经肌肉带 06.2629

neuromuscular spindle ［神经]肌梭 05.0237

neuron 神经元 05.0186

neuropodium 腹肢 06.1704

neurosecretory cell 神经分泌细胞 05.0611

neuroseta 腹刚毛 06.1787

neurotendinal spindle 神经腱梭 05.0245

neurotubule 神经微管 05.0217

neurula 神经胚 04.0298

neurulation 神经胚形成 04.0299

neuston 水表层漂浮生物 03.0322

neutralism 中性共生 03.0729

neutral mutation random drift hypothesis ＊中性突变漂变假说 02.0260

neutral theory 中性学说 02.0260

neutrophil 嗜中性粒细胞 05.0098

neutrophilic granulocyte 嗜中性粒细胞 05.0098

new family 新科 02.0202

new genus 新属 02.0201

new name 新订学名 02.0203

new species 新种 02.0185

new subspecies 新亚种 02.0187

niche overlap　生态位重叠　03.0874

niche space　生态位空间　03.0873

niche width　生态位宽度　03.0875

nictitating fold　瞬褶　07.0084

nictitating membrane　瞬膜　05.0346

nidamental chamber　缠卵腔　06.1642

nidamental gland　缠卵腺　06.1643,　卵壳腺
　　07.1056

nidation　着床　04.0401

nidicolocity　留巢性　03.0550

nidifugity　离巢性　03.0551

nidus　自然疫源地　06.1135

nipple　乳头　07.0282

Nissl body　尼氏体　05.0214

nitrogen cycle　氮循环　03.0122

nocturnal　夜行，＊夜出　03.0497

nocturnal eye　夜眼　06.2111

nocturnal migration　夜间迁徙　03.0385

node of nerve fiber　神经纤维结　05.0208

node of Ranvier　神经纤维结　05.0208

nodulus　毛节　06.1793

nom. dub.(拉)　疑难学名　02.0204

nomenclature　命名　02.0219

nomen conservandum(拉)　保留学名　02.0205

nomen dubium(拉)　疑难学名　02.0204

nomen inquirendum(拉)　待考学名　02.0206

nomen oblitum(拉)　遗忘学名　02.0207

nomen triviale（拉）　本名　02.0225

nominate subspecies　指名亚种　02.0102

nom. nov.(拉)　新订学名　02.0203

nonciliferous　无纤毛的　06.0362

nondeciduous placenta　非蜕膜胎盘　07.1036

nondegradation　非降解性　03.1033

non-identical twin　异卵双胎　04.0409

non-reef-building coral　非造礁珊瑚　06.1054

nonrenewable resource　非再生资源　03.0987

non-sterilizing immunity　非消除性免疫　06.1138

noradrenalin　去甲肾上腺素　05.0622

normoblast　晚幼红细胞，＊嗜酸性成红细胞，＊正
　　成红细胞　05.0116

nose　鼻　07.0023

nostril　鼻孔　07.0024

notoacicular ligule　背足刺舌叶　06.1702

notochord　脊索　07.0436

notopodium　背肢　06.1703

notoseta　背刚毛　06.1788

notosetal lobe　背刚叶　06.1673

notothyrium　背三角孔　06.2502

nuchal gland　颈腺　07.0250

nuclear bag fiber　核袋纤维　05.0239

nuclear chain fiber　核链纤维　05.0240

nuclear-cytoplasmic hybrid cell　核质杂种细胞
　　04.0164

nuclear dimorphism　核双型现象　06.0458

nuclear dualism　核二型性　06.0457

nuclear transplantation　核移植　04.0166

nucleated oral primordium　带核的口原基
　　06.0459

nucleo-cytoplasmic interaction　核质相互作用
　　04.0167

null cell　裸细胞，＊无标记淋巴细胞　05.0441

numerical taxonomy　数值分类学　02.0003

nummulite　货币虫　06.0232

nuptial dance　婚舞　03.0528

nuptial pad　婚垫　07.0075

nuptial plumage　婚羽　07.0144

nuptial spine　婚刺　07.0076

nurse cell　抚育细胞　05.0473

nutrient cycle　营养物循环　03.0127

nutrient vessel　血管滋养管，＊营养血管　05.0290

nyctipelagic plankton　夜浮游生物　03.0320

O

obligate symbiont　专性共生物　03.0733

obligatory parasite　专性寄生虫　06.1118

obligatory parasitism　专性寄生　03.0758

obliquely striated muscle　斜纹肌　05.0147

oblique muscle　斜肌　06.0065

obliquus capitis muscle　头斜肌　07.0651

observation learning　观摩学习　03.0475

obturator foramen　闭孔　07.0531

occasional parasite　偶然寄生虫　06.1119

occasional parasitism　偶然寄生　03.0759

occipital area　后头域　06.1686

occipital bone　枕骨　07.0351

occipital cirrus　后头触须　06.1742

occipital condyle　枕髁　07.0315

occipital crest　枕冠(鸟)　07.0204

occipital lobe　枕叶　07.1100

occipital region　枕区　07.0310

occiput　枕(鸟)　07.0203

occlusal surface　咬合面　07.0818

oceanic plankton　远洋浮游生物　03.0335

Oceanic realm　大洋界　02.0245

oceanium　海洋群落　03.0863

oceanophile　适洋性　03.0190

ocellus　眼点(腔肠动物)　06.0068,　感光小器
　06.0193,　单眼　06.1813

ochthium　泥滩群落　03.0853

octact　八辐骨针　06.0864

octactine　八辐骨针　06.0864

octhophile　适泥滩性　03.0204

ocular peduncle　眼柄　06.1823

oculiferous lobe　眼叶　06.1825

oculomotor nerve　动眼神经　07.1110

odontoid process·齿突　07.0481

odontophore　舌突起　06.1525

odoriferous gland　气味腺　07.0262

odor trail　嗅迹　03.0578

oesophageal bulb　食道球　06.1358

oesophago-intestinal valve　食道肠瓣　06.1359

oestrous cycle　动情周期　04.0098

[o]estrus　动情期　04.0097

olfactory bulb　嗅球　07.1143

olfactory cell　嗅细胞　05.0552

olfactory cone　嗅觉锥　06.2224

olfactory epithelium　嗅上皮　05.0551

olfactory gland　嗅腺，＊鲍曼腺　05.0554

olfactory hair　嗅毛　06.0027

olfactory knob　嗅泡　05.0553

olfactory nerve　嗅神经　07.1108

olfactory organ　嗅器[官]　07.1136

olfactory pit　嗅窝，＊鼻窝　04.0335

olfactory placode　嗅板　04.0334

olfactory pore　嗅觉孔　06.1632

olfactory region　嗅区　07.0307

olfactory vesicle　嗅泡　05.0553

oligodendrocyte　少突胶质细胞　05.0199

oligohaline　寡盐性　03.0231

oligolecithal egg　少黄卵　04.0086

oligophagy　寡食性　03.0248

oligoporous plate　少孔板　06.2753

oligostenohaline　低狭盐性　03.0230

olynthus　雏海绵　06.0715

omasum　瓣胃　07.0748

omnivore　杂食动物　03.0251

omnivory　杂食性　03.0250

oncomiracidium　囊毛蚴　06.1200

oncosphere　六钩蚴　06.1240

one cell stage　单细胞期　04.0204

ontogenesis　个体发生，＊个体发育　01.0148

ontogeny　个体发生，＊个体发育　01.0148

Onychophora(拉)　有爪动物　01.0055

onychophoran　有爪动物　01.0055

ooblast　成卵细胞　04.0046

oocyst　卵囊(原生动物)　06.0113,　合子囊
　06.0602

oocyst residuum　卵囊残体　06.0295

oocyte　卵母细胞　04.0037

oocytin　促受精膜生成素　04.0153

ooduct　卵囊管　06.0296

ooecial operculum 卵室口盖 06.2488

ooecial orifice 卵室口 06.2348

ooecial vesicle 卵室囊 06.2376

ooecium 卵室 06.2473

ooepore 胞口(苔藓动物) 06.0393

oogamete 雌配子 06.0594

oogenesis 卵子发生 04.0035

oogenotop 卵形成器 06.1413

oogonium 卵原细胞 04.0036

ookinete 动合子 06.0297

ooplasm 卵质 04.0055

oostegite 抱卵片 06.2031

oostegopod 抱卵肢 06.2034

ootheca 卵鞘 06.1414

ootid 卵[细胞] 04.0047

ootype 卵模 06.1417

oozooid 卵生体 04.0192, 卵生珊瑚虫
06.0983

opediular indentation 隐壁缺口 06.2447

open vascular system 开管循环系[统] 06.0077

opercular aperture 鳃盖孔(硬骨鱼) 07.0030

opercular bone 鳃盖骨 07.0415

opercular muscle 口盖肌 06.2621

opercular valve 盖板 06.2068

operculum 口盖 06.0947, 卵盖 06.1416, 厣
06.1463, 壳盖 06.2059, 鳃盖 07.0027,
鳃盖骨 07.0415

opesiule 隐壁孔 06.2418

opesium 膜下孔 06.2415

ophiocephalous pedicellaria 蛇首叉棘 06.2729

ophiopluteus 蛇尾幼体 06.2959

ophirhabd 蛇杆骨针 06.0759

ophthalmic somite 眼节 06.1822

opisthaptor 后吸器 06.1279

opisthe 后仔虫 06.0513

opisthocoelous centrum 后凹椎体 07.0483

opisthodelphic type 后宫型 06.1148

opisthoglyphic tooth 后沟牙 07.0854

opisthomastigote 后鞭毛体 06.0149

opisthonephros 后位肾 07.0997

opisthotica 后耳骨 07.0340

opisthotic bone 后耳骨 07.0340

opium 寄生群落 03.0865

opportunistic species 机会种 03.0793

opposing spine 峙棘 06.2716

optic capsule 眼囊 07.0305

optic chiasma 视交叉 07.1144

optic cup 视杯 04.0336

optic disc 视盘, *视神经乳头 05.0331

optic ganglion 视神经节 06.1601

optic lobe 眼叶 06.1825

optic nerve 视神经 07.1109

optic placode 视板 04.0337

optic plate 视板 04.0337

optic vesicle 视泡 04.0338

optimal climate 最适气候 03.0087

optimal population 最适[种群]密度 03.0627

optimal temperature 适宜温度 03.0095

optimal yield 最适产量 03.0920

optimum 最适度 03.0083

oral area 口区 06.0394

oral atrium 口前腔 06.0395

oral disc 口盘 06.0980

oral gland 口腔腺 07.0743

oral groove 口沟 06.0396

oral hood 口笠 07.0122

oral infraciliature 口表膜下纤毛系 06.0398

oral interradial area 口面间辐区 06.2850

oral-lateral 口侧的 06.2347

oral neural system 口神经系 06.2945

oral osphradium 前嗅检器 06.1625

oral papilla 口乳突 06.1304, 口棘 06.2721

oral part 口[部] 06.0046

oral pinnule 口羽枝 06.2814

oral replacement 口更新 06.0399

oral rib 口肋 06.0400

oral ring 口环 06.1665

oral shield 口盾 06.2890

oral sucker 口吸盘 06.1319

oral surface 口面 06.2876

oral vestibule 口前庭 06.0401

orbit 眼窝 06.1583

orbital fascia 眶筋膜 07.1162

orbital region 眶区 07.0308

orbito-antennal groove 眼眶触角沟 06.1891

orbitosphenoid bone 眶蝶骨 07.0337

order 目 02.0067

ordinary zooid 普通个虫 06.2309

organism 生物 01.0112

organizer 组织者 04.0187

organ of Bojanus 博氏器，*鲍雅氏器官，*博亚努斯器 06.1644

organ of Corti 螺旋器，*科尔蒂器 05.0386

organ of Tomosvery 侧头器 06.2207

organogenesis 器官发生 04.0272

organum nuchale 项器 06.1656

Oriental realm 东洋界 02.0244

orientating function 定向功能 03.0408

orientation 定向 03.0407

orientation reaction 定向反应 03.0409

orifice 室口 06.2343

original description 原始描记 02.0099

ornithology 鸟类学 07.0003

orthodragma 直束骨针 06.0814

orthogamy 正常配偶 03.0531

orthomere 正部 06.0463

orthotriaene 正三叉骨针 06.0862

osculum 出水口 06.0710

osmotrophy 渗透营养 03.0905

osphradium 嗅检器 06.1635

osseous hydatid 骨棘球蚴 06.1249

osseous labyrinth 骨迷路 05.0351

osseous spiral lamina 骨螺旋板 05.0362

ossification 骨化 05.0092

ossified spine 硬刺 07.0055

osteoblast 成骨细胞 05.0071

osteoclast 破骨细胞 05.0074

osteocyte 骨细胞 05.0072

osteogenesis 骨发生 05.0090

osteoid 类骨质 05.0073

osteon 骨单位，*哈弗斯系统，*哈氏系统 05.0070

ostium 流入孔 06.0708

ostracum 壳层 06.1447

otic capsule 耳囊 07.0306

otic region 耳区 07.0309

otic vesicle 听泡 04.0341

otoconium 耳砂，*耳石，*位砂，*位石 05.0368

otoconium membrane 耳砂膜，*耳石膜，*位砂膜 05.0369

otocyst 平衡器 06.1637

otolith 耳砂，*耳石，*位砂，*位石 05.0368

outbreak [种群]暴发，*大发生 03.0630

outer coelom 外体腔 06.2666

outer cone 外锥体 06.1579

outer flagellum 外鞭 06.1918

outer ligament 外韧带 06.1476

outer limiting membrane 外界膜 05.0321

outer lip 外唇 06.1457

outer nuclear layer 外核层 05.0322

outer plexiform layer 外网层 05.0323

outer root 外突 06.1282

outer web 外翈 07.0164

outgroup 外类群 02.0144

output environment 输出环境 03.0888

ovarian ball 卵巢球 06.1397

ovarian follicle 卵泡 04.0071

ovarian hypoplasia 卵巢发育不全 04.0040

ovarium mound 卵丘 04.0041

ovary 卵巢 06.0100

overcrowding 过高[种群]密度 03.0626

overdifferentiation 过度分化 04.0178

overpopulation 过高[种群]密度 03.0626

[over]wintering 越冬 03.0498

ovicell 卵胞 06.2476

oviducal channel 输卵沟(鱼类) 04.0101

oviduct 输卵管 06.0101

ovification 卵形成 04.0045

ovijector 排卵器 04.0096，排卵管，*导卵管 06.1407

oviparity 卵生 04.0016

oviparous animal 卵生动物 01.0079

oviposition 产卵 03.0532

ovoplasm 卵质 04.0055

ovoviviparity 卵胎生 04.0018

ovoviviparous animal 卵胎生动物 01.0080

ovulation 排卵 04.0095

ovum 卵[细胞] 04.0047

oxea 二尖骨针 06.0761

oxyaster 针星骨针 06.0760

oxyclad 针枝骨针 06.0815

oxygen-consumption 耗氧量 03.0420

oxyhexact 针六辐骨针 06.0808

oxyhexactine 针六辐骨针 06.0808

oxyhexaster 针六星骨针 06.0816

oxyntic cell 壁细胞，＊泌酸细胞，＊盐酸细胞 05.0507

oxyphil cell ［甲状旁腺］嗜酸［性］细胞 05.0629

oxyphile 适氧性 03.0180

oxyphobe 厌氧性 03.0170

oxystrongyle 尖棒骨针 06.0812

oxytylote 尖头骨针 06.0813

P

pacemaker cell 起搏细胞 05.0291

Pacinian corpuscle 环层小体 05.0232

pad 腕趾 06.1575

paddle seta 桨状刚毛 06.1774

paedogenesis 幼体生殖 01.0103

paedoparthenogenesis 幼体孤雌生殖 01.0104

pair bonding 配偶键 03.0601

paired fins 偶鳍 07.0033

Palaearctic realm 古北界 02.0243

palaeoecology 古生态学 03.0019

palatal tooth 腭骨齿 07.0848

palate 颚区 06.2398

palatine bone 腭骨 07.0375

palatopharyngeus muscle 腭咽肌 07.0719

palatoquadrate cartilage 腭方软骨 07.0387

palea 稃毛 06.1789

paleopallium 古皮层 07.1081

pali 围栅 06.1071

paliform lobe 围栅瓣 06.1072

palingenesis 重演发育 01.0158

palintrope 后转板 06.2553

pallet 铠 06.1505

pallial eye 外套眼 06.1529

pallial ganglion 外套神经节 06.1611

pallial line 外套线 06.1498

pallial retractor muscle 外套收缩肌 06.1558

pallial sinus 外套窦，＊外套湾 06.1499

pallial siphuncle 索状物 06.1591

palm 掌部 06.1954

palma 掌板 06.2759

palmate 掌形爪状骨针 06.0797

palmate chaeta 掌状刚毛 06.1790

palmate chela 掌形爪状骨针 06.0797

palmate foot 蹼足 07.0228

palmella stage 胶群体期 06.0181

palm [of hand] 掌 07.0238

palp 触须 06.0034

palpal organ 触肢器 06.2124

PALS 围动脉淋巴鞘 05.0479

paludine 沼生 03.0277

pamprodactylous foot 前趾足 07.0227

panbiogeography 泛生物地理学 02.0009

pancreas 胰 07.0789

pancreatic islet 胰岛 05.0540

Paneth cell 帕内特细胞，＊潘氏细胞 05.0520

Panizza's pore 帕尼扎孔，＊潘氏孔 07.0994

panniculus carnosus muscle 脂膜肌 07.0649

pansporoblast 泛孢［子］母细胞 06.0343

papilla 乳突 06.1302

papilla of optic nerve 视盘，＊视神经乳头 05.0331

papillary layer 乳头层 05.0415

papillary muscle 乳头肌 07.0629

papillate podium 疣足(棘皮动物) 06.1669

papula 皮鳃 06.2947

papularium 皮鳃区 06.2851

parabasal apparatus 副基器 06.0169

parabasal body 副基体 06.0170

parabasal filament 副基丝 06.0171

parabronchus 三级支气管，＊副支气管 05.0563

parachorium 体内共生 03.0749

paracone 前尖 07.0839

paraconid 下前尖 07.0840

paracortex 副皮质 05.0466

paracostal granule 副肋粒 06.0172

paracrine 旁分泌 05.0546

paracymbium 副跗舟 06.2129

paraflagellar body 副鞭毛体 06.0148

paraflagellar rod　副鞭毛杆　06.0147

parafollicular cell　滤泡旁细胞　05.0625

paragastric　侧胃　06.0716

paragnatha　颚齿　06.1666

parakinetal　毛基索侧生型　06.0502

parallelism　平行进化　02.0025

paramembranelle　副小膜　06.0391

paramere　副部　06.0464

paramylon　副淀粉　06.0189

paranal sinus　肛周窦　05.0522

paranasal sinus　鼻旁窦　07.0858

paranucleus　副核　06.0222

parapatry　邻域分布　03.0701

paraphyle　副突(原生动物)　07.0090

paraphyly　并系　02.0110

parapodium　疣足(多毛类)　06.1669

parapophysis　椎体横突　07.0452

parasite　寄生物，＊寄生虫　03.0748

parasitic castration　寄生去势　06.2020

parasitic disease　寄生虫病　06.1108

parasitic infection　寄生虫感染　06.1114

parasitic zoonosis　寄生性人兽互通病　06.1126

parasitism　寄生[现象]　03.0747

parasitoid　拟寄生物　03.0755

parasitoidism　拟寄生　03.0756

parasitology　寄生虫学　06.1094

parasitophorous vacuole　寄生泡　06.0324

parasomal sac　侧体囊　06.0545

parasphenoid bone　副蝶骨　07.0348

parasympathetic nervous system　副交感神经系统　07.1063

paratenic host　转续宿主　06.1189

parateny　横行毛基单元　06.0380

paratheca　副鞘　06.1086

parathyroid gland　甲状旁腺　07.1175

parathyroid hormone　甲状旁腺素　05.0630

paratype　副模标本　02.0037

paraventricular nucleus　室旁核　05.0598

paraxial rod　副轴杆　06.0168

Parazoa(拉)　侧生动物　01.0026

parazoan　侧生动物　01.0026

parenchyma　主质　06.0737

parenchymalia　主质骨针　06.0792

parenchymal vesicle　实质囊　06.1164

parenchymula　实[囊]胚　06.0684

parental care　[亲代]抚育　03.0559

parental form　亲代类型　06.0647

paries　壁板　06.2072

parietal bone　顶骨　07.0355

parietal cell　壁细胞，＊泌酸细胞，＊盐酸细胞　05.0507

parietal decidua　壁蜕膜　04.0399

parietal layer　体壁层　04.0324，　壁层(肾小囊)　05.0583

parietal lobe　顶叶　07.1099

parietal mesoderm　体壁中胚层　04.0288

parietal ovicell　壁卵胞　06.2483

parietal peritoneum　壁体腔膜　06.1725，　腹膜壁层　07.0773

paroral membrane　口侧膜　06.0404

parotid gland　腮腺，＊耳后腺　07.0746

pars astringins(拉)　膜部　06.2026

pars distalis(拉)　远侧部　05.0590

parsimony　简约性　02.0112

pars intermedia(拉)　中间部　05.0592

pars nervosa(拉)　神经部　05.0591

pars nonglandularis(拉)　无腺区，＊皮区　05.0513

pars tuberalis(拉)　结节部　05.0593

parthenogenesis　孤雌生殖　01.0101

paruterine organ　副子宫器，＊子宫周器官　06.1401

passing bird　旅鸟　03.0401

patella　髌骨　07.0535

patobiont　林底层生物　03.0363

patocole　常栖林底层动物　03.0362

patoxene　偶栖林底层动物　03.0361

patrogynopaedium　亲子集群　03.0712

paturon　螯基　06.2096

paxillae　小柱体　06.2789

PBB-complex　极性基体复合体　06.0382

PCA　口前纤毛器　06.0405

P cell　起搏细胞　05.0291

pearl layer　＊珍珠层　06.1449

pecilokont　梗动体　06.0536

pecten　栉　06.1484，　栉状膜　07.1156

pectinate pedicellaria 栉状叉棘 06.2730

pectinate tooth 栉齿 06.2220

pectinate uncinus 梳状齿钩毛 06.1753

pectinelle 梗突 06.0537

pectoral fin 胸鳍 07.0034

pectoral girdle 肩带 07.0492

pectoral muscle 胸肌 07.0679

pedal aperture 足孔 06.1480

pedal disc 足盘 06.0981

pedal elevator muscle 举足肌 06.1554

pedal ganglion 足神经节 06.1612

pedal gland 足腺 06.2654

pedal protractor muscle 伸足肌 06.1555

pedal retractor muscle 收足肌 06.1556

pedicel 梗节 06.0538, 柄 06.0979, 腹柄 06.2148

pedicellaria 叉棘 06.2724

pedicle 肉茎 06.2535

pedicle valve 茎瓣 06.2504

pedicular muscle 柄肌 06.2624

pediferous segment 有足体节 06.2229

peduncle 小柄 06.0943, 肉茎 06.2535

peduncular muscle 茎肌 06.2616

pedunculated acetabulum 有柄腹吸盘 06.1323

pedunculated papilla 有柄乳突 06.1308

pelage 毛被 07.0171

pelagic polychaete 浮游多毛类 06.1807

pelagium 大洋群落 03.0860

pelagophile 适大洋性 03.0191

pellet 吐弃块 03.0562

pellicle 表膜 06.0434

pellicular alveolus 表膜泡 06.0435

pellicular crest 表膜嵴 06.0436

pellicular pore 表膜孔 06.0437

pellicular stria 表膜条纹 06.0438

pelochthium 泥滩群落 03.0853

PELS 围椭球淋巴鞘 05.0481

pelta 盾 06.0176

peltate tentacle 盾状触手 06.2820

pelvic fin 腹鳍 07.0035

pelvic girdle 腰带 07.0498

pelvic kidney 腰肾 07.1005

pelvic rudiment bone 腰痕骨 07.0528

pelvis 骨盆 07.0533

pendicular avicularium 有柄鸟头体 06.2335

penetrant 穿刺刺丝囊 06.0916

penetration gland 穿刺腺 06.1428

penicillar artery 笔毛动脉 05.0478

penicillate seta 刷状刚毛 06.1755

peniculus 咽膜 06.0419

penis 雄性交接器 06.0107, 阴茎 06.0108

pentacrinoid stage 五腕海百合期 06.2955

pentactula 五触手幼体 06.2956

pentastomid 五口动物 01.0061

Pentastomida（拉） 五口动物 01.0061

pereiopod 步足 06.1948

perforated plate 穿孔板 06.2752

perforating canal 穿通管，＊福尔克曼管 05.0083

perforating fiber 穿通纤维，＊沙比纤维 05.0077

perianal cilia 围肛纤毛 06.2687

periarterial lymphatic sheath 围动脉淋巴鞘 05.0479

periblast 胚周区 04.0358

pericardial cavity 围心腔，＊心包腔 07.0905

pericardium 心包膜，＊心包 05.0276

perichaetine 环生 06.1795

perichondrium 软骨膜 05.0062

pericoxa 围基节 06.2241

pericyte 周细胞 05.0286

periellipsoidal lymphatic sheath 围椭球淋巴鞘 05.0481

periesophageal space 围咽腔 06.2661

periflagellar membrane 围鞭毛膜 06.0703

perignathic girdle 围颚环 06.2903

perikaryon 核周质，＊核周体 05.0187

perilemma 表膜上膜 06.0439

perilymph 外淋巴 05.0356

perilymphytic space 外淋巴膜 05.0353

perimetrium 子宫外膜 05.0650

perimysium 肌束膜 05.0178

perineal gland 会阴腺 07.0269

perineal pattern 会阴花纹 06.1177

perineum 会阴 07.1049

perineurium 神经束膜 05.0212

periodicity 周期性 03.0961

periodic outbreak 周期性[种群]暴发 03.0631

periodic parasite 周期性寄生虫 06.1121

periodic plankton 周期性浮游生物 03.0316

periodism 周期性 03.0961

period of yolk formation 卵黄形成期 04.0091

perioral spine 围口刺 06.1346

periosteum 骨外膜 05.0068

periostracum 壳皮层，*角质层 06.1446

periotic bone 围耳骨 07.0359

periparasitic vacuole 寄生泡 06.0324

peripetalous fasciole 周花带线 06.2835

peripheral lobe 口前叶 06.1345

peripheral nervous system 周围神经系统 07.1065

peripodium 围足部 06.2845

periproct 围肛部 06.2844

periproct plate 围肛板 06.2755

perisare 围鞘 06.0949

perisinusoidal space of Disse 窦周[间]隙，*迪塞间隙，*狄氏隙 05.0537

perispicular spongin 围骨针海绵质 06.0705

peristalsis 蠕动 06.2638

peristome 口围 06.0408，围口部 06.2843

peristomial ovicell 口围卵胞 06.2480

peristomial plate 围口板 06.2745

peristomium 围口节 06.1657

peristomium cirrus 围口触须 06.1663

peritoneal cavity 腹膜腔 07.0770

peritoneal cell 腹膜细胞 06.2505

peritoneal chord 腹膜索 06.2356

peritoneal fold 腹膜褶 06.2542

peritoneal sheath 围脏鞘 06.2541

peritoneum 腹膜 07.0771

perivitelline fluid 卵周液 04.0064

perivitelline membrane 卵周膜 04.0065

perivitelline space 卵周隙 04.0063

perkinetal 毛基索横生型 06.0501

permanent dentition 恒齿齿系 07.0795

permanent parasite 长久性寄生虫 06.1115

permanent plankton 终生浮游生物 03.0297

permanent tooth 恒齿 07.0794

peroneus muscle 腓骨肌 07.0683

perradius 主辐 06.0963

persistence 持久性 03.0944

perturbation 干扰 03.0945

pessimum 最劣度 03.0084

pessulus 鸣骨 07.0861

pest 有害动物 03.1019，害虫 03.1020

petaloid ambulacrum 瓣状步带 06.2859

petaloid area 瓣区 06.2852

petasma 雄性交接器 06.0107

petiole 柄(蜘蛛) 06.0979

petrocole 石栖动物 03.0349

petrodophile 适石性 03.0200

petrotympanic bone 岩鼓骨 07.0362

pexicyst 固着泡 06.0481

Peyer's patch 淋巴集结，*集合淋巴小结，*派尔斑 05.0489

phaeodium 暗块 06.0245

phagocytic vacuole 吞噬泡 06.0641

phagocytosis 吞噬[作用] 06.0640

phagoplasm 吞噬质 06.0549

phagotrophy 吞噬[营养] 03.0900

phalangeal cell 指细胞 05.0388

phanerozoite 显隐子 06.0288

phanerozonate 显带海星 06.2698

pharopodium 透明足 06.0208

pharyngeal armature 咽甲 06.1356

pharyngeal basket 咽篮 06.0422

pharyngeal bone 咽骨 07.0413

pharyngeal cavity 咽腔 06.1357

pharyngeal gland 咽腺 06.1439

pharyngeal pouch 咽囊 06.1355

pharyngeal tonsil 咽扁桃体 07.0898

pharyngeal tooth 咽齿 07.0414

pharyngobranchial bone 咽鳃骨 07.0408

pharyngotympanic tube 咽鼓管，*欧氏管 07.0896

pharynx 咽 06.0052

phasic development 阶段发育 04.0008

phasmid 尾感器 06.1160

phellophile 适岩性 03.0201

phenetics *表型系统学 02.0003

phenological isolation 物候隔离 02.0158

pheromone 信息素 03.0431

phialocyst 碗状泡 06.0483

phobic reaction 厌性反应 03.0164

phoronid 帚形动物，*帚虫 01.0062

Phoronida（拉）帚形动物，＊帚虫 01.0062

phoront 帚体 06.0525

phosphatic deposit 有色骨片 06.2917

phosphatic type 磷酸型[外壳]（腕足动物）
06.2507

phosphorus cycle 磷循环 03.0124

photoautotroph 光能自养生物 03.0242

photokinesis 趋光运动 03.0155

photoperiod 光周期 03.0105

photoperiodicity 光周期性 03.0106

photoperiodism 光周期现象 03.0107

photophile 适光性 03.0179

photophobe 厌光性 03.0166

phototaxis 趋光性 03.0154

phototaxy 趋光性 03.0154

phragmocone 闭锥 06.1585

phrenic nerve 膈神经 07.1120

phylacobiosis 守护共生 03.0737

phyletic analysis 世系分析 02.0143

phyletic gradualism 种系渐变论 02.0261

phyllobranchiate 叶状鳃 06.1979

phyllode 叶鳃 06.2948

phyllopod type appendage 叶枝型附肢
06.1937

phyllosoma larva 叶状幼体 06.1996

phyllotriaene 片叉骨针 06.0791

phylogenesis 系统发生，＊系统发育 01.0149

phylogenetics 系统发生学 02.0007

phylogenetic tree [进化]系统树 02.0011

phylogeny 系统发生，＊系统发育 01.0149

phylum 门 02.0065

physical environment 物理环境 03.0053

physical resistance 物理抗性 03.0135

physiographic factor 自然地理因子 03.0057

physiologic adaptation 生理适应 01.0119

physiological ecology 生理生态学 03.0011

phytophage 食植动物 03.0252

pia mater 软膜 05.0273

picoplankton 超微型浮游生物 03.0305

pigment cell 色素细胞 05.0049

pigment epithelial cell 色素上皮细胞 05.0307

pigment epithelial layer 色素上皮层 05.0319

pilidium 帽状幼体 06.2964

pillar 立柱 06.2900

pillar cell 柱细胞 05.0387

pinacocyte 扁平细胞 06.0668

pineal body 松果体，＊松果腺 07.1176

pineal eye 松果眼 07.1158

pineal gland 松果体，＊松果腺 07.1176

pinealocyte 松果体细胞 05.0631

pin-feather 纤羽，＊毛羽 07.0142

pinna 耳郭，＊耳廓 07.1135

pinnate gill 羽状鳃 06.1687

pinnate tentacle 羽状触手 06.2823

pinnular 羽枝节 06.2787

pinnule 羽状体（腔肠动物）06.0999，叶状腹叶
06.1690，羽枝 06.2813

pinocytosis 胞饮[作用] 06.0642

pinocytotic vesicle 胞饮泡 06.0643

pinule 羽辐骨针 06.0866

pioneer 先锋[物]种 03.0809

pioneer community 先锋群落 03.0808

piptoblast 游走性休芽 06.2467

piriformis muscle 梨状肌 07.0692

piriform neuron 浦肯野细胞，＊梨状神经元
05.0255

piriform neuron layer 浦肯野细胞层，＊梨状神
经元层 05.0256

pisiform bone 豌豆骨 07.0520

pit organ 陷器 07.1103

pituicyte 垂体细胞 05.0612

pituitary gland 脑垂体 07.1173

placenta 胎盘 07.1028

placentalia 胎盘动物 01.0163

placoid scale 盾鳞 07.0057

Placozoa（拉）扁盘动物 01.0035

placozoan 扁盘动物 01.0035

plagiotriaene 侧三叉骨针 06.0798

plagula 腹桥 06.2150

plankton 浮游生物 03.0292

planozygote 游动合子 06.0188

plantaris muscle 跖肌 07.0698

plantigrade 蹠行 07.0217

plant nematology 植物线虫学 06.1103

planula 浮浪幼体 06.0923

plasma cell 浆细胞 05.0455

plasmagel　凝胶(原生动物)　06.0219

plasmalemma　质膜　06.0606

plasma membrane　质膜　06.0606

plasmasol　溶胶(原生动物)　06.0220

plasmodesma　胞间连丝　06.0607

plasmodium　变形体　06.0224，原质团　06.0345

plasmogamy　质配　06.0523

plasmotomy　原质团分割　06.0650

plasticity　可塑性　03.0965

plastid　质体　06.0197

plastotype　塑模标本　02.0049

plastron　盾板(棘皮动物)　06.2069，腹甲(脊椎动物)　06.0013

plate　板(龟鳖类)　07.0096

platelet　小板形骨针　06.1045

platybasic type　平底型[颅]　07.0302

platyhelminth　扁形动物　01.0038

Platyhelminthes(拉)　扁形动物　01.0038

pleated collar　褶襟　06.2352

pleioxeny　多主寄生　03.0768

pleopod　腹肢(甲壳动物)　06.1704

plerocercoid　实尾蚴　06.1234

plesiaster　近星骨针　06.0817

plesiomorphy　祖征　02.0177

plesiotype　近模标本　02.0045

pleura　胸膜　07.0870

pleural cavity　胸膜腔　07.0769

pleural ganglion　侧神经节　06.1610

pleuralia　表须　06.0732

pleural nerve cord　侧神经索　06.1617

pleurite　侧甲　06.0012

pleurobranchia　侧鳃　06.1984

pleurocentrum　侧椎体　07.0460

pleurodont　侧生齿　07.0799

pleuron　侧甲　06.0012

pleuro-pedal connective　侧足神经连索　06.1620

pleurotergite　背侧板　06.2236

pleuro-visceral connective　侧脏神经连索　06.1616

pleurum　侧甲　06.0012

pleuston　水面漂浮生物　03.0321

plica　皱襞　05.0514，褶　06.1485

plicated shell　具褶壳　06.2508

plumage　羽衣　07.0125

plumicome　羽丝骨针　06.0865

plumoreticulate skeleton　羽网状骨骼　06.0897

plumous seta　毛状刚毛　06.1754

pluripotency　多能性　04.0191

pluteus　长腕幼体　06.2958

pneumatic ring　气环　06.2393

podite　足状突　06.0544

podium　管足　06.2832

podobranchia　足鳃　06.1982

podocyst　足囊　06.0978

podocyte　足细胞　05.0582

poecilogony　幼虫多型现象　06.1805

Pogonophora(拉)　须腕动物　01.0053

pogonophoran　须腕动物　01.0053

poikilotherm　变温动物　03.0415

poikilothermal animal　变温动物　03.0415

poikilothermy　变温性　03.0414

point　翎骨针　06.1046

pointed wing　尖翼　07.0209

point of entrance　[精子]穿入点　04.0137

poison claw　毒爪　06.2251

poison gland　毒腺　07.0247

poisonous spine　毒刺　06.1877

polar basal body-complex　极性基体复合体　06.0382

polar body　极体　04.0054

polar cap　极帽　06.0289

polar capsule　极囊　06.0290

polar cushion cell　*极垫细胞　05.0587

polar filament　极丝　06.0291

polar granule　极粒　06.0292

polarity　极性　04.0057

polar lobe　极叶　04.0061

polar ring　极环　06.0293

polar tube　极管　06.0294

Polian vesicle　波利囊，*波氏囊　06.2928

polipidial pore　虫体外孔　06.2408

pollution　污染　03.1027

polyact　多辐骨针　06.0796

polyactine　多辐骨针　06.0796

polyandry　一雌多雄　03.0685

polychromatophilic erythroblast　中幼红细胞，*嗜

多染性成红细胞　05.0115

polyclimax　多顶极[群落]　03.0812

polycystid gregarine　多房簇虫　06.0306

polydelphic type　多宫型　06.1145

polydemic　多域性　03.0274

polydome　多巢　03.0554

polyembryogeny　多胚发生　06.2657

polyembryony　多胚　04.0410

polyenergid　多倍性活质体　06.0628

polygamy　多配性　03.0683

polygemmic　多芽生殖的　06.0506

polygenesis　多元发生　03.0954

polygyny　一雄多雌　03.0684

polyhymenium　多膜现象　06.0392

polylecithal egg　多黄卵　04.0084

polymerization　聚合作用　06.0588

polymorphic colony　多态群体　03.0681

polymorphism　多态　01.0108

polymorphonuclear granulocyte　多形核粒细胞，＊多
　　叶核粒细胞　05.0125

polymyarian type　多肌型　06.1151

polyp　水螅[体]　06.0907

polyparasitism　多寄生　03.0762

polyphagy　多食性　03.0249

polyphyly　复系　02.0111

polypide　虫体　06.2349

polypidian primordium　虫体原基　06.2386

polyporous plate　多孔板　06.2754

polyspermy　多精入卵　04.0141

polyspire　多旋骨针　06.0819

polysporous　多孢子的　06.0270

polystenohaline　高狭盐性　03.0229

polystichomonad　多列单型膜　06.0412

polystomodeal budding　多口道芽　06.1091

polystomy　多口　06.0413

polythalamic　多室的　06.0226

polytocous　一胎多子的　04.0412

polytomic　多分裂的　06.0653

polytrochal larva　多毛轮幼虫　06.1802

polytypic genus　多型属　02.0095

polytypic species　多型种　02.0094

polyxeny　多主寄生　03.0768

pons　脑桥　07.1073

pontium　深海群落　03.0861

pontophile　适深海性　03.0192

population　种群，＊繁群，＊居群　01.0131

population analysis　种群分析　03.0611

population crash　种群崩溃　03.0633

population density　种群密度　03.0612

population depression　种群衰退　03.0632

population dynamics　种群动态　03.0616

population ecology　种群生态学　03.0003

population equilibrium　种群平衡　03.0638

population fluctuation　种群波动　03.0617

population growth　种群增长　03.0618

population regulation　种群调节　03.0637

population turnover　种群周转　03.0619

population viability analysis　种群生存力分析
　　03.0625

porcellana larva　磁蟹幼体　06.2013

porcellaneous　似瓷质的　06.0228

pore area　孔带　06.2887

pore chamber　孔室　06.2423

pore pair　孔对　06.2888

pore plate　孔板　06.2431

Porifera(拉)　多孔动物，＊海绵[动物]　01.0034

porocalyx　萼管　06.0700

porocyte　孔细胞　06.0675

portal canal　门管　05.0532

portal vein　门静脉　07.0961

postabdomen　后腹部　06.1834

postacetabular flap　后腹吸盘瓣　06.1331

postbacillar eye　视杆后眼　06.2109

postcapillary venule　毛细血管后微静脉　05.0288

postcaval vein　后腔静脉　07.0965

postciliary fiber　纤毛后纤维　06.0355

postciliary microtubule　纤毛后微管　06.0356

postciliodesma　纤毛后微纤维　06.0357

post embryonic development　胚后期发育　04.0416

poster　后叶(苔藓动物)　06.2493

posterior adductor muscle　后闭壳肌　06.1537

posterior arm　后腕　06.2881

posterior articular process　后关节突　07.0445

posterior canal　后沟　06.1460

posterior cardinal vein　后主静脉　07.0989

posterior chamber　后房　05.0334

posterior chamber of the eye　眼后房　07.1132

posterior commissure　后连合　07.1095

posterior intestinal portal　后肠门　04.0373

posterior lateral eye　后侧眼　06.2107

posterior lateral tooth　后侧齿　06.1515

posterior lobe　后叶　06.2493

posterior median eye　后中眼　06.2106

posterior mesenteric artery　后肠系膜动脉　07.0946

posterior microtubule　后微管　06.0369

posterior rectus muscle　后直肌　07.0604

posterior row of eyes　后眼列　06.2105

posterior spinneret　后纺器　06.2156

posterior sucker　后吸盘　06.1334

postero-dorsal arm　后背杆　06.2861

postero-lateral arm　后侧杆　06.2862

postfemur　后股节　06.2254

postformation theory　渐成论，＊后成论　04.0010

post-frontal ridge　额后脊　06.1858

postganglionic [nerve] fiber　节后神经纤维　07.1150

post-juvenal molt　稚后换羽　03.0519

post-larva　后期幼体　06.1994

postmentum　后唇基节　06.2217

postmolt　蜕皮后期　06.2041

postnatal　出生后　04.0415

postnatal molt　雏后换羽　03.0518

post-nuptial molt　婚后换羽　03.0521

post-oral appendage　口后附肢　06.1974

postoral meridian　口后子午线　06.0407

postoral ring　口后环　06.1344

postoral rod　口后杆　06.2863

postoral suture　口后缝　06.0402

postorbital bone　眶后骨　07.0347

post-orbital groove　眼后沟　06.1890

post-orbital spine　眼后刺　06.1868

post-rostral carina　额角后脊　06.1850

postsetal lobe　后刚叶　06.1676

postsynaptic membrane　突触后膜　05.0227

potamium　河流群落　03.0852

potamophile　适河流性　03.0188

potamoplankton　河流浮游生物　03.0307

potentiality of development　发育潜能　04.0161

powder down　粉绒羽，＊粉䎃　07.0143

prairie community　草原群落　03.0844

preacanthella　前棘头体　06.1213

preacetabular pit　腹吸盘前窝　06.1330

preadaptation　前适应　03.0966

preanal pore　肛前孔　07.0285

preanal sucker　肛前吸盘　06.1327

preantenna　前触角　06.2208

preantennal ganglion　前触角神经结　06.2210

preantennal segment　前触角体节　06.2209

prebacillar eye　视杆前眼　06.2108

prebuccal area　口前区　06.0403

precaval vein　前腔静脉　07.0964

preceeding zooid　前位个虫　06.2311

precocialism　早成性　03.0548

precocies　早成雏　03.0546

precocious development　早熟发育　04.0417

precocious insemination　早期授精　06.2649

predator　捕食者　03.0745

preening　梳理　03.0477

preepipodite　前上肢　06.1932

preethmoid bone　前筛骨　07.0333

prefemur　前股节　06.2253

prefemuro-femur　前股股节　06.2255

preformation theory　先成论　04.0011

preganglionic [nerve] fiber　节前神经纤维　07.1149

pregastrulation　原肠形成前期　04.0245

pregenital segment　前生殖节　06.2260

pregenital sternite　前生殖节胸板　06.2261

pregermlayer stage　胚层前期　04.0252

pregnancy　妊娠　04.0403

prehensile organ　执握器　06.2023

prehensile tentacle　捕捉触手　06.0527

pre-induction　前诱导　03.0967

preischium　前座节　06.1956

prelateral lobe　侧前叶　06.1933

premaxillary bone　前颌骨　07.0358

premaxillary gland　前颌腺　07.0248

premaxillary tooth　前颌齿　07.0845

premolar tooth　前臼齿　07.0805

premolt　蜕皮前期　06.2039

premunition　带虫免疫　06.1139

prenatal 出生前 04.0414

pre-nuptial molt 婚前换羽 03.0520

preopercular bone 前鳃盖骨 07.0418

preoral cavity 口前腔(节肢动物) 06.0395

preoral ciliary apparatus 口前纤毛器 06.0405

preoral lobe 口前叶 06.1345

preoral loop 前口环 06.2904

preoral nervous field 口前神经区 06.2694

preoral rod 口前杆 06.2864

preoral septum 口前隔壁 06.2598

preoral sting 口前刺 06.1876

preoral suture 口前缝 06.0406

preorbital bone 眶前骨 07.0346

preorbital spine 眼眶前刺 06.1883

preovulation 排卵前 04.0094

prepharynx 前咽 06.1354

prepterygoid bone 前翼骨 07.0389

prepuce 包皮 07.1010

presacral vertebra 荐前椎 07.0463

presetal lobe 前刚叶 06.1675

presomite embryo 体节前期胚 04.0296

presphenoid bone 前蝶骨 07.0335

presternite 前胸板 06.2235

presynaptic membrane 突触前膜 05.0226

pretergite 前背板 06.2234

previllous embryo 绒毛前期胚 04.0380

prey 猎物, * 被食者 03.0746

priapulid 曳鳃动物 01.0047

Priapulida (拉) 曳鳃动物 01.0047

primary bronchus 初级支气管, * 主支气管
05.0561

primary coelom 原体腔 06.0039

primary colony 原生群体 03.0679

primary community 原生群落 03.0836

primary disc 初盘 06.2327

primary egg envelope 初级卵膜 04.0049

primary endoblast 原内胚层 04.0277

primary endoderm 原内胚层 04.0277

primary feather 初级飞羽 07.0148

primary hood 初巾膜 06.1733

primary mesoderm 原中胚层 04.0283

primary oocyte 初级卵母细胞 04.0038

primary orifice 初生室口 06.2344

primary plate 初级板 06.2761

primary production 初级生产[量] 03.0922

primary productivity 初级生产力 03.0923

primary radial 原辐板 06.2763

primary ribbed wall 原肋壁 06.0574

primary septum 初级隔片 06.1064

primary spermatocyte 初级精母细胞 04.0105

primary tubercle 大疣 06.2824

primary zooid 初虫 06.2317

primate 灵长类 07.0020

primatology 灵长类学 07.0005

primaxil 原分歧腕板 06.2764

primer pheromone 引发信息素 03.0434

primibrach 原腕板 06.2741

primite 原簇虫 06.0302

primitiva 原板(原生动物) 06.1500

primitive groove 原沟 04.0368

primitive knot 原结, * 亨森氏结 04.0367

primitive pit 原窝 04.0369

primitive streak 原条 04.0366

primodium 原基 04.0274

primordial germ cell 原生殖细胞 04.0022

primordium 原基[器官] 06.2533

principal cell [甲状旁腺]主细胞 05.0628

principalia 主骨针 06.0793

principal piece 主段(精子) 04.0111

priority 优先权 02.0097

prisere 原生演替系列 03.0827

prismatic layer * 棱柱层 06.1447

proamnion 前羊膜 04.0370

proboscis 吻 06.0045, 吻突 06.1290

proboscis receptacle 吻鞘 06.1291

procephalon 原头 06.2196

procercoid 原尾蚴 06.1232

processus masculinus(拉) 雄性突起 06.2016

procoelous centrum 前凹椎体 07.0482

procreation 生育 04.0406

proctodeal gland 肛道腺 07.0765

proctodeum 肛道 07.0768

procyclic form 前循环型 06.0164

prodelphic type 前宫型 06.1147

producer 生产者 03.0895

production 生产 03.0889, 生产量 03.0918

proecdysis　蜕皮前期　06.2039

proembryonal cell　原胚细胞　04.0171

proerythroblast　原红细胞，*前成红细胞
　　05.0113

proestrus　动情前期　04.0099

progesterone　孕酮，*黄体酮　05.0659

proglottid　节片　06.1155

prograde　前行性　06.2183

progression rule　递进法则　02.0113

progressive succession　进展演替　03.0814

prohaptor　前吸器　06.1278

prolateral spine　前侧刺　06.2122

proloculum　初室　06.0227

prolymphoblast　前原淋巴细胞，*前淋巴母细胞
　　05.0127

prolymphocyte　幼淋巴细胞　05.0129

promargin　前齿堤　06.2093

promastigote　前鞭毛体　06.0153

promegakaryocyte　幼巨核细胞，*前巨核细胞
　　05.0136

promentum　前唇基节　06.2216

promonocyte　幼单核细胞，*前单核细胞
　　05.0131

promyelocyte　早幼粒细胞，*前髓细胞　05.0121

pronephros　前[期]肾　07.0996

pronghorn　叉洞角　07.0178

pronucleus　原核　04.0150

prootica　前耳骨　07.0339

prootic bone　前耳骨　07.0339

propodite　掌节　06.1953

propodus　掌节　06.1953

prorubricyte　早幼红细胞，*嗜碱性成红细胞
　　05.0114

prosencephalon　前脑　04.0326

prosoma　前体　06.0006

prosome　前体　06.0006

prosomite　前环节　06.2231

prosopyle　前幽门孔　06.0717

prostalia　表须　06.0732

prostate [gland]　前列腺　07.1017

prostatic bulb　前列腺球　06.1376

prostatic cell　前列腺细胞　06.1377

prostomial palp　口前触须　06.1655

prostomial tentacle　口前触手　06.1654

prostomium　口前叶(环节动物)　06.1345，口前
　　部　06.1658

protandry　雄性先熟　01.0174

protaxis　反应本能　03.0456

protective adaptation　保护性适应　03.0443

protective coloration　保护色　03.0444

protective membrane　保护膜　06.1582

[protective] mimicry　[保护性]拟态　03.0449

protective potential　自卫力　03.0452

protegalum　胚壳　06.2509

proter　前仔虫　06.0512

proteroglyphic tooth　前沟牙　07.0853

protetraene　前四叉骨针　06.0795

protocephalon　原头部　06.1832

protocercal tail　原型尾　07.0042

Protochordata (拉)　原索动物　01.0074

protochordate　原索动物　01.0074

protocoel　前体腔　06.0040

protoconch　原壳　06.1462

protocone　原尖　07.0841

protoconid　下原尖　07.0842

protoconule　原小尖　07.0843

protocooperation　初级合作　03.0726

protoecium　原虫室　06.2325

protoecium disc　初盘　06.2327

protogynous hermaphrodite　雌性先熟雌雄同体
　　01.0177

protogyny　雌性先熟　01.0175

protomerite　前节　06.0308

protomite　原仔体　06.0569

protomonomyaria stage　原单柱期　06.1538

protomont　原分裂前体　06.0570

protonephridium　原管肾，*原肾管　06.0088

protoplasmic astrocyte　原浆性星形胶质细胞
　　05.0197

protoplax　原板　06.1500

protopod　原肢　06.1942

protopodite　原肢　06.1942

protoscolex　原头节　06.1336

protostome　原口动物　01.0032

Protostomia(拉)　原口动物　01.0032

protostyle　原始晶杆　06.1448

prototroch 前纤毛环 06.2689

Protozoa（拉） 原生动物 01.0025

protozoan 原生动物 01.0025

protozoea larva 原溞状幼体 06.1998

protozoology 原生动物学 06.0123

protractor 牵引肌 06.2617

protractor dorsalis muscle 背鳍引肌 07.0636

protractor ventralis muscle 腹鳍引肌 07.0637

protriaene 前三叉骨针 06.0794

protrichocyst 原刺泡 06.0471

provagina 前阴道 06.1408

proventriculus 前胃 06.1363

proximal 近端的 06.0117

proximal convoluted tubule 近曲小管 05.0575

proximal process 基部突起 06.2085

proximal wall 底壁 06.2443

proximate causation 近因，＊引信导因 03.0063

proximate cause 近因，＊引信导因 03.0063

prozonite 前背侧板 06.2237

pseudepipodite 假上肢 06.1989

pseudexopodite 假外肢 06.1966

pseudoacidophilic granulocyte 假嗜酸性粒细胞 05.0101

pseudobranch 假鳃 07.0886

pseudocardinal tooth 拟主齿 06.1513

pseudocoel ＊假体腔 06.0039

pseudocoelomate 假体腔动物 01.0030

pseudo-compound eye 伪复眼 06.2206

pseudocompound seta 伪复型刚毛 06.1775

pseudoconjugant 抱合体 06.0328

pseudoconjugation 伪接合 06.0336

pseudocyst 伪包囊 06.0638

pseudoepipodite 假上肢 06.1989

pseudoexopodite 假外肢 06.1966

pseudohibernation 假冬眠 03.0500

pseudolabium 假唇 06.1349

pseudomembranelle 伪小膜 06.0388

pseudonasse 假篮咽管 06.0425

pseudoparasite 假寄生虫 06.1120

pseudoparasitism 假寄生 03.0754

pseudo-paxillae 伪柱体 06.2790

pseudoperistome 假口围 06.0416

pseudoplasmodium 伪原质团 06.0346

pseudopodium 伪足 06.0206

pseudopolymorphism 假多形 06.2288

pseudopore 假孔 06.2404

pseudopregnancy 假孕 04.0404

pseudopunctate shell 假疹壳 06.2510

pseudorostrum 假额剑 06.1831

pseudoscolex 假头节 06.1337

pseudosematic color 拟色 03.0445

pseudosinus 假窦 06.2403

pseudostolon 假匍茎 06.2323

pseudostome 伪口 06.0221

pseudostratified epithelium 假复层上皮 05.0006

pseudo-tracheae 假气管 06.2056

pseudotroglobiont 假洞居生物 03.0355

pseudounipolar neuron 假单极神经元 05.0191

pseudozoea larva 假溞状幼体 06.2002

psoas major muscle 腰大肌 07.0690

ptectolophorus lophophore 复冠型触手冠 06.2517

pterotic bone 翼耳骨 07.0341

pterygoid bone 翼骨 07.0376

pterygoid tooth 翼骨齿 07.0849

pterygopharyngeus muscle 翼咽肌 07.0720

pterygostomian region 颊区 06.1844

pterygostomian spine 颊刺 06.1871

pteryla 羽区 07.0128

ptycholophorus lophophore 褶冠型触手冠 06.2516

puberty wall 性隆脊 06.1798

puerulus larva 龙虾幼体 06.2005

pulmo-cutaneous artery 肺皮动脉 07.0953

pulmonary arch 肺动脉弓 07.0930

pulmonary artery 肺动脉 07.0922

pulmonary circulation 肺循环 07.0904

pulmonary lobule 肺小叶 05.0550

pulmonary trunk 肺动脉干 07.0921

pulmonary vein 肺静脉 07.0962

pulp cavity ［齿］髓腔 07.0831

pulsating canal 搏动管 06.0488

pulsating vacuole 搏动泡 06.0489

pulvinus 垫 07.0112

punctate shell 有疹壳 06.2511

punctuated equilibrium 点断平衡说 02.0262

pupil 瞳孔 05.0348

Purkinje cell 浦肯野细胞，*梨状神经元 05.0255

Purkinje cell layer 浦肯野细胞层，*梨状神经元层 05.0256

Purkinje fiber *浦肯野纤维 05.0293

Purkinje system 传导系统 05.0280

pustule 小疣突 06.2831

pusule 液泡 06.0201

PVA 种群生存力分析 03.0625

pycnaster 密星骨针 06.0818

pygidium 尾[部](环节动物) 06.0005，尾节 06.1835

pygostyle 尾综骨 07.0464

pyloric caecum 幽门盲囊 07.0783

pyloric gland 幽门腺 07.0741

pyloric region 幽门部 07.0738

pylorus 幽门 07.0726

pyramid 锥骨 06.2807

pyramidal cell 锥体细胞 05.0265

pyramidal layer 锥体层 05.0263

pyramid of biomass 生物量锥体 03.0913

pyramid of energy 能量锥体 03.0914

pyramid of number 数量锥体 03.0912

pyriform apparatus 梨形器(绦虫) 06.1415

pyriform gland 梨状腺 06.2170

pyriform lobe 梨状叶 07.1142

pyriform organ 梨形器(苔藓动物) 06.1415

Q

quadrat 样方 03.0039

quadrate bone 方骨 07.0393

quadratojugal bone 方轭骨 07.0392

quadrifora 四孔型 06.1533

quadrilobulate lophophore 四叶型触手冠 06.2520

quadrulus 四分膜 06.0420

quarternary parasite 四重寄生物 03.0767

quasisocial 类社会 03.0674

quincuncial 五点形的 06.2297

R

race 宗 02.0200

rachis 羽干 07.0158

radial canal 放射管 06.0713，辐管 06.0977

radial corallite 辐射珊瑚单体 06.1059

radial furrow 放射沟 06.2091

radialium 辐鳍骨 07.0500

radial line 放射线 06.2591

radial neuroglia cell 放射状胶质细胞，*米勒细胞 05.0318

radial piece 辐片 06.2915

radial pin 辐针 06.0578

radial rib 放射肋 06.1487

radial symmetrical type 辐射对称型[卵裂] 04.0211

radial symmetry 辐射对称 01.0085

radiate 辐射状骨针 06.1043

radiating plication 放射褶 06.2592

radicular fibre 根纤维 06.2321

radiculus 根卷枝 06.2818

radiole 辐触手 06.1688

radio tracking 无线电跟踪法 03.0047

radius 辐部 06.2071，桡骨 07.0512

radix 根片 06.2126，根 06.2819

radula 齿舌 06.1523

radula sac 齿舌囊 06.1524

raphide 发状骨针 06.0763

raptorial limb 攫肢 06.1926

rare species 稀有种 02.0194

rastellum 螯耙 06.2098

Rathke's pouch 拉特克囊 05.0594

raumparasitism 体内共生 03.0749

ray 辐射束骨针 06.1044

RBC 红细胞 05.0094

realized niche 实际生态位 03.0872

realm [动物地理]界 02.0242

recapitulation law 重演律 01.0151

recapitulation theory　重演论　01.0150

receiving vacuole　收集泡　06.0492

recent species　现生种　02.0197

receptaculum seminis uterirum　子宫受精囊
　06.1398

receptive hypha　受精丝　04.0156

reciprocal mimicry　交互拟态　03.0776

reciprocal parasitism　交互寄生　03.0772

rectal gland　直肠腺　07.0791

rectal sac　直肠囊　06.2169

rectrix　尾羽　07.0160

rectum　直肠　07.0736

rectus abdominis muscle　腹直肌　07.0663

rectus femoris muscle　股直肌　07.0695

rectus muscle　直肌　06.2607

recurrent flagellum　后向鞭毛　06.0135

recurved loop　曲形腕环　06.2575

recycle index　再循环指数　03.0933

red blood cell　红细胞　05.0094

red gland　红腺　07.0901

redia　雷蚴　06.1205

red muscle fiber　红肌纤维，＊慢缩肌纤维
　05.0173

red pulp　红髓　05.0475

refertilization　再受精　04.0157

reflected portion of marginal carina　缘脊回折部分
　06.1865

reflex arc　反射弧　07.1155

refractile body　折射体　06.0337

refractive body　折光体　06.1629

regeneration　再生　01.0124

regional community　区域群落　03.0835

regressive character　退化性状　02.0120

regular echinoid　正形海胆　06.2695

regular triact　正三辐骨针　06.0762

regulation egg　调整卵　04.0092

regulative cleavage　调整型卵裂　04.0230

regulative development　调整式发育　04.0232

regurgitation　吐弃，＊吐轴　03.0561，回哺
　03.0563

reintroduction　再引入　03.1010

Reissner's membrane　前庭膜，＊赖斯纳膜
　05.0380

rejected name　废止学名　02.0208

releaser pheromone　释放信息素　03.0433

releasor　释放信号　03.0574

remex　飞羽　07.0141

remigration　再迁入　03.0700

renal capsule　肾小囊，＊鲍曼囊　05.0568

renal column　肾柱　05.0565

renal corpuscle　肾小体　05.0567

renal glomerulus　肾小球　05.0569

renal portal vein　肾门静脉　07.0974

renal tubule　肾小管　05.0574

renewable resource　可再生资源　03.0986

reorganization band　改组带　06.0465

repellency　驱性　03.0488

replacement name　替代学名　02.0216

replication band　复制带　06.0466

reproduction　生殖　01.0097

reproductive fitness　繁殖适度　03.0671

reproductive isolation　生殖隔离　02.0159

reproductive organ　生殖器　06.0095

reproductive potential　繁殖潜力　03.0670

reproductive success　繁殖成效　03.0669

reproductive system　生殖系[统]　04.0015

reptile　爬行动物　07.0016

RES　网状内皮系统　05.0133

reservoir　储蓄泡　06.0173

reservoir host　储存宿主，＊保虫宿主　06.1188

reservoir pool　储存库　03.0935

residence time　滞留期　03.0931

resident [bird]　留鸟　03.0400

residual body　残[余]体　06.0339

residuum　残[余]体　06.0339

resilience　复原　03.0947

resilience stability　复原稳定性　03.0948

resistance stability　阻抗稳定性　03.0946

respiration　呼吸　01.0090

respiratory tree　呼吸树　06.2949

resting egg　休眠卵　06.2029

rete mirabile　奇网　07.0976

rete testis（拉）　睾丸网　05.0643

reticular fiber　网状纤维　05.0041

reticular formation　网状结构　05.0251

reticular lamina　网板　05.0013

reticular layer　网状层　05.0416

reticular tissue　网状组织　05.0058

reticulate cup　网状皿形体　06.2800

reticulate sphere　网状球形体　06.2801

reticulocyte　网织红细胞　05.0117

reticuloendothelial system　网状内皮系统　05.0133

reticulopodium　网足　06.0216

reticulum　网胃　07.0747

retina　视网膜　05.0306

retina cell　[视]网膜细胞　06.1820

retinaculum　支持带　06.1371

retinal pigment　[视]网膜色素　06.1821

retractor analis muscle　臀鳍缩肌　07.0639

retractor dorsalis muscle　背鳍缩肌　07.0638

retractor fiber　牵缩纤维　06.0444

retractor ventralis muscle　腹鳍缩肌　07.0640

retral process　反突　06.0229

retrodesmal fiber　牵缩丝纤维　06.0443

retrogression　退化　01.0141

retrogressive development　逆行发育　04.0009

retrogressive evolution　退行进化，＊退行性演化　01.0142

retrogressive metamorphosis　逆行变态　03.0564

retrogressive succession　退化演替　03.0815

retrolateral spine　后侧刺　06.2123

retromargin　后齿堤　06.2094

reversed evolution　反向进化　02.0171

revision　订正[研究]　02.0136

r-extinction　r 灭绝　03.0979

rhabd　主杆　06.0736

rhabdite　杆状体(寄生蠕虫)　06.0543

rhabdocyst　杆丝泡　06.0474

rhabdos　杆状体　06.0543

rhabdus amphioxea　杆状二尖骨针　06.0820

rhabtidiform larva　杆状蚴　06.1252

rhagon　复沟型　06.0698

rheophile　适溪流性　03.0187

rheoplankton　流水浮游生物　03.0306

rheotaxis　趋流性　03.0161

rhino horn　犀角　07.0175

rhinophora　嗅角　06.1627

rhipidura　尾扇　06.2088

rhizoclad　根枝骨针　06.0757

rhizoclone　根杆骨针　06.0758

rhizoid　根个虫　06.2320

rhizoids　拟根共肉　06.1020

rhizoplast　根丝体　06.0177

rhizopodium　根足　06.0213

rhizostyle　根柱　06.0178

rhodopsin　视紫红质　05.0311

rhoium　溪流群落　03.0850

rhombencephalon　菱脑　04.0329

rhopalocercous cercaria　棒尾尾蚴　06.1225

rhopalostyle　叉针骨针　06.0863

rhoptry　棒状体　06.0332

Rhynchocoela（拉）　＊吻腔动物　01.0039

rib　肋骨　07.0468

richness　丰[富]度　03.0794

rictal bristle　嘴须(鸟)　07.0188

right atrium　右心房　07.0912

right ventricle　右心室　07.0910

rima vulvae　阴门裂　07.1051

rimule　裂管　06.2342

ring coelom　环腔　06.2665

ring fold　环状褶　06.2650

ring placenta　环状胎盘　06.2684

ring stage　环状体期　06.0333

rod　棍棒形骨针　06.1021

rod cell　[视]杆细胞　05.0308

rookery　筑巢处　03.0504

rooted head　根头形骨针　06.1022

rooted leaf　根叶形骨针　06.1023

rooting tuft　根束　06.0734

rootlet　根丝　06.0616

root-like system　根状系　06.2063

rosette　玫瑰花形骨针　06.1024，玫板　06.2778，花纹样体　06.2796

rosette plate　玫瑰板　06.2432

rostal sinus　吻血窦　06.2046

rostellar gland　顶突腺　06.1440

rostellar hook　吻钩，＊吻囊　06.1292

rostellum　顶突(寄生蠕虫)　06.0967

rostral side　吻端　06.2061

rostrate pedicellaria　嘴状叉棘　06.2731

rostro-lateral compartment　吻侧板　06.2062

rostrum 吻 06.0045，顶鞘 06.1586，额剑 06.1830，吻板 06.2060

rotifer 轮形动物，*轮虫 01.0041

Rotifera（拉）轮形动物，*轮虫 01.0041

rotule 轮骨 06.2806

rounded wing 圆翼 07.0210

roundworm 线虫［动物］ 01.0044

r-selection r选择 03.0978

r-strategy r对策 03.0983

rubriblast 原红细胞，*前成红细胞 05.0113

rubricyte 中幼红细胞，*嗜多染性成红细胞 05.0115

rudiment 原基 04.0274

rudimentary web 蹼迹 07.0219

ruff 翎领 07.0206

Ruffini's corpuscle 鲁菲尼小体 05.0236

rumen 瘤胃 07.0750

ruminant 反刍类 07.0021

rump 腰 07.0201

ruptured follicle 破裂卵泡 04.0075

S

saccule 球状囊 05.0365，小囊 06.2932，球囊 07.1172

sacral nerve 荐神经 07.1126

sacral vertebra 荐椎，*骶椎 07.0457

sacrococcygeal joint 荐尾关节，*骶尾关节 07.0571

sacroiliac joint 荐髂关节，*骶髂关节 07.0587

sacrophage 食肉动物 03.0260

sacrospinalis muscle 荐棘肌 07.0689

sacrum 荐骨，*骶骨 07.0458

saddle of stigma 气门鞍 06.2247

Saefftigen's pouch 沙氏囊 06.1178

sagenetosome 生网体 06.0248

sagenogen 生网体 06.0248

sagital 羽状三辐骨针 06.0785

salivaria 唾液型 06.0158

salivary gland 唾液腺 07.0742

salt gland 盐腺 07.0271

salt water 咸水 03.0111

sample plot 样方 03.0039

sampling 取样 03.0038

sampling site 样点 03.0040

sanguicolous 血生型 06.0645

saniaster 板星骨针 06.0825

saprobia 污水生物 03.0283

saprobic animal 污水动物 03.0284

saprobiotic animal 污水动物 03.0284

saprophage 食腐动物 03.0265

saprophile 适腐性 03.0199

saproplankton 污水浮游生物 03.0311

saprotrophy 腐食营养 03.0903

saproxylobios 朽木生物 03.0365

sapro-zoonosis 污染人兽互通病 06.1131

sarcocyst 肉孢囊 06.0316

sarcodictyum 胶泡表网 06.0243

sarcolemma 肌膜 05.0168，内质膜 06.0609

sarcomatrix 胶泡基网 06.0241

sarcomere 肌节 05.0156

sarcoplasm 肌质，*肌浆 05.0149

sarcoplasmic reticulum 肌质网 05.0167

sarcoplegma 胶泡内网 06.0242

sarcostyle 囊胞体 06.0956

sarcotubule 肌小管 05.0160

satellite 随伴体 06.0318

satellite cell ［神经节］卫星细胞 05.0268

sauginnivore 食血动物 03.0262

saurognathism 蜥腭型 07.0319

scaffolding thread 支架丝 06.2179

scala media（拉）膜蜗管，*中间阶 05.0376

scala tympani（拉）鼓室阶 05.0378

scala vestibuli（拉）前庭阶 05.0377

scale 鳞骨片 06.1008，鳞 07.0056

scalenus muscle 斜角肌 07.0705

scaphe 耳舟 06.1694

scaphocerite 第二触角鳞片 06.1903

scaphognathite 颚舟片 06.1924

scaphoid 舟形骨针 06.1025

scaphoid bone 舟骨 07.0434

scaphoideum 舟骨 07.0434

scapula 肩胛骨 07.0493

scapular 肩羽 07.0152

scapular spine 肩胛冈 07.0502

scapullet 肩板 06.0970

scapus 体柱 06.0986

scent gland 气味腺 07.0262

schistosomulum 童虫(血吸虫) 06.1179

schizocoel 裂体腔 06.0043

schizocystis gregarinoid 裂簇虫 06.0307

schizodont 裂齿(软体动物) 07.0808

schizogeny 裂殖生殖 06.0957

schizognathism 裂腭型 07.0320

schizogonic cycle 裂体生殖周期 06.0272

schizogonic stage 裂体生殖期 06.0273

schizogony 裂体生殖 06.0274

schizont 裂殖体 06.0275

schizophorus lophophore 裂冠型触手冠
06.2519

schizorhinal 裂鼻型 07.0322

Schmidt-Lantermann incisure 髓鞘切迹，＊施－兰
切迹 05.0207

Schwann cell 神经膜细胞 05.0210

scientific name 学名 02.0212

sclera 巩膜 05.0299

sclere 骨针 06.0741

sclerite 硬缘(苔藓动物) 06.2390

sclerocyte 造骨细胞 06.0681

sclerodermite 灰质簇 06.1076

scleromyotome 生骨肌节 04.0315

sclerotic cartilage 巩膜软骨 06.1584

sclerotic ring 巩膜[骨]环 07.0327

sclerotome 生骨节 04.0313

scolex 头节 06.1335

scopula 帚胚 06.0529

scopulary organelle 帚胚小器 06.0530

scopule 帚状骨针 06.0784

scopuloid 类帚胚 06.0531

scrobicular ring 凹环 06.2901

scrotum 阴囊 07.0280

sculpture 雕纹 06.2055

scute 盾(脊椎动物) 06.0176

scutica 鞭钩原基 06.0575

scutum 盾板 06.2069, 盾刺 06.2361

scyphistoma 钵口幼体 06.0924

seasonal aspect 季相 03.0821

seasonal coloration 季节色 03.0442

seasonal cycle 季节周期 03.0493

seasonal frequency 季节频率 03.0494

seasonal history 季节生活史 03.0505

seasonal maximum 季节最高量 03.0090

seasonal minimum 季节最低量 03.0091

seasonal succession 季节演替 03.0820

sebaceous gland 皮脂腺 07.0261

second antenna 第二触角，＊大触角 06.1901

secondary branchia 次生鳃 06.1549

secondary bronchus 次级支气管，＊中支气管
05.0562

secondary community 次生群落 03.0837

secondary egg envelope 次级卵膜 04.0050

secondary feather 次级飞羽 07.0149

secondary hood 次巾膜 06.1734

secondary metabolite 次生代谢物 03.0438

secondary oocyte 次级卵母细胞 04.0039

secondary orifice 次生室口 06.2345

secondary parasite 二重寄生物 03.0764

secondary plate 次级板 06.2762

secondary productivity 次级生产力 03.0924

secondary septum 次级隔片 06.1065

secondary spermatocyte 次级精母细胞 04.0106

secondary spine 次棘 06.2714

secondary succession 次生演替 03.0817

secondary tooth 亚齿 06.1695

secondary tubercle 中疣 06.2826

second intermediate host 第二中间宿主 06.1186

second maxilla 第二小颚 06.1923

section 派 02.0075

secundaxil 次分歧腕板 06.2765

secundibrachus 次分腕板 06.2766

sedentariae 定居型 06.2182

sedentary animal 固着动物 03.0329

sedentary polychaete 隐居多毛类 06.1809

sedimentary cycle 沉积物循环，＊沉积型循环
03.0125

segment 节 06.0017，节片 06.1155

segmenta 分裂体 06.0281

segmental organ 体节器 06.0018

segmental plate 体节板 04.0316

segmentation cavity　卵裂腔　04.0225

segmenter　节体　06.0312

selection pressure　选择压力　03.0980

selenodont　月型齿　07.0814

self differentiation　非依赖性分化，＊自主分化　04.0174

self fertilization　自体受精　04.0149

self grooming　自梳理　03.0478

semen　精液　04.0115

semi-aquatic　半水生　03.0276

semicircular canal　半规管　05.0359

semilunar membrane　半月膜　07.0862

semilunar valve　半月瓣　07.0915

semi-membrane　半膜　06.0421

seminal fluid　精液　04.0115

seminal receptacle　纳精囊　06.0105

seminal vesicle　贮精囊　06.0104，精囊[腺]　07.1019

seminiferous epithelium　生精上皮　05.0644

seminiferous tubule　生精小管，曲精小管　05.0638

semipalmate foot　半蹼足　07.0231

semiperipheral growth　半缘生长　06.2641

semispinalis capitis muscle　头半棘肌　07.0653

semispinalis cervicis muscle　颈半棘肌　07.0671

semi-zygodactylous foot　半对趾足　07.0229

Semper's organ　森珀器，＊桑柏氏器官　06.1621

senile　老体　03.0544

sense-ecology　感觉生态学　03.0010

sense organ　感官　01.0092

sense plate　感觉板　04.0333

sensitivity　敏感性　03.0440

sensory behavior　感觉行为　03.0461

sensory nerve ending　感觉神经末梢　05.0231

sensory organ　感觉器官　05.0297

septal neck　隔颈　06.1590

septal pocket　中隔窝　06.2165

septocosta　隔片珊瑚肋　06.1069

septotheca　隔片鞘　06.1068

septula testis（拉）　睾丸小隔　05.0641

septum　隔片　06.1062，隔壁（苔藓动物）　06.2439，隔[膜]（软体动物）　06.0945

seral community　演替系列群落　03.0826

seral unit　演替系列单位　03.0824

sere　演替系列　03.0822

series　组　02.0074

sero-amnion cavity　浆羊膜腔　04.0386

serosa　浆膜　04.0387

serous acinus　浆液腺泡　05.0527

serous gland　浆液腺　05.0529

serration　锯齿列　06.1689

serratus anterior muscle　前锯肌　07.0667

serrulate seta　小锯齿刚毛　06.1759

serrulate subspiral seta　小齿次旋刚毛　06.1761

Sertoli's cell　支持细胞，＊塞托利细胞　05.0645

sessile acetabulum　无柄腹吸盘，＊座状腹吸盘　06.1324

sessile avicularium　固着鸟头体　06.2334

sessile end　固着端　06.0122

sessile organism　固着生物　03.0357

sessile papilla　无柄乳突，＊座状乳突　06.1309

sessoblast　固着性休芽　06.2466

seta　刚毛　06.0025

setal fascicle　刚毛束　06.1680

setal follicle　刚毛泡　06.2646

setal lobe　刚叶　06.1672

setiger　刚节　06.1696

setiger juvenile　刚节幼虫　06.1804

sex　性别　04.0005

sex determination　性别决定　04.0006

sex ratio　性比　03.0651

sexual attraction　性引诱　03.0530

sexual differentiation　性[别]分化　01.0176

sexual dimorphism　两性异形　01.0178

sexual dysgenesis　性发育不全　04.0419

sexuality　性别　04.0005

sexual mosaic　雌雄嵌合体，＊两性体　04.0170

sexual polymorphism　性多态　01.0179

sexual reproduction　有性生殖　01.0098

sexual reproductive phase　有性繁殖阶段　06.1198

sexual selection　性[选]择　03.0969

shaft　锚杆　06.2867，羽轴　07.0157

shank　小腿，＊胫　07.0242

Sharpey's fiber　穿通纤维，＊沙比纤维　05.0077

sheathed capillary　椭球　05.0480

shell　卵壳　04.0067，贝壳　06.1444，壳瓣　06.1929，壳　06.2885

shell gland　壳腺　06.1645

shelter　隐蔽处　03.0503

shield　鳞（蜥蜴类）　07.0056

short-handled seta　短柄齿片刚毛　06.1756

shuttle　梭脊状骨针　06.1048

sib　胞亲　03.0687

sibling selection　亲缘种选择　03.0970

sibling species　亲缘种　02.0183

side plate　边板　06.2773

sieve area　筛区　06.0701

sigma　卷轴骨针　06.0786

sigmadragma　卷束骨针　06.0824

sigmaspire　卷旋骨针　06.0827

sigmoid lophophore　S形触手冠　06.2518

signal　信号　03.0569

silicalemma　硅质膜鞘　06.0740

silver impregnation technique　浸银技术　06.0562

silverline system　银线系　06.0561

similarity　相似性　03.0799

similarity index　相似性指数　03.0800

simple epithelium　单层上皮　05.0004

simple pointed chaeta　单尖刚毛　06.1791

simple pore　单孔　06.2430

simplex uterus　单子宫　07.1027

sinoatrial node　窦房结　07.0920

sinus organ　窦器　06.1285

sinus sac　窦囊　06.1286

siphon　水管　06.1530，虹管　06.2940

siphonal retractor muscle　水管收缩肌　06.1557

siphonoglyph　口道沟　06.0991

siphonoplax　水管板　06.1504

siphonozooid　管状体　06.0984

siphuncle　室管　06.1589

Sipuncula（拉）　星虫［动物］　01.0048

sipunculan　星虫［动物］　01.0048

sister group　姐妹群　02.0108

skeletal muscle　骨骼肌　05.0144

skeletal plaque　骨板粒　06.0563

skeletogenous structure　生骨构造　06.0632

skeleton　骨骼　01.0087

skin　皮肤　01.0086

skin fold　皮褶　07.0100

skin receptor　皮肤感受器　07.1141

skull　头骨　07.0295

slit　齿裂　06.1472

slow twitch fiber　红肌纤维，＊慢缩肌纤维　05.0173

small egg strategy　小卵对策　03.0984

small intestine　小肠　07.0727

smooth muscle　平滑肌　05.0146

snout　吻（鱼）　06.0045

sociability　集群性　03.0717

social drift　社群漂移　03.0593

social homeostasis　社群稳态　03.0592

sociality　社群性　03.0590

socialization　社群化　03.0589

social mimicry　社群拟态　02.0014

social selection　社群选择　03.0968

social stress　社群压力　03.0676

social structure　社群结构　03.0675

socies　演替系列组合　03.0825

sociobiology　社群生物学　03.0004

sociocline　社群渐变群　03.0594

sociogram　社群图　03.0595

socket plate　槽板　06.2495

socket ridge　槽脊　06.2590

soft palate　软腭　07.0756

solenaster　月星骨针　06.0764

solenium　小管（腔肠动物）　05.0029

solenocyte　管细胞　06.1743

solenoglyphic tooth　管牙　07.0855

sole of foot　脚掌　07.0244

soleus muscle　比目鱼肌　07.0699

solitary　单体的　06.1060

solitary lymphatic nodule　孤立淋巴小结　05.0483

somatic-meridian　体子午线　06.0381

somatic peritoneum　腹膜壁层　07.0773

somatization　体部分化　06.0646

somatogenesis　体质发生，＊体质形成　04.0408

somatoneme　体肌丝　06.0192

somatopleura　胚体壁　04.0322

somatotroph　促生长激素细胞，＊STH细胞　05.0605

somatotropic cell 促生长激素细胞，＊STH细胞 05.0605

somite 体节 06.0016

song 鸣啭，＊歌鸣 03.0582

sorocarp 孢堆果 06.0254

sorogenesis 孢堆果发生 06.0255

sorus 孢子堆 06.0253

spadix 肉穗 06.1650

sparganum ＊裂头蚴 06.1234

spasmoneme 牵缩丝 06.0442

spatial isolation 空间隔离 02.0156

spatulate seta 匙状刚毛 06.1757

spawning migration 产卵洄游 03.0387

spear ＊口针 06.1314

specialization 特化 01.0139

speciation 物种形成 02.0029

species 种 02.0070

species-area curve 种数-面积曲线 03.0798

species conservation 物种保护 03.1012

species diversity 物种多样性 02.0148

species group 种组 02.0063

species hybridization 种间杂交 02.0135

species indeterminata(拉) 未定种 02.0226

species odor 物种气味 03.0575

species selection 物种选择 02.0019

specimen 标本 02.0034

speculum 翼镜，＊翅斑 07.0154

sperm 精子 04.0108

spermaceti organ 鲸蜡器 07.0902

spermaductus 输精管 06.0099

sperm-agglutinin 精子凝集素 04.0130

spermateleosis 精子形成 04.0114

spermatheca 纳精囊 06.0105

spermathecal orifice 受精囊孔 06.1399

spermatiation 受精 04.0131

spermatic cord 精索 07.1015

spermatid 精子细胞 04.0107

spermatocyte 精母细胞 04.0104

spermatogenesis 精子发生 04.0102

spermatogenic epithelium 生精上皮 05.0644

spermatogonium 精原细胞 04.0103

spermatophore 精包，＊精荚 06.0112

spermatophore sac 精荚囊 06.1652

spermatozoon 精子 04.0108

sperm funnel 精漏斗 06.1744

spermiogenesis 精子形成 04.0114

sperm penetration 精子穿入 04.0142

sperm penetration path 精子穿入道 04.0136

sperm web 精网 06.2178

sphaerae 球状骨针 06.0821

sphaeraster 球星骨针 06.0789

sphaeridium 球棘 06.2718

sphaeroclone 球杆骨针 06.0790

sphaerohexaster 球六星骨针 06.0765

sphaeromastigote 球鞭毛体 06.0138

sphenoid bone 蝶骨 07.0353

sphenotic bone 蝶耳骨 07.0342

spheres 球状骨针 06.0821

spherical colony 球形群体 06.0198

spherohexact 球六辐骨针 06.0828

spherohexactine 球六辐骨针 06.0828

spheroid 球形骨针 06.1017

spherule 小球骨针 06.0841

spherulous cell 小球细胞 06.0666

sphincter muscle of pupil 瞳孔括约肌 05.0350

spicula 骨片 06.2804

spicular pouch 交合刺囊 06.1386

spicular sac 交合刺囊 06.1386

spicular sheath 交合刺鞘 06.1387

spicule 骨针 06.0741，交合刺 06.1388

spiderling 幼蛛 06.2177

spigot 纺管 06.2158

spinal cord 脊髓 07.1067

spinal nerve 脊神经 07.1121

spination 锯齿状 06.2501

sp. indet.(拉) 未定种 02.0226

spindle 纺锤形骨针 06.1018

spine 刺 06.0028

spiniger 刺状刚毛 06.1766

spinoblast 刺状休芽 06.2464

spinous pocket 刺袋 06.1697

spinule 小刺 06.0029

spiny rosette 刺玫瑰花形骨针 06.1019

spiny shell 具刺壳 06.2513

spiracle 喷水孔 07.0087

spiral arm 螺旋腕 06.2559

spiral cleavage 螺旋卵裂 04.0209

spiral crisscrossed fibre 螺旋形回交纤维 06.2606

spiral ganglion 螺旋神经节 05.0363

spiral ligament 螺旋韧带 05.0374

spiral limbus 螺旋缘 05.0382 .

spirally striated muscle 斜纹肌 05.0147

spiral organ 螺旋器，＊科尔蒂器 05.0386

spiral valve 螺旋瓣 07.0782

spiral whorl 螺层 06.1453

spiral zooid 螺状体 06.0918

spiramen 中央孔 06.2416

spiraster 旋星骨针 06.0781

spire 旋转骨针 06.0826，螺旋部 06.1454，螺旋体(腕足动物) 06.2587

spirolophorus lophophore 螺冠型触手冠 06.2521

splanchnic layer 脏壁层 04.0325

splanchnic mesoderm 脏壁中胚层 04.0287

splanchnic peritoneum 腹膜脏层 07.0774

splanchnocranium 脏颅 07.0299

splanchnopleura 胚脏壁 04.0323

spleen 脾 07.0982

splenic artery 脾动脉 07.0941

splenic cord 脾索 05.0485

splenic follicle 脾小结 05.0482

splenic nodule 脾小结 05.0482

splenius capitis muscle 头夹肌 07.0652

splitters 主分派 02.0114

sp. nov.(拉) 新种 02.0185

spondylium 匙板 06.2588

sponge 多孔动物，＊海绵[动物] 01.0034

spongin 海绵质(海绵) 06.0704

spongin fiber 海绵丝 06.0706

spongioplasm 海绵质，＊松质骨 06.0704

spongocoel 海绵腔 06.0721

spongocyte 海绵质细胞 06.0669

spongy bone 骨松质，＊松质骨 05.0067

spongy organ 海绵器 06.2923

spool 细纺管 06.2159

sporadin 散在分裂体 06.0330

sporangium 孢子果 06.0252

spore 孢子 06.0621

sporoblast 孢[子]母细胞 06.0265

sporocarp 孢子果 06.0252

sporocyst 孢[子]囊 06.0266，胞蚴 06.1202

sporoduct 孢子管 06.0267

sporogenesis 孢子发生 06.0249

sporogonic cell 孢子生殖细胞 06.0256

sporogony 孢子生殖 06.0257

sporokinete 动性孢子 06.0258

sporont 母孢子 06.0259

sporoplasm 孢质[团] 06.0260

sporozoite 子孢子 06.0261

sporulation 孢子形成 06.0262

springborsten 弹跳纤毛 06.0363

spring molt 春季换羽 03.0516

spur 距 07.0110

spurious parasite 假寄生虫 06.1120

squama 鳞状膜片 06.1295

squamodisc 鳞盘 06.1287

squamosal bone 鳞骨 07.0354

squamous alveolar cell Ⅰ型肺泡细胞 05.0555

squamous epithelium 扁平上皮 05.0007

square scale 方鳞 07.0064

square wing 方翼 07.0211

squel 惊叫声 03.0585

ssp. nov.(拉) 新亚种 02.0187

stabilimentum 匿带 06.2189

stabilising selection 稳定选择 02.0030

stagnophile 静水生物 03.0281

standing crop 现存量 03.0919

standing pool 现存库 03.0937

standing stock 现存量 03.0919

stapedial muscle 镫骨肌 07.0675

stapes 镫骨 07.0383

stasimorphy [器官]发育停滞畸形 04.0420

statoblast 休[眠]芽 06.2461

statoconium 耳砂，＊耳石，＊位砂，＊位石 05.0368

statoconium membrane 耳砂膜，＊位砂膜，＊耳石膜，＊位石膜 05.0369

statocyst 平衡泡，＊平衡囊 06.0485

statolith 耳砂，＊耳石，＊位砂，＊位石 05.0368，平衡石，＊平衡砂 06.0486

statospore 休眠孢子 06.0187

stauract 十字骨针 06.0768

stauractine 十字骨针 06.0768
stellate cell 星形细胞 05.0258
stemmate 侧眼 06.1815
stenobathic 狭深性 03.0224
stenoecic 狭栖性 03.0222
stenohaline 狭盐性 03.0228
stenoky 狭域性 03.0221
stenooxybiotic 狭氧性 03.0226
stenophagy 狭食性 03.0227
stenothermal 狭温性 03.0225
stenotope 狭栖性 03.0222
stenotropy 狭适性 03.0220
stenozone 狭带性 03.0223
stentorin 喇叭虫素 06.0535
stercararia 粪便型 06.0159
stereocilium 静纤毛 05.0010, 立体纤毛 06.0365
stereogastrula 实原肠胚 06.0903
stereoral pocket *粪袋 06.2169
stereotaxis 趋实性 03.0163
sterile zooid 不育个虫 06.2315
sterility 不育[性] 04.0407
sterilizing immunity 消除性免疫 06.1137
sternal groove 腹甲沟 06.1895
sternal rib 胸肋 07.0471
sternal sulcus 腹甲沟 06.1895
sternite 腹甲(节肢动物) 06.0013
sternocostal joint 胸肋关节 07.0574
sternomastoideus muscle 胸乳突肌 07.0704
sternum 腹甲 06.0013
sterraster 实星骨针 06.0767
Stewart's organ 斯氏器 06.2920
stichodyad 双型膜 06.0383
stichomonad 单型膜 06.0384
stieda body 栓体 06.0315
stiff stem 硬茎 06.0942
stigma 眼点(原生动物) 06.0068, 气门 06.2245
stigmatic shield 气门板 06.2246
stimulating factor 刺激因子 03.0070
sting cell 刺细胞 06.0912
stink gland 臭腺 07.0276
stipe 茎片 06.2127
stirodont type 脊齿型 06.2705
stolon 匍匐水螅根 06.0929, 匍茎 06.2322
stolonization 匍匐繁殖 06.0925
stomach 胃 06.0056
stomato-gastric system 胃腹神经系[统] 06.1618
stomatogenesis 口器发生 06.0495
stomatogenic field 生口区 06.0496
stomatogenous meridian 生口子午线 06.0497
stomoblastula 口道囊胚 06.0904
stomochord 口索 07.0437
stomodaeum 口道 06.1270
stone canal 石管 06.2941
straggler 迷鸟 03.0403
straight pedicellaria 直形叉棘 06.2737
stratification 分层 03.0801
stratified epithelium 复层上皮 05.0005
stratobios 底层生物 03.0325
stratum basale 基底层 05.0395
stratum corneum(拉) 角质层 05.0399
stratum germinativum(拉) 基底层 05.0395
stratum granulosum(拉) 颗粒层 05.0397
stratum lucidum(拉) 透明层 05.0398
stratum spinosum(拉) 棘层 05.0396
streptaster 链星骨针 06.0766
streptospondylous articulation 捩椎关节 06.2788
striated area 横纹面 06.1592
striated border 纹状缘 05.0032
striated duct 纹状管 05.0525
striated muscle *横纹肌 05.0144
stria vascularis(拉) 血管纹 05.0381
stridulating organ [磨擦]发声器 06.2048
stridulating ridge 发声脊 06.2117
strobila 链体 06.1154
strobilation 节片生殖 06.0508
strobilocercus 链尾蚴 06.1242
strongylaster 棒星骨针 06.0780
strongyle 棒状骨针 06.0779
strongyloclad 棒枝骨针 06.0823
strongyloxea 棒尖骨针 06.0822
stubby horn 瘤角 07.0181
stygobiont 暗层生物 03.0370
style 针状骨针 06.0778
stylet 口锥 06.1314

stylet knob　口锥球　06.1315

stylet protector　口锥套　06.1316

stylet shaft　口锥杆　06.1317

stylode　指突　06.1698

stylohyal bone　茎舌骨　07.0420

stylopharyngeus muscle　茎突咽肌　07.0721

subadult　亚成体　03.0542

subanal fasciole　肛下带线　06.2836

subanal plastron　肛下盾板　06.2760

subarachnoid space　蛛网膜下隙　05.0270

subarticular tubercle　关节下瘤　07.0080

sub-biramous parapodium　亚双叶型疣足
　06.1678

subbranchial region　鳃下区　06.1846

sub-chela　亚螯　06.1959

sub-chelate　亚螯状　06.1964

subclass　亚纲　02.0080

subclavian artery　锁骨下动脉　07.0937

subclavian vein　锁骨下静脉　07.0973

subcutaneous tissue　皮下组织　05.0418

subdigital lamella　趾下瓣　07.0106

subfamily　亚科　02.0082

subgenital porticus　生殖下腔　06.0973

subgenus　亚属　02.0083

subgular vocal sac　咽下声囊　07.0118

subhepatic region　肝下区　06.1847

subintestinal vein　肠下静脉　07.0959

subkinetal microtubule　毛基索下微管　06.0377

subkingdom　亚界　02.0078

sublate seta　突锥状刚毛　06.1758

sublingual gland　舌下腺　07.0745

submaxillary gland　颌下腺　07.0744

submedian carina　亚中央脊　06.1861

submedian denticle　亚中小齿　06.1879

submedian tooth　亚中齿　06.1878

submucosa(拉)　粘膜下层　05.0500

subnekton　下层游泳生物　03.0333

suboesophageal ganglion　食管下神经节　06.1604

subopercular bone　下鳃盖骨　07.0416

suboperculum　亚厣　06.1464

suboptimal temperature　亚适温　03.0096

suboral　口下的　06.2346

suborbital gland　眶下腺　07.0267

suborbital region　眼下区　06.1848

suborbital tooth　眼下齿　06.1885

suborder　亚目　02.0081

subordinate　从属者　03.0691

subpellicular microtubule　表膜下微管　06.0634

subpharyngeal ganglion　咽下神经节　06.1607

subphylum　亚门　02.0079

subradular organ　齿舌下器　06.1526

subscapularis muscle　肩胛下肌　07.0709

subsere　次生演替系列　03.0828

subspecies　亚种　02.0084

subspecies differentiation　亚种分化　02.0186

subsp. nov.(拉)　新亚种　02.0187

substitute community　替代群落　03.0811

substitute name　替代学名　02.0216

substratum　基底　06.2067

subtegulum　亚盾片　06.2131

subterranean animal　地下动物　03.0344

subtidal community　潮线下群落　03.0858

subumbrella　下伞　06.0961

succession　演替　03.0804

successive zooid　后续个虫　06.2312

sucker　吸盘　06.0032

sucker ratio　口腹吸盘比　06.1333

sucking disk　吸盘　06.0032

sucking stomach　吸胃　06.2168

sucking tentacle　吸吮触手　06.0526

suctorial mouth parts　吸吮型口器　06.1931

suctorial tentacle　吸吮触手　06.0526

sulcus　沟　06.0031，脑沟　07.1077

sulfur cycle　硫循环　03.0123

summer egg　夏卵　06.2030

summer migrant　夏候鸟　03.0402

summer plankton　夏季浮游生物　03.0319

summer stagnation　夏季停滞[期]　03.0513

summer statoblast　夏休芽　06.2462

superciliary stripe　眉纹　07.0207

supercooling　过冷　03.0423

super-family　总科　02.0089

superficial cleavage　表面[卵]裂　04.0224

superior antenna　上触角　06.1898

superior colliculus　上丘　07.1093

superior concha　上鼻甲　07.0372

superior oblique muscle　上斜肌　07.0605

superior rectus muscle　上直肌　07.0601

superior umbilicus　上脐　07.0161

supernumerary kinetosome　超额数毛基体　06.0379

super-order　总目　02.0088

superparasitism　超寄生　03.0770

superposition eye　重复相眼　06.1818

super-species　超种　02.0090

supplementary bristle　副须(鸟)　07.0155

supplementary mouth shield　副口盾　06.2891

supplementary plate　辅助片　06.1367

supplementary tooth　副齿　06.1517

supporting apparatus　支持器　06.1368

supporting cell　支持细胞，＊塞托利细胞　05.0645

supporting kenozooid　支持性空个虫　06.2303

supporting loop　支持腕环　06.2576

supporting ridge　支持脊　06.2577

suppressor T cell　抑制性 T[淋巴]细胞　05.0445

supra-ambulacral ossicle　上步带骨　06.2803

suprabranchial chamber　鳃上腔　07.0885

supra-dorsal membrane　背上膜　06.2953

suprahyoid muscle　舌骨上肌　07.0611

supralabial gland　上唇腺　07.0254

supramarginal plate　上缘板　06.2768

supranekton　上层游泳生物　03.0332

supraneural pore　神经上孔　06.2406

supranotoligule　上背舌叶　06.1679

supraoccipital bone　上枕骨　07.0328

supraoesophageal ganglion　食管上神经节　06.1605

supraoptic nucleus　视上核　05.0597

supraorbital bone　眶上骨　07.0344

supraorbital spine　眼上刺　06.1867

suprapharyngeal ganglion　咽上神经节　06.1606

supraspecific　种上的　02.0198

supraspinatus muscle　冈上肌　07.0706

supraspinous fossa　冈上窝　07.0504

surfactant　表面活性物质　05.0557

survival　存活　03.0655

survival potential　存活潜力，＊生存潜力　03.0658

survivor　存活者，＊生存者　03.0656

survivorship　存活　03.0655

survivorship curve　存活曲线　03.0657

susceptible species　易危种　03.1006

suspension feeder　滤食动物　03.0272

suspensorium　悬器　07.0429

sutural lamina　缝合片　06.1471

suture　缝合线　06.1455，[骨]缝　07.0561

suture line　缝线　06.0539

swarm　群游　03.0394

swarmer　游动孢子　06.0540

swathing band　缠带　06.2187

sweat gland　汗腺　07.0259

swim bladder　鳔　07.0889

swimming leg　游泳足　06.1965

sycon　双沟型　06.0697

symbiont　共生生物　03.0735

symbiosis　共生　03.0730

symmetrical cleavage plane　对称卵裂面　04.0221

symmetrical second division　对称第二次分裂　04.0222

symmetrogenic fission　镜像对称分裂　06.0205

symparasitism　共寄生　03.0773

sympathetic chain　交感神经链　07.1148

sympathetic nervous system　交感神经系统　07.1062

sympatric　同域的　02.0123

sympatric hybridization　同域杂交　02.0167

sympatric speciation　同域物种形成　02.0012

sympatry　同域分布　02.0241

symphile　适共生　03.0207，蚁客　03.0741

symphilia　互惠集群　03.0714

symphotia　趋光集群　03.0707

symplectic bone　续骨　07.0406

symplesiomorphy　共同祖征　02.0179

sympodium　合轴　06.0935

sympolyandria　杂居集群　03.0708

symporia　迁徙群聚　03.0389

synanthropic　近宅的　03.0233

synapomorphy　共同衍征　02.0180

synapse　突触　05.0223

synaptic cleft　突触缝隙　05.0225

synaptic fissure　突触缝隙　05.0225

synapticulae　合隔桁　06.1073

synaptic vesicle　突触泡　05.0224

synarthrial tubercle　合关节疣　06.2828

synarthrosis　不动关节(脊椎动物)　06.2779

synarthry　合关节　06.2785

syncheimadia　越冬集群　03.0705

synchondrosis　软骨结合　07.0564

synchoropaedia　幼体集群　03.0711

syncilium　合纤毛　06.0358

syncollesia　粘附集群　03.0706

syncyanosen　共生蓝藻　06.0626

syncytial　多核体的　06.0627

syncytial cement　合胞体粘腺　06.1431

syncytial theory　合胞体说　01.0153

syncytiotrophoblast　合[体细]胞滋养层　04.0390

syncytium　合胞体　06.2601

syndactylous foot　并趾足　07.0230

syndesmochorial placenta　结缔绒膜胎盘　07.1038

synecology　群体生态学　03.0002

synhesia　交配集群　03.0709

synhymenium　合膜　06.0386

synkaryon　合核(纤毛虫学)　06.0603

synoecium　合巢集群　03.0710

synonym　[同物]异名　02.0117

synopsis　[分类]纲要　02.0137

synovial joint　滑膜关节　07.0565

synovial membrane　滑膜　07.0558

synparasitism　共寄生　03.0773

synsacrum　合荐骨　07.0507

syntype　全模标本　02.0038

syrinx　鸣管　07.0892

systematic collection　系统收藏　02.0146

systematics　系统分类学　02.0006

system ecology　系统生态学　03.0016

systemic arch　体动脉弓　07.0929

systemic circulation　体循环　07.0903

syzygy　融合体　06.0314,　不动关节　06.2779

T

table　桌形体　06.2794

tabula　横板　06.1082

tachyzoite　速殖子　06.0277

tactile cilium　触纤毛　06.0366

tactile process　触觉突起　06.1975

tactile receptor　触角感受器　07.1161

tagging　标记，＊标志　03.0042

tagging-recapture method　标记重捕法，＊标志重捕法　03.0044

tail　尾[部]　06.0005

tail fan　尾扇　06.2088

tail feather　尾羽　07.0160

tail fluke　尾叶(鲸)　07.0040

tail plate　尾板　06.1467

talocalcanean joint　距跟关节　07.0593

talonid　跟座　07.0817

talus　距骨　07.0546

tangential fiber　切向纤维　06.0446

tapetum　反光色素层　06.2101

tapetum lucidum　反光膜，＊银膜　05.0332

tapeworm　绦虫　06.1106

tarantism　舞蹈病　06.2186

Tardigrada(拉)　缓步动物　01.0054

tardigrade　缓步动物　01.0054

target organ　靶器官　05.0589

tarsal bone　跗骨　07.0538

tarsal fold　跗褶　07.0102

tarsal gland　睑板腺，＊迈博姆腺　05.0344

tarsal organ　跗节器　06.2118

tarsal plate　睑板　05.0343

tarsometatarsal joint　跗蹠关节　07.0594

tarsometatarsus　跗蹠　07.0241,　跗蹠骨　07.0551

tarsus　睑板　05.0343

tastcilien　感觉纤毛　06.0361

taste bud　味蕾　07.0755

tatiform　答答型[初虫](苔藓动物)　06.2319

taxis　趋性　03.0152

taxodont　列齿　06.1506

taxon　分类单元　02.0105

taxonomic character　分类性状　02.0104

teat　乳头　07.0282

tectorial membrane　盖膜　05.0385

tectum mesencephali　中脑盖　07.1083

tegmen 上盖 06.2897

tegmentum 盖层 06.1469, 大脑脚盖 07.1082

tegulum 盾片 06.2130

tegument 皮层(蠕虫) 06.0694

tegumental cell 皮层细胞 06.1257

tegumental spine 皮棘 06.1256

tela corticalis 皮质层 06.0551

telamon 副引带 06.1389

telencephalon 端脑 04.0330

telodendrion 终树突 05.0220

telokinetal 毛基索端生型 06.0498

telolecithal egg 端黄卵 04.0082

telomerozoite 晚裂殖子 06.0278

telopod 端肢 06.2252

telotroch 游泳体 06.0568, 端纤毛环 06.2691

telson 尾节 06.1835

temperature coefficient 温度系数 03.0100

temperature-humidity graph 温湿图 03.0104

temporal bone 颞骨 07.0352

temporal fold 颞褶 07.0103

temporal fossa 颞孔, *颞窝 07.0363

temporal lobe 颞叶 07.1101

temporary cold stupor 暂时低温昏迷 03.0421

temporary heat stupor 暂时高温昏迷 03.0422

temporary host 暂时宿主 06.1190

temporary parasite 暂时性寄生虫 06.1116

temporary plankton 阶段浮游生物 03.0298

temporomandibular joint 颞颌关节 07.0566

tensor tympani muscle 鼓膜张肌 07.0673

tentacle 触手 06.0033

tentacle ampulla 触手坛囊 06.2931

tentacle coiling 触手卷曲 06.2527

[tentacle] collar 触手襟 06.2387

tentacle girdle 触手带 06.2690

tentacle scale 触手鳞 06.2898

tentacle sheath 触手鞘 06.2351

tentacular arm 触腕 06.1577

tentacular circlet 触手环 06.2515

tentacular cirrus 围口触手 06.1699

tentacular club 触腕穗 06.1580

tentacular crown 触手环 06.2515

tentacular fringe 触手缘 06.2528

tentacular lumen 触手细腔 06.2674

tentacular muscle 触手肌 06.2618

tentacular sphincter 触手括约肌 06.2619

teratogenesis 畸形发生, *畸胎发生 04.0422

teratoma 畸胎瘤 04.0423

terebratelliform loop 贯壳型腕环 06.2574

tergite 背甲 06.0011

tergopore 背孔(苔藓动物) 06.1796

tergum 背甲 06.0011, 背板 06.2070

terminal apophysis 顶突(蜘蛛) 06.0967

terminal bulb 端球 06.1162

terminal cisterna 终池 05.0169

terminal claw 端爪 06.2840

terminal comb 端栉 06.2841

terminal membrane 端膜 06.2357

terminal nerve 终神经 07.1107

terminal organ 端器 06.1284

terminal plate 端板 06.2767

terminal process 末端突起 06.2086

terminal sucker 端吸盘 06.1581

terminal tentacle 端触手 06.2842

terminal vesicle 端囊 06.1163

terrestrial animal 陆生动物 03.0341

terrestrial animal community 陆生动物群落 03.0839

terricole 陆地动物 03.0342

territoriality 领域性 03.0692

territory 领域 03.0693

tertiary bronchus 三级支气管, *副支气管 05.0563

tertiary egg envelope 三级卵膜 04.0051

tertiary feather 三级飞羽 07.0150

tertiary septum 三级隔片 06.1066

testicular lobule 睾丸小叶 05.0640

testis 精巢 06.0098

tetrabasal 四基板 06.2777

tetraclad 四枝骨片 06.0888

tetraclone 四枝骨片 06.0888

tetracrepid 四轴骨片 06.0890

tetracrepid desma 四枝骨片 06.0888

tetract 四辐骨针 06.0855

tetractine 四辐骨针 06.0855

tetradactylous pedicellaria 四指叉棘 06.2732

tetraene 四叉骨针 06.0854

tetrahymenium 四膜式[口]器 06.0414

tetralophous microcalthrops 四冠骨针 06.0800

tetrapod 四足动物 07.0019

tetrathyridium 四盘蚴 06.1254

tetraxon 四轴骨针 06.0853

thalassophile 适海性 03.0189

thanatosis 假死态 03.0425

theca 鞘 06.1083

theca cell [卵泡]膜细胞 05.0654

theca folliculi(拉) 卵泡膜 04.0072

theca lutein cell 膜黄体细胞 05.0658

thecodont 槽生齿 07.0800

thecoplasm 鞘质 06.0547

thelycum 体外纳精器, * 雌性交接器 06.0109

thenar 垫 07.0112

theory of center of origin 起源中心说 01.0160

theory of pangenesis 泛生说 01.0161

theory of phylembryogenesis 胚胎系统发育说
    01.0159

theriology * 兽类学 07.0004

thermal adaptation 温度适应 01.0118

thermal pollution 热污染 03.1028

thermium 温泉群落 03.0847

thermocline 温跃层 03.0099

thermogenesis 产热 03.0418

thermo-hygrogram 温湿图 03.0104

thermoperiod 温周期 03.0101

thermophile 适温性 03.0175

thermotaxis 趋温性 03.0153

theront 掠食体 06.0548

thesocyte 储蓄细胞 06.0683

thick filament 粗肌丝 05.0158

thigh 大腿, * 股 07.0240

thigmotaxis 趋触性 03.0162

thin filament 细肌丝 05.0162

thinicole 沙丘动物 03.0368

thinium 沙丘群落 03.0841

thinophile 适沙丘性 03.0202

third ventricle 第三脑室 07.1087

thoracic aorta 胸主动脉 07.0924

thoracic appendage 胸肢 06.1935

thoracic cavity 胸腔 07.0869

thoracic sinus 胸窦 06.2045

thoracic vertebra 胸椎 07.0455

thorax 胸[部] 06.0002

thornstar 棘星形骨针 06.1049

thorny arm spine 刺腕棘 06.2711

thorny-headed worm 棘头虫 06.1107

threatened species 受胁[物]种 03.1001

threshold 阈值 03.0076

throat gland 喉腺 07.0263

thrombocyte 凝血细胞 05.0108

thrombopoiesis 凝血细胞发生, * 血小板发生
    05.0134

thylakoid 类囊体 06.0196

thymic corpuscle 胸腺小体, * 哈索尔小体
    05.0471

thymic cyst 胸腺小囊 05.0474

thymocyte 胸腺细胞 05.0470

thymus 胸腺 07.0979

thyroarytenoid muscle 甲构肌 07.0717

thyrohyal bone 甲舌骨 07.0421

thyroid cartilage 甲状软骨 07.0427

thyroid gland 甲状腺 07.1174

thyrotroph 促甲状腺素细胞, * TSH 细胞
    05.0608

thyrotropic cell 促甲状腺素细胞, * TSH 细胞
    05.0608

thyroxine 甲状腺素 05.0626

tibia 胫骨 07.0536

tibial gland 胫腺 07.0258

tibialis anterior muscle 胫骨前肌 07.0686

tibiofibular joint 胫腓关节 07.0590

tibiotarsus 胫跗骨 07.0550

Tiedemann's body 蒂德曼体, * 铁氏器 06.2926

Tiedemann's diverticulum 蒂德曼盲囊, * 铁氏盲
    囊 06.2927

tight junction 紧密连接, * 闭锁小带 05.0018

tiphicole 池塘动物 03.0371

tiphium 池塘群落 03.0849

tiphophile 适池沼性 03.0185

tirium 瘠地群落 03.0843

T lymphocyte T 淋巴细胞 05.0439

toe 趾 07.0245

tolerance 耐性 03.0130

tomite 仔体 06.0565

tomitogenesis　仔体发生　06.0566

tomont　分裂前体　06.0567

tongue　舌　07.0751

tongue worm　五口动物　01.0061

tonofibril　张力原纤维　05.0408

tonsil　扁桃体　07.0754

tonsil crypt　扁桃体隐窝　05.0491

tooth　[牙]齿　06.0051

tooth crown　齿冠　07.0823

tooth cusp　齿尖　07.0822

tooth neck　齿颈　07.0825

tooth papilla　齿乳　06.2723

tooth root　齿根　07.0824

tooth socket　齿窝　06.1518

tooth-socket device　齿槽装置　06.2589

topotype　地模标本　02.0041

torch　火炬形骨针　06.1047

torfaceous　沼生　03.0277

tornote　楔形骨针　06.0782

torus　脊状疣足　06.1691

total effective temperature　有效积温　03.0093

totipotency　全能性　04.0190

toxa　弓形骨针　06.0852

toxadragma　弓束骨针　06.0830

toxaspire　弓旋骨针　06.0803

toxicyst　毒丝泡　06.0472

trabecula　横枝(苔藓动物)　06.2276

trachea　气管　07.0865

tracheal cartilage　气管软骨　07.0423

tracheal ring　气管环　07.0890

tract　神经束　05.0248

trail ending　蔓条样末梢　05.0244

trail pheromone　踪迹信息素　03.0435

trail substance　踪迹信息素　03.0435

trajectory stability　轨道稳定性　03.0952

transformation　转化　03.0891

transitional cell　移行细胞　05.0292

transitional helix　过渡螺旋　06.0202

transition segment　过渡节　06.2784

transitory plankton　阶段浮游生物　03.0298

transocular stripe　贯眼纹　07.0208

transplantation　移植　04.0165

transport host　*输送宿主　06.1189

transverse arytenoid muscle　杓横肌　07.0716

transverse dorsal hood　横背巾膜　06.1735

transverse fiber　横向纤维　06.0448

transverse process　横突　07.0441

transverse rod　横杆　06.2869

transverse tarsal joint　跗横关节　07.0592

transverse tubule　横小管　05.0166

transversospinalis muscle　横突棘肌　07.0676

transversus abdominis muscle　腹横肌　07.0664

trapezium bone　斜方骨，*大多角骨　07.0527

trapezius muscle　斜方肌　07.0668

trapezoid [bone]　棱形骨，*小多角骨　07.0525

trapline　陷丝　06.2181

tree-climbing adaptation　攀树适应　03.0150

trematode　吸虫　06.1105

trematodiasis　吸虫病　06.1110

trematology　吸虫学　06.1099

trepen　端齿区　06.1700

triact　三辐骨针　06.0850

triactine　三辐骨针　06.0850

triad　三联体　05.0170

triaene　三叉骨针　06.0849

triangular notch　三角孔　06.2555

triaxon　三轴骨针　06.0851

tribe　族　02.0073

tribocytic　粘器　06.1283

triceps muscle　三头肌　07.0711

trichite　刺杆　06.0493

trichobothrium　听毛　06.2121

trichobranchiate　丝状鳃　06.1980

trichocercous cercaria　毛尾尾蚴　06.1226

trichocyst　刺丝泡　06.0469

trichodragma　毛束骨针　06.0783

trichogyne　受精丝　04.0156

trichotriaene　三次三叉骨针　06.0788

tricuspid valve　三尖瓣　07.0918

tridactylous foot　三趾足　07.0232

tridentate pedicellaria　三叉叉棘　06.2733

trifora　三孔型　06.1532

trigeminal nerve　三叉神经　07.1112

trigeminate　三对孔板　06.2751

triggering factor　引发因子　03.0069

trigonid　三角座　07.0844

trilobite larva 三叶幼体 06.2191

trilophous microcalthrops 三冠骨针 06.0799

trimorphism 三态 01.0107

trinominal nomenclature 三名法 02.0101

triod 三杆骨针 06.0801

triosseal canal 三骨管 07.0509

triphyllous pedicellaria 三叶叉棘 06.2734

triple-stomodeal budding 三口道芽 06.1090

triploparasitism 三重寄生 03.0766

tripus 三脚骨 07.0432

trispermy 三精入卵 04.0140

trivium 三道体区 06.2849

trivoltine 三化 03.0539

trixeny [parasite] 三主寄生 03.0765

trochal band 轮带 06.0577

trochlear nerve 滑车神经 07.1111

trocholophorus lophophore 盘冠型触手冠 06.2522

trochophora 担轮幼体 06.1647

troglobiont 洞居生物 03.0352

troglophile 适洞性 03.0205

trophallaxis [亲子]交哺 03.0560

trophectoderm 滋养外胚层 04.0391

trophic level 营养级 03.0893

trophic nucleus 营养核 06.0454

trophic structure 营养结构 03.0892

trophoblast 滋养层 04.0388, 营养细胞 06.0682

trophont 滋养体 06.0572

trophozoite 营养子 06.0648

tropomyosin 原肌球蛋白 05.0164

troponin 肌原蛋白 05.0165

tropybasic type 脊底型[颅] 07.0303

trunk 躯干[部], *胸部 06.0004

trunk coelom 体躯腔 06.2662

trunk limb 躯干肢 06.1973

trunk septum 体躯隔壁 06.2596

trunk vertebra 躯椎 07.0453

trypaniform stage 锥虫体期 06.0156

trypomastigote 锥鞭毛体 06.0157

T tubule 横小管 05.0166

tubal bladder 输尿管膀胱 07.1006

tube cell 管细胞(内肛动物) 06.2367

tubercle 疣(棘皮动物) 06.1052, 疣粒 07.0065

tuberculum of rib 肋结节 07.0473

tuberculum puberty 性隆脊 06.1798

tubulus rectus (拉) 直精小管 05.0642

tunic 被囊 07.0078

tunica albuginea (拉) 白膜 05.0639

tunica externa [血管]外膜 05.0285

tunica fibrosa bulbi 眼球纤维膜 05.0298

tunica intima [血管]内膜 05.0283

tunica media [血管]中膜 05.0284

tuning fork 音叉骨针 06.0848

turbinal bone 鼻甲骨 07.0371

turnover 周转 03.0928

turnover rate 周转率 03.0929

turnover time 周转期 03.0930

tusk 獠牙 07.0819

tutaculum 护器 06.2141

twilight migration 晨昏迁徙 03.0384

twin ancestrula 双生初虫 06.2318

tychoplankton 偶然浮游生物 03.0294

tylaster 头星骨针 06.0856

tyloclad 头枝骨针 06.0810

tylostyle 大头骨针 06.0802

tylote 双头骨针 06.0857

tyloxea 头尖骨针 06.0829

tympanic bone 鼓骨 07.0379

tympanic bulla 鼓泡 07.0360

tympanic cavity 鼓室 07.1168

tympanic ligament 鼓韧带 07.0674

tympanic membrane 鼓膜 07.0380

tympaniform membrane 鸣膜(鸟) 07.0891

tympanohyal bone 鼓舌骨 07.0422

tympano-periotic bone 鼓围耳骨 07.0361

type I alveolar cell I型肺泡细胞 05.0555

type II alveolar cell II型肺泡细胞 05.0556

type genus 模式属 02.0060

type locality 模式产地 02.0056

type of ecosystem 生态系[统]类型 03.0885

type selection 模式选定 02.0061

type series 模式组 02.0058

type species 模式种 02.0059

type [specimen] 模式标本 02.0035

typhlosole 肠沟 06.1623

typhlosolis 肠盲道 06.1661

typology 模式概念 02.0057

U

ulna 尺骨 07.0513

ultimate causation 远因，*终极导因 03.0062

ultimate cause 远因，*终极导因 03.0062

ultimobranchial body 后鳃体 07.1178

ultra[nanno] plankton 超微型浮游生物 03.0305

umbel 伞序 06.0735

umbilical side 脐面 06.0233

umbilicus 脐 04.0395，脐(贝壳) 06.1461

umbo 壳顶 06.1450

umboloid 盾胞型的 06.2451

umbrella 伞部(腔肠动物) 05.0648，伞膜 06.1596

unciform bone 钩骨 07.0524

uncinate 勾棘骨针 06.0858

uncinate process [肋骨]钩突 07.0477

unciniger 齿片刚节 06.1701

uncinus 齿片刚毛 06.1767

undercrowding 过低[种群]密度 03.0628

underpopulation 过低[种群]密度 03.0628

undifferentiated cell 未分化细胞 04.0172

undulating membrane 波动膜 06.0611

undulipodium 波动足 06.0612

unequal cleavage 不等卵裂 04.0214

unequal coeloblastula 不等卵囊腔胚 04.0242

unfertilized hyaline layer 未受精透明带 04.0132

unguiffrate 多齿爪状骨针 06.0811

unguligrade 蹄行 07.0218

unilaminar 单层的 06.2294

unilocular 单室的 06.0225

unilocular fat 白脂肪，*单泡脂肪 05.0056

unipolar immigration 单极内迁 04.0263

unipolar neuron 单极神经元 05.0190

uniporous 单孔的 06.2420

Uniramia(拉) 单肢动物 01.0058

uniramian 单肢动物 01.0058

uniramous parapodium 单叶型疣足 06.1677

uniramous type appendage 单枝型附肢 06.1936

uniserial 单列的 06.2291

univoltine 一化 03.0537

unmyelinated nerve fiber 无髓神经纤维 05.0204

upper flagellum 上鞭 06.1917

urbanization 城市化 03.1025

ureter 输尿管 07.1000

urethra 尿道 07.1002

urinary bladder 膀胱 07.1001

urinary pole 尿极 05.0571

Urochordata(拉) 尾索动物 01.0076

urochordate 尾索动物 01.0076

urodeum 尿殖道 07.0766

urogenital aperture 尿殖孔 07.0283

urogenital organ 尿殖器官 06.0092

urogenital papilla 尿殖乳突 07.0284

urohyal bone 尾舌骨 07.0405

urohypophysis 尾垂体 07.1177

uropoda 尾肢 06.2087

uropodite 尾肢 06.2087

uroproct 尿肠管 06.1424

uropygial gland 尾脂腺 07.0272

urostyle 尾杆骨 07.0465

uterine bell 子宫钟 06.1402

uterine branch 子宫枝 06.1403

uterine gland 子宫腺 05.0652

uterine pore 子宫孔 06.1406

uterine sac 子宫囊 06.1404

uterine vesicle 子宫泡 06.1405

uterus 子宫 07.1020

utricle 椭圆囊 05.0364

uvea(拉) 眼球血管膜，*色素膜 05.0302

V

vagabundae 游猎型 06.2185

vagil-benthon 漫游底栖动物 03.0328

vagina 阴道 07.1042

vaginal tube 阴道管 06.1411

vagus nerve 迷走神经 07.1117

valid name 确立学名，*有效学名 02.0211

valvate pedicellaria 瓣状叉棘 06.2735

valve 壳板 06.2058，瓣 06.2893

valve ovicell 瓣卵胞 06.2484

vane 羽片 07.0156

variety 变种 02.0091

vasa vasorum（拉） 血管滋养管，*营养血管 05.0290

vascular pole 血管极 05.0570

vascular tunic of eyeball 眼球血管膜，*色素膜 05.0302

vas deferens 输精管 06.0099

vasoperitoneal tissue 毛管腹膜组织 06.2597

vastus intermedius muscle 股中间肌 07.0696

Vater-Pacini corpuscle 环层小体 05.0232

vegetal pole 植物极 04.0059

vegetative nervous system 自主神经系统，*植物性神经系统 07.1064

vegetative nucleus 营养核 06.0454

vegetative pole 植物极 04.0059

vein 静脉 06.0081

velarium 假缘膜 06.0972

veliger 面盘幼体 06.1649

veloid 罩膜 06.0387

velum 罩膜 06.0387，缘膜(腔肠动物、头索动物) 06.0971

velum 面盘(软体动物) 07.0195

velvet 鹿茸 07.0179

venom gland 毒腺 07.0247

venous sinus 静脉窦 07.0907

ventral abdominal appendage 腹突起 06.2082

ventral arm plate 腹腕板 06.2742

ventral cirrus 腹须 06.1682

ventral fin 腹鳍 07.0035

ventral ganglion 腹神经节 06.0075

ventral gland 腹腺 06.1432

ventral-lateral plate 腹侧板 06.2770

ventral mesentery 腹肠系膜 06.1731，腹肠隔膜 06.2594

ventral nerve cord 腹神经链 06.0076

ventral plug 腹塞 06.1176

ventral pouch 腹囊(腕足动物) 06.2633

ventral process 腹突 06.1972

ventral rib 腹肋 07.0470

ventral root 腹根 07.1153

ventral shield 腹盾 06.1692

ventral spine 腹刺 06.1875

ventral sucker 腹吸盘 06.1320

ventral valve 腹瓣 06.2380

ventricle 心室 07.0909

ventrolateral compartment 侧腹腔 06.2660

venule 微静脉 05.0282

vermes 蠕虫 01.0069

vermiform movement 蛆形运动 06.2639

vernacular name 俗名 02.0217

verruca 疣 06.1052

vertebra 椎骨 07.0439

vertebral arch 椎弓 07.0442

vertebral artery 椎动脉 07.0934

vertebral canal 椎管 07.0448

vertebral column 脊柱 07.0438

vertebral gland 脊腺 07.0251

vertebral rib 椎肋 07.0476

vertebral spine 椎棘 07.0443

Vertebrata（拉） 脊椎动物 01.0078

vertebrate 脊椎动物 01.0078

vertebrate zoology 脊椎动物学 01.0004

vertex 头顶 07.0190

vertical budding 垂直出芽 06.2458

vertical budding colony 垂直出芽群体 06.2267

vertical cleavage 垂直卵裂 04.0223

vertical distribution 垂直分布 03.0963

vertical migration 垂直迁徙 03.0382

vesicle 泡状体(苔藓动物) 06.2339

vesicular dissepiment 泡状鳞板 06.1081

vesicula seminalis(拉) 贮精囊 06.0104

vestibular canal 前庭管 06.1372

vestibular concavity 前庭窝 06.2366

vestibular dilator 前庭扩张肌 06.2625

vestibular groove 前庭沟 06.2365

vestibular labyrinth 前庭迷路 07.1165

vestibular membrane 前庭膜，＊赖斯纳膜 05.0380

vestibular pore 前庭孔 06.2405

vestibule 前庭 05.0358，前庭器 06.2922

vestibule of vagina 阴道前庭 07.1043

vestibulocochlear nerve 前庭蜗神经，＊位听神经 07.1115

vestibulocochlear organ 前庭蜗器，＊位听器[官] 07.1163

vestibulum 孔腔(有孔虫) 06.0614

veterinary parasitology 兽医寄生虫学 06.1096

vibraculum 振鞭体 06.2338

vibratile corpuscle 振动小体 06.2792

vibratile spine 振动小棘 06.2717

vibration 振动 06.2190

vibrissae 触须(哺乳动物) 07.0168

vicariance 离散 02.0024

vicarious avicularium 代位鸟头体 06.2336

vicarious ovicell 代位卵胞 06.2482

villus 绒毛 05.0515

virgalia 芽骨 06.2805

virgin cell 处女型细胞 05.0448

visceral ganglion 脏神经节 06.1614

visceral layer 脏层(肾小囊) 05.0581

visceral mass 内脏团 06.1456

visceral mesoderm 脏壁中胚层 04.0287

visceral nerve 脏神经 06.1613

visceral nervous system 脏神经系[统] 06.1615

visceral peritoneum 脏体腔膜 06.1726

visceral skeleton 内脏骨骼 07.0300

viscerocranium 脏颅 07.0299

visual organ 视觉器[官] 07.1129

vital capacity 生活力 03.0639

vital index 生命指数 03.0644

vitalism 生机论 04.0013

vitality 生活力 03.0639

vital optimum 生命最适度 03.0640

vital process 生命过程 03.0642

vital statistics 生命统计 03.0643

vital theory 生机论 04.0013

vitellarium 卵黄腺 06.1393

vitelline artery 卵黄动脉 07.0957

vitelline duct 卵黄管(寄生蠕虫) 04.0090

vitelline follicle 卵黄滤泡 06.1394

vitelline gland 卵黄腺 06.1393

vitelline membrane 卵黄膜 04.0078

vitelline reservoir 卵黄贮囊 06.1396

vitelline vein 卵黄静脉 07.0958

vitellus 卵黄 04.0076，卵黄体(哺乳类) 04.0077

vitrein 玻璃蛋白 05.0339

vitreous body 玻璃体 05.0338

vitreous humour 玻璃状液 06.1639

vitreous space 玻璃体腔 05.0337

viviparity 胎生 04.0017

viviparous animal 胎生动物 01.0081

vocal cord 声带 07.0874

vocal sac 声囊 07.0117

Volkmann's canal 穿通管，＊福尔克曼管 05.0083

volvent 卷缠刺丝囊 06.0914

vomer bone 犁骨 07.0377

vomerine ridge 犁骨脊 07.0378

vomerine tooth 犁骨齿 07.0847

vulnerable species 渐危种 03.1005

vulva 阴门 06.0110

W

walking leg　步足　06.1948

wandering bird　漂鸟　03.0404

warning coloration　警戒色　03.0446

warning mark　警戒标志　03.0447

wart　瘰粒　07.0073，疣（腔肠动物）　06.1052

water balance　水[分]平衡　03.0428

water bear　＊熊虫　01.0054

water cycle　水循环　03.0119

water lung　水肺　06.2950

water vascular system　水管系　06.2935

wattle　肉垂　07.0108

WBC　白细胞　05.0096

web　蹼　07.0212

webbed foot　蹼足　07.0228

Weber's organ　韦伯器[官]　07.0430

Weber's ossicle　韦伯小骨　07.0431

web of life　生命网　01.0114

wheel　轮形体　06.2797

wheel papilla　轮疣　06.2827

white blood cell　白细胞　05.0096

white fat　白脂肪，＊单泡脂肪　05.0056

white matter　白质　07.1069

white muscle fiber　白肌纤维，＊快缩肌纤维　05.0174

white pulp　白髓　05.0476

whorl　螺环　06.0231

wildlife conservation　野生生物保护　03.0988

wildlife management　野生生物管理　03.0989

wing　翼，＊翅　07.0147

wing covert　[翼]覆羽　07.0135

winter egg　冬卵　06.2028

winter hardiness　耐冬性　03.0132

winter migrant　冬候鸟　03.0398

winter plankton　冬季浮游生物　03.0318

winter resistance　抗寒性　03.0137

winter stagnation　冬季停滞[期]　03.0514

Wolffian duct　中肾管，＊沃尔夫管，＊吴氏管　04.0352

wormlike convolution　蠕虫形曲折　06.2640

wrist　腕　07.0237，腕节　06.1952

wrist joint　腕关节　07.0582

X

xanthosome　黄素体　06.0623

xenoma　异体　06.0630

xenosome　异生小体　06.0631

xerarch succession　旱生演替　03.0819

xerocole　旱生动物　03.0289

xeromorphosis　适旱变态　03.0194

xerophile　适旱性　03.0193

xerophobe　厌旱性　03.0173

xerosere　旱生演替系列　03.0831

xiphidiocercaria　矛口尾蚴　06.1231

xiphiplastron　剑板　07.0094

X-organ　X器　06.2038

xylophage　食木动物　03.0257

xylophile　适木性　03.0197

Y

yearling　周岁幼体　03.0545

yellow crescent　黄新月　04.0256

yellow fat　白脂肪，＊单泡脂肪　05.0056

yolk　卵黄　04.0076

yolk cell　卵黄细胞　04.0089

yolk cleavage　卵黄分裂　04.0088

yolk duct　卵黄管　04.0090

yolk endoderm　卵黄内胚层　04.0281

yolk gland　卵黄腺　06.1393
yolk plug　卵黄栓　04.0257
yolk sac　卵黄囊　04.0375

Y-organ　Y器　06.2036
Y-shaped cartilage　Y形软骨　07.0549

Z

zigzag ribbon　之形带，＊Z形带　06.2188
Z line　Z线，＊Z膜　05.0155
Z membrane　Z线，＊Z膜　05.0155
zoarium　硬体　06.2273
zoea larva　溞状幼体　06.1993
zona fasciculata（拉）　束状带　05.0616
zona glomerulosa（拉）　球状带　05.0615
zona pellucida（拉）　透明带　04.0042
zona reticularis（拉）　网状带　05.0617
zonary placenta　环带胎盘　07.1031
zonation　成带现象　02.0258
zone of effective temperature　有效温度带
　03.0094
zone of growth　生长带　04.0297
zone of immediate death　即时致死带　03.0085
zone of intergration　间渡区　02.0168
zone of sperm transformation　精子生成带
　04.0143
zonula adherens（拉）　＊粘着小带　05.0019
zonula occludens（拉）　＊闭锁小带　05.0018
zoo　动物园　01.0021
zooanthropozoonosis　人传人兽互通病　06.1133
zoobiocenose　动物群落　03.0783
zoochlorella　虫绿藻　06.0625

zoocoenosis　动物群落　03.0783
zooecicule　微虫室　06.2328
zooecium　虫室　06.2324
zoogenetics　动物遗传学　01.0019
zoogeography　动物地理学　01.0018
zooid　个虫　06.2300
zooidal fascicle　个虫束　06.2285
zooidal row　个虫列　06.2284
zooid group　个虫群　06.2299
zoology　动物学　01.0001
zoonosis　人兽互通病　06.1127
zoophyte　植形动物　06.0905
zooplankton　浮游动物　03.0293
zoopurpurin　动物紫　06.0532
zoospore　动孢子　06.0622
zootaxy　动物分类学　01.0016
zooxanthella　虫黄藻　06.0624
zygapophysial joint　关节突间关节　07.0569
zygocyst　合子囊　06.0602
zygodactylous foot　对趾足　07.0233
zygolophorus lophophore　双冠型触手冠　06.2524
zygomatic arch　颧弓　07.0368
zygospondylous articulation　节椎关节　06.2786
zygote　合子　04.0144

汉 英 索 引

A

阿利马幼体　alima larva　06.2000

*埃塞俄比亚界　Afrotropical realm, Ethiopian realm　02.0248

矮个虫　dwarf zooid　06.2302

矮雄　dwarf male　06.2018

艾伦律　Allen's rule　03.0144

暗层生物　stygobiont　03.0370

暗带　dark band, A band　05.0152

暗块　phaeodium　06.0245

暗区　area opaca　04.0363

胺与胺前体摄取和脱羧[细胞]系统　amine precursor uptake and decarboxylation system, APUD system　05.0509

凹环　scrobicular ring　06.2901

凹缘　emargination　06.2280

凹蹼足　incised palmate foot　07.0225

螯　chela　06.1960

螯耙　rastellum　06.2098

螯基　paturon　06.2096

螯肢　chelicera　06.2092

螯肢齿　cheliceral tooth　06.2097

螯肢动物　chelicerate, Chelicerata(拉)　01.0057

螯状　chelate　06.1963

螯足　cheliped　06.1962

澳大利亚界　Australian realm　02.0250

B

八辐骨针　octact, octactine　06.0864

靶器官　target organ　05.0589

白化[型]　albinism　02.0170

白肌纤维　white muscle fiber, fast twitch fiber　05.0174

白膜　tunica albuginea（拉）　05.0639

白色体　leucoplast　06.0194

白髓　white pulp　05.0476

白体　corpus albicans　05.0662

白细胞　leukocyte , leucocyte, white blood cell, WBC　05.0096

白[细胞]介素　interleukin　05.0457

白脂肪　white fat, unilocular fat, yellow fat　05.0056

白质　white matter　07.1069

斑　macula　05.0366

板(龟鳖类)　plate　07.0096

板鳞(蜥蜴类)　callose　07.0069

板星骨针　saniaster　06.0825

伴骨针　comitalia　06.0882

伴生种　companion species　03.0792

伴随刚毛　companion seta　06.1782

伴随免疫　concomitant immunity　06.1140

瓣　valve　06.2893

瓣间联系　interlamellar junction　06.1547

瓣卵胞　valve ovicell　06.2484

瓣蹼足　lobed foot　07.0226

瓣区　petaloid area　06.2852

瓣胃　omasum　07.0748

瓣状步带　petaloid ambulacrum　06.2859

瓣状叉棘　valvate pedicellaria　06.2735

半板　demi-plate　06.2748

半变态　hemi-anamorphosis　06.2194

半齿关节　hemigomph articulation　06.1720

半洞居生物　hemitroglobiont　03.0354

半对趾足　semi-zygodactylous foot　07.0229

半规管 semicircular canal 05.0359

半膜 semi-membrane 06.0421

半蹼 half webbed 07.0215

半蹼足 semipalmate foot, half webbed foot 07.0231

半栖土壤动物 geocole 03.0346

半奇静脉 hemiazygos vein 07.0956

半桥粒 hemidesmosome 05.0014

半鳃 hemibranch 07.0887

半深海浮游生物 bathypelagic plankton 03.0338

半水生 semi-aquatic 03.0276

半索动物 hemichordate, Hemichordata（拉） 01.0073

半咸水 brackish water 03.0110

半咸水浮游生物 brackish water plankton 03.0315

半阴茎 hemipenis 07.1009

半缘生长 semiperipheral growth 06.2641

半月瓣 semilunar valve 07.0915

半月膜 semilunar membrane 07.0862

半针六星骨针 hemioxyhexaster 06.0749

棒尖骨针 strongyloxea 06.0822

棒尾尾蚴 rhopalocercous cercaria 06.1225

棒星骨针 strongylaster 06.0780

棒形骨针 club 06.1039

棒枝骨针 strongyloclad 06.0823

棒状骨针 strongyle 06.0779

棒状体 rhoptry 06.0332

棒状纤毛 clavate cilium 06.0364

胞肛 cytoproct, cytopyge 06.0554

胞间连丝 plasmodesma 06.0607

胞口 cytostome, ooepore（苔藓动物） 06.0393

胞亲 sib 03.0687

胞室 alveolus 06.2330

胞外膜 epicyte 06.0323

胞咽 cytopharynx 06.0433

胞咽杆 cytopharyngeal rod 06.0432

胞咽盔 cytopharyngeal armature 06.0429

胞咽篮 cytopharyngeal basket 06.0430

胞咽囊 cytopharyngeal pouch 06.0431

胞咽器 cytopharyngeal apparatus 06.0428

胞饮泡 pinocytotic vesicle 06.0643

胞饮[作用] pinocytosis 06.0642

胞蚴 sporocyst 06.1202

胞质分裂 cytokinesis 06.0657

胞质内囊 intracytoplasmic pouch 06.0576

胞质趋性 cytotaxis 06.0589

胞质杂种 cybrid 04.0168

包囊 cyst 06.0636

包囊形成 encystment 06.0637

包皮 prepuce 07.1010

包蜕膜 capsular decidua 04.0400

孢堆果 sorocarp 06.0254

孢堆果发生 sorogenesis 06.0255

孢囊子 cystozoite 06.0317

孢内生殖 endodyogeny 06.0268

孢内体 endodyocyte 06.0269

孢质[团] sporoplasm 06.0260

孢子 spore 06.0621

孢子堆 sorus 06.0253

孢子发生 sporogenesis 06.0249

孢子管 sporoduct 06.0267

孢子果 sporangium, sporocarp, fruiting body 06.0252

孢[子]母细胞 sporoblast 06.0265

孢[子]囊 sporocyst 06.0266

孢子生殖 sporogony 06.0257

孢子生殖细胞 sporogonic cell 06.0256

孢子形成 sporulation 06.0262

*保虫宿主 reservoir host 06.1188

保护膜 protective membrane 06.1582

保护色 protective coloration 03.0444

[保护性]拟态 [protective] mimicry 03.0449

保护性适应 protective adaptation 03.0443

保留学名 nomen conservandum(拉) 02.0205

饱和种群 asymptotic population 03.0623

抱持器 clasping organ 06.2022

抱雌沟 gynecophoric canal 06.1261

抱合体 pseudoconjugant 06.0328

抱卵片 oostegite 06.2031

抱卵肢 oostegopod 06.2034

*鲍曼囊 renal capsule, Bowman's capsule 05.0568

*鲍曼腺 olfactory gland, Bowman's gland 05.0554

*鲍雅氏器官 organ of Bojanus 06.1644

杯形细胞　goblet cell　05.0519

背板　tergum, dorsal lamina(脊椎动物)　06.2070

背瓣　dorsal valve　06.2378

背侧板　pleurotergite　06.2236

背侧褶　dorsolateral fold　07.0101

背肠隔膜　dorsal mesentery　06.2595

背肠系膜　dorsal mesentery　06.1730

背腹壳间缘　commissure　06.2558

背刚毛　notoseta　06.1788

背刚叶　notosetal lobe　06.1673

背根　dorsal root　07.1152

背棘　dorsal spine　06.2715

背脊　dorsal keel　06.2279

背甲　tergum, tergite, carapace(节肢动物、脊椎动物)　06.0011

背孔　dorsal pore, tergopore(苔藓动物)　06.1796

背阔肌　latissimus dorsi muscle　07.0708

背肋　dorsal rib　07.0469

背囊　dorsal sac　06.2929

背鳍　dorsal fin　07.0037

背鳍降肌　depressor dorsalis muscle　07.0632

背鳍倾肌　inclinator dorsalis muscle　07.0634

背鳍竖肌　dorsal erector muscle　07.0630

背鳍缩肌　retractor dorsalis muscle　07.0638

背鳍引肌　protractor dorsalis muscle　07.0636

背器　dorsal organ　06.1828

背桥　lorum　06.2149

背三角板　chilidium　06.2557

背三角孔　notothyrium　06.2502

背三角双板　chilidial plates　06.2556

背上膜　supra-dorsal membrane　06.2953

背神经节　dorsal ganglion　07.1151

背腕板　dorsal arm plate　06.2743

背纤毛器　dorsal ciliated organ　06.1727

背须　dorsal cirrus　06.1681

背缘　dorsal brim　06.1706

背肢　notopodium　06.1703

背中隔壁　middorsal septum　06.2538

背主动脉　dorsal aorta　07.0984

背足刺舌叶　notoacicular ligule　06.1702

背最长肌　longissimus dorsi muscle　07.0672

贝壳　conch, shell　06.1444

贝壳素　conchiolin　06.1445

贝类学　conchology　06.1443

备雄　complemental male　06.2019

被覆皮壳　encrustation　06.2437

被覆上皮　covering epithelium, lining epithelium　05.0003

被覆型[群体]　incrusting type　06.2270

被膜　capsule　05.0463

被囊　tunic　07.0078

被囊神经末梢　encapsulated nerve ending　05.0230

＊被食者　prey　03.0746

贲门　cardia　07.0725

贲门部　cardiac region　07.0737

贲门腺　cardiac gland　07.0739

本名　nomen triviale (拉)　02.0225

本能　instinct　01.0120

本能行为　instinctive behavior　03.0455

＊本鳃　ctenidium　06.1544

鼻　nose　07.0023

鼻骨　nasal bone　07.0370

鼻甲骨　turbinal bone　07.0371

鼻孔　nostril　07.0024

鼻囊　nasal capsule　07.0304

鼻旁窦　paranasal sinus　07.0858

鼻腔　nasal cavity　07.0857

鼻栓　nasal plug　07.0894

＊鼻窝　nasal pit, olfactory pit　04.0335

鼻腺　nasal gland　07.0249

鼻须(鸟)　nasal bristle　07.0202

鼻咽括约肌　nasopharyngeal sphincter muscle　07.0722

比德腺　Bidder's gland　07.1058

比较解剖学　comparative anatomy　01.0006

比目鱼肌　soleus muscle　07.0699

＊比氏腺　Bidder's gland　07.1058

笔毛动脉　penicillar artery　05.0478

闭颚肌　mandibular occlusor　06.2620

闭管循环系[统]　closed vascular system　06.0078

闭合孔　lipostomous　06.0689

闭壳肌　adductor muscle　06.1535

闭壳肌痕　adductor scar　06.1497

闭孔　obturator foramen　07.0531

闭锁黄体　atretic corpus luteum　05.0660

闭锁卵泡　atretic follicle　05.0655

＊闭锁小带 zonula occludens（拉） 05.0018

闭锥 phragmocone 06.1585

壁板 paries 06.2072

壁层（肾小囊） parietal layer 05.0583

壁孔 cinclides 06.0994

壁孔室 mural porechamber 06.2424

壁卵胞 parietal ovicell 06.2483

壁体腔膜 parietal peritoneum 06.1725

壁蜕膜 parietal decidua 04.0399

壁细胞 parietal cell, oxyntic cell 05.0507

臂 arm 07.0235

臂丛 brachial plexus 07.1124

臂动脉 brachial artery 07.0949

鞭钩原基 scutica 06.0575

鞭毛 flagellum 06.0124

鞭毛侧丝 flimmer 06.0125

鞭毛袋 flagellar pocket 06.0129

鞭毛动基体复合体 flagellar base-kinetoplast com-
  plex 06.0128

鞭毛根丝 flagellar rootlet 06.0131

鞭毛过渡区 flagellar transition region 06.0134

鞭毛孔 flagellar pore 06.0130

鞭毛列 flagellar row 06.0132

鞭毛膨大区 flagellar swelling 06.0133

鞭毛室 flagellate chamber 06.0726

鞭毛丝 mastigoneme 06.0126

鞭毛系统 mastigont system 06.0127

鞭毛足 flagellipodium 06.0217

鞭状附肢 filamentary appendage 06.2078

鞭状腺 flagelliform gland 06.2174

边板 side plate 06.2773

边缘层 marginal layer, cortex-medulla border
  05.0495

边缘刺 marginal spine 06.2360

边缘个虫 marginal zooid 06.2304

边缘钩 marginal hook 06.1300

边缘孔 marginal pore 06.2411

边缘囊 marginal vesicle 06.0975

边缘区 marginal zone 05.0484

边缘吸盘 marginal sucker 06.1332

边缘效应 edge effect 03.0877

扁盘动物 placozoan, Placozoa（拉） 01.0035

扁平上皮 squamous epithelium 05.0007

扁平细胞 pinacocyte 06.0668

扁桃体 tonsil 07.0754

扁桃体隐窝 tonsil crypt 05.0491

扁形动物 platyhelminth, flatworm, Platyhelminthes
  （拉） 01.0038

变凹型椎体 anomocoelous centrum 07.0485

变态 metamorphosis 01.0125

变温动物 poikilotherm, poikilothermal animal
  03.0415

变温性 poikilothermy 03.0414

变形体 amoebula, plasmodium 06.0224

变形细胞 amoebocyte 06.0680

＊变异群 cline 02.0176

变种 variety 02.0091

标本 specimen 02.0034

标本收藏 collection 02.0145

标记 marking, tagging 03.0042

标记重捕法 marking-recapture method, tagging-
  recapture method 03.0044

＊标志 marking, tagging 03.0042

＊标志重捕法 marking-recapture method, tagging-
  recapture method 03.0044

表面活性物质 surfactant 05.0557

表面［卵］裂 superficial cleavage 04.0224

表膜 pellicle 06.0434

表膜嵴 pellicular crest 06.0436

表膜孔 pellicular pore 06.0437

表膜泡 pellicular alveolus 06.0435

表膜上膜 perilemma 06.0439

表膜条纹 pellicular stria 06.0438

表膜下微管 subpellicular microtubule 06.0634

表膜下纤毛网格 infraciliary lattice 06.0440

表膜下纤毛系 infraciliature 06.0441

表皮 epidermis 05.0392

表皮刺 cuticular spine 06.2499

表皮嵴 epidermal ridge 05.0412

＊表型系统学 phenetics 02.0003

表须 prostalia, pleuralia 06.0732

表质 epiplasm 06.0552

鳔 swim bladder 07.0889

濒危种 endangered species 03.1004

髌骨 patella 07.0535

冰雪浮游生物 cryoplankton 03.0310

柄 pedicel, manubrium(多毛类), petiole(蜘蛛) 06.0979

柄肌 pedicular muscle 06.2624

并系 paraphyly 02.0110

并趾足 syndactylous foot 07.0230

玻璃蛋白 vitrein 05.0339

玻璃膜 glassy membrane 05.0432

玻璃体 vitreous body 05.0338

玻璃体管 hyaloid canal 05.0341

玻璃体腔 vitreous space 05.0337

玻璃体细胞 hyalocyte 05.0340

玻璃状液 vitreous humour 06.1639

钵口幼体 scyphistoma 06.0924

波动膜 undulating membrane 06.0611

波动足 undulipodium 06.0612

波利囊 Polian vesicle 06.2928

*波氏囊 Polian vesicle 06.2928

博氏器 organ of Bojanus 06.1644

*博亚努斯器 organ of Bojanus 06.1644

搏动管 pulsating canal 06.0488

搏动泡 pulsating vacuole 06.0489

伯贝克颗粒 Birbeck granule 05.0406

伯格曼律 Bergmann's rule 03.0145

捕食者 predator 03.0745

捕捉触手 prehensile tentacle 06.0527

哺乳动物 mammal 07.0018

哺乳动物学 mammalogy 07.0004

补偿作用 compensation 03.0108

补模标本 apotype 02.0046

补遗 addenda(拉) 02.0227

不等侧[的] inequilateralis(拉) 06.1482

不等卵裂 unequal cleavage 04.0214

不等卵囊腔胚 unequal coeloblastula 04.0242

不等趾足 anisodactylous foot 07.0220

不定[型卵]裂 indeterminate cleavage 04.0212

不动关节 syzygy, immovable joint(脊椎动物), synarthrosis(脊椎动物) 06.2779

不动指 fixed finger, immovable finger 06.1957

不全裂 meroblastic cleavage, incomplete cleavage 04.0207

不完全变态 incomplete metamorphosis 01.0126

不育个虫 sterile zooid 06.2315

不育[性] infertility, sterility 04.0407

步带 ambulacral zone 06.2858

步带板 ambulacral plate 06.2738

步带道 ambulacral avenue 06.2854

步带沟 ambulacral furrow 06.2855

步带骨 ambulacral ossicle 06.2802

步带孔 ambulacral pore 06.2856

步带区 ambulacral area 06.2853

步带系 ambulacral system 06.2857

步足 pereiopod, walking leg, ambulatory leg 06.1948

部 division 02.0071

C

参差型椎体 diplasiocoelous centrum 07.0486

残[余]体 residual body, residuum 06.0339

槽板 socket plate 06.2495

槽脊 socket ridge 06.2590

槽生齿 thecodont 07.0800

草地动物 leimocole 03.0367

草栖动物 caespiticole, gramnicole 03.0366

草原群落 prairie community 03.0844

侧板 lateral plate, lateral compartment 06.1968

侧背腔 dorsolateral compartment 06.2663

侧壁 lateral wall 06.2442

侧壁孔 areole, areolar pore 06.2410

侧扁 compressed 06.0115

侧步带板 adambulacral plate 06.2739

侧步带棘 adambulacral spine 06.2720

侧肠隔膜 lateral mesentery 06.2593

侧齿 lateral tooth 06.1514

侧带线 lateral fasciole 06.2838

侧副支 collateral branch 05.0221

侧腹静脉 lateral abdominal vein 07.0991

侧腹腔 ventrolateral compartment 06.2660

侧感觉器 lateral sense organ 06.2385

侧沟 lateral groove 06.1260

侧脊 lateral carina 06.1863

侧甲 pleurum, pleuron, pleurite 06.0012

侧结节 lateral condyle 06.2099

侧孔室 lateral porechamber 06.2427

侧口板 adoral plate 06.2744

侧口前角 lateral prostomial horn 06.1739

侧面 lateral 06.0119

侧膜 lateral membrane 06.1588

侧脑室 lateral ventricle 07.1104

侧气管网结 lateral anastomose 06.2250

侧前叶 prelateral lobe 06.1933

侧鳃 pleurobranchia 06.1984

侧三叉骨针 plagiotriaene 06.0798

侧神经节 pleural ganglion 06.1610

侧神经索 pleural nerve cord 06.1617

侧生齿 pleurodont 07.0799

侧生动物 parazoan, Parazoa（拉） 01.0026

侧体囊 parasomal sac 06.0545

侧头器 organ of Tomosvery 06.2207

侧突起 lateral process 06.2084

侧腕 lateral arm 06.2560

侧腕板 lateral arm plate 06.2740

侧围口翼 lateral peristomial wing 06.1738

侧胃 paragastric 06.0716

侧窝 areola 06.2409

侧吸吮杯 lateral suctorial cup 06.1329

侧纤毛 lateral cilium 06.2358

侧纤毛束 lateral tract of cilia 06.2537

侧线 lateral line 07.0071

侧线管 lateral line canal 07.0072

侧线器[官] lateral line organ 07.1139

侧小齿 lateral denticle 06.1882

侧亚顶突 lateral subterminal apophysis 06.2134

侧眼 stemmate 06.1815

侧叶 lateral lobe 06.1707

侧翼 lateral wing 06.2899

侧翼膜 lateral ala 06.1267

侧阴道 lateral vagina 07.1045

侧脏神经连索 pleuro-visceral connective 06.1616

侧针 lateral stylet 06.1563

侧中胚层 lateral mesoderm 04.0286

侧椎体 pleurocentrum 07.0460

侧足神经连索 pleuro-pedal connective 06.1620

插入器 embolus 06.2137

叉洞角 pronghorn 07.0178

叉杆骨片 eutaxiclad 06.0892

叉骨 furcula 07.0508

叉棘 pedicellaria 06.2724

叉头骨针 crutch 06.1030

叉尾尾蚴 furocercous cercaria 06.1218

叉星骨针 chiaster 06.0772

叉针骨针 rhopalostyle 06.0863

叉状刚毛 bifid seta 06.1779

缠带 swathing band 06.2187

缠卵腔 nidamental chamber 06.1642

缠卵腺 nidamental gland 06.1643

产孔 birth pore 06.1385

产两性单性生殖 deuterotoky, amphitoky 01.0102

产卵 oviposition 03.0532

产卵力 fecundity 03.0666

产卵洄游 spawning migration 03.0387

产热 thermogenesis 03.0418

产雄精子 androspermium 04.0116

场 field 04.0202

场梯度 field gradient 04.0203

常见种 common species 03.0786

常量营养物 macronutrient 03.0116

常栖林底层动物 patocole 03.0362

常生齿 evergrowing tooth 07.0809

长柄齿刚毛 long-handled seta 06.1748

长久性寄生虫 permanent parasite 06.1115

长腕幼体 pluteus 06.2958

肠 intestine 06.0057

肠叉 intestinal bifurcation 06.1362

肠道淋巴组织 gut associated lymphatic tissue, GALT 05.0488

肠沟 typhlosole 06.1623

肠盲道 typhlosolis 06.1661

肠盲囊 diverticulum 06.1360

肠嗜铬细胞 enterochromaffin cell 05.0510

肠体腔 enterocoel 06.0044

肠系膜 mesentery 07.0778

肠下静脉 subintestinal vein 07.0959

肠腺 intestinal gland, crypt of Lieberkühn 05.0518

肠支 intestinal cecum 06.1361

超额数毛基体 supernumerary kinetosome 06.0379

超寄生 superparasitism 03.0770

超微型浮游生物　picoplankton, ultra[nanno] plankton　03.0305

超种　super-species　02.0090

潮间带群落　intertidal community　03.0857

潮线下群落　subtidal community　03.0858

巢寄生　brood parasitism, inquilinism　03.0775

巢气味　nest odor　03.0577

巢域　home range　03.0694

尘细胞　dust cell, alveolar macrophage　05.0558

晨昏迁徙　twilight migration　03.0384

沉积物循环　sedimentary cycle　03.0125

*沉积型循环　sedimentary cycle　03.0125

城市化　urbanization　03.1025

成带现象　zonation　02.0258

*成单核细胞　monoblast　05.0130

成骨细胞　osteoblast　05.0071

成红血细胞　erythroblast　04.0345

成肌细胞　myoblast　04.0347

*成巨核细胞　megakaryoblast　05.0135

*成粒细胞　myeloblast　05.0120

成卵细胞　ooblast　04.0046

成囊细胞　capsulogenic cell　06.0342

成胚细胞　embryoblast　04.0184

成软骨细胞　chondroblast　05.0063

成神经细胞　neuroblast　04.0306

成熟　maturation　01.0173

成熟节片　mature segment, mature proglottid　06.1156

成熟卵泡　mature follicle, Graafian follicle　04.0074

成束茎　fascicled stem　06.0933

成束现象　fasciculation　06.0934

*成髓细胞　myeloblast　05.0120

成体　adult　03.0543

成体器官发生　imaginal organogenesis　04.0418

成纤维细胞　fibroblast　05.0044

成心细胞　cardioblast　04.0346

成血管细胞　angioblast　04.0344

持久性　persistence　03.0944

匙板　spondylium　06.2588

匙骨　cleithrum　07.0497

匙状刚毛　spatulate seta　06.1757

池塘动物　tiphicole　03.0371

池塘群落　tiphium　03.0849

齿板　dental plate　06.2548

齿槽　dental socket　06.2549

齿槽装置　tooth-socket device　06.2589

齿刚毛　dentate seta　06.1749

齿根　tooth root　07.0824

齿骨　dentary bone　07.0396

齿骨质　cement　07.0827

齿冠　tooth crown　07.0823

齿环　denticulate ring　06.0557

齿棘　tooth papilla　06.2723

齿尖　tooth cusp　07.0822

齿颈　tooth neck　07.0825

齿裂　slit　06.1472

齿片刚节　unciniger　06.1701

齿片刚毛　uncinus　06.1767

齿舌　radula　06.1523

齿舌囊　radula sac　06.1524

齿舌下器　subradular organ　06.1526

齿式　dental formula　07.0856

齿髓　dental pulp　07.0830

[齿]髓腔　pulp cavity　07.0831

齿体　denticle　06.0556

齿突　odontoid process, condyle　07.0481

齿窝　tooth socket　06.1518

齿隙　diastema　07.0807

齿下口棘　infradental papilla　06.2722

齿龈　gum　07.0826

齿质　dentine　07.0828

尺侧腕伸肌　extensor carpi ulnaris muscle　07.0656

尺骨　ulna　07.0513

赤道部　ambitus　06.2846

*赤道沟　equatorial furrow　04.0219

*翅　wing　07.0147

*翅斑　speculum　07.0154

虫包体　cystid　06.2382

虫包外孔　cystial pore　06.2407

虫黄藻　zooxanthella　06.0624

虫绿藻　zoochlorella　06.0625

虫室　zooecium　06.2324

虫体　polypide　06.2349

虫体外孔　polipidial pore　06.2408

虫体原基　polypidian primordium　06.2386

重复相眼　superposition eye　06.1818

重复芽　duplicate bud　06.2471

重寄生　hyperparasitism　03.0774

重演发育　palingenesis　01.0158

重演律　recapitulation law　01.0151

重演论　recapitulation theory　01.0150

臭腺　stink gland　07.0276

初虫　ancestrula, primary zooid　06.2317

初级板　primary plate　06.2761

初级飞羽　primary feather　07.0148

初级隔片　primary septum　06.1064

初级合作　protocooperation　03.0726

初级精母细胞　primary spermatocyte　04.0105

初级卵膜　primary egg envelope　04.0049

初级卵母细胞　primary oocyte　04.0038

初级生产力　primary productivity　03.0923

初级生产[量]　primary production　03.0922

初级支气管　primary bronchus　05.0561

初巾膜　primary hood　06.1733

初盘　protoecium disc, primary disc　06.2327

初群体　ancestroarium　06.2271

初生室口　primary orifice　06.2344

初室　proloculum, initial chamber（软体动物）
　06.0227

出球微动脉　efferent arteriole　05.0573

出鳃动脉　efferent branchial artery　07.0986

出鳃水沟　exhalant branchial canal　06.1977

出生后　postnatal　04.0415

出生率　natality, birth rate　03.0667

出生前　prenatal　04.0414

出水管　excurrent canal（多孔动物）, exhalant
　siphon（软体动物）　06.0712

出水口　osculum　06.0710

出芽带　budding zone　06.2454

出芽方向　budding direction　06.2455

出芽潜能　budding activity, budding potential
　06.2456

出芽型　budding pattern　06.2468

雏海绵　olynthus　06.0715

雏后换羽　postnatal molt　03.0518

雏绒羽　natal down　07.0145

储存库　reservoir pool　03.0935

储存宿主　reservoir host　06.1188

储卵器　egg reservoir　06.1412

储蓄泡　reservoir　06.0173

储蓄细胞　thesocyte　06.0683

触角板　antennular plate　06.1905

触角刺　antennal spine　06.1869

触角腹甲　antennular sternum　06.1906

触角感受器　tactile receptor　07.1161

触角脊　antennal carina　06.1854

触角节　antennular somite　06.1908

触角区　antennal region　06.1840

触角缺刻　antennal notch　06.1907

触角体节　antennary segment　06.2211

触角腺　antennal gland　06.1909

触角状刺　antenniform spine　06.2500

触觉突起　tactile process　06.1975

触觉小体　Meissner's corpuscle　05.0235

触手　tentacle　06.0033

触手带　tentacle girdle　06.2690

触手冠　lophophore　06.2371

触手冠动物　lophophorate, Lophophorata（拉）
　01.0072

触手冠基盘　lophophoral disc　06.2353

触手冠器官　lophophoral organ　06.2693

触手冠腔　lophophoral coelom, lophophoral lumen
　06.2673

触手冠神经环　lophophoral nerve ring　06.2692

触手冠缩肌　lophophoral retractor　06.2628

触手冠腕　lophophoral arm　06.2525

触手冠叶　lophophoral lobe　06.2526

触手环　tentacular crown, tentacular circlet
　06.2515

触手基节　ceratophore, ceratostyle　06.1711

触手肌　tentacular muscle　06.2618

触手间器官　intertentacular organ　06.2340

触手襟　[tentacle] collar　06.2387

触手卷曲　tentacle coiling　06.2527

触手括约肌　tentacular sphincter　06.2619

触手鳞　tentacle scale　06.2898

触手鞘　tentacle sheath　06.2351

触手坛囊　tentacle ampulla　06.2931

触手细腔　tentacular lumen　06.2674

触手缘　tentacular fringe　06.2528

触腕　tentacular arm　06.1577

触腕穗　tentacular club　06.1580

触纤毛　tactile cilium　06.0366
触须　cirrus, palp　06.0034
触须(哺乳动物)　vibrissae　07.0168
触须基节　cirrophore, cirrostyle　06.1716
触肢器　palpal organ　06.2124
处女型细胞　virgin cell　05.0448
穿刺刺丝囊　penetrant　06.0916
穿刺腺　penetration gland　06.1428
穿孔板　perforated plate　06.2752
穿通管　perforating canal, Volkmann's canal　05.0083
穿通纤维　perforating fiber, Sharpey's fiber　05.0077
传导系统　conducting system, Purkinje system　05.0280
传递细胞　carrier cell　06.0664
船形钩齿刚毛　boathook　06.1765
窗孔　fenestra　06.2435
锤骨　malleus　07.0385
锤形触手　capitate tentacle　06.0528
垂棒　lemniscus　06.1293
垂唇　hypostome　06.0946
垂兜　hood　06.2162
垂管　manubrium　06.0962
[垂体]漏斗　infundibulum　05.0595
垂体细胞　pituicyte　05.0612
垂突　lappet　06.1737
垂直出芽　vertical budding　06.2458
垂直出芽群体　vertical budding colony　06.2267
垂直分布　vertical distribution　03.0963
垂直卵裂　vertical cleavage　04.0223
垂直迁徙　vertical migration　03.0382
春季换羽　spring molt　03.0516
唇　lip　07.0115
唇板　labrum　06.2746
唇瓣　labial palp　06.1534
唇齿　labial tooth　07.0851
唇基节　mentum　06.2215
唇乳突　labial papilla　07.0089
唇窝　labial pit　07.1138
唇褶　labial fold　07.0085
纯合子　homozygote　04.0146
磁蟹幼体　porcellana larva　06.2013

雌个虫　gynozooid, female zooid　06.2314
雌核发育　gynogenesis　04.0160
雌激素　estrogen　05.0663
雌模标本　gynetype　02.0053
雌配子　female gamete　04.0026, oogamete　06.0594
＊雌性交接器　thelycum　06.0109
雌性先熟　protogyny　01.0175
雌性先熟雌雄同体　protogynous hermaphrodite　01.0177
雌雄不同熟　dichogamy　04.0034
雌雄嵌合体　sexual mosaic, gynander, gynandromorph　04.0170
雌雄同熟　adichogamy　04.0033
雌雄同体　monoecism, hermaphrodite　01.0082
雌雄异体　dioecism, gonochorism　01.0083
雌原核　female pronucleus　04.0152
刺　spine　06.0028
刺胞动物　cnidarian, Cnidaria（拉）　01.0036
刺壁卵胞　acanthostegous ovicell　06.2479
刺袋　spinous pocket　06.1697
刺杆　trichite　06.0493
刺激因子　stimulating factor　03.0070
刺孔　acanthopore　06.2414
刺玫瑰花形骨针　spiny rosette　06.1019
刺丝环　nettle ring　06.0919
刺丝囊　nematocyst, cnidocyst　06.0913
刺丝泡　trichocyst　06.0469
刺丝鞘　nematotheca　06.0952
刺丝体　nematophore　06.0951
刺腕棘　thorny arm spine　06.2711
刺细胞　sting cell, cnidoblast　06.0912
刺状壁　acanthostege　06.2448
刺状齿片刚毛　acicular uncinus　06.1763
刺状刚毛　spiniger　06.1766
刺状钩齿刚毛　acicular hook　06.1762
刺状休芽　spinoblast　06.2464
次单柱期　deutomonomyaria stage　06.1539
次分歧腕板　secundaxil　06.2765
次分腕板　secundibrachus　06.2766
次棘　secondary spine　06.2714
次级板　secondary plate　06.2762
次级飞羽　secondary feather　07.0149

次级隔片 secondary septum 06.1065
次级精母细胞 secondary spermatocyte 04.0106
次级卵膜 secondary egg envelope 04.0050
次级卵母细胞 secondary oocyte 04.0039
次级生产力 secondary productivity 03.0924
次级支气管 secondary bronchus, mesobronchus 05.0562
次尖 hypocone 07.0832
次巾膜 secondary hood 06.1734
次潜隐体 metacryptozoite 06.0338
次生代谢物 secondary metabolite 03.0438
次生群落 secondary community 03.0837
次生鳃 secondary branchia 06.1549
次生室口 secondary orifice 06.2345
次生演替 secondary succession 03.0817
次生演替系列 subsere 03.0828
次小尖 hypoconule 07.0834
从辐 adradius 06.0964
从属者 subordinate 03.0691
丛上细胞 epiplexus cell, Kolmer cell 05.0266
丛状分枝 bushy 06.1007
粗肌丝 thick filament 05.0158

促黑[色]素激素细胞 melanotroph, melanotropic cell 05.0610
促甲状腺素细胞 thyrotroph, thyrotropic cell 05.0608
促乳激素细胞 mammotroph, mammotropic cell 05.0606
促肾上腺皮质素细胞 corticotroph, corticotropic cell 05.0609
促生长激素细胞 somatotroph, somatotropic cell 05.0605
促受精膜生成素 oocytin 04.0153
促性腺激素细胞 gonadotroph, gonadotropic cell 05.0607
促雄性腺 androgenic gland 06.2017
* 催乳激素细胞 mammotroph, mammotropic cell 05.0606
* 催性腺激素细胞 gonadotroph, gonadotropic cell 05.0607
存活 survivorship, survival 03.0655
存活潜力 survival potential 03.0658
存活曲线 survivorship curve 03.0657
存活者 survivor 03.0656

D

答答型[初虫](苔藓动物) tatiform 06.2319
大孢子 macrospore 06.0271
大肠 large intestine 07.0731
* 大触角 second antenna, antenna 06.1901
* 大多角骨 trapezium bone 07.0527
大颚 mandibula, mandible 06.1912
大颚活动片 lacinia mobilis 06.1913
大颚体节 mandibular segment 06.2213
* 大发生 outbreak 03.0630
大分类学 macrotaxonomy 02.0001
大分裂球 macromere 04.0226
大骨针 megasclere 06.0743
大管肾 meganephridium 06.0090
大核 macronucleus 06.0450
大核系 karyonide 06.0461
大接合体 macroconjugant 06.0517
大陆漂移说 continental drift theory 02.0259
大脑 cerebrum 07.1075

大脑半球 cerebral hemisphere 07.1076
大脑脚 cerebral peduncle 07.1097
大脑脚盖 tegmentum 07.1082
大脑静脉 cerebral vein 07.0972
大脑皮层 cerebral cortex 05.0262
大配子 macrogamete 06.0593
大配子母体 macrogamont 06.0596
大配子母细胞 macrogametocyte 06.0595
* 大肾管 meganephridium 06.0090
大头骨针 tylostyle 06.0802
大突变 macromutation 02.0163
大腿 thigh 07.0240
大网膜 greater omentum 07.0781
大型浮游生物 macroplankton 03.0301
大型消费者 macroconsumer 03.0901
大眼幼体 megalopa larva 06.1992
大洋界 Oceanic realm 02.0245
大洋群落 pelagium 03.0860

大洋上层浮游生物　epipelagic plankton　03.0336

大洋中层浮游生物　mesopelagic plankton　03.0337

大阴唇　labium majus [pudendi], greater lip of pudendum　07.1047

大疣　primary tubercle　06.2824

大枝骨片　megaclad　06.0885

大柱骨片　megaclone　06.0884

大仔对策　large young strategy　03.0985

*A 带　dark band, A band　05.0152

H 带　H band　05.0153

*Ⅰ带　light band, I band　05.0151

带虫免疫　premunition　06.1139

带核的口原基　nucleated oral primordium　06.0459

带线　fasciole　06.2833

带形核粒细胞　band form nuclear granulocyte　05.0126

代位卵胞　vicarious ovicell　06.2482

代位鸟头体　vicarious avicularium　06.2336

代谢　metabolism　01.0109

袋骨　marsupial bone　07.0547

袋形动物　aschelminth, Aschelminthes(拉)　01.0068

待考学名　nomen inquirendum(拉)　02.0206

担轮幼体　trochophora　06.1647

单孢体　haplosporosome　06.0331

单孢子的　monosporous　06.0264

单鞭体　haplomonad　06.0154

单边刺形骨针　caterpillar　06.1041

单层的　unilaminar　06.2294

单层上皮　simple epithelium　05.0004

单叉骨针　monaene　06.0860

单唇基节　duplomentum　06.2218

单房簇虫　monocystid gregarine　06.0304

单分裂的　monotomic　06.0509

单分体　monad　06.0183

单辐骨针　monactine, monact　06.0861

单腹板[的](海胆)　meridosternous　06.2699

单宫型　monodelphic type　06.1143

单沟型　ascon　06.0696

单冠骨针　monolophous microcalthrops　06.0843

单核吞噬细胞系统　mononuclear phygocyte system, MPS　05.0132

单核细胞　monocyte　05.0106

单环萼　monocyclic calyx　06.2911

单基板　monobasal　06.2776

单极内迁　unipolar immigration　04.0263

单极神经元　unipolar neuron　05.0190

单寄生　haploparasitism, monoparasitism　03.0760

单尖刚毛　simple pointed chaeta　06.1791

单精合子　monozygote　04.0147

单精入卵　monospermy　04.0138

单孔　simple pore　06.2430

单孔的　uniporous　06.2420

单口　monostomy　06.0417

单口道芽　mono-stomodeal budding　06.1088

单口尾蚴　monostome cercaria　06.1224

单列的　uniserial　06.2291

*单泡脂肪　white fat, unilocular fat, yellow fat　05.0056

单配性　monogamy　03.0682

单食性　monophagy　03.0247

单室的　unilocular, monothalamic　06.0225

单宿主型　monoxenous form　06.1192

单态　monomorphism　01.0105

单体的　solitary　06.1060

单系　monophyly　02.0109

单细胞期　one cell stage　04.0204

单相异速生长　monophasic allometry　03.0511

单型膜　stichomonad　06.0384

单型属　monotypic genus　02.0096

单型种　monotypic species　02.0093

单性种群　apomict population　03.0615

单芽生殖的　monogemmic　06.0507

单眼　ocellus　06.1813

单叶型疣足　uniramous parapodium　06.1677

单元的　monophyletic　06.0644

单针六星骨针　monoxyhexaster　06.0871

单枝型附肢　uniramous type appendage　06.1936

单肢动物　uniramian, Uniramia(拉)　01.0058

单轴骨针　monaxon　06.0859

单轴原骨片　monocrepid　06.0889

单主附生的　auto-epizootic　06.0937

单主寄生　ametoecism　03.0761

单柱[的]　monomyarian　06.1540

单子宫　simplex uterus　07.1027

胆管 bile duct 07.0787

胆囊 gall bladder 07.0788

胆小管 bile canaliculus 05.0535

氮循环 nitrogen cycle 03.0122

淡水 fresh water 03.0109

淡水浮游生物 limnoplankton, freshwater plankton 03.0312

淡水生物学 limnology 01.0014

岛叶 insular lobe 07.1102

导杆 guide 06.2136

导管 duct, canal 05.0028

导航 navigation 03.0406

导精管 afferent duct 06.2167

*导卵管 ovijector 06.1407

导引微纤丝 cathetodesma 06.0447

盗食共生 cleptobiosis 03.0781

盗食寄生 cleptoparasitism 03.0782

等侧[的] equilateralis(拉) 06.1481

等齿 isodont 06.1508

等齿刺状刚毛 homogomph spinigerous seta 06.1770

等齿镰刀状刚毛 homogomph falcigerous seta 06.1772

等分裂 isotomy 06.0510

等辐骨针 isoactinate 06.0840

等壳 equivalve 06.1483

等孔型 diplodal 06.0725

等模标本 homeotype 02.0043

等配子 isogamete 06.0599

等配子母体 isogamont 06.0600

等网状骨骼 isodictyal skeleton 06.0896

等柱[的] isomyarian 06.1543

镫骨 stapes 07.0383

镫骨肌 stapedial muscle 07.0675

低冠齿 brachyodont 07.0816

低狭盐性 oligostenohaline 03.0230

*迪塞间隙 perisinusoidal space of Disse 05.0537

*狄氏隙 perisinusoidal space of Disse 05.0537

底壁 proximal wall 06.2443

底表浮游生物 epibenthic plankton 03.0340

底层 hypostracum 06.1449

底层生物 stratobios 03.0325

底节 basipodite, basis 06.1950

*底节 coxopodite, coxa 06.1949

底节板 coxal plate 06.1969

底栖生物 benthos 03.0326

*底蜕膜 basal decidua 04.0398

*骶骨 sacrum 07.0458

*骶髂关节 sacroiliac joint 07.0587

*骶尾关节 sacrococcygeal joint 07.0571

*骶椎 sacral vertebra 07.0457

地方性的 endemic 03.0996

*地理残遗种 geographical relic species 02.0141

地理分布 geographical distribution 02.0236

地理分布梯度 chorocline 02.0182

地理隔离 geographical isolation 02.0157

地理孑遗种 geographical relic species 02.0141

地理生态学 geographic ecology 03.0015

地理替代 geographical replacement 02.0174

地理型 geotype 03.0027

地理[学]障碍 geographical barrier 02.0154

地理亚种 geographical subspecies 02.0189

地理宗 geographical race 02.0188

地模标本 topotype 02.0041

地上生物 geodyte 03.0343

地下动物 subterranean animal 03.0344

蒂德曼盲囊 Tiedemann's diverticulum 06.2927

蒂德曼体 Tiedemann's body 06.2926

第二触角 second antenna, antenna 06.1901

第二触角柄 antennal peduncle 06.1904

第二触角鳞片 scaphocerite, antennal scale 06.1903

第二小颚 maxilla, second maxilla 06.1923

第二中间宿主 second intermediate host 06.1186

第三脑室 third ventricle 07.1087

第四脑室 fourth ventricle 07.1088

第一触角 first antenna, antennule 06.1897

第一触角柄 antennular peduncle 06.1900

第一触角柄刺 antennular stylocerite 06.1899

第一小颚 maxillula, first maxilla 06.1916

第一中间宿主 first intermediate host 06.1185

递进法则 progression rule 02.0113

点断平衡说 punctuated equilibrium 02.0262

垫 pulvinus, thenar 07.0112

雕纹 sculpture 06.2055

碟状幼体 ephyra 06.0921

蝶耳骨　sphenotic bone　07.0342

蝶骨　sphenoid bone　07.0353

蝶形骨针　butterfly-form　06.1037

盯聍腺　ceruminous gland　07.0277

顶板　apical plate　06.2637

顶鞭毛束　loricula　06.0137

顶齿　apical tooth　06.1732

顶复体　apical complex　06.0335

顶骨　parietal bone　07.0355

顶管　apical canal　06.0966

顶极　climax　03.0806

顶极群落　climax community　03.0807

顶间骨　interparietal bone　07.0356

*顶浆分泌　apocrine gland　05.0024

顶节　acron　06.1833

顶毛丛　central apical tuft　06.2636

顶泌汗腺　apocrine sweat gland　05.0420

顶鞘　rostrum　06.1586

顶体　acrosome　04.0109

顶突　apical process(腔肠动物), rostellum(寄生蠕虫), terminal apophysis(蜘蛛)　06.0967

顶突腺　rostellar gland　06.1440

顶系　apical system　06.2871

顶腺　apical gland　06.1427

顶血囊　distal haematodocha　06.2147

顶叶　parietal lobe　07.1099

顶质分泌腺　apocrine gland　05.0024

顶柱　fulcrum　06.2139

定居型　sedentariae　06.2182

定向　orientation　03.0407

定向发育假说　canalized development hypothesis　01.0156

定向反应　orientation reaction　03.0409

定向干细胞　committed stem cell　05.0141

定向功能　orientating function　03.0408

定向选择　directional selection　01.0146

订正[研究]　revision　02.0136

东洋界　Oriental realm　02.0244

冬候鸟　winter migrant　03.0398

冬季浮游生物　winter plankton　03.0318

冬季海面浮游生物　chimopelagic plankton　03.0317

冬季停滞[期]　winter stagnation　03.0514

冬卵　winter egg　06.2028

冬眠　hibernation　03.0499

动孢子　zoospore　06.0622

动关节　movable joint, diarthrosis　07.0559

动合子　ookinete　06.0297

动基体　kinetoplast　06.0199

动脉　artery　06.0080

动脉导管　ductus arteriosus　07.0936

动脉球　bulbus arteriosus　07.0987

动脉圆锥　conus arteriosus　07.0906

动情间期　diestrus　04.0100

动情期　[o]estrus　04.0097

动情前期　proestrus　04.0099

动情周期　oestrous cycle　04.0098

动吻动物　kinorhynch, Kinorhyncha（拉）　01.0043

动物　animal　01.0022

[动物地理]界　realm　02.0242

动物地理学　zoogeography　01.0018

动物分类学　animal taxonomy, zootaxy　01.0016

动物极　animal pole　04.0058

动物界　animal kingdom　01.0023

动物胚胎学　animal embryology　04.0001

动物区系　fauna　02.0139

动物区系学　faunistics　01.0017

[动物]区系组成　faunal component　02.0142

动物群落　animal community, zoobiocenose, zoocoenosis　03.0783

动物社会学　animal sociology　01.0011

[动物]社群　[animal] society　03.0673

动物生理学　animal physiology　01.0007

动物生态学　animal ecology　01.0010

动物宿主　animal host　06.1183

动物线虫学　animal nematology　06.1102

动物形态学　animal morphology　01.0005

动物行为学　animal ethology　01.0012

动物学　zoology　01.0001

动物遗传学　zoogenetics　01.0019

动物园　zoo　01.0021

动物志　fauna　02.0138

动物紫　zoopurpurin　06.0532

动物组织学　animal histology　05.0001

动纤毛　kinocilium（拉）　05.0372

动纤丝　kinetodesma　06.0445

动性孢子　sporokinete　06.0258

动眼神经　oculomotor nerve　07.1110

动质　kinoplasm　06.0550

洞角　horn　07.0176

洞居生物　troglobiont　03.0352

洞穴动物　burrowing animal　03.0351

＊胴部　trunk, metastomium（环节动物）　06.0004

豆状囊尾蚴　cysticercus pisiformis(拉)　06.1245

窦房结　sinoatrial node　07.0920

窦囊　sinus sac　06.1286

窦器　sinus organ　06.1285

窦周[间]隙　perisinusoidal space of Disse　05.0537

＊窦状隙　[blood] sinusoid　05.0477

毒刺　poisonous spine　06.1877

毒丝泡　toxicyst　06.0472

毒腺　poison gland, venom gland　07.0247

毒牙　fang　07.0821

毒爪　poison claw　06.2251

独立鸟头体　independent avicularium　06.2333

独模标本　monotype　02.0044

独征　autapomorphy　02.0181

端板　terminal plate　06.2767

端侧的　distolateral　06.2293

端齿区　trepen　06.1700

端触手　terminal tentacle　06.2842

端环　anellus　06.2143

端黄卵　telolecithal egg　04.0082

端节　mucron　06.0311

端孔室　distal porechamber　06.2426

端卵胞　endotoichal ovicell　06.2481

端膜　terminal membrane　06.2357

端囊　terminal vesicle　06.1163

端脑　telencephalon　04.0330

端器　terminal organ　06.1284

端球　terminal bulb, end bulb(吸虫动物)　06.1162

端茸鞭毛　acronematic flagellum　06.0136

端生齿　acrodont　07.0798

端吸盘　terminal sucker　06.1581

端纤毛环　telotroch　06.2691

端芽　distal budding　06.2459

端肢　telopod　06.2252

端爪　terminal claw　06.2840

端栉　terminal comb　06.2841

短柄齿片刚毛　short-handled seta　06.1756

短命生物　angonekton　03.0375

短膜虫期　crithidial stage, epimastigote　06.0162

短腕幼体　brachiolaria　06.2957

短腰双圆球形骨针　barrel　06.1033

K 对策　K-strategy　03.0982

r 对策　r-strategy　03.0983

对称第二次分裂　symmetrical second division　04.0222

对称卵裂　bilateral cleavage　04.0210

对称卵裂面　symmetrical cleavage plane　04.0221

对抗共生　antagonistic symbiosis　03.0779

对抗[行为]　agonistic　03.0469

对盘尾蚴　amphistome cercaria　06.1216

对生　lumbricine　06.1794

对映现象　enantiotropic　06.0584

对趾足　zygodactylous foot　07.0233

盾　pelta, scute（脊椎动物）　06.0176

盾板　scutum, plastron(龟鳖动物)　06.2069

盾胞型的　umboloid　06.2451

盾刺　scutum　06.2361

盾鳞　placoid scale　07.0057

盾面　escutcheon　06.1474

盾片　tegulum　06.2130

盾状触手　peltate tentacle　06.2820

多孢子的　polysporous　06.0270

多倍性活质体　polyenergid　06.0628

多层的　multilaminar　06.2296

多巢　polydome　03.0554

多齿爪状骨针　unguiffrate　06.0811

多顶极[群落]　polyclimax　03.0812

多度　abundance　03.0795

多房簇虫　polycystid gregarine　06.0306

多分裂的　polytomic　06.0653

多辐骨针　polyact, polyactine　06.0796

多宫型　polydelphic type　06.1145

多核体的　syncytial, coenocytic　06.0627

多黄卵　polylecithal egg, megalecithal egg　04.0084

多肌型　polymyarian type　06.1151

多极神经元　multipolar neuron　05.0193

多寄生　multiparasitism, polyparasitism　03.0762

多精入卵　polyspermy　04.0141

多孔板 polyporous plate 06.2754

多孔的 multiporous 06.2421

多孔动物 sponge, Porifera(拉) 01.0034

多孔型玫瑰板 multiporous rosette plate 06.2433

多口 polystomy 06.0413

多口道芽 polystomodeal budding 06.1091

多列单型膜 polystichomonad 06.0412

多列的 multiserial 06.2292

多裂肌 multifidus muscle 07.0688

多毛轮幼虫 polytrochal larva 06.1802

多膜现象 polyhymenium 06.0392

多能干细胞 multipotential stem cell 05.0140

多能性 pluripotency 04.0191

*多泡脂肪 brown fat, multilocular fat 05.0057

多胚 polyembryony 04.0410

多胚发生 polyembryogeny 06.2657

多配性 polygamy 03.0683

多食性 polyphagy 03.0249

多室的 polythalamic 06.0226

多态 polymorphism 01.0108

多态群体 polymorphic colony 03.0681

多体拟态 allelomimicry 03.0450

多头蚴 coenurus 06.1237

多腕的 multibrachiate 06.2882

多维生态位 hypervolume niche, multidimensional niche 03.0870

多型属 polytypic genus 02.0095

多型种 polytypic species 02.0094

多形层 multiform layer 05.0264

多形核粒细胞 polymorphonuclear granulocyte 05.0125

多旋骨针 polyspire 06.0819

多芽生殖的 polygemmic 06.0506

*多叶核粒细胞 polymorphonuclear granulocyte 05.0125

多域性 polydemic 03.0274

多元发生 polygenesis 03.0954

多元内出芽 endopolygeny 06.0321

多元外出芽 ectopolygeny 06.0322

多种合群 mixed species flock 03.0715

多种混居巢 compound nest, mixed nest 03.0555

多主寄生 pleioxeny, polyxeny 03.0768

多足动物[的] myriopod 06.2192

E

额板 frontal plate 07.0196

额[部] front(甲壳类), clypeus(蜘蛛) 06.1826

额沟线 frontal furrow 06.2204

额骨 frontal bone 07.0365

额后脊 post-frontal ridge 06.1858

额剑 rostrum 06.1830

额角侧沟 adrostral groove 06.1888

额角侧脊 adrostral carina 06.1851

额角后脊 post-rostral carina 06.1850

额鳞弓 fronto-squamosal arch 07.0349

额器 frontal organ 06.1829

额区 frontal region 06.1839

额突起 frontal process, frontal appendage 06.1827

额胃沟 gastro-frontal groove 06.1889

额胃脊 gastro-frontal carina 06.1852

额腺 frontal gland 07.0268

额叶 frontal lobe 07.1098

腭方软骨 palatoquadrate cartilage 07.0387

腭弓收肌 adductor arcus palatine muscle 07.0620

腭弓提肌 levator arcus palatine muscle 07.0619

腭骨 palatine bone 07.0375

腭骨齿 palatal tooth 07.0848

颚咽动物 gnathostomulid, Gnathostomulida(拉) 01.0040

腭咽肌 palatopharyngeus muscle 07.0719

轭骨 jugal bone 07.0367

萼管 porocalyx 06.0700

萼孔 calyx pore 06.2913

萼[器] calyx 06.0190

萼丝骨针 calycocome 06.0770

*耳带脊 auricular crura 06.1488

耳关节 auricular crura 06.1488

耳郭 auricle, pinna 07.1135

*耳后腺 parotid gland 07.0746

*耳廓 auricle, pinna 07.1135

耳囊 otic capsule 07.0306

耳区　otic region　07.0309

耳砂　otoconium, otolith, statoconium, statolith 05.0368

耳砂膜　otoconium membrane, statoconium membrane　05.0369

*耳石　otoconium, otolith, statoconium, statolith 05.0368

*耳石膜　otoconium membrane, statoconium membrane　05.0369

耳蜗　cochlea　05.0360

耳蜗迷路　cochlear labyrinth　07.1166

耳羽　auricular　07.0129

耳舟　scaphe　06.1694

耳柱骨　columella　07.0382

耳状刚毛　auricular seta　06.1781

耳状骨　auricle　06.2810

耳状突　auricular projection　06.1312

耳状幼体　auricularia　06.2961

二叉骨针　diaene　06.0879

二次三叉骨针　dichotriaene　06.0787

二重带　duplicature band　06.2375

二重寄生　diploparasitism　03.0763

二重寄生物　secondary parasite　03.0764

二重褶　duplicature fold　06.2374

二道体区　bivium　06.2848

二分裂　binary fission　06.0605

二分体　dyad　06.0573

二辐骨针　diactine, diact　06.0777

二辐射裂　biradial cleavage　06.2656

二化　divoltine　03.0538

二尖瓣　bicuspid valve　07.0916

二尖骨针　oxea, acerate　06.0761

二孔型　bifora　06.1531

二联体　diad　05.0182

二态　dimorphism　01.0106

二头肌　biceps muscle　07.0712

二氧化碳循环　carbon dioxide cycle　03.0121

二趾足　bidactylous foot　07.0221

二轴骨针　diaxon　06.0747

F

发光器　luminous organ　07.0077

发光生物　luminous organism　03.0430

发情　heat　03.0527

发声脊　stridulating ridge　06.2117

发芽　germination　06.2453

发育　development　04.0007

发育临界　developmental threshold　03.0509

发育零点　developmental zero　03.0508

发育潜能　potentiality of development　04.0161

发育生物学　developmental biology　01.0020

发育[速]率　developmental rate　03.0507

发育指数　developmental index　03.0506

发状骨针　raphide　06.0763

*法氏囊　cloacal bursa, bursa of Fabricius 07.0980

翻颈部　introvertere, introvert　06.2847

*繁群　population　01.0131

繁殖成效　reproductive success　03.0669

繁殖活动　breeding activity　03.0662

繁殖潜力　biotic potential, reproductive potential

03.0670

繁殖群　deme　03.0680

繁殖适度　reproductive fitness, bonitation　03.0671

反刍类　ruminant　07.0021

*反分化　dedifferentiation　04.0177

反肛侧　abanal side　06.2685

反光膜　tapetum lucidum, argentea　05.0332

反光色素层　tapetum　06.2101

反口触手　aboral tentacle　06.0950

反口的　aboral　06.0418

反口面　abactinal surface, aboral surface　06.2877

反口面骨骼　abactinal skeleton　06.2812

反馈　feedback　03.0636

反射弧　reflex arc　07.1155

反突　retral process　06.0229

反向进化　reversed evolution　02.0171

反应本能　protaxis　03.0456

反应能力　competence　04.0188

返祖现象　atavism　02.0023

泛孢[子]母细胞　pansporoblast　06.0343

泛化　generalization　01.0140

泛生说　theory of pangenesis　01.0161

泛生物地理学　panbiogeography　02.0009

方轭骨　quadratojugal bone　07.0392

方骨　quadrate bone　07.0393

方鳞　square scale　07.0064

方言　dialect　03.0588

方翼　square wing　07.0211

房室结　atrioventricular node　07.0919

房水　aqueous humor　05.0335

防污浊　antifouling　03.1026

防御　defense　03.0486

防御适应　defense adaptation　03.0487

仿模标本　heautotype　02.0054

纺锤骨针　fusiform　06.0775

纺锤器　atractophore　06.0618

纺锤形骨针　spindle　06.1018

纺管　spigot　06.2158

放射沟　radial furrow　06.2091

放射冠　corona radiata（拉）　04.0043

放射管　radial canal　06.0713

放射肋　radial rib　06.1487

放射线　radial line　06.2591

放射状胶质细胞　radial neuroglia cell, Müller's cell　05.0318

放射褶　radiating plication　06.2592

非降解性　nondegradation　03.1033

非密度制约因子　density-independent factor　03.0635

非生物因子　abiotic factor　03.0055

非蜕膜胎盘　nondeciduous placenta　07.1036

非消除性免疫　non-sterilizing immunity　06.1138

非依赖性分化　independent differentiation, self differentiation　04.0174

非再生资源　nonrenewable resource　03.0987

非造礁珊瑚　ahermatypic coral, non-reef-building coral　06.1054

非正形海胆　irregular echinoid　06.2696

非周期性　aperiodicity　03.0962

*非自主分化　dependent differentiation　04.0173

飞航　ballooning　03.0395

飞羽　flight feather, remex　07.0141

肥大细胞　mast cell　05.0048

腓肠肌　gastrocnemius muscle　07.0697

腓骨　fibula　07.0537

腓骨肌　peroneus muscle　07.0683

肺　lung　07.0867

肺动脉　pulmonary artery　07.0922

肺动脉干　pulmonary trunk　07.0921

肺动脉弓　pulmonary arch　07.0930

肺静脉　pulmonary vein　07.0962

肺门　hilum of lung　07.0868

肺泡隔　interalveolar septum　05.0548

肺泡孔　alveolar pore　05.0549

肺泡囊　alveolar sac　05.0547

肺皮动脉　pulmo-cutaneous artery　07.0953

肺小叶　pulmonary lobule　05.0550

肺循环　pulmonary circulation　07.0904

废止学名　rejected name　02.0208

分布范围　distribution range　02.0234

分布区　area　02.0239

分布型　distribution pattern　02.0238

分布学　chorology　02.0232

分布中心　distribution center　02.0235

分部[研究]法　merological approach　03.0051

分层　stratification　03.0801,　delamination　04.0266

分房器　chambered organ　06.2925

分隔膜　demarcation membrane　05.0138

分工　division of labor　03.0689

分化　differentiation　01.0138

分化多形　differentiative polymorphism　06.2286

分级信号　graded signal　03.0571

分节　metamerism　04.0318

分解者　decomposer　03.0904

分类　classification　02.0103

分类单元　taxon　02.0105

[分类]纲要　synopsis　02.0137

分类名录　checklist　02.0140

分类性状　taxonomic character　02.0104

分裂前体　tomont　06.0567

分裂体　segmenta, meront　06.0281

分裂选择　disruptive selection　02.0020

分流能量　energy drain　03.0898

分歧轴　axillary　06.2914

分群　colony fission　03.0678

分散　divergence　04.0265

分筛顶系　ethmolytic apical system　06.2872

分支理论　cladism　02.0125

分支排列　cladistic ranking　02.0126

分支图　cladogram　02.0129

分支系统学　cladistic systematics, cladistics　02.0004

分子层　molecular layer　05.0254

分子胚胎学　molecular embryology　04.0002

*粉䎃　powder down　07.0143

粉绒羽　powder down　07.0143

粪便型　stercararia　06.0159

*粪袋　stereoral pocket　06.2169

粪道　coprodeum　07.0767

粪生动物　coprozoon　03.0369

丰[富]度　richness　03.0794

峰板　carina　06.2064

峰侧板　carino-lateral compartment, latus carinale　06.2066

峰端　carinal side　06.2065

风播　anemochory　03.0405

[风土]驯化　acclimatization　03.0992

缝合片　sutural lamina　06.1471

缝合线　suture　06.1455

缝隙连接　gap junction　05.0021

缝线　suture line　06.0539

跗骨　tarsal bone　07.0538

跗横关节　transverse tarsal joint　07.0592

跗间关节　intertarsal joint　07.0577

跗节器　tarsal organ　06.2118

跗舟　cymbium　06.2128

跗褶　tarsal fold　07.0102

跗蹠　tarso-metatarsus　07.0241

跗蹠骨　tarsometatarsus　07.0551

跗蹠关节　tarsometatarsal joint　07.0594

稃毛　palea　06.1789

孵化　hatching　03.0534

孵化率　hatching rate　03.0535

孵化期　hatching period　03.0533

辐部　radius　06.2071

辐步管　ambulacral radial canal　06.2939

辐触手　radiole　06.1688

辐管　radial canal　06.0977

辐轮幼虫　actinotrocha　06.2605

辐片　radial piece　06.2915

辐鳍骨　radialium　07.0500

辐射对称　radial symmetry　01.0085

辐射对称型[卵裂]　radial symmetrical type　04.0211

辐射珊瑚单体　radial corallite　06.1059

辐射束骨针　ray　06.1044

辐射状骨针　radiate　06.1043

辐针　radial pin　06.0578

辐状幼体　actinula　06.0922

浮环　float ring　06.2395

浮浪幼体　planula　06.0923

浮游动物　zooplankton　03.0293

浮游多毛类　pelagic polychaete　06.1807

浮游甲壳动物　crustacean plankton　06.1812

浮游生物　plankton　03.0292

*福尔克曼管　perforating canal, Volkmann's canal　05.0083

抚幼室　brood cell　03.0558

抚育细胞　nurse cell　05.0473

辅加能量　energy subsidy　03.0897

辅源营养　auxotrophy　03.0894

辅助骨针　accessory spicule　06.0809

辅助片　supplementary plate　06.1367

辅助性T[淋巴]细胞　helper T cell　05.0444

腐食营养　saprotrophy　03.0903

副鞭　accessory flagellum　06.1921

副鞭毛杆　paraflagellar rod　06.0147

副鞭毛体　paraflagellar body　06.0148

副部　paramere　06.0464

副齿　supplementary tooth　06.1517

副淀粉　paramylon　06.0189

副蝶骨　parasphenoid bone　07.0348

副额板　coclypeus　06.2203

副跗舟　paracymbium　06.2129

副核　amphosome, paranucleus　06.0222

副基器　parabasal apparatus　06.0169

副基丝　parabasal filament　06.0171

副基体　parabasal body　06.0170

副交感神经系统　parasympathetic nervous system　07.1063

副开壳肌　accessory diductor　06.2611

副口盾　supplementary mouth shield　06.2891

副肋粒　paracostal granule　06.0172

副模标本　paratype　02.0037

副皮质　paracortex　05.0466

副鞘　paratheca　06.1086

副神经　accessory nerve　07.1118

副肾管　accessory urinary duct　07.1057

副突　additional papilla, paraphyle（原生动物）07.0090

副小膜　paramembranelle　06.0391

副须(鸟)　supplementary bristle　07.0155

副引带　telamon　06.1389

副羽　aftershaft, afterfeather　07.0126

＊副支气管　tertiary bronchus, parabronchus　05.0563

副中央脊　accessory median carina　06.1860

副轴杆　paraxial rod　06.0168

副爪　accessory claw　06.2114

副籽骨　accessory sesamoid [bone]　07.0523

副子宫器　paruterine organ　06.1401

复板　compound plate　06.2758

复层上皮　stratified epithelium　05.0005

复分裂　multiple fission　06.0654

复沟型　rhagon　06.0698

复冠型触手冠　ptectolophorus lophophore　06.2517

复合信号　composite signal　03.0573

复苏　anabiosis　03.0427

复苏态　anabiotic state　03.0426

复系　polyphyly　02.0111

复型刚毛　compound seta　06.1783

复眼　compound eye　06.1816

复原　resilience　03.0947

复原稳定性　resilience stability　03.0948

复制带　replication band　06.0466

腹板　hypoplax　06.1503

腹瓣　ventral valve　06.2380

腹柄　pedicel　06.2148

腹[部]　abdomen　06.0003

腹侧板　ventral-lateral plate　06.2770

腹肠隔膜　ventral mesentery　06.2594

腹肠系膜　ventral mesentery　06.1731

腹刺　ventral spine　06.1875

腹盾　ventral shield　06.1692

腹刚毛　neuroseta　06.1787

腹根　ventral root　07.1153

腹横肌　transversus abdominis muscle　07.0664

腹肌　abdominal muscle　07.0680

腹甲　sternite（节肢动物）, plastron（脊椎动物）, sternum　06.0013

腹甲沟　sternal groove, sternal sulcus　06.1895

腹静脉　abdominal vein　07.0960

腹口尾蚴　gasterostome cercaria　06.1220

腹肋　ventral rib　07.0470

腹毛动物　gastrotrich, Gastrotricha（拉）01.0042

腹膜　peritoneum　07.0771

腹膜壁层　somatic peritoneum, parietal peritoneum　07.0773

腹膜腔　peritoneal cavity　07.0770

腹膜索　peritoneal chord　06.2356

腹膜细胞　peritoneal cell　06.2505

腹膜脏层　splanchnic peritoneum　07.0774

腹膜褶　peritoneal fold　06.2542

腹囊(腕足动物)　ventral pouch　06.2633

腹内片　abdominal endosternite　06.2153

腹内斜肌　internal oblique muscle of abdomen　07.0666

腹皮肋　abdominal rib, gastralia [rib]　07.0475

腹片　abdominal sclerite　06.2152

腹鳍　ventral fin, pelvic fin　07.0035

腹鳍降肌　depressor ventralis muscle　07.0646

腹鳍收肌　adductor ventralis muscle　07.0644

腹鳍缩肌　retractor ventralis muscle　07.0640

腹鳍提肌　levator ventralis muscle　07.0645

腹鳍引肌　protractor ventralis muscle　07.0637

腹鳍展肌　abductor ventralis muscle　07.0642

腹腔动脉　celiac artery, coeliac artery　07.0940

腹桥　plagula　06.2150

腹塞　ventral plug　06.1176

腹神经节　ventral ganglion　06.0075

腹神经链　ventral nerve cord　06.0076

腹突　ventral process　06.1972

腹突起　ventral abdominal appendage　06.2082

腹外斜肌　external oblique muscle of abdomen　07.0665

腹腕板　ventral arm plate　06.2742

腹吸盘　acetabulum, ventral sucker　06.1320

腹吸盘前窝　preacetabular pit　06.1330

腹吸盘指数　acetabular index　06.1322

腹腺　ventral gland　06.1432

腹须　ventral cirrus　06.1682

腹肢　neuropodium, pleopod（甲壳动物）　06.1704

腹直肌　rectus abdominis muscle　07.0663

腹主动脉　abdominal aorta　07.0925

腹足[类]　gastropod　06.1552

腹褶　metapleural fold　07.0104

负载力　carrying capacity　03.0128

富营养　eutrophy　03.0866

富营养化　eutrophication　03.0867

附睾　epididymis　07.1016

附睾管　epididymal duct　05.0636

附加棒　additional bar　06.1370

*附加生长　appositional growth　05.0089

附片　accessory piece　06.1366

附属鸟头体　dependent avicularium　06.2332

附属小板　accessory plate　06.2075

附属小管　adventitious tubule　06.2396

附属芽　adventitious bud　06.2470

附吸盘　accessory sucker　06.1321

附性囊　accessory sac　06.1165

附肢　appendage　06.1941

附肢骨骼　appendicular skeleton　07.0294

附着基盘　attaching base, attachment disc　06.2283

附着器　holdfast, adhering apparatus（软体动物）　06.1280

附着丝　attachment filament　06.2645

G

改组带　reorganization band　06.0465

钙泵　calcium pump　05.0171

钙化　calcification　05.0091

盖板　opercular valve　06.2068

盖层　tegmentum　06.1469

盖膜　tectorial membrane　05.0385

干扰　perturbation　03.0945

杆丝泡　rhabdocyst　06.0474

杆状带　bacillary band　06.1269

杆状二尖骨针　rhabdus amphioxea　06.0820

*杆状核粒细胞　band form nuclear granulocyte　05.0126

杆状体　rhabdos, rhabdite（寄生蠕虫）　06.0543

杆状蚴　rhabtidiform larva　06.1252

肝　liver　07.0785

肝板　hepatic plate, liver plate　05.0534

肝刺　hepatic spine　06.1872

肝动脉　hepatic artery　07.0944

肝沟　hepatic groove　06.1893

肝管　hepatic duct　07.0786

肝脊　hepatic carina　06.1856

肝静脉　hepatic vein　07.0969

肝巨噬细胞　Kupffer cell　05.0538

肝盲囊　hepatic caecum　07.0761

肝门静脉　hepatic portal vein　07.0971

肝区　hepatic region　06.1842

肝韧带　hepatic ligament　07.0772

肝闰管　Hering canal　05.0536

肝胃韧带　hepatogastric ligament　07.0776

肝细胞　hepatocyte, liver cell　05.0533

肝下区　subhepatic region　06.1847

肝血窦　liver sinusoid　05.0539

肝胰管　hepatopancreatic duct　07.0790

肝胰脏　hepatopancreas　07.0784

感官　sense organ　01.0092

感光小器　ocellus　06.0193

感觉板　sense plate　04.0333

感觉棍　cordylus　06.0974

感觉毛　aesthetasc　06.0026

感觉器官　sensory organ　05.0297

感觉神经末梢　sensory nerve ending　05.0231

感觉生态学　sense-ecology　03.0010

感觉纤毛　tastcilien　06.0361

感觉行为　sensory behavior　03.0461

感染密度　density of infection　03.1023

感染性囊头体　cystacanth　06.1212

*感应性　competence　04.0188

冈上肌　supraspinatus muscle　07.0706

冈上窝　supraspinous fossa　07.0504

冈下肌　infraspinatus muscle　07.0707

冈下窝　infraspinous fossa　07.0505
刚节　setiger　06.1696
刚节幼虫　setiger juvenile　06.1804
刚毛　seta, chaeta　06.0025
刚毛泡　setal follicle　06.2646
刚毛束　setal fascicle　06.1680
刚叶　setal lobe　06.1672
肛侧　anal side　06.2686
肛道　proctodeum　07.0768
肛道腺　proctodeal gland　07.0765
肛扉　anal valve　06.2258
肛沟　anal groove　06.1272
肛节　anal segment　06.1836
肛孔　anal pore　06.1364
肛鳞　anal scale　06.2259
肛门　anus　06.0058
肛前孔　preanal pore　07.0285
肛前吸盘　preanal sucker　06.1327
肛丘　anal tubercle　06.2160
肛乳突　anal papilla　06.1310
肛生殖节　ano-genital segment　06.2257
肛室　anal chamber　06.2603
肛窝　anal pit　06.1271
肛下带线　subanal fasciole　06.2836
肛下盾板　subanal plastron　06.2760
肛腺　anal gland　07.0252
肛须　anal cirrus　06.1683
肛周腺　circumanal gland　05.0523
肛周窦　paranal sinus　05.0522
肛锥　anal cone　06.2397
纲　class　02.0066
高尔基Ⅰ型神经元　Golgi type Ⅰ neuron　05.0194
高尔基Ⅱ型神经元　Golgi type Ⅱ neuron　05.0195
高冠齿　hypsodont　07.0815
高狭盐性　polystenohaline　03.0229
高血糖素　glucagon　05.0545
睾丸网　rete testis（拉）　05.0643
睾丸小隔　septula testis（拉）　05.0641
睾丸小叶　testicular lobule, lobulus testis（拉）
　05.0640
稿模标本　chirotype　02.0055
告警声　alarm call　03.0584
＊歌鸣　song　03.0582

＊格拉夫卵泡　mature follicle, Graafian follicle
　04.0074
格洛格尔律　Gloger's rule　03.0146
格室　cancellus　06.2331
隔壁（苔藓动物）　septum　06.2439
隔颈　septal neck　06.1590
隔离　isolation　02.0155
隔离机制　isolating mechanism　02.0032
隔［膜］　diaphragm, mesentery, septum（软体动物）
　06.0945
隔膜丝　mesenterial filament　06.0992
隔片　septum　06.1062
隔片鞘　septotheca　06.1068
隔片珊瑚肋　septocosta　06.1069
膈　diaphragm　07.0900
膈神经　phrenic nerve　07.1120
个虫　zooid　06.2300
个虫间连络　interzooidal communication　06.2419
个虫列　zooidal row　06.2284
个虫群　zooid group　06.2299
个虫束　zooidal fascicle　06.2285
个体变异　individual variation　02.0165
个体发生　ontogeny, ontogenesis　01.0148
＊个体发育　ontogeny, ontogenesis　01.0148
个体间距　individual distance　03.0607
个体生态学　autecology　03.0001
个体性　individuality　06.2298
根　radix　06.2819
根杆骨针　rhizoclone　06.0758
根个虫　rhizoid　06.2320
根卷枝　radiculus　06.2818
根片　radix　06.2126
根束　rooting tuft　06.0734
根丝　rootlet　06.0616
根丝体　rhizoplast　06.0177
根头形骨针　rooted head　06.1022
根纤维　radicular fibre　06.2321
根叶形骨针　rooted leaf　06.1023
根枝骨针　rhizoclad　06.0757
根柱　rhizostyle　06.0178
根状系　root-like system　06.2063
根足　rhizopodium　06.0213
跟骨　calcaneus, calcaneum bone　07.0545

跟座 talonid 07.0817

梗动体 pecilokont 06.0536

梗节 pedicel 06.0538

梗突 pectinelle 06.0537

弓束骨针 toxadragma 06.0830

弓形骨针 toxa 06.0852

弓旋骨针 toxaspire 06.0803

肱骨 humerus 07.0511

肱肌 brachialis muscle 07.0655

肱腺 humeral gland 07.0257

巩膜 sclera 05.0299

巩膜[骨]环 sclerotic ring 07.0327

巩膜软骨 sclerotic cartilage 06.1584

拱齿型 camarodont type 06.2704

共存 coexistence 03.0728

共骨 coenosteum 06.1061

共寄生 symparasitism, synparasitism 03.0773

共栖结合 commensal union 03.0734

共肉 coenosarc 06.0906

共生 symbiosis 03.0730

共生蓝藻 syncyanosen 06.0626

共生生物 symbiont 03.0735

共同衍征 synapomorphy 02.0180

共同祖征 symplesiomorphy 02.0179

共位群 guild 03.0802

共芽 common bud 06.2460

共优势 co-dominance 03.0803

钩齿刚毛 hook 06.1786

钩刺 hooked spine 06.2496

钩刺环 girdle of hooked granule 06.2902

钩骨 unciform bone 07.0524

钩介幼体 glochidium 06.1648

钩毛蚴 coracidium 06.1236

钩突 barbed process 06.2497

钩腕棘 hooked arm spine 06.2712

勾棘骨针 uncinate 06.0858

沟 groove, furrow, sulcus, fluting（腕足动物）
 06.0031

沟系 canal system 06.0707

孤雌生殖 parthenogenesis 01.0101

孤立淋巴小结 solitary lymphatic nodule 05.0483

鼓骨 tympanic bone 07.0379

鼓膜 tympanic membrane 07.0380

鼓膜张肌 tensor tympani muscle 07.0673

鼓泡 tympanic bulla 07.0360

鼓韧带 tympanic ligament 07.0674

鼓舌骨 tympanohyal bone 07.0422

鼓室 tympanic cavity 07.1168

鼓室阶 scala tympani(拉) 05.0378

鼓围耳骨 tympano-periotic bone 07.0361

古北界 Palaearctic realm 02.0243

古皮层 paleopallium 07.1081

古生态学 palaeoecology 03.0019

骨板 bone lamella 05.0076

骨板粒 skeletal plaque 06.0563

骨单位 osteon, Haversian system 05.0070

骨发生 osteogenesis 05.0090

[骨]缝 suture 07.0561

骨骼 skeleton 01.0087

骨骼肌 skeletal muscle 05.0144

骨化 ossification 05.0092

骨基质 bone matrix 05.0075

骨棘球蚴 osseous hydatid 06.1249

骨鳞 bony scale 07.0060

骨领 bone collar 05.0087

骨螺旋板 osseous spiral lamina 05.0362

骨迷路 osseous labyrinth 05.0351

骨密质 compact bone 05.0066

骨内膜 endosteum 05.0069

骨盆 pelvis 07.0533

骨片 spicula 06.2804

骨松质 spongy bone, cancellous bone 05.0067

骨髓 bone marrow 05.0111

骨外膜 periosteum 05.0068

骨细胞 osteocyte 05.0072

骨小管 bone canaliculus 05.0084

骨小梁 bone trabecula 05.0085

骨针 sclere, spicule 06.0741

股 cohort 02.0072, thigh 07.0240

股动脉 femoral artery 07.0951

股骨 femur 07.0534

股孔 femoral pore 07.0287

股直肌 rectus femoris muscle 07.0695

股中间肌 vastus intermedius muscle 07.0696

固吸器 haptor 06.1277

固胸型 firmisternia 07.0489

固有层 lamina propria（拉） 05.0498

固有结缔组织 connective tissue proper 05.0052

固着动物 sedentary animal 03.0329

固着端 sessile end 06.0122

固着铗 attaching clamp 06.1274

固着鸟头体 sessile avicularium 06.2334

固着盘 attaching disc 06.1275

固着泡 pexicyst 06.0481

固着器 attaching organ 06.1276

固着生物 sessile organism 03.0357

固着性休芽 sessoblast 06.2466

寡食性 oligophagy 03.0248

寡盐性 oligohaline 03.0231

关键因子 key factor 03.0068

关键种 key species 03.0791

关节 joint, articulation 07.0553

关节骨 articular bone 07.0394

关节面 articular facet 07.0556

关节囊 joint capsule 07.0555

关节腔 joint cavity 07.0554

关节软骨 articular cartilage 07.0557

关节鳃 arthrobranchia 06.1985

关节突间关节 zygapophysial joint 07.0569

关节下瘤 subarticular tubercle 07.0080

冠部 capitutum 06.0987

冠骨针 crown 06.1028

冠海胆型 diadematoid type 06.2708

冠纹 medium coronary stripe 07.0191

冠须 coronal 06.0729

冠羽 crest 07.0136

冠状动脉 coronary artery 07.0952

观摩学习 empathic learning, observation learning 03.0475

管齿型 aulodont type 06.2706

管道 lacuna 06.1174

管道系统 lacunar system 06.1175

管沟骨针 canalaria 06.0877

管肾 nephridium 06.0085

管细胞 solenocyte 06.1743

管细胞（内肛动物） tube cell 06.2367

管牙 solenoglyphic tooth 07.0855

管状体 siphonozooid 06.0984

管足 podium 06.2832

惯性 inertia 03.0940

贯壳型腕环 terebratelliform loop 06.2574

贯眼纹 transocular stripe 07.0208

光能自养生物 photoautotroph 03.0242

光头刺骨针 crown spine 06.1029

光周期 photoperiod 03.0105

光周期现象 photoperiodism 03.0107

光周期性 photoperiodicity 03.0106

广布种 cosmopolitan species 02.0193

广带性 euryzone 03.0212

广栖性 euryoecic 03.0210

广深性 eurybathic 03.0213

广生境［性］ eurytope 03.0211

广食性 euryphagy 03.0218

广适性 eurytropy 03.0208

广温性 eurythermic, curythermal 03.0215

广压性 eurybaric 03.0214

广盐性 euryhaline, eurysalinity 03.0216

广氧性 euroxybiotic 03.0217

广［营］养性 eurytrophy 03.0219

广域性 euroky 03.0209

硅质膜鞘 silicalemma 06.0740

轨道稳定性 trajectory stability 03.0952

滚轴式骨针 cylinder 06.1031

棍棒形骨针 rod 06.1021

过低[种群]密度 underpopulation, undercrowding 03.0628

过度分化 overdifferentiation 04.0178

过渡节 transition segment 06.2784

过渡螺旋 transitional helix 06.0202

过高[种群]密度 overpopulation, overcrowding 03.0626

过冷 supercooling 03.0423

H

哈弗斯管　central canal, Haversian canal
05.0080

* 哈弗斯系统　osteon, Haversian system　05.0070

* 哈氏系统　osteon, Haversian system　05.0070

* 哈索尔小体　thymic corpuscle, Hassall's corpuscle
05.0471

海刺猬型　glyptocidaroid type　06.2702

海胆幼体　echinopluteus　06.2960

海胆原基　echinus rudiment　06.2954

海底群落　marine bottom community　03.0862

* 海绵[动物]　sponge, Porifera(拉)　01.0034

海绵器　spongy organ　06.2923

海绵腔　spongocoel　06.0721

海绵丝　spongin fiber　06.0706

海绵体　corpus cavernosum（拉）　05.0637

海绵质　spongioplasm(原生动物), spongin(海绵)
06.0704

海绵质细胞　spongocyte　06.0669

海岩群落　actium　03.0856

海洋浮游生物　marine plankton　03.0314

海洋群落　oceanium　03.0863

海洋生态学　marine ecology　01.0015

害虫　pest　03.1020

旱生动物　xerocole　03.0289

旱生演替　xerarch succession　03.0819

旱生演替系列　xerosere　03.0831

汗腺　sweat gland　07.0259

好氧生物　aerobe　03.0174

耗氧量　oxygen-consumption　03.0420

核鞭毛系统　karyomastigont　06.0151

核部　karyomere　06.0460

核袋纤维　nuclear bag fiber　05.0239

核二型性　nuclear dualism　06.0457

核分裂　karyokinesis　06.0656

核链纤维　nuclear chain fiber　05.0240

核内体　endosome　06.0629

核内有丝分裂　mesomitosis　06.0223

核泡　germinal vesicle　04.0053

核配　karyogamy　04.0198

核双型现象　nuclear dimorphism　06.0458

核移植　nuclear transplantation　04.0166

核质相互作用　nucleo-cytoplasmic interaction
04.0167

核质杂种细胞　nuclear-cytoplasmic hybrid cell
04.0164

* 核周体　perikaryon　05.0187

核周质　perikaryon　05.0187

合胞体　syncytium　06.2601

合胞体粘腺　syncytial cement　06.1431

合胞体说　syncytial theory　01.0153

合巢集群　synoecium　03.0710

合隔桁　synapticulae　06.1073

合关节　synarthry　06.2785

合关节疣　synarthrial tubercle　06.2828

合核(纤毛虫学)　synkaryon　06.0603

合荐骨　synsacrum　07.0507

合鸣　chorus　03.0587

合膜　synhymenium　06.0386

合筛顶系　ethmophract apical system　06.2873

合[体细]胞滋养层　syncytiotrophoblast　04.0390

合纤毛　syncilium　06.0358

合轴　sympodium　06.0935

合子　zygote　04.0144

合子囊　zygocyst, oocyst　06.0602

合作　co-operation　03.0727

颌弓　mandibular arch　07.0386

颌口类　gnathostomata　07.0009

颌下腺　submaxillary gland　07.0744

颌腺　maxillary gland　07.0275

河流浮游生物　potamoplankton　03.0307

河流群落　potamium　03.0852

* 赫拉夫卵泡　mature follicle, Graafian follicle
04.0074

褐色体(苔藓动物)　brown body　06.2381

黑白瓶法　light and dark bottle technique　03.0049

黑化[型]　melanism　02.0169

黑克尔律　Haeckel's law　01.0152

黑素　melanin　05.0402

黑素颗粒　melanin granule　05.0403

黑素体　melanosome　05.0401

黑素细胞　melanocyte　05.0400

*亨勒襻　medullary loop, Henle's loop　05.0578

*亨森氏结　primitive knot, Hensen's node
　04.0367

*亨氏襻　medullary loop, Henle's loop　05.0578

横板　tabula　06.1082

横背巾膜　transverse dorsal hood　06.1735

横杆　transverse rod　06.2869

横隔壁括约肌　diaphragmatic sphincter　06.2615

横隔壁扩张肌　diaphragmatic dilator　06.2626

横梁　cross beam　06.2870

*横[卵]裂　latitudinal cleavage　04.0217

横桥　cross bridge　05.0161

横突　transverse process　07.0441

横突棘肌　transversospinalis muscle　07.0676

横突间肌　intertransverse muscle　07.0678

*横纹肌　striated muscle　05.0144

横纹面　striated area　06.1592

横向纤维　transverse fiber　06.0448

横小管　transverse tubule, T tubule　05.0166

横行毛基单元　parateny　06.0380

横行性　laterigrade　06.2184

横枝(苔藓动物)　trabecula　06.2276

恒齿　permanent tooth　07.0794

恒齿齿系　permanent dentition　07.0795

恒定性　constancy　03.0939

恒温动物　homeotherm, homoiothermal animal
　03.0417

恒温性　homoiothermy　03.0416

恒有种　constant species　03.0787

虹彩细胞　iridocyte　06.1636

虹管　siphon　06.2940

虹膜　iris　05.0303

宏[观]进化　macroevolution　02.0026

红肌纤维　red muscle fiber, slow twitch fiber
　05.0173

红髓　red pulp　05.0475

红细胞　erythrocyte, red blood cell, RBC
　05.0094

红细胞发生　erythrocytopoiesis, erythropoiesis
　05.0112

红细胞内裂体生殖　erythrocytic schizogony
　06.0283

红细胞内期　erythrocytic phase　06.0282

红细胞外裂体生殖　exoerythrocytic schizogony
　06.0285

红细胞外期　exoerythrocytic stage　06.0286

红腺　red gland　07.0901

喉　larynx　07.0197

喉肌　muscle of larynx　07.0614

喉囊　gular pouch, gular sac　07.0119

喉内缩肌　internal constrictor muscle of larynx
　07.0718

喉腔　laryngeal cavity　07.0864

喉软骨　laryngeal cartilage　07.0859

喉腺　laryngeal gland, throat gland　07.0263

喉褶　gular fold, gular plica　07.0120

候鸟　migrant [bird]　03.0399

骺板　epiphyseal plate　05.0086

后凹椎体　opisthocoelous centrum　07.0483

后板　metaplax　06.1502

后背侧板　metazonite　06.2238

后背杆　postero-dorsal arm　06.2861

后闭壳肌　posterior adductor muscle　06.1537

后鞭毛体　opisthomastigote　06.0149

后侧齿　posterior lateral tooth　06.1515

后侧刺　retrolateral spine　06.2123

后侧杆　postero-lateral arm　06.2862

后侧眼　posterior lateral eye　06.2107

后肠　hindgut　06.0061

后肠门　posterior intestinal portal　04.0373

后肠系膜动脉　posterior mesenteric artery
　07.0946

*后成论　epigenesis theory, postformation theory
　04.0010

后齿堤　retromargin　06.2094

后唇基节　postmentum　06.2217

后担轮幼虫　metatrochophore　06.1801

后额板　metaclypeus　06.2202

后耳骨　opisthotic bone, opisthotica　07.0340

后房　posterior chamber　05.0334

后纺器　posterior spinneret　06.2156

后跗节 metatarsus 06.2113

后腹部 postabdomen 06.1834

后腹吸盘瓣 postacetabular flap 06.1331

后刚叶 postsetal lobe 06.1676

后宫型 opisthodelphic type 06.1148

后沟 posterior canal 06.1460

后沟牙 opisthoglyphic tooth 07.0854

后股节 postfemur 06.2254

后关节突 posterior articular process 07.0445

后管肾 metanephridium 06.0089

后环节 metasomite 06.2232

后基板 metacoxa 06.2243

后尖 metacone 07.0837

后节 deutomerite 06.0309

后口动物 deuterostome, Deuterostomia(拉) 01.0033

后连合 posterior commissure 07.1095

后模标本 metatype 02.0042

后脑 metencephalon, hind brain 04.0328

后[期]肾 metanephros 07.0999

后期无节幼体 metanauplius larva 06.1997

后期幼体 post-larva 06.1994

后腔静脉 postcaval vein 07.0965

*后丘脑 metathalamus 07.1085

后鳃体 ultimobranchial body 07.1178

后三叉骨针 anatriaene 06.0755

*后肾管 metanephridium 06.0089

后生动物 metazoan, Metazoa（拉） 01.0028

后示通讯 metacommunication 03.0568

*后髓细胞 metamyelocyte 05.0124

后体 metasome, metasoma 06.0008

后体腔 metacoel 06.0042

后头部 hind head 06.2200

后头触须 occipital cirrus 06.1742

后头域 occipital area 06.1686

后腕 posterior arm 06.2881

后微管 posterior microtubule 06.0369

后尾蚴 excysted metacercaria 06.1209

后位肾 opisthonephros 07.0997

后吸盘 posterior sucker 06.1334

后吸器 opisthaptor 06.1279

后纤毛环 metatroch 06.2688

后向鞭毛 recurrent flagellum 06.0135

后小尖 metaconule 07.0838

后星骨针 metaster 06.0842

后嗅检器 aboral osphradium 06.1626

后续个虫 successive zooid 06.2312

后循环型 metacyclic form 06.0163

后眼列 posterior row of eyes 06.2105

后叶 posterior lobe, poster(苔藓动物) 06.2493

后翼骨 metapterygoid bone 07.0391

后幽门管 apochete 06.0719

后幽门孔 apopyle 06.0718

后原肠胚 metagastrula 04.0251

后肢肌 muscle of posterior limb 07.0682

后直肌 posterior rectus muscle 07.0604

后中眼 posterior median eye 06.2106

后主静脉 posterior cardinal vein 07.0989

后转板 palintrope 06.2553

后仔虫 opisthe 06.0513

呼吸 respiration 01.0090

呼吸孔 blow hole 07.0893

呼吸树 respiratory tree 06.2949

壶腹 ampulla 05.0370

壶腹嵴 crista ampullaris(拉) 05.0371

壶腹帽 cupula(拉) 05.0373

壶状腺 ampulliform gland 06.2173

湖泊群落 limnium 03.0855

湖心浮游生物 eulimnoplankton 03.0308

湖沼动物 limnicole 03.0287

弧骨 compass 06.2808

弧形骨针 bracket 06.1038

弧胸型 arcifera 07.0490

护器 tutaculum 06.2141

互传人兽互通病 amphixenosis 06.1134

互惠集群 symphilia 03.0714

互抗 mutual antagonism 03.0780

互利共生 mutualism, mutualistic symbiosis 03.0736

互锁机制 interlocking mechanism 06.2551

花唇骨针 candelabrum 06.0833

花丝骨针 floricome 06.0876

花纹样体 rosette 06.2796

花形口缘 floscelle 06.2839

花枝末梢 flower-spray ending 05.0242

滑车神经 trochlear nerve 07.1111

滑膜 synovial membrane 07.0558

滑膜关节 synovial joint 07.0565

化能自养生物 chemoautotroph 03.0241

化石种 fossil species 02.0195

化学分化 chemical differentiation 04.0179

化学胚胎学 chemical embryology 04.0004

化学生态学 chemical ecology 03.0013

踝 ankle 07.0243

踝关节 ankle joint 07.0591

环层小体 Pacinian corpuscle, Vater-Pacini corpuscle 05.0232

环带 clitellum 06.1667

环带胎盘 zonary placenta 07.1031

环骨板 circumferential lamella 05.0082

环管 circular canal 06.0976

环肌 circular muscle 06.0063

环甲肌 cricothyroid muscle 07.0713

环节动物 annelid, Annelida（拉） 01.0052

环境抗性 environmental resistance 03.0080

环境容量 environmental capacity 03.0129

环境适度 fitness of environment 03.0079

环境综合体 environmental complex 03.0052

＊环境阻力 environmental resistance 03.0080

环卵沉淀反应 circumoval precipitate reaction, COPR 06.1142

环腔 ring coelom 06.2665

环杓背肌 dorsal cricoarytenoid muscle 07.0714

环杓侧肌 lateral cricoarytenoid muscle 07.0715

寰枢关节 atlantoaxial joint 07.0568

寰枕关节 atlantooccipital joint 07.0567

寰椎 atlas 07.0479

环生 perichaetine 06.1795

环[纹] annulation 06.2402

环旋末梢 annulo-spiral ending 05.0241

环志 [bird] banding, [bird] ringing 03.0043

环状部 annulus 06.2392

环状软骨 cricoid cartilage 07.0424

环状胎盘 ring placenta 06.2684

环状体期 ring stage 06.0333

环状褶 ring fold 06.2650

缓步动物 tardigrade, Tardigrada（拉） 01.0054

缓冲对抗[行为] agonistic buffering 03.0470

换羽 molt 03.0515

荒漠群落 deserta, eremium 03.0842

黄斑 macula lutea（拉） 05.0329

黄色细胞 chlorogogue cell 06.1660

黄素体 xanthosome 06.0623

黄体 corpus luteum（拉） 05.0656

黄体解体 luteolysis 05.0661

＊黄体酮 progesterone 05.0659

黄新月 yellow crescent 04.0256

灰细胞 gray cell 06.0671

灰新月 grey crescent 04.0255

灰质 grey matter 07.1068

灰质簇 sclerodermite 06.1076

灰质联合 gray commissure 05.0250

回哺 regurgitation 03.0563

回肠 ileum 07.0733

回声定位 echolocation 03.0410

洄游 migration 03.0378

会聚 convergence 04.0264

会厌 epiglottis 07.0863

会厌管 epiglottic spout 07.0872

会厌软骨 epiglottal cartilage 07.0426

会阴 perineum 07.1049

会阴花纹 perineal pattern 06.1177

会阴腺 perineal gland 07.0269

＊喙 bill 07.0114

喙骨 coracoid 07.0494

喙突 coracoid process 07.0501

婚刺 nuptial spine 07.0076

婚垫 nuptial pad 07.0075

婚后换羽 post-nuptial molt 03.0521

婚前换羽 pre-nuptial molt 03.0520

婚舞 nuptial dance 03.0528

婚羽 nuptial plumage 07.0144

混合生长 mixed growth 06.2642

活动指 movable finger 06.1958

活食者 biophage 03.0899

活体荧光技术 *in vivo* fluorescence technique 03.0048

火炬形骨针 torch 06.1047

获得性状 acquired character 02.0022

获能 capacitation 04.0120

货币虫 nummulite 06.0232

J

基板 basal lamina, basal plate (腔肠动物) 05.0012

基部的 basal 06.0116

基部突起 proximal process 06.2085

基侧板 coxopleura 06.2240

基础生态位 fundamental niche 03.0871

基底 basis, substratum 06.2067

基[底]扁平细胞 basopinacocyte 06.0679

基底层 stratum basale, stratum germinativum(拉) 05.0395

基底膜 basilar membrane 05.0383

基蝶骨 basisphenoid bone 07.0336

基脊 basal keel 06.2278

基节 coxopodite, coxa 06.1949

*基节 basipodite, basis 06.1950

基节刺 basial spine 06.1873

基节囊 coxal sac, eversible sac 06.2244

基节腺 coxal gland 06.1976

基孔室 basal porechamber 06.2425

基膜 basement membrane 05.0011

基囊 basal sac 06.1166

基盘 basal disc 06.1288

基片 basal piece 06.1365

基鳍骨 basipterygium 07.0499

基鳃骨 basibranchial bone 07.0412

基舌骨 basihyal bone 07.0401

基体 basal body 06.0378

基突 basal process 06.2054

基蜕膜 basal decidua 04.0398

基胸板 coxosternum 06.2239

基须 basalia 06.0731

基血囊 basal haematodocha 06.2145

基因库 gene bank 02.0151

基枕骨 basioccipital bone 07.0330

基质 ground substance, matrix 05.0042

机会种 opportunistic species 03.0793

*畸胎发生 teratogenesis 04.0422

畸胎瘤 teratoma 04.0423

畸形发生 teratogenesis 04.0422

肌槽 muscular socket 06.2630

肌带 muscle strand 06.2631

肌动蛋白 actin 05.0163

肌隔 myocomma 07.0596

肌痕 muscle scar 06.2632

[肌]集钙蛋白 calsequestrin 05.0172

肌脊 muscle ridge 06.2614

*肌浆 sarcoplasm 05.0149

肌节 sarcomere 05.0156

肌节腔 myocoel 04.0314

肌膜 sarcolemma 05.0168

肌内膜 endomysium 05.0177

肌旗 muscle banner 06.1067

肌球蛋白 myosin 05.0159

肌肉 muscle 01.0088

肌肉层 muscle layer, lamina muscularis (拉) 05.0501

肌[肉]组织 muscle tissue 05.0143

肌上皮细胞 myoepithelial cell 05.0035

肌束膜 perimysium 05.0178

肌丝 myofilament 05.0157

肌外膜 epimysium 05.0179

肌胃 muscular stomach 07.0764

肌卫星细胞 muscle satellite cell 05.0176

肌纤维 muscle fiber 05.0148

肌小管 sarcotubule 05.0160

肌样细胞 myoid cell 05.0472

肌原蛋白 troponin 05.0165

肌原纤维 myofibril 05.0150

肌质 sarcoplasm 05.0149

肌质网 sarcoplasmic reticulum 05.0167

肌皱丝 myophrisk 06.0244

*激动 activation 04.0122

激活 activation 04.0122

激活剂 activator 04.0123

激流群落 lotic [community] 03.0851

*极垫细胞 polar cushion cell 05.0587

极管 polar tube 06.0294

极环 polar ring 06.0293

极粒 polar granule 06.0292

极帽 polar cap 06.0289

极囊 polar capsule 06.0290

极丝 polar filament 06.0291

极体 polar body 04.0054

极危种 critical species 03.1003

极性 polarity 04.0057

极性基体复合体 polar basal body-complex, PBB-
complex 06.0382

极叶 polar lobe 04.0061

棘层 stratum spinosum(拉) 05.0396

棘间肌 interspinous muscle 07.0677

棘口尾蚴 echinostome cercaria 06.1229

棘毛 cirrus 06.0367

棘毛小膜 cirromembranelle 06.0368

棘皮动物 echinoderm, Echinodermata（拉）
01.0067

棘球子囊 daughter cyst 06.1169

棘球蚴 echinococcus 06.1243

棘球蚴沙 hydatid sand 06.1171

棘头虫 acanthocephala, thorny-headed worm
06.1107

棘头虫病 acanthocephaliasis 06.1113

棘头动物 acanthocephalan, Acanthocephala（拉）
01.0046

棘头体 acanthella 06.1211

棘头蚴 acanthor 06.1250

棘星形骨针 thornstar 06.1049

棘状骨骼 echinating 06.0894

棘状骨针 calthrops 06.0771

*集合淋巴小结 aggregate lymphatic nodule,
Peyer's patch 05.0489.

集合小管 collecting tubule 05.0580

集落生成单位 colony forming unit, CFU 05.0142

集群 assembly 03.0702

集群性 sociability, gregariousness 03.0717

及其他作者 et alii(拉), et al.(拉) 02.0230

急转演替 abrupt succession 03.0816

即时致死带 zone of immediate death 03.0085

级 grade 02.0076

瘠地群落 tirium 03.0843

几丁质 chitin 06.2035

脊 carina 06.1849

脊齿型 stirodont type 06.2705

脊底型[颅] tropybasic type 07.0303

脊神经 spinal nerve 07.1121

脊髓 spinal cord 07.1067

脊索 notochord 07.0436

脊索板 chordal plate 04.0307

脊索动物 chordate, Chordata（拉） 01.0075

脊索中胚层 chorda-mesoderm 04.0308

脊腺 vertebral gland 07.0251

脊型齿 lophodont 07.0813

脊性尾蚴 lophocercaria 06.1221

脊柱 vertebral column 07.0438

脊状疣足 torus 06.1691

脊椎动物 vertebrate, Vertebrata（拉） 01.0078

脊椎动物学 vertebrate zoology 01.0004

戟形骨针 hastate 06.0751

季节频率 seasonal frequency 03.0494

季节色 seasonal coloration 03.0442

季节生活史 seasonal history 03.0505

季节演替 seasonal succession 03.0820

季节周期 seasonal cycle 03.0493

季节最低量 seasonal minimum 03.0091

季节最高量 seasonal maximum 03.0090

季相 aspection, seasonal aspect 03.0821

*寄生虫 parasite 03.0748

寄生虫病 parasitic disease 06.1108

寄生虫感染 parasitic infection 06.1114

寄生虫学 parasitology 06.1094

寄生泡 parasitophorous vacuole, periparasitic vacuole
06.0324

寄生去势 parasitic castration 06.2020

寄生群落 opium 03.0865

寄生物 parasite 03.0748

寄生[现象] parasitism 03.0747

寄生性人兽互通病 parasitic zoonosis 06.1126

记忆细胞 memory cell 05.0450

家化 domestication 03.0993

颊 cheek 07.0025

颊齿 cheek tooth 07.0806

颊刺 pterygostomian spine 06.1871

颊囊 cheek pouch 07.0116

颊区　pterygostomian region　06.1844

颊纹　cheek stripe, malar stripe　07.0192

颊窝　facial pit　07.1137

甲　nail　05.0433

甲板　nail plate　05.0435

甲床　nail bed　05.0436

甲根　nail root　05.0434

甲壳　crusta　06.1811

甲壳动物　crustacean, Crustacea(拉)　01.0059

甲壳动物学　carcinology　06.1810

＊甲壳质　chitin　06.2035

甲母质　nail matrix　05.0437

甲桥　bridge　07.0097

甲杓肌　thyroarytenoid muscle　07.0717

甲舌骨　thyrohyal bone　07.0421

甲状旁腺　parathyroid gland　07.1175

[甲状旁腺]嗜酸[性]细胞　oxyphil cell　05.0629

甲状旁腺素　parathyroid hormone　05.0630

[甲状旁腺]主细胞　principal cell　05.0628

甲状软骨　thyroid cartilage　07.0427

甲状腺　thyroid gland　07.1174

甲状腺素　thyroxine　05.0626

假唇　pseudolabium　06.1349

假单极神经元　pseudounipolar neuron　05.0191

假冬眠　pseudohibernation　03.0500

假洞居生物　pseudotroglobiont　03.0355

假窦　pseudosinus　06.2403

假多形　pseudopolymorphism　06.2288

假额剑　pseudorostrum　06.1831

假复层上皮　pseudostratified epithelium　05.0006

假寄生　pseudoparasitism　03.0754

假寄生虫　pseudoparasite, spurious parasite 06.1120

假孔　pseudopore　06.2404

假口围　pseudoperistome　06.0416

假篮咽管　pseudonasse　06.0425

假匍茎　pseudostolon　06.2323

假气管　pseudo-tracheae　06.2056

假鳃　pseudobranch　07.0886

假溞状幼体　pseudozoea larva　06.2002

假上肢　pseudepipodite, pseudoepipodite　06.1989

假嗜酸性粒细胞　pseudoacidophilic granulocyte 05.0101

假死态　thanatosis　03.0425

＊假体腔　pseudocoel　06.0039

假体腔动物　pseudocoelomate　01.0030

假头节　pseudoscolex　06.1337

假外肢　pseudexopodite, pseudoexopodite　06.1966

假阴茎囊　false cirrus pouch　06.1374

假缘膜　velarium　06.0972

假孕　pseudopregnancy　04.0404

假疹壳　pseudopunctate shell　06.2510

尖棒骨针　oxystrongyle　06.0812

尖头骨针　oxytylote　06.0813

尖翼　pointed wing　07.0209

间步带　interambulacral area, interambulacrum 06.2860

间插骨　intercalarium　07.0433

间插体节　intercalary segment　06.2212

间齿　intermedian tooth　06.1880

间充质　mesenchyme　04.0279

间唇　interlabium　06.1351

间渡区　zone of intergration　02.0168

间断共生　disjunctive symbiosis　03.0732

间辐　interradius　06.0965

间辐板　interradial plate　06.2756

间辐的　interradial, interradius　06.2879

间辐片　interradial piece　06.2916

间骨板　interstitial lamella　05.0081

间脊　intermediate carina　06.1862

间介软骨　intercalary cartilage　07.0548

间孔　misopore　06.2413

间脑　diencephalon　04.0331

间皮　mesothelium　05.0016

间鳃盖骨　interopercular bone　07.0417

间舌骨　interhyal bone　07.0404

间室　mesooecium　06.2329

间小齿　intermedian denticle　06.1881

间缘板　inter-marginal plate　06.2771

间质生长　interstitial growth　05.0088

间质细胞　interstitial cell　05.0646

间质腺　interstitial gland　05.0664

间椎体　intercentrum　07.0461

兼性寄生　facultative parasitism　03.0757

兼性寄生虫　facultative parasite　06.1117

肩板　scapullet, aileron(多毛类)　06.0970

肩带　pectoral girdle　07.0492

肩峰　acromion　07.0503

肩关节　glenohumeral joint　07.0579

肩胛冈　scapular spine　07.0502

肩胛骨　scapula　07.0493

肩胛提肌　levator scapulae muscle　07.0703

肩胛下肌　subscapularis muscle　07.0709

肩臼　glenoid cavity, glenoid fossa　07.0506

肩饰片　epaulet　06.1264

肩锁关节　acromioclavicular joint　07.0578

肩纤毛带　epaulettes　06.2943

肩羽　scapular　07.0152

检索[表]　key　02.0106

睑板　tarsal plate, tarsus　05.0343

睑板腺　tarsal gland, Meibomian gland　05.0344

简约性　parsimony　02.0112

剪形叉棘　forficiform pedicellaria　06.2727

减数分裂　meiosis　05.0635

荐骨　sacrum　07.0458

荐棘肌　sacrospinalis muscle　07.0689

荐髂关节　sacroiliac joint　07.0587

荐前椎　presacral vertebra　07.0463

荐神经　sacral nerve　07.1126

荐尾关节　sacrococcygeal joint　07.0571

荐椎　sacral vertebra　07.0457

鉴别　diagnosis　02.0220

鉴别特征　diagnostic characteristics　02.0221

*箭虫　chaetognath, Chaetognatha（拉）　01.0066

箭泡　akontobolocyst　06.0615

剑板　xiphiplastron　07.0094

渐成论　epigenesis theory, postformation theory　04.0010

渐危种　vulnerable species　03.1005

建群　colonization　03.0716

浆膜　serosa　04.0387

浆细胞　plasma cell　05.0455

浆羊膜腔　sero-amnion cavity　04.0386

浆液腺　serous gland　05.0529

浆液腺泡　serous acinus　05.0527

桨状刚毛　paddle seta　06.1774

降颚肌　mandibular depressor　06.2623

降钙素　calcitonin　05.0627

降河产卵鱼　catadromous fish　03.0397

胶被膜　gelatinous envelope　07.1054

胶充质　collenchyma　06.0910

胶囊期　gleocystic stage　06.0203

胶粘腺　cement gland　06.1436

胶泡表网　sarcodictyum　06.0243

胶泡基网　sarcomatrix　06.0241

胶泡内网　sarcoplegma　06.0242

胶群体期　palmella stage　06.0181

胶丝鞭毛体　myxoflagellate　06.0251

胶丝变形体　myxamoeba　06.0250

胶体　colloid　05.0624

胶原蛋白　collagen　05.0038

胶原细胞　collencyte　06.0677

胶原纤维　collagen fiber　05.0039

交叉叉棘　crossed pedicellaria　06.2736

交错突细胞　interdigitating cell　05.0487

交感神经链　sympathetic chain　07.1148

交感神经系统　sympathetic nervous system　07.1062

交合刺　spicule　06.1388

交合刺囊　spicular sac, spicular pouch　06.1386

交合刺鞘　spicular sheath　06.1387

交合伞　copulatory bursa　06.1391

交互寄生　reciprocal parasitism　03.0772

交互拟态　reciprocal mimicry　03.0776

交接管　copulatory tube　06.1378

交接器　copulatory organ　06.0106

交配集群　synhesia　03.0709

交配孔　copulatory opening　06.2163

[交]配素　gamone　06.0601

交配系统　mating system　03.0522

交配型　mating type　06.0520

铰合板　hinge plate　06.2552

铰合部　hinge　06.1490

铰合齿　hinge tooth　06.1511

铰合韧带　hinge ligament　06.1492

铰合线　hinge line　06.1491

铰合缘　hinge margin　06.2546

脚掌　sole of foot　07.0244

角蛋白　keratin　05.0410

角化　keratinization　05.0394

角膜　cornea　05.0300

角膜细胞　corneal cell　06.1819

角膜缘　corneal limbus　05.0301

角皮凸　boss　06.1294

角鳃骨　ceratobranchial bone　07.0410

角舌骨　ceratohyal bone　07.0400

角质层　stratum corneum（拉），cuticle（节肢动物）
　05.0399，periostracum　06.1446

角质层窝　cuticular pit　06.1161

角质刺　horny spine　07.0054

角质骨骼　keratose　06.0893

角质颌　horny jaw　07.0088

角质环　cuticular ring　06.1311

角质鳍条　ceratotrichia（拉）　07.0052

角质细胞　horny cell　05.0411

角质形成细胞　keratinocyte　05.0393

绞盘形骨针　capstan　06.1040

接合后体　exconjugant　06.0518

接合[生殖]　conjugation　06.0514

接合体　conjugant　06.0515

阶段发育　phasic development　04.0008

阶段浮游生物　meroplankton, transitory plankton,
　temporary plankton　03.0298

阶元　category　02.0116

节　segement　06.0017

节后神经纤维　postganglionic［nerve］fiber
　07.1150

节间腺　interproglottidal gland　06.1430

节片　segment, proglottid　06.1155

节片生殖　strobilation　06.0508

节前神经纤维　preganglionic［nerve］fiber
　07.1149

节体　segmenter　06.0312

节细胞层　ganglion cell layer　05.0326

节肢动物　arthropod, Arthropoda（拉）　01.0056

节肢动物化　arthropodization　06.2193

节椎关节　zygospondylous articulation　06.2786

节奏波　metachronal wave　06.0587

睫毛　eyelash　07.0170

睫腺　ciliary gland　07.0278

睫状体　ciliary body　05.0304

结肠　colon　07.0735

结肠系膜　mesocolon　07.0779

结缔绒膜胎盘　syndesmochorial placenta　07.1038

结缔组织　connective tissue　05.0036

结合泡　concrement vacuole　06.0491

结间[段]　internode　05.0209

结节部　pars tuberalis（拉）　05.0593

结膜　conjunctiva, conjunctive tunic　05.0345

姐妹群　sister group　02.0108

界　kingdom　02.0064

＊金星幼体　cypris larva　06.2004

襟刺　collar spine　06.1313

紧密连接　tight junction　05.0018

进攻性　aggressiveness　03.0489

进化　evolution　01.0133

进化生态学　evolutional ecology　03.0020

[进化]系统树　phylogenetic tree, dendrogram
　02.0011

进化系统学　evolutionary systematics　02.0005

进展演替　progressive succession　03.0814

近等裂　adequal cleavage　06.2655

近端的　proximal　06.0117

近辐　adradii　06.2909

近茎的　adcauline　06.0938

近口的　adoral　06.2910

近模标本　plesiotype　02.0045

近曲小管　proximal convoluted tubule　05.0575

近似　affinis（拉），aff.（拉）　02.0228

近似种　allied species　02.0184

近星骨针　plesiaster　06.0817

近因　proximate cause, proximate causation
　03.0063

近宅的　synanthropic　03.0233

近轴的　adaxial　06.0940

漫银技术　silver impregnation technique　06.0562

茎瓣　pedicle valve　06.2504

茎化　hectocotylization　06.1570

茎化腕　hectocotylized arm　06.1571

茎肌　peduncular muscle　06.2616

茎片　stipe　06.2127

茎舌骨　stylohyal bone　07.0420

茎生的　cauline　06.0932

茎突咽肌　stylopharyngeus muscle　07.0721

晶杆　crystalline style　06.1628

晶泡　crystallocyst　06.0476

晶状体　lens　05.0336

晶状体板　lens placode　04.0342

晶状体泡　lens vesicle　04.0343

鲸蜡器　spermaceti organ　07.0902

鲸须　baleen　07.0758

鲸须板　baleen plate　07.0759

惊叫声　squel　03.0585

精包　spermatophore　06.0112

精巢　testis　06.0098

*精荚　spermatophore　06.0112

精荚囊　spermatophore sac　06.1652

精漏斗　sperm funnel　06.1744

*精卵核融合　karyogamy　04.0198

精母细胞　spermatocyte　04.0104

精囊[腺]　seminal vesicle　07.1019

精索　spermatic cord　07.1015

精网　sperm web　06.2178

精液　semen, seminal fluid　04.0115

精原细胞　spermatogonium　04.0103

精子　sperm, spermatozoon　04.0108

精子穿入　sperm penetration　04.0142

精子穿入道　sperm penetration path　04.0136

[精子]穿入点　point of entrance　04.0137

精子发生　spermatogenesis　04.0102

精子活[动能]力　motility of sperm　04.0117

精子凝集素　sperm-agglutinin　04.0130

精子生成带　zone of sperm transformation　04.0143

精子细胞　spermatid　04.0107

精子形成　spermiogenesis, spermateleosis　04.0114

经裂　meridional cleavage　04.0216

警戒标志　warning mark　03.0447

警戒防御系[统]　alarm-defense system　03.0579

警戒复原系[统]　alarm-recruitment system　03.0580

警戒色　warning coloration, aposematic color　03.0446

警戒态　aposematism　03.0448

警戒信息素　alarm pheromone　03.0436

景观生态学　landscape ecology　03.0017

颈板　collum　06.2226

颈半棘肌　semispinalis cervicis muscle　07.0671

颈侧囊　lateral flap　07.0121

颈丛　cervical plexus　07.1123

颈动脉　carotid artery　07.0947

颈动脉导管　carotid duct　07.0935

颈动脉弓　carotid arch　07.0928

颈动脉体　carotid body　05.0296

颈动脉窦　carotid sinus　07.0927

颈沟　cervical groove　06.1262

颈肌　muscle of neck　07.0610

颈脊　cervical carina　06.1855

颈节　collum segment　06.2227

颈筋膜　cervical fascia　07.0613

颈内动脉　internal carotid artery　07.0932

颈内静脉　internal jugular vein　07.0967

颈牵缩肌　neck retractor　06.1153

颈乳突　cervical papilla　06.1305

颈神经　cervical nerve　07.1122

颈外动脉　external carotid artery　07.0931

颈外静脉　external jugular vein　07.0966

颈腺　nuchal gland, cervical gland（寄生蠕虫）　07.0250

颈翼膜　cervical ala　06.1266

颈椎　cervical vertebra　07.0454

颈最长肌　longissimus cervicis muscle　07.0654

颈褶　jugular plica, cervical fold（寄生蠕虫）　07.0099

*胫　shank　07.0242

胫腓关节　tibiofibular joint　07.0590

胫跗骨　tibiotarsus　07.0550

胫骨　tibia　07.0536

胫骨前肌　tibialis anterior muscle　07.0686

胫腺　tibial gland　07.0258

静脉　vein　06.0081

静脉窦　venous sinus　07.0907

静水群落　lenetic [community]　03.0848

静水生物　stagnophile　03.0281

静纤毛　stereocilium　05.0010

镜像对称分裂　symmetrogenic fission　06.0205

竞争　competition　03.0720

竞争排斥　competition exclusion　03.0722

竞争者　competitor　03.0721

净初级生产力　net primary productivity　03.0926

净群落生产力　net community productivity　03.0927

臼齿　molar tooth　07.0804

臼齿突　molar process　06.1915

就地保护　in situ conservation　03.1016

居间骨针　intermedia　06.0754

*居群　population　01.0131

*居氏器　Cuvierian organ　06.2921

居维叶器　Cuvierian organ　06.2921

局泌汗腺　merocrine sweat gland　05.0419

局质分泌腺　merocrine gland　05.0026

咀嚼肌　muscle of mastication　07.0608

咀嚼器(苔藓动物)　gizzard　06.2369

咀嚼叶　masticatory lobe　06.1930

举足肌　pedal elevator muscle　06.1554

聚合体　diamorph　06.0739

聚合腺　aggregate gland　06.2172

聚合作用　polymerization　06.0588

聚类　clustering　02.0130

聚生　aggregation　03.0704

聚眼　agglomerate eye　06.2205

据通信　in litteris(拉), in litt.(拉)　02.0222

据引证文献　in opere citato(拉), in op. cit.(拉)
　02.0223

巨大细胞　giant cell, Dahlgren cell　05.0634

巨核细胞　megakaryocyte　05.0137

巨噬细胞　macrophage　05.0046

巨型浮游生物　megaloplankton　03.0300

具刺壳　spiny shell　06.2513

具巾刚毛　hooded seta　06.1785

具囊尾蚴　cystophorous cercaria　06.1227

具缘简单刚毛　limbate seta　06.1752

具褶壳　plicated shell　06.2508

距　spur, calcar　07.0110

距跟关节　talocalcanean joint　06.0593

距骨　talus, astragalus bone　07.0546

锯齿　crenate　06.1521

锯齿列　serration　06.1689

锯齿状　spination　06.2501

眷群　harem　03.0686

卷缠刺丝囊　volvent　06.0914

卷束骨针　sigmadragma　06.0824

卷旋骨针　sigmaspire　06.0827

卷枝　cirrus　06.2817

卷枝间疣　intercirral tubercle　06.2829

卷轴骨针　sigma　06.0786

攫腕　grasping arm　06.1576

攫肢　raptorial limb　06.1926

决定因子　determinative factor　03.0067

绝迹种　extirpated species　03.1008

均等卵裂　equal cleavage　04.0213

均黄卵　isolecithal egg　04.0080

均匀度　evenness, equitability　03.0796

K

卡巴[颗]粒　Kappa particle　06.0582

开颚肌　mandibular divarigator　06.2622

开管循环系[统]　open vascular system　06.0077

开壳肌　divarigator, diductor　06.2613

铠　pallet　06.1505

铠甲动物　loriciferan, Loricifera(拉)　01.0049

糠虾期幼体　mysis larva　06.1991

抗寒性　cold resistance, winter resistance　03.0137

抗旱性　drought resistance　03.0138

抗社群因素　antisocial factor　03.0608

抗受精素　antifertilizin　04.0127

抗体　antibody　05.0453

抗原　antigen　05.0452

抗原呈递细胞　antigen presenting cell　05.0458

颗粒层　stratum granulosum(拉)　05.0397

颗粒黄体细胞　granular lutein cell　05.0657

颗粒细胞　granulosa cell　05.0653

颗粒细胞层　granular cell layer, granular layer
　05.0257

科　family　02.0068

*科尔蒂器　spiral organ, organ of Corti　05.0386

颏沟　mental groove　07.0086

颏纹　mental stripe　07.0194

颏须　chin barbel, chin bristle, mental barbel(鱼)
　07.0193

壳　corona(海胆), shell　06.2885

壳板　compartment, valve, coronal plate(棘皮动物)
　06.2058

壳板钉　dowel　06.2886

壳瓣　shell　06.1929

壳层　ostracum　06.1447

壳带　lithodesma　06.1522

壳顶　umbo　06.1450

壳顶孔　foramen　06.2503

壳盖　operculum　06.2059

壳尖　beak　06.2536

壳口　loricastome(原生动物)，aperture(软体动物)
　06.0579

壳内柱　apophysis　06.1489

壳皮层　periostracum　06.1446

*壳下层　hypostracum　06.1449

壳腺　shell gland　06.1645

可塑性　plasticity　03.0965

可用学名　available name　02.0210

可再生资源　renewable resource　03.0986

克拉拉细胞　Clara cell　05.0560

克劳泽终球　Krause end bulb　05.0234

空肠　jejunum　07.0732

空个虫　kenozooid　06.2307

空间隔离　spatial isolation　02.0156

空中漂浮生物　aeroplankton　03.0295

孔板　pore plate　06.2431

孔带　pore area　06.2887

孔对　pore pair　06.2888

孔腔(有孔虫)　vestibulum　06.0614

孔室　pore chamber　06.2423

孔细胞　porocyte　06.0675

口　mouth　06.0049

口表膜下纤毛系　oral infraciliature　06.0398

口[部]　mouth part, oral part　06.0046

口侧的　oral-lateral　06.2347

口侧膜　paroral membrane　06.0404

口道　stomodaeum　06.1270

口道沟　siphonoglyph　06.0991

口道囊胚　stomoblastula　06.0904

口盾　mouth shield, oral shield　06.2890

口腹吸盘比　sucker ratio　06.1333

口盖　operculum　06.0947

口盖肌　opercular muscle　06.2621

口－肛缝　bucco-anal striae　06.0397

口更新　oral replacement　06.0399

口沟　oral groove　06.0396

口管　buccal tube　06.2600

口后部　metastomium　06.1723

口后缝　postoral suture　06.0402

口后附肢　post-oral appendage　06.1974

口后杆　postoral rod　06.2863

口后环　postoral ring　06.1344

口后叶　metastomium　06.1659

口后子午线　postoral meridian　06.0407

口环　oral ring　06.1665

口棘　mouth papilla, oral papilla　06.2721

口甲　buccal armature　06.1343

口框　buccal frame　06.2894

口肋　oral rib　06.0400

口笠　oral hood　07.0122

口笠触须　buccal cirrum　07.0123

口漏斗　buccal funnel　07.0083

口面　actinal surface, oral surface　06.2876

口面骨骼　actinal skeleton　06.2811

口面间辐区　oral interradial area　06.2850

口囊　buccal capsule　06.1348

口盘　oral disc　06.0980

口器发生　stomatogenesis　06.0495

口前板　epistome　06.1911

口前部　prostomium　06.1658

口前触手　prostomial tentacle　06.1654

口前触须　prostomial palp　06.1655

口前刺　preoral sting　06.1876

口前缝　preoral suture　06.0406

口前杆　preoral rod　06.2864

口前隔壁　preoral septum　06.2598

口前腔　oral atrium, preoral cavity(节肢动物)
　06.0395

口前腔括约肌　atrial sphincter　06.2627

口前区　prebuccal area　06.0403

口前神经区　preoral nervous field　06.2694

口前庭　oral vestibule　06.0401

口前纤毛器　preoral ciliary apparatus, PCA
　06.0405

口前叶　peripheral lobe, preoral lobe, prostomium(环
　节动物)　06.1345

口腔　mouth cavity, buccal cavity　06.0050

口腔腺　oral gland　07.0743

口区　oral area, aperture(苔藓动物)　06.0394

口乳突　oral papilla　06.1304

口上卵胞　hyperstomial ovicell　06.2478

口上片　epistome　06.2222

口上突起环　epistomial ring　06.2372
口神经节　buccal ganglion　06.1602
口神经索　buccal nerve cord　06.1603
口神经系　oral neural system　06.2945
口索　stomochord　07.0437
口凸　bourrelet　06.2908
口围　peristome　06.0408
口围卵胞　peristomial ovicell　06.2480
口吸盘　oral sucker　06.1319
口下的　suboral　06.2346
口下片　hypostome　06.2221
口须(鸟)　barbel　07.0189
口羽枝　oral pinnule　06.2814
口缘纤毛穗　adoral ciliary fringe　06.0409
口缘纤毛旋　adoral ciliary spiral　06.0410
口栅　apertural bar　06.2399
* 口针　spear　06.1314
口锥　stylet　06.1314
口锥杆　stylet shaft　06.1317
口锥球　stylet knob　06.1315
口锥套　stylet protector　06.1316
扣状体　button　06.2795

* 枯否细胞　Kupffer cell　05.0538
* 库普弗细胞　Kupffer cell　05.0538
夸量行为　epideictic display　03.0462
* 快缩肌纤维　white muscle fiber, fast twitch fiber　05.0174
宽幽门孔　eurypylorus　06.0692
髋骨　hip bone　07.0529
髋臼　acetabulum　07.0530
髋关节　hip joint　07.0588
眶蝶骨　orbitosphenoid bone　07.0337
眶后骨　postorbital bone　07.0347
眶间隔　interorbital septum　07.0364
眶筋膜　orbital fascia　07.1162
眶前骨　preorbital bone　07.0346
眶区　orbital region　07.0308
眶上骨　supraorbital bone　07.0344
眶下骨　infraorbital bone　07.0345
眶下腺　suborbital gland　07.0267
扩散　dispersal　03.0696
扩散型　dispersion pattern　02.0237
廓羽　contour feather　07.0137

L

* 拉氏定律　Loven's law　06.2918
拉特克囊　Rathke's pouch　05.0594
喇叭虫素　stentorin　06.0535
蜡膜　cere　07.0184
* 赖斯纳膜　vestibular membrane, Reissner's membrane　05.0380
篮咽管　nasse　06.0424
篮[状]细胞　basket cell　05.0259
朗格汉斯细胞　Langerhans cell　05.0405
劳氏管　Laurer's canal　06.1400
老体　senile　03.0544
雷蚴　redia　06.1205
肋刺　costula　06.2362
肋沟　costal groove　07.0098
肋骨　rib, costa　07.0468
[肋骨]钩突　uncinate process　07.0477
肋横突关节　costotransverse joint　07.0573
肋间动脉　intercostal artery　07.0939

肋间肌　intercostal muscle　07.0687
肋结节　tuberculum of rib　07.0473
肋盔　costate shield　06.2363
肋软骨关节　costochondral joint　07.0575
肋头　capitulum of rib　07.0472
肋椎关节　costovertebral joint　07.0572
类骨质　osteoid　05.0073
类胡萝卜素　carotinoid　06.2042
类囊体　thylakoid　06.0196
类群　group　02.0077
类群选择　group selection　02.0021
类社会　quasisocial　03.0674
类帚胚　scopuloid　06.0531
类锥体　conoid　06.0325
泪骨　lachrymal bone, lacrimal bone　07.0366
泪腺　lacrimal gland　05.0347
棱脊状骨针　shuttle　06.1048
棱鳞　keeled scale　07.0066

棱形骨 trapezoid [bone] 07.0525

*棱柱层 prismatic layer 06.1447

梨形器 pyriform apparatus（绦虫），pyriform organ（苔藓动物）06.1415

梨状肌 piriformis muscle 07.0692

*梨状神经元 Purkinje cell, piriform neuron 05.0255

*梨状神经元层 Purkinje cell layer, piriform neuron layer 05.0256

梨状腺 pyriform gland 06.2170

梨状叶 pyriform lobe 07.1142

犁骨 vomer bone 07.0377

犁骨齿 vomerine tooth 07.0847

犁骨脊 vomerine ridge 07.0378

离巢雏 fledgling 03.0553

离巢性 nidifugity 03.0551

离散 vicariance 02.0024

离心辐骨针 exactine 06.0839

*离征 apomorphy 02.0178

离趾足 eleutherodactylous foot 07.0223

利比希最低量法则 Liebig's law of the minimum 03.0066

利己行为 egoism 03.0739

利什曼期 leishmanial stage 06.0160

利它行为 altruism 03.0740

立方上皮 cuboidal epithelium 05.0008

立体纤毛 stereocilium 06.0365

立柱 pillar 06.2900

粒齿 dysodont 06.1507

粒细胞 granulocyte 05.0097

粒细胞发生 granulocytopoiesis 05.0119

联种群 metapopulation 03.0609

连接棒 connective bar 06.1369

连接管 connecting tube 06.2401

连结纤丝 desmose 06.0182

连孔 communication pore 06.2429

连立相眼 apposition eye 06.1817

连滤泡上皮 follicle associated epithelium, FAE 05.0492

连续双分裂 falintomy 06.0649

镰形刚毛 falcate seta, falciger 06.1751

镰状韧带 falciform ligament 07.0775

镰状突 falciform process 07.1160

链体 strobila 06.1154

链尾蚴 strobilocercus 06.1242

链星骨针 streptaster 06.0766

链状群体 catenoid colony 06.0660

链状神经索 chain-type nervous system 06.0072

两凹椎体 amphicoelous centrum 07.0484

两侧对称 bisymmetry 01.0084

两侧对称祖先 dipleurula ancestor 06.2701

两囊幼虫 amphiblastula 06.0902

两栖动物 amphibian 07.0015

两栖爬行类学 herpetology 07.0002

两性管 hermaphroditic duct 06.0103

两性结合 amphigamy 04.0199

两性囊 hermaphroditic pouch, hermaphroditic vesicle 06.0102

两性融合体 amphimict 04.0194

两性生殖 digenetic reproduction 01.0100

*两性体 sexual mosaic, gynander, gynandromorph 04.0170

*两性细胞融合 amphigamy 04.0199

两性异形 sexual dimorphism 01.0178

獠牙 tusk 07.0819

列齿 taxodont 06.1506

裂鼻型 schizorhinal 07.0322

裂齿 carnassial tooth, schizodont（软体动物）07.0808

裂簇虫 schizocystis gregarinoid 06.0307

裂腭型 schizognathism 07.0320

裂冠型触手冠 schizophorus lophophore 06.2519

裂管 rimule 06.2342

裂片 lobe 06.1001

裂体腔 schizocoel 06.0043

裂体生殖 schizogony 06.0274

裂体生殖期 schizogonic stage 06.0273

裂体生殖周期 schizogonic cycle 06.0272

*裂头蚴 sparganum 06.1234

裂殖生殖 schizogeny 06.0957

裂殖体 schizont 06.0275

裂殖子 merozoite 06.0276

裂殖子胚 cytomere, merocyst 06.0280

捩椎关节 streptospondylous articulation 06.2788

猎物 prey 03.0746

鬣鳞 crest scale 07.0068

鬣毛(哺乳动物)　mane　07.0169
林底层生物　patobiont　03.0363
林栖动物　arboreal animal　03.0359
磷酸型[外壳](腕足动物)　phosphatic type 06.2507
磷虾类溞状幼体　furcillia　06.2008
磷虾类后期幼体　cyrtopia　06.2009
磷虾类原溞状幼体　calyptopis　06.2007
磷循环　phosphorus cycle　03.0124
临界点　critical point　03.0074
临界状态　critical state　03.0075
邻域分布　parapatry　03.0701
鳞　scale, shield(蜥蜴类)　07.0056
鳞板　dissepiment　06.1078
鳞骨　squamosal bone　07.0354
鳞骨片　scale　06.1008
鳞盘　squamodisc　06.1287
鳞片(多毛类)　elytron　06.1717
鳞片柄　elytrophore　06.1718
鳞质鳍条　lepidotrichia(拉)　07.0053
鳞状膜片　squama　06.1295
淋巴　lymph　05.0104
淋巴窦　lymphatic sinus　05.0464
淋巴管　lymphatic vessel　07.0978
淋巴集结　aggregate lymphatic nodule, Peyer's patch 05.0489
淋巴结　lymph node　07.0981
*淋巴母细胞　lymphoblast　05.0128
淋巴上皮滤泡　lympho-epithelial follicle　05.0494
淋巴细胞　lymphocyte　05.0105
B 淋巴细胞　B lymphocyte　05.0440
T 淋巴细胞　T lymphocyte　05.0439
淋巴小结　lymphatic nodule　05.0461
淋巴心　lymph heart　07.0977
淋巴因子　lymphokine　05.0456
翎骨针　point　06.1046
翎领　ruff　07.0206
菱脑　rhombencephalon　04.0329
菱形气管网结　diamond anastomose　06.2248
灵长类　primate　07.0020
灵长类学　primatology　07.0005
领鞭毛体[期]　choanomastigote　06.0152
领部　collaret　06.0990

领腔　collar cavity　06.2664
领头　leadership　03.0606
领细胞　choanocyte, collar cell　06.0662
领细胞层　choanosome, choanoderm　06.0688
领细胞室　choanocyte chamber　06.0728
领域　territory　03.0693
领域性　territoriality　03.0692
硫循环　sulfur cycle　03.0123
留巢雏　nestling　03.0552
留巢性　nidicolocity　03.0550
留鸟　resident [bird]　03.0400
瘤棒骨针　kyphorhabd　06.0874
瘤杆骨片　ennomoclone　06.0886
瘤角　stubby horn　07.0181
瘤胃　rumen　07.0750
流动库　labile pool, cycling pool　03.0936
流入孔　ostium　06.0708
流水动物　eotic animal　03.0280
流水浮游生物　rheoplankton　03.0306
六辐骨针　hexactine, hexact　06.0753
六钩蚴　oncosphere, hexacanth　06.1240
六星骨针　hexaster　06.0752
六足动物　hexapod, Hexapoda(拉)　01.0060
龙骨板　carinal plate　06.2772
龙骨[突]　keel　07.0491
龙虾幼体　puerulus larva　06.2005
笼状体　basket　06.2799
漏斗管　funnel siphon　06.1567
漏斗基　funnel base　06.1566
漏斗器　funnel organ　06.1569
漏斗陷　funnel excavation　06.1568
颅骨　cranium　07.0297
鲁菲尼小体　Ruffini's corpuscle　05.0236
鹿角　antler　07.0177
鹿茸　velvet　07.0179
陆地动物　terricole　03.0342
陆生动物　terrestrial animal　03.0341
陆生动物群落　terrestrial animal community 03.0839
旅鸟　passing bird　03.0401
氯细胞　chloride cell　05.0564
滤泡　follicle　05.0623
滤泡间上皮　interfollicular epithelium, IFE

05.0493

滤泡旁细胞　parafollicular cell　05.0625

滤食动物　filter feeder, suspension feeder　03.0272

绿腺　green gland　06.1910

卵鞍　ephippium　06.2032

卵胞　ovicell　06.2476

卵巢　ovary　06.0100

卵巢发育不全　ovarian hypoplasia　04.0040

卵巢球　ovarian ball　06.1397

卵齿　egg tooth　07.0850

卵袋　egg sac　07.1053

卵盖　operculum　06.1416

卵核　female gametic nucleus　04.0052

卵黄　vitellus, yolk　04.0076

卵黄动脉　vitelline artery　07.0957

卵黄分裂　yolk cleavage　04.0088

卵黄管　yolk duct, vitelline duct(寄生蠕虫)　04.0090

卵黄静脉　vitelline vein　07.0958

卵黄滤泡　vitelline follicle　06.1394

卵黄膜　vitelline membrane　04.0078

卵黄囊　yolk sac　04.0375

卵黄内胚层　yolk endoderm　04.0281

卵黄腔　lecithocoel　04.0079

卵黄栓　yolk plug　04.0257

卵黄体　vitellus（哺乳类）　04.0077

卵[黄系]带　chalaza　04.0068

卵黄细胞　yolk cell　04.0089

卵黄腺　vitelline gland, yolk gland, vitellarium　06.1393

卵黄形成期　period of yolk formation　04.0091

卵黄贮囊　vitelline reservoir　06.1396

卵黄总管　common vitelline duct　06.1395

卵壳　chorion, shell　04.0067

卵壳腺　nidamental gland　07.1056

卵孔　micropyle　04.0069

卵孔盖　micropyle cap　06.0298

卵块　egg mass　07.1055

卵块袋　egg string　06.2033

卵块发育　merogony　06.0329

卵裂　cleavage　04.0205

卵裂面　cleavage plane　04.0215

卵裂腔　segmentation cavity, cleavage cavity

04.0225

卵裂球　blastomere　04.0229,

卵模　ootype　06.1417

卵膜　egg envelope, egg membrane　04.0048

卵母细胞　oocyte　04.0037

卵囊　egg sac, egg capsule, oocyst（原生动物）　06.0113

卵囊残体　oocyst residuum　06.0295

卵囊管　ooduct　06.0296

卵泡　ovarian follicle　04.0071

卵泡膜　follicular theca, theca folliculi(拉)　04.0072

[卵泡]膜细胞　theca cell　05.0654

卵泡腔　follicular cavity　04.0044

卵鞘　ootheca　06.1414

卵丘　ovarium mound　04.0041

卵生　oviparity　04.0016

卵生动物　oviparous animal　01.0079

卵生珊瑚虫　oozooid　06.0983

卵生体　oozooid　04.0192

卵室　ooecium　06.2473

卵室口　ooecial orifice　06.2348

卵室口盖　ooecial operculum　06.2488

卵室囊　ooecial vesicle　06.2376

卵胎生　ovoviviparity　04.0018

卵胎生动物　ovoviviparous animal　01.0080

卵[细胞]　egg, ovum, ootid　04.0047

卵形成　ovification　04.0045

卵形成器　oogenotop　06.1413

卵原细胞　oogonium　04.0036

卵质　ovoplasm, ooplasm　04.0055

卵周膜　perivitelline membrane　04.0065

卵周隙　perivitelline space　04.0063

卵周液　perivitelline fluid　04.0064

卵轴　egg axis　04.0060

卵子发生　oogenesis　04.0035

掠食体　theront　06.0548

*轮虫　rotifer, Rotifera（拉）　01.0041

轮带　trochal band　06.0577

轮骨　rotule　06.2806

轮形动物　rotifer, Rotifera（拉）　01.0041

轮形体　wheel　06.2797

轮疣　wheel papilla　06.2827

螺层　spiral whorl　06.1453

螺顶　apex　06.1451

螺冠型触手冠　spirolophorus lophophore　06.2521

螺环　whorl　06.0231

螺旋瓣　spiral valve　07.0782

螺旋部　spire　06.1454

螺旋卵裂　spiral cleavage　04.0209

螺旋器　spiral organ, organ of Corti　05.0386

螺旋韧带　spiral ligament　05.0374

螺旋神经节　spiral ganglion　05.0363

螺旋体(腕足动物)　spire　06.2587

螺旋腕　spiral arm　06.2559

螺旋形回交纤维　spiral crisscrossed fibre　06.2606

螺旋缘　spiral limbus　05.0382

螺轴肌　columellar muscle　06.1553

螺状体　spiral zooid　06.0918

*罗伦瓮　ampulla of Lorenzini　07.1140

逻辑斯谛方程　logistic equation　03.0620

裸壁　gymnocyst　06.2440

裸卵　naked ovum　04.0070

*裸名　naked name　02.0218

裸囊壁的　gymnocystidean　06.2450

裸区　apterium　07.0127

裸头尾蚴　gymnocephalus cercaria　06.1230

裸孢子　gymnospore　06.0326

裸细胞　null cell　05.0441

瘰粒　wart　07.0073

洛伦齐尼瓮　ampulla of Lorenzini　07.1140

洛文[定]律　Loven's law　06.2918

M

麦克尔软骨　Meckel's cartilage　07.0388

*迈博姆腺　tarsal gland, Meibomian gland
06.0344

*迈斯纳小体　Meissner's corpuscle　05.0235

脉弓　haemal arch　07.0446

脉棘　haemal spine　07.0447

脉络丛　choroid plexus　05.0274

脉络膜　choroid　05.0305

脉络膜腺　choroid gland　07.0274

满蹼　fully webbed　07.0213

[满]窝卵数　clutch size　03.0557

蔓条样末梢　trail ending　05.0244

蔓足　cirrus　06.2080

*慢缩肌纤维　red muscle fiber, slow twitch fiber
05.0173

慢殖子　bradyzoite　06.0279

漫游底栖动物　vagil-benthon　03.0328

漫游生物　errantia　03.0327

芒状刚毛　aristate seta　06.1760

盲肠　cecum　07.0734

锚臂　anchor-arm　06.2868

锚杆　shaft　06.2867

锚钩　anchor, hamulus　06.1289

锚形体　anchor　06.2798

毛　hair　07.0165

毛被　pelage　07.0171

毛干　hair shaft　05.0421

毛颚动物　chaetognath, Chaetognatha（拉）
01.0066

毛[干]皮质　hair [shaft] cortex　05.0428

毛[干]髓质　hair [shaft] medulla　05.0427

毛[干]小皮　hair [shaft] cuticle　05.0429

毛根　hair root　05.0422

毛管腹膜组织　vasoperitoneal tissue　06.2597

毛管盲囊　capillary caecum　06.2635

毛基单元　kinetid　06.0375

毛基层单元系统　kinetome　06.0373

毛基层单元增殖区　falx　06.0204

毛基索　kinety　06.0371

毛基索侧生型　parakinetal　06.0502

毛基索端生型　apokinetal, telokinetal　06.0498

毛基索段　kinetal segment　06.0376

毛基索断片　kinetofragment, kinetofragmon
06.0372

毛基索缝系统　kinetal suture system　06.0374

毛基索横生型　perkinetal　06.0501

毛基索间生型　interkinetal　06.0500

毛基索口生型　buccokinetal　06.0499

毛基索下微管　subkinetal microtubule　06.0377

毛基体　kinetosome　06.0370

＊毛基体系统 mastigont system 06.0127

毛节 nodulus 06.1793

毛母质 hair matrix 05.0426

毛囊 hair follicle 05.0423

毛球 hair bulb 05.0425

毛乳头 hair papilla 05.0424

毛束骨针 trichodragma 06.0783

毛尾尾蚴 trichocercous cercaria 06.1226

毛细胞 hair cell 05.0367

毛细淋巴管 lymphatic capillary 05.0289

毛细血管 blood capillary 05.0287

毛细血管后微静脉 postcapillary venule, high endo-
  thelial venule 05.0288

毛蚴 miracidium 06.1201

＊毛羽 filoplume, pin-feather 07.0142

毛状刚毛 plumous seta 06.1754

矛口尾蚴 xiphidiocercaria 06.1231

矛状刚毛 harpoon seta 06.1784

帽状胎盘 cap placenta 06.2682

帽状幼体 pilidium 06.2964

玫板 rosette 06.2778

玫瑰板 rosette plate 06.2432

玫瑰花形骨针 rosette 06.1024

梅克尔触盘 Merkel's tactile disk 05.0233

梅克尔细胞 Merkel's cell 05.0407

＊梅利斯腺 Mehlis's gland 06.1441

梅氏腺 Mehlis's gland 06.1441

眉叉 brow tine 07.0180

眉纹 superciliary stripe 07.0207

媒介人兽互通病 meta-zoonosis 06.1130

门 phylum 02.0065, hilum, hilus 05.0526

门齿 incisor tooth 07.0803

门管 portal canal 05.0532

门静脉 portal vein 07.0961

门细胞 hilus cell 05.0665

迷齿 labyrinthodont 07.0801

迷鸟 straggler 03.0403

迷走神经 vagus nerve 07.1117

弥散节细胞 diffuse ganglion cell 05.0314

弥散双极细胞 diffuse bipolar cell 05.0312

弥散胎盘 diffuse placenta 07.1029

米勒管 Müllerian duct 04.0351

米勒泡 Müller's vesicle 06.0585

＊米勒细胞 radial neuroglia cell, Müller's cell
  05.0318

泌钙细胞 etching cell 06.0674

泌胶细胞 iophocyte 06.0672

＊泌酸细胞 parietal cell, oxyntic cell 05.0507

密度 density 03.0613

密度制约因子 density-dependent factor 03.0634

密勒胚卵 Miller's ovum 04.0169

密区 dense area 05.0183

密体 dense body 05.0184

密星骨针 pycnaster 06.0818

＊密质骨 compact bone 05.0066

免疫寄生虫学 immunoparasitology 06.1097

免疫球蛋白 immunoglobulin 05.0454

免疫系统 immune system 05.0438

面盘 facial disk, velum(软体动物) 07.0195

面盘幼体 veliger 06.1649

面神经 facial nerve 07.1114

＊缪[勒]氏管 Müllerian duct 04.0351

灭绝 extinction 03.0997

K 灭绝 K-extinction 03.0977

r 灭绝 r-extinction 03.0979

灭绝概率 extinction probablity, EP 03.0998

灭绝率 extinction rate 03.0999

灭绝旋涡 extinction vortex 03.1000

灭绝种 extinct species 03.1007

敏感性 sensitivity 03.0440

明带 light band, I band 05.0151

明区 area pellucida 04.0364

鸣骨 pessulus 07.0861

鸣管 syrinx 07.0892

鸣叫 call 03.0581

鸣膜(鸟) tympaniform membrane 07.0891

鸣啭 song 03.0582

命名 nomenclature 02.0219

＊M 膜 M line, M membrane 05.0154

＊Z 膜 Z line, Z membrane 05.0155

模仿 imitation 03.0476

模式标本 type [specimen] 02.0035

模式产地 type locality 02.0056

模式概念 typology 02.0057

模式属 type genus 02.0060

模式选定 type selection 02.0061

模式种　type species　02.0059
模式组　type series　02.0058
膜部　pars astringins(拉)　06.2026
膜成骨　membranous bone　07.0291
膜黄体细胞　theca lutein cell　05.0658
膜螺旋板　membranous spiral lamina　05.0375
膜迷路　membranous labyrinth　05.0352
膜囊　membranous sac　06.2350
膜盘　membranous disc　05.0310
膜上腔　epistege　06.2670
膜蜗管　membranous cochlea, scala media(拉)
　05.0376
膜下孔　opesium　06.2415
膜下腔　hypostegal cavity　06.2671
膜厣　epiphragm　06.1465
膜质突起　membraneous process　06.2079
[磨擦]发声器　stridulating organ　06.2048

磨齿环　milled ring　06.2907
磨碎胃　masticatory stomach　06.2049
末端个虫　distal zooid　06.2310
末端突起　terminal process　06.2086
末脑　myelencephalon　04.0332
末梢羽枝　distal pinnule　06.2816
墨囊　ink sac　06.1573
墨腺　ink gland　06.1572
拇趾　hallux　07.0246
母孢子　sporont　06.0259
母胞蚴　mother sporocyst　06.1203
母雷蚴　mother redia　06.1206
母系群　materilineal　03.0598
母细胞　metrocyte　06.0313
母细胞化　blastoformation　05.0451
母子集群　monogynopaedium　03.0713
目　order　02.0067

N

纳精囊　spermatheca, seminal receptacle　06.0105
耐冬性　winter hardiness　03.0132
耐寒性　cold hardiness　03.0133
耐热性　heat hardiness　03.0134
耐性　tolerance, hardiness　03.0130
南极界　Antarctic realm　02.0246
粘附集群　syncollesia　03.0706
粘附器　adhesive organ　06.1273
粘合线　cement line　05.0078
粘膜层　mucous layer, mucosa　05.0496
粘膜肌层　muscularis mucosae(拉)　05.0499
＊粘膜上皮　epithelial lining　05.0497
粘膜下层　submucosa(拉)　05.0500
粘器　tribocytic　06.1283
粘性刺丝囊　glutinant　06.0915
粘液储囊　cement reservoir　06.1437
粘液刺丝泡　mucous trichocyst　06.0482
粘液管　cement duct　06.1438
粘液泡　mucocyst　06.0478
粘液细胞　mucous cell　05.0506
粘液腺　mucous gland　05.0530
粘液腺泡　mucous acinus　05.0528
粘液足　mucous pad　06.2659

＊粘着斑　macula adherens(拉)　05.0020
粘着丝　adhesive filament　06.2644
＊粘着小带　zonula adherens(拉)　05.0019
粘着愈合　adhesive fusion　06.2436
粘足　myxopodium　06.0215
囊　capsule　06.0917
囊瓣　cystigenic valve　06.2379
囊胞体　sarcostyle　06.0956
囊合子　cystozygote　06.0604
囊毛蚴　oncomiracidium　06.1200
囊胚　blastula　04.0238
囊胚层　blastoderm　04.0362
囊胚腔　blastocoel　04.0237
＊囊沙　hydatid sand　06.1171
囊外区　extracapsular zone　06.0240
囊尾尾蚴　cystocercous cercaria　06.1217
囊尾蚴　cysticercus　06.1233
囊液　hydatid fluid　06.1172
囊蚴　metacercaria　06.1208
囊状杯　cystigenous cup　06.2653
脑　brain, encephalon　07.1070
脑侧神经连索　cerebro-pleural connective　06.1599
脑垂体　pituitary gland, hypophysis　07.1173

脑垂体囊　hypophyseal sac　07.1159

脑干　brain stem　07.1071

脑沟　sulcus　07.1077

脑回　gyrus　07.1078

脑[脊]膜　meninges　05.0269

脑脊液　cerebrospinal fluid　05.0275

脑颅　neurocranium　07.0298

脑泡　cerebral vesicle　07.1157

脑桥　pons　07.1073

脑砂　brain sand, acervulus cerebralis　05.0633

脑神经　cranial nerve　07.1106

脑神经节　cerebral ganglion　06.0073

脑室　brain ventricle　07.1074

[脑]室间孔　interventricular foramen　07.1145

脑匣　brain case　07.0296

脑腺　cerebral gland　06.2225

脑脏神经连索　cerebro-visceral connective　06.1600

脑足神经连索　cerebro-pedal connective　06.1598

内板　entoplastron　07.0095

内鼻孔　internal naris, choana　07.0895

内鞭　inner flagellum　06.1920

内扁平细胞　endopinacocyte　06.0676

*内表皮　endocuticle　06.0023

内出芽　internal budding, endogenous budding, endogemmy　06.0504

内触手芽　intratentacular budding　06.1092

内唇　inner lip　06.1458

内唇乳突　interno-labial papilla　06.1306

内带线　internal fasciole　06.2837

内袋　inner sac　06.2400

内耳　internal ear　07.1164

内分泌器官　endocrine organ　01.0094

内附肢　appendix interna（拉）　06.1946

内肛动物　entoproct, Entoprocta（拉）　01.0064

内根鞘　internal root sheath　05.0430

内骨骼　endoskeleton　06.0037

内核层　inner nuclear layer　05.0324

内环的　endocyclic　06.2874

*内积生长　interstitial growth　05.0088

内寄生　endoparasitism　03.0750

内寄生物　endoparasite　03.0751

内铰合板　inner hinge plate　06.2550

内角质层　endocuticle　06.0023

内界膜　inner limiting membrane　05.0328

内卷　involution　04.0262

内卷沟　aporhysis　06.0699

内口膜　endoral membrane　06.0415

内淋巴　endolymph　05.0357

内淋巴导管　endolymphytic duct　05.0354

内淋巴管孔　aperture of endolymphatic duct　07.0313

内淋巴囊　endolymphytic sac　05.0355

内淋巴窝　endolymphatic fossa　07.0312

内卵室　entooecium　06.2486

内囊　inner vesicle　06.2377

内胚层　endoderm, endoblast　04.0278

内胚层间质　entomesenchyme　04.0280

内皮　endothelium　05.0015

内皮绒膜胎盘　endotheliochorial placenta　07.1039

内腔　atrium　06.0685

内鞘　endotheca　06.1084

内鞘鳞板　endothecal dissepiment　06.1080

内韧带　inner ligament　06.1477

内韧托　chondrophore　06.1496

内融合　endomixis　06.0524

内乳动脉　internal mammary artery　07.0938

内生周期　endogenous cycle　06.0300

内隧道　inner tunnel　05.0389

内体腔　inner coelom　06.2667

内突　inner root　06.1281

内突骨　apophysis　06.2809

内外营养　ectendotrophy　03.0244

内腕栉　inner arm comb　06.2883

内网层　inner plexiform layer　05.0325

内温动物　endotherm　03.0411

内细胞团　inner cell mass　04.0355

内甲　inner web　07.0163

内陷　invagination　04.0261

内陷卵胞　endooecial ovicell　06.2477

内楔骨　entocuneiform bone　07.0544

内斜肌　internal oblique muscle　06.2610

内眼板　insert　06.2775

内眼眶叶　inner orbital lobe　06.1934

内叶　endite　06.1938

内叶足　endolobopodium　06.0209

内移　ingression　04.0267

内因　intrinsic factor　03.0060

内源　endogenous　03.0958

内[源]适应　endoadaptation　01.0116

内脏骨骼　visceral skeleton　07.0300

内脏团　visceral mass　06.1456

内肢　endopod, endopodite　06.1943

内质　endoplasm　06.0608

内质膜　sarcolemma　06.0609

内中胚层细胞　entomesodermal cell　06.2599

内柱　endostyle　07.0760

内锥体　inner cone　06.1574

能量锥体　pyramid of energy　03.0914

能流　energy flow　03.0915

能育性　fertility　04.0405

泥滩群落　ochthium, pelochthium　03.0853

尼氏体　Nissl body　05.0214

拟根共肉　rhizoids　06.1020

拟寄生　parasitoidism　03.0756

拟寄生物　parasitoid　03.0755

拟囊尾蚴　cysticercoid　06.1235

拟软体动物　molluscoid, Molluscoidea（拉）
01.0071

拟色　mimic coloration, pseudosematic color
03.0445

拟水蚤幼体　erichthus larva　06.1999

拟主齿　pseudocardinal tooth　06.1513

匿带　stabilimentum　06.2189

逆进化　counter-evolution　02.0018

逆适应　counter-adaptation　02.0017

逆行变态　retrogressive metamorphosis　03.0564

逆行发育　retrogressive development　04.0009

年龄分布　age distribution　03.0650

年龄分工　age polyethism　03.0599

年龄结构　age structure　03.0649

年龄组成　age composition　03.0647

年周期　annual cycle　03.0960

鸟　bird　07.0017

鸟类学　ornithology　07.0003

鸟头状齿片钩毛　avicular uncinus　06.1768

鸟头状刚毛　avicular seta　06.1777

[鸟]嘴　bill　07.0114

尿肠管　uroproct　06.1424

尿道　urethra　07.1002

尿道海绵体　corpus cavernosum urethrae　07.1014

尿道球腺　bulbourethral gland　07.1018

尿极　urinary pole　05.0571

尿囊　allantois　04.0376

尿囊膀胱　allantoic bladder　07.1008

尿囊绒膜　chorioallantoic membrane, chorioallantois
04.0379

尿殖道　urodeum　07.0766

尿殖孔　urogenital aperture　07.0283

尿殖器官　urogenital organ　06.0092

尿殖乳突　urogenital papilla　07.0284

颞骨　temporal bone　07.0352

颞颌关节　temporomandibular joint　07.0566

颞孔　temporal fossa　07.0363

*颞窝　temporal fossa　07.0363

颞叶　temporal lobe　07.1101

颞褶　temporal fold　07.0103

凝集质（精子）　agglutinating substance　04.0124

凝集[作用]　agglutination　04.0125

凝胶　plasmagel（原生动物）　06.0219

凝血细胞　thrombocyte　05.0108

凝血细胞发生　thrombopoiesis　05.0134

牛囊尾蚴　cysticercus bovis（拉）　06.1248

钮突　adhering ridge　06.1594

钮穴　adhering groove　06.1595

纽形动物　nemertinean, Nemertinea（拉）　01.0039

疟[原虫]色素　haemozoin　06.0327

O

*欧氏管　pharyngotympanic tube, Eustachian tube
07.0896

偶见群　casual society　03.0597

偶见宿主　accidental host, incidental host　06.1191

偶见种　incidental species　03.0790

偶栖林底层动物　patoxene　03.0361

偶栖土壤动物　geoxene　03.0347

偶鳍　paired fins　07.0033

偶然浮游生物　tychoplankton　03.0294

偶然寄生　occasional parasitism　03.0759

P

偶然寄生虫　accidental parasite, occasional parasite | 06.1119

爬行动物　reptile　07.0016
帕内特细胞　Paneth cell　05.0520
帕尼扎孔　Panizza's pore　07.0994
排出小体　extrusome　06.0613
排卵　ovulation　04.0095
排卵管　ovijector　06.1407
排卵器　ovijector　04.0096
排卵前　preovulation　04.0094
排泄　excretion　01.0095
排泄管　excretory canal, excretory duct　06.1420
排泄孔　excretory pore　06.1421
排泄囊　excretory vesicle, excretory bladder
　　06.1423
排泄小管　excretory tubule　06.1422
排遗　egestion　01.0096
牌板　lamella　06.2095
派　section　02.0075
＊派尔斑　aggregate lymphatic nodule, Peyer's patch
　　05.0489
攀树适应　tree-climbing adaptation　03.0150
攀缘纤维　climbing fiber　05.0260
＊潘氏孔　Panizza's pore　07.0994
＊潘氏细胞　Paneth cell　05.0520
盘纺锤形骨针　disk-spindle　06.1042
盘冠型触手冠　trocholophorus lophophore　06.2522
盘六辐骨针　discohexact, discohexactine　06.0835
盘六星骨针　discohexaster　06.0746
盘三叉骨针　discotriaene　06.0748
盘尾尾蚴　cotylocercous cercaria　06.1228
盘形刺泡　discobolocyst　06.0184
盘形群体　discoid colony　06.0185
盘形胎盘　discoidal placenta　07.1032
盘状卵裂　discoidal cleavage　04.0208
盘状囊胚　discoblastula　04.0240
盘状胎盘　disc placenta　06.2683
旁分泌　paracrine　05.0546
膀胱　urinary bladder　07.1001
泡层　calymma　06.0237
泡细胞　cystencyte　06.0673

泡心细胞　centroacinar cell　05.0531
泡状叉棘　alveolate pedicellaria　06.2725
泡状棘球蚴　alveolar hydatid　06.1170
泡状鳞板　vesicular dissepiment　06.1081
泡状体(苔藓动物)　vesicle　06.2339
胚柄　fetal stalk　04.0394
胚层　embryonic layer, germ layer　04.0253
胚层前期　pregermlayer stage　04.0252
胚动　blastokinesis　04.0374
胚盾　embryonic shield　04.0360
胚后期发育　post embryonic development　04.0416
胚环　germ ring　04.0239
胚结　embryonic knot　04.0359
胚壳　protegalum　06.2509
胚孔　blastopore　04.0258
胚孔唇　blastoporal lip　04.0259
胚块　germinal mass　06.2647
胚内体腔　intraembryonic coelom　04.0321
胚盘　blastodisc　04.0357
胚泡　blastocyst　04.0353
胚区定位　germinal localization　04.0295
胚胎　embryo　04.0181
胚胎发生　embryogeny, embryogenesis　04.0234
胚胎干细胞　embryonic stem cell　04.0356
胚胎期　embryonic stage　04.0182
胚胎系统发育说　theory of phylembryogenesis
　　01.0159
胚胎学　embryology　01.0009
胚胎营养　embryotrophy　04.0189
胚胎诱导　embryonic induction　04.0186
胚胎组织　embryonic tissue　04.0183
胚体壁　somatopleura　04.0322
胚托　embryophore　04.0361
胚外体腔　extraembryonic coelom, exocoelom
　　04.0320
胚性群体　embryo-colony　06.2272
＊胚芽　germ　04.0235
胚原基　germ　04.0235
胚脏壁　splanchnopleura　04.0323

胚周区　periblast　04.0358

配模标本　allotype　02.0051

配偶键　pair bonding　03.0601

*配偶制　mating system　03.0522

配原细胞　gametogonium　04.0029

配子　gamete　04.0024

配子发生　gametogenesis, gametogeny　04.0027

配子母体　gamont　06.0521

配子母体配合　gamontogamy　06.0522

配子母细胞　gametocyte　04.0030

配子囊　gametocyst　06.0319

配子囊残体　gametocyst residuum　06.0320

配子融合　gametogamy　04.0031

配子生殖　gametogony　04.0032

配子细胞　gametid [cell]　04.0028

*配子形成　gametogenesis, gametogeny　04.0027

*配子异型　anisogamy　04.0197

喷射体　ejectisome　06.0470

喷水孔　spiracle　07.0087

膨头骨片　dicranoclona　06.0883

脾　spleen　07.0982

脾动脉　splenic artery　07.0941

脾索　splenic cord, Billroth's cord　05.0485

脾小结　splenic nodule, splenic follicle　05.0482

皮层　dermal epithelium, tegument（蠕虫）
　06.0694

*皮层反应　cortical reaction　04.0133

皮层骨针　dermalia　06.0744

皮层泡　cortical vesicle　06.0494

皮层细胞　tegumental cell　06.1257

皮层型　corticotype　06.0581

皮动脉　cutaneous artery　07.0933

皮肤　skin　01.0086

皮肤感受器　skin receptor　07.1141

皮肌囊　dermomuscular sac　06.0062

皮肌细胞　epitheliomuscular cell　06.0911

皮棘　tegumental spine　06.1256

皮孔　dermal pore　06.0714

*皮区　pars nonglandularis（拉）, cutaneous part
　05.0513

皮鳃　papula　06.2947

皮鳃区　papularium　06.2851

皮下组织　hypodermis, subcutaneous tissue
　05.0418

皮脂腺　sebaceous gland　07.0261

皮质　cortex　05.0465

皮质层　lamina corticalis, tela corticalis　06.0551

皮质反应　cortical reaction　04.0133

皮褶　skin fold　07.0100

偏害共生　amensalism　03.0777

*偏利共栖　commensalism　03.0738

偏利共生　commensalism　03.0738

偏性比　biased sex ratio　03.0652

胼胝　callosity　07.0070

胼胝体　corpus callosum　07.1090

片叉骨针　phyllotriaene　06.0791

片状突起　lamellar process　06.2052

漂浮性休芽　floatoblast　06.2465

漂鸟　wandering bird　03.0404

频度　frequency　03.0077

平扁　depressed　06.0114

平底型[颅]　platybasic type　07.0302

平衡斑　macula statica（拉）　06.1638

平衡嵴　crista statica　06.1631

*平衡囊　statocyst　06.0485

平衡泡　statocyst　06.0485

平衡器　otocyst　06.1637

*平衡砂　statolith　06.0486

平衡石　statolith　06.0486

平滑肌　smooth muscle　05.0146

平行进化　parallelism　02.0025

瓶刷形分枝　bottlebrush　06.1006

瓶状囊　lagena　07.1171

*屏状骨　claustrum　07.0435

破骨细胞　osteoclast　05.0074

破裂卵泡　ruptured follicle　04.0075

匐茎　stolon　06.2322

匐匐繁殖　stolonization　06.0925

匐匐水螅根　stolon　06.0929

匐滴虫　herpetomonas　06.0150

葡萄样末梢　grape ending　05.0243

葡萄状腺　aciniform gland　06.2171

普通动物学　general zoology　01.0002

普通个虫　ordinary zooid　06.2309

浦肯野细胞　Purkinje cell, piriform neuron
　05.0255

浦肯野细胞层　Purkinje cell layer, piriform neuron layer　05.0256

*浦肯野纤维　Purkinje fiber　05.0293

蹼　web　07.0212

蹼迹　rudimentary web　07.0219

蹼足　palmate foot, webbed foot　07.0228

Q

栖肌　ambiens muscle　07.0723

栖木动物　lignicole　03.0364

栖息地　habitat　03.0033

栖息地类型　habitat type　02.0252

栖息地型　habitat form　03.0035

栖息地选择　habitat selection　03.0971

栖息地因子　habitat factor　03.0034

栖宅的　eusynanthropic　03.0234

*妻群　harem　03.0686

奇静脉　azygos vein　07.0955

奇鳍　median fin　07.0036

奇网　rete mirabile　07.0976

脐　umbilicus　04.0395

脐(贝壳)　umbilicus　06.1461

脐面　umbilical side　06.0233

鳍　fin　07.0032

鳍棘　fin spine　07.0049

鳍脚　clasper　07.0046

鳍膜　fin membrane　07.0051

鳍式　fin formula　07.0047

鳍条　fin ray　07.0050

鳍肢　flipper　07.0045

起搏细胞　pacemaker cell, P cell　05.0291

起源中心说　theory of center of origin　01.0160

X 器　X-organ　06.2038

Y 器　Y-organ　06.2036

器官发生　organogenesis　04.0272

[器官]发育停滞畸形　stasimorphy　04.0420

器官芽　imaginal disc　04.0275

气管　trachea　07.0865

气管环　tracheal ring　07.0890

气管软骨　tracheal cartilage　07.0423

气环　pneumatic ring, air-cell ring　06.2393

气门　stigma　06.2245

气门鞍　saddle of stigma　06.2247

气门板　stigmatic shield　06.2246

气囊　air sac　07.0875

气室　air-cell　06.2394

气态物循环　gaseous cycle　03.0126

*气体型循环　gaseous cycle　03.0126

气味腺　scent gland, odoriferous gland　07.0262

气腺　gas gland　07.0273

髂动脉　iliac artery　07.0950

髂骨　ilium, iliac bone　07.0532

髂静脉　iliac vein　07.0975

髂肋肌　iliocostalis muscle　07.0669

髂总动脉　common iliac artery　07.0942

髂坐孔　ilioischiatic foramen　07.0510

牵缩丝　spasmoneme　06.0442

牵缩丝纤维　retrodesmal fiber　06.0443

牵缩纤维　retractor fiber　06.0444

牵引肌　protractor　06.2617

迁出　emigration　03.0698

迁飞　migration　03.0377

迁飞路线　fly way　03.0391

迁入　immigration　03.0699

迁徙　migration　03.0376

迁徙动物　migrant　03.0381

迁徙机制　migration mechanism　03.0390

迁徙群聚　symporia　03.0389

迁徙选择　migrant selection　03.0974

钳形叉棘　forcipiform pedicellaria　06.2726

钳状骨针　forcep　06.0875

前凹椎体　procoelous centrum　07.0482

前背板　pretergite　06.2234

前背侧板　prozonite　06.2237

前背杆　antero-dorsal rod　06.2865

前闭壳肌　anterior adductor muscle　06.1536

前壁　frontal wall　06.2444

前臂　forearm　07.0236

前鞭毛体　promastigote　06.0153

前侧齿　anterior lateral tooth　06.1516

前侧刺　prolateral spine　06.2122

前侧杆　antero-lateral rod　06.2866

前侧角 antero-lateral horn 06.2081

前侧眼 anterior lateral eye 06.2104

前肠 foregut 06.0059

前肠门 anterior intestinal portal 04.0372

前肠系膜动脉 anterior mesenteric artery 07.0945

*前成红细胞 proerythroblast, rubriblast 05.0113

前齿堤 promargin 06.2093

前触角 preantenna 06.2208

前触角神经结 preantennal ganglion 06.2210

前触角体节 preantennal segment 06.2209

前唇基节 promentum 06.2216

*前单核细胞 promonocyte 05.0131

前蝶骨 presphenoid bone 07.0335

前耳骨 prootic bone, prootica 07.0339

前房 anterior chamber 05.0333

前纺器 anterior spinneret 06.2155

前刚叶 presetal lobe 06.1675

前宫型 prodelphic type 06.1147

前沟 anterior canal 06.1459

前沟牙 proteroglyphic tooth 07.0853

前股股节 prefemuro-femur 06.2255

前股节 prefemur 06.2253

前关节突 anterior articular process 07.0444

前颌齿 premaxillary tooth 07.0845

前颌骨 premaxillary bone 07.0358

前颌腺 premaxillary gland 07.0248

前后宫型 amphidelphic type 06.1146

前环节 prosomite 06.2231

前棘头体 preacanthella 06.1213

前脊 frontal keel 06.2277

前尖 paracone 07.0839

前节 protomerite 06.0308

前臼齿 premolar tooth 07.0805

*前巨核细胞 promegakaryocyte 05.0136

前锯肌 serratus anterior muscle 07.0667

前口环 preoral loop 06.2904

前口区 frontal aperture 06.2354

前盔 frontal shield 06.2364

前连合 anterior commissure 07.1096

前列腺 prostate [gland] 07.1017

前列腺球 prostatic bulb 06.1376

前列腺细胞 prostatic cell 06.1377

*前淋巴母细胞 prolymphoblast 05.0127

前面 frontal 06.0120

前膜 frontal membrane 06.2355

前脑 prosencephalon, forebrain 04.0326

前[期]肾 pronephros 07.0996

前腔静脉 precaval vein 07.0964

前区 frontal area 06.2452

前鳃盖骨 preopercular bone 07.0418

前三叉骨针 protriaene 06.0794

前溞状幼体 antizoea larva 06.2001

前筛骨 preethmoid bone 07.0333

前上肢 preepipodite 06.1932

前神经孔 anterior neuropore 04.0305

前生殖节 pregenital segment 06.2260

前生殖节胸板 pregenital sternite 06.2261

前适应 preadaptation 03.0966

前四叉骨针 protetraene 06.0795

*前髓细胞 promyelocyte 05.0121

前体 prosome, prosoma 06.0006

前体腔 protocoel 06.0040

前庭 vestibule 05.0358

前庭窗 fenestra vestibuli 07.1169

前庭沟 vestibular groove 06.2365

前庭管 vestibular canal 06.1372

前庭阶 scala vestibuli(拉) 05.0377

前庭孔 vestibular pore 06.2405

前庭扩张肌 vestibular dilator 06.2625

前庭迷路 vestibular labyrinth 07.1165

前庭膜 vestibular membrane, Reissner's membrane 05.0380

前庭器 vestibule 06.2922

前庭蜗器 vestibulocochlear organ 07.1163

前庭蜗神经 vestibulocochlear nerve 07.1115

前庭窝 vestibular concavity 06.2366

前头部 fore head 06.2199

前胃 proventriculus 06.1363

前位个虫 preceeding zooid 06.2311

前吸器 prohaptor 06.1278

前纤毛 frontal cilium 06.2359

前纤毛环 prototroch 06.2689

前囟 anterior fontanelle 07.0311

前行性 prograde 06.2183

前胸板 presternite 06.2235

前嗅检器 oral osphradium 06.1625

前循环型　procyclic form　06.0164

前咽　prepharynx　06.1354

前咽吸盘　buccal sucker　06.1325

前眼列　anterior row of eyes　06.2102

前羊膜　proamnion　04.0370

前叶　anterior lobe, anter(苔藓动物)　06.2491

前翼骨　prepterygoid bone　07.0389

前阴道　provagina　06.1408

前幽门孔　prosopyle　06.0717

前诱导　pre-induction　03.0967

前原淋巴细胞　prolymphoblast　05.0127

前肢肌　muscle of anterior limb　07.0681

前直肌　anterior rectus muscle　07.0603

前趾足　pamprodactylous foot　07.0227

前中眼　anterior median eye　06.2103

前主静脉　anterior cardinal vein　07.0988

前仔虫　proter　06.0512

前座节　preischium　06.1956

潜隐体　cryptozoite　06.0287

浅海浮游生物　neritic plankton　03.0334

嵌合　gomphosis　07.0562

嵌合体　mosaic, chimera　04.0200

嵌入片　insertional lamina　06.1470

枪丝　acontium　06.0993

腔胞　coelomocyte　06.2681

腔肠　coelenteron　06.0909

* 腔肠动物　coelenterate, Coelenterata（拉）01.0036

腔上囊　cloacal bursa, bursa of Fabricius　07.0980

腔窝　alveolus　06.2140

墙孔　dietellae　06.2422

墙缘（苔藓动物）　mural rim　06.2384

桥虫　bridge worm, Gephyra（拉）　01.0070

桥粒　desmosome　05.0020

乔丹律　Jordan's rule　03.0147

鞘　theca　06.1083

鞘质　thecoplasm　06.0547

切板　cutting plate　06.1352

切齿突　incisor process　06.1914

切向纤维　tangential fiber　06.0446

茄形骨针　leptoclados-type club　06.1034

侵害　disoperation　03.0490

侵入　invasion　03.0695

[亲代]抚育　parental care　03.0559

亲代类型　parental form　06.0647

亲敌现象　dear enemy phenomenon　03.0467

亲键　bonding　03.0600

* 亲近繁殖　endogamy　01.0167

亲属选择　kin selection　03.0973

亲银细胞　argentaffin cell　05.0511

亲缘关系　kinship　02.0173

亲缘种　sibling species　02.0183

亲缘种选择　sibling selection　03.0970

亲子集群　patrogynopaedium　03.0712

[亲子]交哺　trophallaxis　03.0560

琴形裂　lyrifissure　06.2120

琴形器　lyriform organ　06.2119

清扫肢　cleaning foot　06.1970

清水生物　catharobia　03.0282

秋季换羽　autumn molt　03.0517

秋休芽　autumn statoblast　06.2463

丘脑后部　metathalamus　07.1085

丘脑上部　epithalamus　07.1084

丘脑下部　hypothalamus　07.1086

丘型齿　bunodont　07.0812

球棒骨针　clavule　06.0878

球棒形骨针　ballon club　06.1032

球鞭毛体　sphaeromastigote　06.0138

球杆骨针　sphaeroclone　06.0790

球棘　sphaeridium　06.2718

球六辐骨针　spherohexact, spherohexactine　06.0828

球六星骨针　sphaerohexaster　06.0765

球囊　saccule　07.1172

球石粒　coccolith　06.0191

球星骨针　sphaeraster　06.0789

球形叉棘　globiferous pedicellaria　06.2728

球形骨针　spheroid　06.1017

球形群体　spherical colony　06.0198

球状带　zona glomerulosa（拉）　05.0615

球状骨针　spheres, sphaerae　06.0821

球状囊　saccule　05.0365

球状细胞　globoferous cell　06.0670

求偶　courtship　03.0525

求食声　begging call　03.0586

趋触性　thigmotaxis　03.0162

趋地性　geotaxis　03.0159

趋电性　galvanotaxis　03.0156

趋风性　anemotaxis　03.0160

趋光集群　symphotia　03.0707

趋光性　phototaxis, phototaxy　03.0154

趋光运动　photokinesis　03.0155

趋化性　chemotaxis, chemotaxy　03.0157

趋流性　rheotaxis　03.0161

趋实性　stereotaxis　03.0163

趋水性　hydrotaxis　03.0158

趋同　convergence　01.0136

趋同进化　convergent evolution　01.0135

趋同群落　convergent community　03.0838

趋温性　thermotaxis　03.0153

趋性　taxis　03.0152

趋异　divergence　01.0137

区域群落　regional community　03.0835

蛆形运动　vermiform movement　06.2639

*曲精小管　seminiferous tubule　05.0638

曲形腕环　recurved loop　06.2575

躯干[部]　trunk, metastomium（环节动物）
　06.0004

躯干肢　trunk limb　06.1973

躯椎　trunk vertebra　07.0453

屈曲刚毛　crooklike seta　06.1764

驱性　repellency　03.0488

取样　sampling　03.0038

去分化　dedifferentiation　04.0177

去核　enucleation　04.0162

去核仁　enucleolation　04.0163

去[获]能　decapacitation　04.0121

去甲肾上腺素　noradrenalin　05.0622

颧弓　zygomatic arch　07.0368

颧骨　malar bone　07.0369

全北界　Holarctic realm　02.0251

全鼻型　holorhinal　07.0321

全变态发育　holometabolous development　01.0157

全寄生物　holoparasite　03.0771

全卷沟　diarhysis　06.0724

全联型　holostyly　07.0326

全裂　holoblastic cleavage　04.0206

全模标本　syntype　02.0038

全能性　totipotency　04.0190

全蹼　entirely webbed　07.0214

全球生态学　global ecology　03.0018

全鳃　holobranch　07.0888

全头类　holocephalan　07.0012

全缘生长　holoperipheral growth　06.2643

全针六星骨针　holoxyhexaster　06.0750

全植型营养　holophytic nutrition　03.0243

全质分泌腺　holocrine gland　05.0025

犬齿　canine tooth　07.0802

缺尾拟囊尾蚴　cercocystis　06.1239

确立学名　valid name　02.0211

雀腭型　aegithognathism　07.0317

群间选择　interdemic selection　03.0972

群聚　aggregation　03.0703

群落　community, coenosium　01.0132

群落成分　community component　03.0785

群落交错区　ecotone　03.0876

群落生态学　community ecology　03.0006

群落组成　community composition　03.0784

群体　colony　03.0677

群体发育　astogeny　06.2289

群体分裂　colonial division　06.2275

群体猎食　group predation　03.0484

群体气味　colony odor　03.0576

群体生态学　synecology　03.0002

群体说　colonial theory　01.0154

群体体腔　colonial coelom　06.2672

群体通讯　mass communication　03.0567

群体形成　colony formation　06.2274

群体形成类型　colony formation pattern　06.2266

群游　swarm　03.0394

群育变化　astogenetic change　06.2290

R

桡尺远侧关节　distal radioulnar joint　07.0581

桡骨　radius, epiphysis(棘皮动物)　07.0512

桡足幼体　copepodid larva, copepodite　06.2003

热带界　Afrotropical realm, Ethiopian realm　02.0248

热量收支　heat budget　03.0419

热污染　thermal pollution　03.1028

人传人兽互通病　zooanthropozoonosis　06.1133

人工生态系统　artificial ecosystem　03.0883

人工选择　artificial selection　01.0145

人兽互通病　zoonosis　06.1127

人体寄生虫学　human parasitology　06.1095

人为顶极[群落]　disclimax　03.0813

人为富营养化　cultural eutrophication　03.0868

人为演替　brotium　03.0818

人为因子　anthropic factor　03.0059

人字颚　chevron　06.1715

人字骨　chevron bone　07.0478

韧带　ligament　06.1152

韧带槽　ligament groove　06.1494

韧带齿　desmodont　06.1510

韧带脊　ligament ridge　06.1493

韧带囊　ligament sac　06.1409

韧带窝　ligament pit　06.1495

妊娠　pregnancy, gestation　04.0403

融合　fusion　04.0201

融合体　syzygy　06.0314

溶胶　plasmasol(原生动物)　06.0220

溶组织腺　histolytic gland　06.1429

容精球　fundus　06.2166

绒毛　villus　05.0515

绒毛膜　chorion　04.0378

绒毛前期胚　previllous embryo　04.0380

绒膜卵黄囊胎盘　choriovitelline placenta　07.1034

绒膜尿囊胎盘　chorioallantoic placenta　07.1033

绒羽　down-feather　07.0139

柔海胆型　echinothuroid type　06.2703

肉孢囊　sarcocyst　06.0316

肉垂　wattle　07.0108

肉冠　comb　07.0107

肉角　fleshy horn　07.0182

肉茎　pedicle, peduncle　06.2535

肉茎盖　deltidium　06.2534

肉裙　lappet　07.0109

* 肉裙　lappet　07.0109

肉穗　spadix　06.1650

肉突　carnucle　06.1708

蠕虫　vermes, helminth　01.0069

蠕虫病　helminthiasis, helminthosis　06.1109

蠕虫形曲折　wormlike convolution　06.2640

蠕虫学　helminthology　06.1098

蠕动　peristalsis　06.2638

乳齿　deciduous tooth　07.0792

乳齿齿系　deciduous dentition　07.0793

乳房　breast　07.0281

乳糜管　lacteal　05.0516

乳糜微粒　chylomicron　05.0517

乳头　nipple, teat　07.0282

乳头层　papillary layer　05.0415

乳头肌　papillary muscle　07.0629

乳头突　mamelon　06.1005

乳突　papilla　06.1302

乳腺　mammary gland　07.0260

入胞分泌　cytocrine secretion　05.0404

入球微动脉　afferent arteriole　05.0572

入鳃动脉　afferent branchial artery　07.0985

入鳃水沟　ingalant branchial canal　06.1978

入水管　incurrent canal(多孔动物), inhalant siphon (软体动物)　06.0711

入水孔　incurrent pore　06.0709

软腭　soft palate　07.0756

软骨　cartilage　07.0288

软骨成骨　cartilage bone　07.0290

软骨关节　cartilage joint　07.0563

软骨环　cartilaginous ring　06.2906

软骨基质　cartilage matrix　05.0065

软骨间关节　interchondral joint　07.0576
软骨结合　synchondrosis　07.0564
软骨颅　chondrocranium　07.0301
软骨膜　perichondrium　05.0062
软骨细胞　chondrocyte　05.0064
软骨针　cartilaginous stylet　06.1564
软胶质　maltha　06.0691
软膜　pia mater　05.0273

软体动物　mollusk, Mollusca（拉）　01.0050
软体动物大小律　mollusk size rule　03.0148
软体动物学　malacology　06.1442
锐突　mucco　06.1685
闰管　intercalated duct　05.0524
闰盘　intercalated disk　05.0180
*弱齿　dysodont　06.1507

S

腮腺　parotid gland　07.0746
腮足　gnathopod　06.1967
鳃　gill, branchia　06.0066
鳃耙　gill raker　07.0881
鳃瓣　gill lamella　07.0879
鳃盖　operculum　07.0027
鳃盖骨　opercular bone, operculum　07.0415
鳃盖开肌　dilator opercular muscle　07.0625
鳃盖孔（硬骨鱼）　opercular aperture　07.0030
鳃盖膜　branchiostegal membrane　07.0029
鳃盖收肌　adductor opercular muscle　07.0626
鳃盖提肌　levator opercular muscle　07.0627
鳃盖条　branchiostegal ray　07.0028
鳃隔　interbranchial septum　07.0882
鳃弓　branchial arch　07.0407
鳃弓降肌　depressor arcus branchial muscle　07.0623
鳃弓连肌　interbranchialis muscle　07.0624
鳃弓收肌　adductor arcus branchial muscle　07.0622
鳃弓提肌　levator arcus branchial muscle　07.0621
鳃甲　branchiostegite　06.1988
鳃甲刺　branchiostegal spine　06.1870
鳃甲缝　linea homolica（人面蟹类）, linea thalassinica（海蛄虾类）, linea anomurica（歪尾类）　06.1896
鳃节肌　branchiomeric muscle　07.0600
鳃孔　gill opening　07.0883
鳃裂　gill slit, branchial cleft　07.0031
鳃笼　branchial basket　07.0876
鳃囊　gill pouch　07.0877
鳃区　branchial region　06.1845

鳃上齿　epibranchial tooth　06.1884
鳃上动脉　epibranchial artery　07.0983
鳃上腔　suprabranchial chamber　07.0885
鳃神经节　branchial ganglion　06.1609
鳃式　branchial formula　06.1987
鳃室　branchial chamber　07.0884
鳃丝　gill filament　07.0880
鳃峡　isthmus　07.0026
鳃下区　subbranchial region　06.1846
鳃小叶　branchial lobule　06.1986
*塞托利细胞　supporting cell, Sertoli's cell　05.0645
三叉叉棘　tridentate pedicellaria　06.2733
三叉骨针　triaene　06.0849
三叉神经　trigeminal nerve　07.1112
三次三叉骨针　trichotriaene　06.0788
三重寄生　triploparasitism　03.0766
三道体区　trivium　06.2849
三对孔板　trigeminate　06.2751
三辐骨针　triactine, triact　06.0850
三辐爪状骨针　arcuate　06.0867
三杆骨针　triod　06.0801
三骨管　triosseal canal　07.0509
三冠骨针　trilophous microcalthrops　06.0799
三化　trivoltine　03.0539
三级飞羽　tertiary feather　07.0150
三级隔片　tertiary septum　06.1066
三级卵膜　tertiary egg envelope　04.0051
三级支气管　tertiary bronchus, parabronchus　05.0563
三尖瓣　tricuspid valve　07.0918
三脚骨　tripus　07.0432

三角板　deltoid plate　06.2749
三角肌　deltoid muscle　07.0710
三角孔　delthyrium, triangular notch　06.2555
三角双板　deltidial plate　06.2554
三角座　trigonid　07.0844
三精入卵　trispermy　04.0140
三孔型　trifora　06.1532
三口道芽　triple-stomodeal budding　06.1090
三联体　triad　05.0170
三名法　trinominal nomenclature　02.0101
三态　trimorphism　01.0107
三头肌　triceps muscle　07.0711
三叶叉棘　triphyllous pedicellaria　06.2734
三叶幼体　trilobite larva　06.2191
三趾足　tridactylous foot　07.0232
三轴骨针　triaxon　06.0851
三主寄生　trixeny [parasite]　03.0765
伞部　fimbria(拉), umbrella（腔肠动物）　05.0648
伞辐肋　bursal ray　06.1392
伞膜　umbrella　06.1596
伞序　umbel　06.0735
散漫神经系　diffuse nervous system　06.0070
散在分裂体　sporadin　06.0330
*桑柏氏器官　Semper's organ　06.1621
桑椹胚　morula　04.0236
潘状幼体　zoea larva　06.1993
*色素膜　vascular tunic of eyeball, uvea(拉)　05.0302
色素上皮层　pigment epithelial layer　05.0319
色素上皮细胞　pigment epithelial cell　05.0307
色素细胞　pigment cell　05.0049
森珀器　Semper's organ　06.1621
砂囊　gizzard　06.0055
杀伤[淋巴]细胞　killer cell　05.0442
杀婴现象　infanticide　03.0485
*沙比纤维　perforating fiber, Sharpey's fiber　07.0077
沙丘动物　thinicole　03.0368
沙丘群落　thinium　03.0841
沙氏囊　Saefftigen's pouch　06.1178
筛板　madreporic plate　06.2757
筛骨　ethmoid bone　07.0331
筛管　madreporic canal　06.2938

筛孔　madreporic pore　06.2937
筛器　cribellum(蜘蛛), cribriform organ(棘皮动物)　06.2154
筛器腺　cribellate gland　06.2176
筛区　sieve area　06.0701
筛状孔　cribriporal　06.0727
珊瑚杯　calice　06.1056
珊瑚单体　corallite　06.1057
珊瑚冠　anthocodia　06.0988
珊瑚冠公式　anthocodial formula　06.1002
珊瑚冠类别　anthocodial grade　06.1003
珊瑚冠柱　anthostele　06.0989
珊瑚肋　costa　06.1070
珊瑚骼　corallum　06.1055
闪光幼体　glaucothoe　06.2014
扇叶　flabellum　06.1939
熵　entropy　03.0916
上板　epiplastron　07.0091
上背（鸟）　mantle　07.0153
上背舌叶　supranotoligule　06.1679
上鼻甲　superior concha　07.0372
上鞭　upper flagellum　06.1917
*上表皮　epicuticle　06.0020
上不动关节　epizygal　06.2782
上步带骨　supra-ambulacral ossicle　06.2803
上侧板　latus superius　06.2073
上层浮游生物　epiplankton　03.0323
上层游泳生物　supranekton　03.0332
上触角　superior antenna　06.1898
上唇　labrum　06.0047
上唇腺　supralabial gland　07.0254
上耳骨　epiotic bone　07.0338
上盖　tegmen　06.2897
上颌齿　maxillary tooth　07.0846
上颌骨　maxillary bone　07.0357
上角质层　epicuticle　06.0020
上胚层　epiblast　04.0293
上皮　epithelium　05.0002
上皮层　epithelial lining　05.0497
上皮绒膜胎盘　epitheliochorial placenta　07.1037
上皮网状细胞　epithelial reticular cell　05.0469
上脐　superior umbilicus　07.0161
上丘　superior colliculus　07.1093

*上丘脑　epithalamus　07.1084

上鳃骨　epibranchial bone　07.0409

上伞　exumbrella　06.0960

上舌骨　epihyal bone　07.0402

上向皮层骨针　autodermalia　06.0804

上向胃层骨针　autogastralia　06.0805

上斜肌　superior oblique muscle　07.0605

上行鳃板　ascending lamella　06.1545

上缘板　supramarginal plate　06.2768

上枕骨　supraoccipital bone　07.0328

上肢　epipod, epipodite　06.1945

上直肌　superior rectus muscle　07.0601

上锥　epicone　06.0179

杓横肌　transverse arytenoid muscle　07.0716

杓状软骨　arytenoid cartilage　07.0425

少黄卵　oligolecithal egg, microlecithal egg　04.0086

少肌型　meromyarian type　06.1149

少孔板　oligoporous plate　06.2753

少突胶质细胞　oligodendrocyte　05.0199

蛇杆骨针　ophirhabd　06.0759

蛇首叉棘　ophiocephalous pedicellaria　06.2729

蛇尾幼体　ophiopluteus　06.2959

蛇状骨针　eulerhabd　06.0872

舌　tongue, lingua　07.0751

舌板　hyoplastron　07.0092

舌弓　hyoid arch　07.0398

舌骨器　hyoid apparatus　07.0419

舌骨上肌　suprahyoid muscle　07.0611

舌骨下肌　infrahyoid muscle　07.0612

舌颌骨　hyomandibular bone　07.0399

舌肌　muscle of tongue　07.0609

舌联型　hyostyly　07.0324

舌乳头　lingual papilla　07.0753

舌突起　odontophore　06.1525

舌系带　lingual frenulum　07.0752

舌下神经　hypoglossal nerve　07.1119

舌下腺　sublingual gland　07.0745

舌咽神经　glossopharyngeal nerve　07.1116

舌叶　ligula　06.1671

舌状体　colulus　06.2157

摄食　ingestion　03.0480

摄食适应　feeding adaptation　03.0149

射精管　ejaculatory duct　07.1011

射精囊　ejaculatory vesicle　06.1375

射囊　dart sac　06.1651

麝香腺　musk gland　07.0266

社群化　socialization　03.0589

社群渐变群　sociocline　03.0594

社群结构　social structure　03.0675

社群拟态　social mimicry　02.0014

社群漂移　social drift　03.0593

社群生物学　sociobiology　03.0004

社群首领　alpha　03.0605

社群图　sociogram　03.0595

社群稳态　social homeostasis　03.0592

社群性　sociality　03.0590

社群选择　social selection　03.0968

社群压力　social stress　03.0676

伸缩泡　contractile vacuole　06.0487

伸足肌　pedal protractor muscle　06.1555

深海浮游生物　abyssopelagic plankton　03.0339

深海群落　pontium　03.0861

神经　nerve　01.0093

神经板　neural plate　04.0303

神经部　pars nervosa(拉)　05.0591

神经肠孔　neurenteric pore　04.0248

神经垂体　neurohypophysis　05.0600

神经丛　nerve plexus　05.0502

神经分泌细胞　neurosecretory cell　05.0611

神经沟　neural groove　04.0301

神经管　neural tube　04.0302

神经肌肉带　neuromuscular band　06.2629

[神经]肌梭　neuromuscular spindle, muscle spindle　05.0237

神经脊　neural crest　04.0300

神经腱梭　neurotendinal spindle, Golgi tendon organ　05.0245

神经胶质　neuroglia　05.0196

[神经]胶质界膜　glial limiting membrane　05.0252

神经角蛋白　neurokeratin　05.0206

神经节　[nervous] ganglion　05.0267

[神经节]卫星细胞　satellite cell　05.0268

神经膜细胞　neurolemmal cell, Schwann cell　05.0210

神经末梢　nerve ending　05.0228

神经内膜　endoneurium　05.0213

神经胚　neurula　04.0298

神经胚形成　neurulation　04.0299

神经丘　neuromast　05.0390

神经上孔　supraneural pore　06.2406

神经上皮细胞　neuroepithelial cell　05.0034

神经束　tract, fasciculus　05.0248

神经束膜　perineurium　05.0212

神经丝　neurofilament　05.0216

神经索　nerve cord　07.1066

神经突　neurite　07.1105

神经外膜　epineurium　05.0211

神经微管　neurotubule　05.0217

神经系统　nervous system　07.1060

神经纤维　nerve fiber　05.0202

神经纤维层　nerve fiber layer　05.0327

神经纤维结　node of nerve fiber, node of Ranvier 05.0208

神经元　neuron　05.0186

神经原肠管　neurenteric canal　04.0247

神经原纤维　neurofibril　05.0215

神经褶　neural fold, neural ridge　04.0304

神经组织　nervous tissue, nerve tissue　05.0185

肾　kidney　07.0995

肾单位　nephron　05.0579

肾导管　nephridioduct　06.2047

肾管　nephridium　07.1003

肾管囊　nephridial pocket　06.1741

肾间组织　interrenal tissue　05.0613

肾孔　nephridiopore　06.0086

肾口　nephrostome　06.0087

肾门静脉　renal portal vein　07.0974

肾乳突　nephridial papilla　06.1693

肾上腺　adrenal gland　07.1179

肾上腺素　adrenalin　05.0621

肾窝　nephridial pit　06.2604

肾小管　renal tubule　05.0574

肾小囊　renal capsule, Bowman's capsule　05.0568

肾小球　renal glomerulus　05.0569

[肾小]球内系膜细胞　intraglomerular mesangial cell 05.0588

[肾小]球旁器　juxtaglomerular apparatus　05.0584

[肾小]球旁细胞　juxtaglomerular cell　05.0585

[肾小]球外系膜细胞　extraglomerular mesangial cell, lacis cell 05.0587

肾小体　renal corpuscle　05.0567

肾质　nephridioplasm　06.0553

肾柱　renal column　05.0565

渗透营养　osmotrophy　03.0905

声带　vocal cord　07.0874

声门　glottis　07.0873

声囊　vocal sac　07.0117

生产　production　03.0889

生产量　production　03.0918

生产者　producer　03.0895

生成细胞　founder cell　06.0667

*生存潜力　survival potential　03.0658

*生存者　survivor　03.0656

生发层　germinal layer　06.1173

生发囊　brood capsule　06.1168

*生发泡　germinal vesicle　04.0053

生发细胞　germinal cell　06.1167

生发中心　germinal center　05.0462

生骨构造　skeletogenous structure　06.0632

生骨肌节　scleromyotome　04.0315

生骨节　sclerotome　04.0313

生活力　vital capacity, vitality　03.0639

生活史　life history　01.0129

生活型　life form　03.0151

生活周期　life cycle　01.0169

生机论　vital theory, vitalism　04.0013

生肌节　myotome　04.0312

生精上皮　seminiferous epithelium, spermatogenic epithelium 05.0644

生精小管　seminiferous tubule　05.0638

*生境　habitat　03.0033

*生境选择　habitat selection　03.0971

生口区　stomatogenic field　06.0496

生口子午线　stomatogenous meridian　06.0497

生理生态学　physiological ecology　03.0011

生理适应　physiologic adaptation　01.0119

生毛体　blepharoplast　06.0174

生命保障系统　life support system　03.0886

生命表　life table　03.0653

生命带　life zone　02.0256

生命过程　vital process　03.0642

生命期望 life expectancy 03.0654

生命强度 life intensity 03.0641

生命曲线 life curve 03.0645

生命统计 vital statistics 03.0643

生命网 web of life 01.0114

生命元素 bioelement 03.0115

生命指数 vital index 03.0644

生命最适度 vital optimum 03.0640

生皮节 dermatome 04.0311

生肾节 nephrotome, nephromere 04.0317

生肾组织 nephrogenic tissue 04.0350

生死比率 birth-death ratio 03.0661

生态等价 ecological equivalence 03.0030

生态调查法 ecological survey method 03.0037

生态对策 ecological strategy 03.0981

生态幅度 ecological amplitude 03.0081

生态隔离 ecological isolation 02.0160

生态工程 ecological engineering, ecological technique 03.0021

生态耐性 ecological tolerance 03.0131

生态能量学 ecological energetics 03.0938

生态年龄 ecological age 03.0646

生态浓缩 ecological concentration 03.1029

生态平衡 ecological balance, ecological equilibrium 03.0943

生态气候 ecoclimate 03.0086

生态区 ecotope 03.0031

生态群 ecological group 03.0672

生态入侵 ecological invasion 03.1024

生态梯度 ecocline 03.0029

生态危机 ecological crisis 03.1034

生态位 [ecological] niche 03.0869

生态位重叠 niche overlap 03.0874

生态位空间 niche space 03.0873

生态位宽度 niche width 03.0875

生态稳定性 ecological stability 03.0941

生态稳态 ecological homeostasis 03.0942

生态系[统] ecosystem 03.0878

生态系统多样性 ecosystem diversity 02.0150

生态系[统]发育 ecosystem development 03.0884

生态系[统]类型 type of ecosystem, ecosystem-type 03.0885

生态系统生态学 ecosystem ecology 03.0007

生态效率 ecological efficiency 03.0934

生态型 ecotype 03.0026

生态[学]障碍 ecological barrier 02.0153

生态亚系[统] ecological subsystem 03.0879

生态演替 ecological succession 03.0805

生态因子 ecological factor 03.0058

生态影响 ecological impact 03.0949

生态阈值 ecological threshold 03.0073

生态锥体 ecological pyramid 03.0911

生态综合体 ecological complex 03.0054

生态最适度 ecological optimum 03.0082

生网体 bothrosome, sagenogen, sagenetosome 06.0248

生物 organism 01.0112

生物沉积 biodeposition 03.0024

生物带 biozone 02.0254

生物地化循环 biogeochemical cycle 03.0118

生物地理群落 biogeocoenosis 03.0832

生物多样性 biological diversity, biodiversity 02.0147

生物发光 bioluminescence 03.0429

生物发生律 biogenetic law 04.0014

生物放大 biological magnification 03.1031

生物富集 biological enrichment 03.1030

生物季节 biotic season 03.0492

生物降解 biodegradation 03.1032

生物景带 biochore 02.0257

生物抗性 biotic resistance 03.0136

生物量 biomass 03.0917

生物量锥体 pyramid of biomass 03.0913

生物气候带 bioclimatic zone 02.0255

生物区系 biota 01.0113

生物圈 biosphere 03.0022

生物圈保护 biosphere conservation 03.0990

生物群落 biocoenosis, biocoenosium, biocommunity 03.0834

生物群落学 biocoenology 03.0005

生物群系 biome 03.0833

生物社群互助 biosocial facilitation 03.0725

[生物]生产力 [biological] productivity 03.0921

生物相 biota 03.0023

生物小区 biotope 03.0032

生物型 biotype 03.0025

生物学性状　biological character　02.0107

生物[学]障碍　biological barrier, biotic barrier　02.0152

生物遥测　biotelemetry　03.0046

生物因子　biological factor, biotic factor　03.0056

生物源性蠕虫　biohelminth　06.1122

生物源性蠕虫病　biohelminthiasis　06.1124

生物钟　biological clock　03.0491

生育　procreation　04.0406

生育率　fertility　03.0664

生长　growth　01.0172

生长带　zone of growth　04.0297

生长端　growing end　06.2282

生长卵泡　growing follicle　04.0073

生长线　growth line　06.1486

生长缘　growing margin　06.2281

生殖　reproduction, breeding　01.0097

生殖板　genital plate　06.2024

* 生殖带　clitellum　06.1667

生殖窦　genital sinus　06.1384

生殖隔离　reproductive isolation　02.0159

生殖个虫　gonozooid　06.2305

生殖弓　arcus genitalis　06.2264

生殖核　generative nucleus　06.0455

生殖基节　genital coxa　06.2025

生殖脊　genital ridge　04.0349

生殖节　genital segment　06.2262

生殖孔　genital pore, gonopore, genital orifice　06.0111

生殖力　fecundity　03.0663

生殖联合　genital junction　06.1382

生殖裂口　bursal slit　06.2895

生殖笼　corbula　06.0953

生殖盘　gonotyl　06.1328

生殖器　genital organ, reproductive organ　06.0095

生殖腔　genital atrium　06.1380

生殖鞘　gonotheca　06.0955

生殖球　[genital] bulb　06.2125

生殖乳突　genital papilla　06.1307

生殖上皮　germinal epithelium　04.0020

生殖索　genital cord　04.0021

生殖态　epitoky　06.1799

生殖体　gonophore　06.0954

生殖吸盘　genital sucker　06.1326

* 生殖系　germ line　01.0182

生殖系[统]　reproductive system, genital system　04.0015

生殖细胞　germocyte, germ cell　04.0019

生殖下腔　subgenital porticus　06.0973

生殖腺　gonad, genital gland　06.0097

生殖消化管　genito-intestinal duct　06.1379

生殖叶　genital lobe　06.1383

生殖羽枝　genital pinnule　06.2815

生殖肢　gonopod　06.2263

生殖锥　genital cone　06.1381

* 施－兰切迹　incisure of myelin, Schmidt-Lantermann incisure　05.0207

湿度因子　humidity factor　03.0102

湿生动物　hygrocole　03.0286

湿生型　hygromorphism　03.0285

湿岩生物　hygropetrobios　03.0348

十二指肠　duodenum　07.0728

十二指肠本部　duodenum proper　07.0730

十二指肠球部　duodenal ampulla　07.0729

十钩蚴　lycophora, decacanth　06.1241

十字骨针　stauract, stauractine　06.0768

十字形骨针　cross　06.1027

石管　stone canal　06.2941

石灰环　calcareous ring　06.2905

石灰体　calcareous body　06.2791

石栖动物　petrocole, lapidicolous animal　03.0349

石生群落　lithic-community　03.0840

石质小体　lithosome　06.0564

时间生物学　chronobiology　03.0012

食草　grazing　03.0482

食草动物　herbivore　03.0253

食虫动物　insectivore, entomophage　03.0263

食道　esophagus　06.0053

食道肠瓣　oesophago-intestinal valve　06.1359

食道球　oesophageal bulb　06.1358

食底泥动物　deposit feeder　03.0269

食地衣动物　lichenophage　03.0259

食粪动物　coprophage　03.0266

食腐动物　saprophage　03.0265

食谷动物　granivore　03.0258

食谷食物链　granivorous food chain　03.0910

食管 esophagus 07.0724

食管囊 esophageal sac 07.0762

食管上神经节 supraoesophageal ganglion 06.1605

食管下神经节 suboesophageal ganglion 06.1604

食管腺 esophageal gland 05.0503

食果动物 frugivore 03.0255

食花蜜食物链 nectar food chain 03.0909

食木动物 hylophage, xylophage 03.0257

食泥动物 limnophage 03.0268

食肉动物 carnivore, sacrophage 03.0260

食尸动物 necrophage 03.0264

食碎屑动物 detritivore, detritus-feeding animal, detritus feeder 03.0270

食土动物 geophage 03.0267

食微生物动物 microbivore 03.0271

食物链 food chain 03.0907

食物泡 food vacuole 06.0619

食物网 food web 03.0908

食性 food habit 03.0246

食血动物 sauginnivore, hematophage 03.0262

食叶动物 defoliater, folivore 03.0254

食枝芽 browsing 03.0481

食枝芽动物 browsevore 03.0256

食植 grazing 03.0483

食植动物 phytophage, herbivore 03.0252

蚀羽 eclipse plumage 07.0151

实际生态位 realized niche 03.0872

实[囊]胚 parenchymula 06.0684

实尾蚴 plerocercoid 06.1234

实星骨针 sterraster 06.0767

实验胚胎学 experimental embryology 04.0003

实验生态系[统] microcosm 03.0881

实原肠胚 stereogastrula 06.0903

实质囊 parenchymal vesicle 06.1164

示量行为 conventional behavior 03.0463

[世]代 generation 03.0540

世代交替 alternation of generations, metagenesis 01.0170

世系分析 phyletic analysis 02.0143

嗜碘泡 iodinophilous vacuole, iodophilous vacuole 06.0341

* 嗜多染性成红细胞 polychromatophilic erythroblast, rubricyte 05.0115

嗜铬组织 chromaffin tissue 05.0614

* 嗜碱性成红细胞 basophilic erythroblast, prorubricyte 05.0114

嗜碱性粒细胞 basophilic granulocyte, basophil 05.0100

嗜碱性细胞(腺垂体) basophilic cell 05.0604

嗜色细胞 chromophilic cell 05.0602

* 嗜酸性成红细胞 acidophilic erythroblast, normoblast, metarubricyte 05.0116

嗜酸性粒细胞 eosinophilic granulocyte, eosinophil 05.0099

嗜酸性细胞(腺垂体) acidophilic cell 05.0603

嗜天青颗粒 azurophilic granule 05.0122

* 嗜伊红粒细胞 eosinophilic granulocyte, eosinophil 05.0099

嗜异性粒细胞 heterophilic granulocyte 05.0102

嗜银系 argyrome 06.0560

嗜银细胞 argyrophilic cell 05.0512

嗜中性粒细胞 neutrophilic granulocyte, neutrophil 05.0098

适池沼性 tiphophile 03.0185

适大洋性 pelagophile 03.0191

适低温性 hypothermophile 03.0176

适冬性 chimonophile 03.0177

适洞性 troglophile 03.0205

适腐性 saprophile 03.0199

适共生 symphile 03.0207

适光性 photophile 03.0179

适海性 thalassophile 03.0189

适寒性 cryophile 03.0178

适旱变态 xeromorphosis 03.0194

适旱性 xerophile 03.0193

适[合]度 fitness 03.0078

适河流性 potamophile 03.0188

适荒漠性 eremophile 03.0195

适林性 hylophile 03.0198

适木性 xylophile 03.0197

适泥滩性 octhophile 03.0204

适农田动物 agrophile 03.0373

适泉[水]性 crenophile 03.0186

适沙丘性 thinophile 03.0202

适深海性 pontophile 03.0192

适石性 petrodophile 03.0200

适树性　dendrophile　03.0196

适水性　hydrophile　03.0183

适酸性　acidophile　03.0181

适土性　geophile　03.0203

适温性　thermophile　03.0175

适溪流性　rheophile　03.0187

适雪性　chionophile　03.0184

适盐性　halophile　03.0182

适岩性　phellophile　03.0201

适洋性　oceanophile　03.0190

适氧性　oxyphile　03.0180

适宜温度　optimal temperature　03.0095

适蚁动物　myrmecophile　03.0206

适应　adaptation　01.0115

适应辐射　adaptive radiation　02.0031

适应进化　adaptive evolution　03.0953

适应量　adaptive capacity　03.0141

适应型　adaptation type, adaptation pattern　03.0142

适应性　adaptability　03.0140

适应性扩散　adaptive dispersion　03.0697

适应性选择　adaptive selection　02.0028

释放信号　releasor　03.0574

释放信息素　releaser pheromone　03.0433

饰带　cordon　06.1263

室管　siphuncle　06.1589

室管膜细胞　ependymal cell　05.0201

室间隔　interventricular septum　07.0917

室间孔　interzooidal pore　06.2428

室间鸟头体　interzooidal avicularium　06.2337

室口　orifice　06.2343

室旁核　paraventricular nucleus　05.0598

视板　optic placode, optic plate　04.0337

视杯　optic cup　04.0336

视杆后眼　postbacillar eye　06.2109

视杆前眼　prebacillar eye　06.2108

视杆视锥层　layer of rods and cones　05.0320

[视]杆细胞　rod cell　05.0308

视交叉　optic chiasma　07.1144

视觉器[官]　visual organ　07.1129

视盘　optic disc, papilla of optic nerve　05.0331

视泡　optic vesicle　04.0338

视上核　supraoptic nucleus　05.0597

视神经　optic nerve　07.1109

视神经节　optic ganglion　06.1601

*视神经乳头　optic disc, papilla of optic nerve　05.0331

视网膜　retina　05.0306

[视]网膜色素　retinal pigment　06.1821

[视]网膜细胞　retina cell　06.1820

[视]锥细胞　cone cell　05.0309

视紫红质　rhodopsin　05.0311

收集管　collecting canal　06.0490

收集泡　receiving vacuole　06.0492

收足肌　pedal retractor muscle　06.1556

守护共生　phylacobiosis　03.0737

寿命　longevity　01.0130

授精　insemination　04.0158

受精　fertilization, spermatiation　04.0131

受精道　canal of fecundation　04.0134

受精卵　fertilized egg　04.0135

受精膜　fertilization membrane　04.0155

受精囊孔　spermathecal orifice　06.1399

受精丝　receptive hypha, trichogyne, fertilization filament　04.0156

受精素　fertilizin　04.0126

受精锥　fertilization cone　04.0154

*受精作用　amphigamy　04.0199

受控生态系统　controlled ecosystem　03.0882

受胁未定种　intermediate species　03.1002

受胁[物]种　threatened species　03.1001

受孕个虫　fertilizing zooid　06.2316

兽传人兽互通病　anthropozoonosis　06.1132

*兽类学　theriology　07.0004

兽医寄生虫学　veterinary parasitology　06.1096

枢椎　axis　07.0480

梳理　grooming, preening　03.0477

梳状齿钩毛　pectinate uncinus　06.1753

输出环境　output environment　03.0888

输精管　vas deferens, spermaductus　06.0099

输卵沟(鱼类)　oviducal channel　04.0101

输卵管　oviduct　06.0101

输尿管　ureter　07.1000

输尿管膀胱　tubal bladder　07.1006

输入环境　input environment　03.0887

*输送宿主　transport host　06.1189

疏松结缔组织　loose connective tissue　05.0054
疏松淋巴组织　loose lymphoid tissue　05.0459
书肺　book-lung　06.0067
鼠蹊孔　inguinal pore　07.0286
鼠蹊腺　inguinal gland　07.0270
属　genus　02.0069
属组　genus group　02.0062
树栖动物　dendrocole, hylacole　03.0360
树突　dendrite　05.0189
树突棘　dendritic spine, gemmule　05.0219
树突细胞　dendritic cell　05.0486
树枝状群体　dendritic colony, dendroid colony, arboroid　06.0661
树状骨针　dendritic [sclere]　06.0745
树状鳃　arborescent branchia　06.1705
束细胞　bundle cell　05.0293
束状带　zona fasciculata（拉）　05.0616
竖棘突肌　erector spine muscle　07.0615
竖毛肌　arrector pilorum　07.0166
数量锥体　pyramid of number　03.0912
数学生态学　mathematical ecology　03.0014
数值分类学　numerical taxonomy　02.0003
刷细胞　brush cell　05.0559
刷状刚毛　penicillate seta　06.1755
刷状缘　brush border　05.0033
闩骨　claustrum　07.0435
栓体　stieda body　06.0315
双孢子的　disporous　06.0344
双杯形骨针　double cup　06.1010
双层的　bilaminar　06.2295
双齿刚毛　bidentate seta　06.1778
双重壁　double wall　06.2446
双传嵌合体　amphoheterogony　04.0195
双房簇虫　dicystid gregarine　06.0305
双纺锤形骨针　double spindle　06.1013
双腹板[的]（海胆）　amphisternous　06.2700
双宫型　didelphic type　06.1144
双沟型　sycon　06.0697
双冠骨针　dilophous microcalthrops　06.0837
双冠型触手冠　zygolophorus lophophore　06.2524
双核的　dikaryotic　06.0652
双核体　dikaryon　06.0651
双环萼　dicyclic calyx　06.2912

双极神经元　bipolar neuron　05.0192
双棘突起　bifurcated process　06.2053
双尖刚毛　bifid [needle] chaeta　06.1792
双尖骨针　amphioxea　06.0756
双角子宫　bicornute uterus　07.1026
双节触角　biarticulate antenna　06.1747
双节触手　biarticulate tentacle　06.1713
双节触须　biarticulate palp　06.1714
双精入卵　dispermy　04.0139
双壳[类]　bivalve　06.1473
双壳幼虫　cyphonaute larva　06.2658
双口道芽　di-stomodeal budding　06.1089
双口尾蚴　distome cercaria　06.1219
双联型　amphistyly　07.0323
双列板　distichal plate　06.2750
双卵受精　digyny　04.0148
双轮骨针　birotule　06.0769
双轮形骨针　double wheel　06.1015
双轮幼虫　amphitrocha　06.1806
双名法　binominal nomenclature　02.0100
双盘骨针　amphidisc　06.0774
双盘形骨针　double disc　06.1011
双平椎体　amphiplatyan centrum　07.0488
双腔子宫　bipartite uterus　07.1025
双球形骨针　double sphere　06.1012
双三叉骨针　amphitriaene　06.0832
双生初虫　twin ancestrula　06.2318
双体节　diplosomite　06.2230
双头骨针　tylote　06.0857
双头肋骨　double headed rib　07.0474
双星骨针　amphiaster　06.0880
双星形骨针　double star　06.1014
双型膜　stichodyad　06.0383
双叶型疣足　biramous parapodium　06.1670
双叶形触手冠　bilabulate lophophore　06.2523
双枝型附肢　biramous type appendage　06.1947
双栉刚毛　bipinnate seta　06.1780
双柱[的]　dimyarian　06.1541
双锥形骨针　double cone　06.1009
双子宫　duplex uterus　07.1024
水表层漂浮生物　neuston　03.0322
水底群落　bottom community　03.0864
水肺　water lung　06.2950

水[分]平衡　water balance　03.0428

水管　siphon　06.1530

水管板　siphonoplax　06.1504

水管收缩肌　siphonal retractor muscle　06.1557

水管系　water vascular system　06.2935

水面漂浮生物　pleuston　03.0321

水面气候　hydroclimate　03.0089

水母[体]　medusa　06.0908

水平出芽　horizontal budding　06.2457

水平出芽群体　horizontal budding colony　06.2268

水平分布　horizontal distribution　03.0964

水平[骨质]隔　horizontal skeletogenous septum
　　07.0597

水平细胞　horizontal cell　05.0316

水腔　hydrocoel　06.2936

水泉群落　crenium　03.0846

水生　aquatic, hydric　03.0275

水生动物　hydrocole [animal]　03.0279

水生浮游生物　hydroplankton　03.0296

水生群落　aquatic community　03.0845

水生生物　hydrobiont, hydrobios　03.0278

水生生物学　hydrobiology　01.0013

水生食肉动物　hydradephage　03.0261

水[生]穴[居]动物　aquatic cave animal　03.0356

水生演替系列　hydrosere, hydroarch sere
　　03.0829

水循环　water cycle　03.0119

水螅根　hydrorhiza　06.0930

水螅茎　hydrocaulus　06.0928

水螅鞘　hydrotheca　06.0926

水螅[体]　polyp　06.0907

水螅枝　hydrocladium　06.0931

水咽球　aquapharyngeal bulb　06.2952

瞬膜　nictitating membrane　05.0346

瞬褶　nictitating fold　07.0084

顺应　acclimation　03.0991

斯氏器　Stewart's organ　06.2920

丝间联系　interfilamental junction　06.1548

丝孔　nematopore　06.2412

丝状鳃　trichobranchiate　06.1980

丝状蚴　filariform larva　06.1253

丝足　filopodium　06.0212

死亡率　mortality, death rate　Q3.0659

死亡率曲线　mortality curve　03.0660

四叉骨针　tetraene　06.0854

四重寄生物　quarternary parasite　03.0767

四等分卵裂　homoquadrant cleavage　04.0220

四叠体　corpora quadrigemina　07.1092

四分膜　quadrulus　06.0420

四辐骨针　tetractine, tetract　06.0855

四辐爪状骨针　anchorate　06.0881

四冠骨针　tetralophous microcalthrops　06.0800

四基板　tetrabasal　06.2777

四孔型　quadrifora　06.1533

四膜式[口]器　tetrahymenium　06.0414

四盘蚴　tetrathyridium　06.1254

四叶型触手冠　quadrilobulate lophophore　06.2520

四枝骨片　tetraclad, tetraclone, tetracrepid desma
　　06.0888

四指叉棘　tetradactylous pedicellaria　06.2732

四轴骨片　tetracrepid　06.0890

四轴骨针　tetraxon　06.0853

四足动物　tetrapod　07.0019

似瓷质的　porcellaneous　06.0228

松果体　pineal body, pineal gland　07.1176

松果体细胞　pinealocyte　05.0631

＊松果腺　pineal body, pineal gland　07.1176

松果眼　pineal eye　07.1158

＊松质骨　spongy bone, cancellous bone　05.0067

俗名　colloquial name, common name, vernacular
　　name　02.0217

嗉囊　crop　06.0054

速殖子　tachyzoite　06.0277

塑模标本　plastotype　02.0049

溯河产卵鱼　anadromous fish　03.0396

宿主　host　06.1180

宿主交替　alternation of host　06.1181

宿主抗性　host resistance　03.0139

宿主特异性　host specificity　06.1182

随伴体　satellite　06.0318

髓放线　medullary ray　05.0566

髓襻　medullary loop, Henle's loop　05.0578

髓壳　medullary shell　06.0236

髓鞘　myelin sheath　05.0205

髓鞘切迹　incisure of myelin, Schmidt-Lantermann
　　incisure　05.0207

髓索 medullary cord 05.0468

*髓细胞 myelocyte 05.0123

髓质 medulla 05.0467

梭内肌纤维 intrafusal muscle fiber 05.0238

索腭型 desmognathism 07.0318

索饵洄游 feeding migration 03.0388

索趾足 desmodactylous foot 07.0222

索状物 pallial siphuncle 06.1591

锁骨 clavicle 07.0496

锁骨下动脉 subclavian artery 07.0937

锁骨下静脉 subclavian vein 07.0973

T

他梳理 allogrooming 03.0479

胎[儿] fetus 04.0392

胎膜 fetal membrane 04.0396

胎盘 placenta 07.1028

胎盘动物 placentalia 01.0163

胎生 viviparity 04.0017

胎生动物 viviparous animal 01.0081

胎循环 fetal circulation 04.0393

胎仔数 litter size 03.0665

苔藓动物 moss animal, bryozoan, Bryozoa（拉）
01.0063

苔藓纤维 mossy fiber 05.0261

态模标本 morphotype 02.0050

坛囊 ampulla 06.2930

坛形刺丝泡 ampullocyst 06.0475

坛形器(帚虫动物) ampulla 06.2602

弹跳纤毛 springborsten 06.0363

弹性 elasticity 03.0950

弹性蛋白 elastin 05.0037

弹性软骨 elastic cartilage 05.0060

弹性纤维 elastic fiber 05.0040

碳酸型[外壳] calcareous type 06.2506

碳循环 carbon cycle 03.0120

糖皮质激素 glucocorticoid, glucocorticosteroid
05.0618

绦虫 cestode, tapeworm 06.1106

绦虫病 cestodiasis 06.1111

绦虫学 cestodology 06.1100

逃避机制 escape mechanism 03.0454

套装论 encasement theory 04.0012

特定年龄组出生率 age-specific natality rate
03.0668

特化 specialization 01.0139

特殊营养 idiotrophy 03.0245

特性趋同 character convergence 03.0472

特性替换 character displacement 03.0473

特有种 endemic species 02.0190

藤壶胶 barnacle cement 06.2076

梯度 gradient 04.0062

梯度变异 cline 02.0176

梯状神经系 ladder-type nervous system 06.0071

提肌 elevator 06.2608

蹄 hoof 07.0174

蹄行 unguligrade 07.0218

体被 integument 06.1255

体壁 body wall 06.0019

体壁层 parietal layer 04.0324

体壁中胚层 parietal mesoderm 04.0288

体表附生的 epizootic 06.0936

体部分化 somatization 06.0646

体动脉弓 systemic arch 07.0929

体环 annulus 06.1668

体肌丝 somatoneme 06.0192

体节 somite, metamere 06.0016

体节板 segmental plate 04.0316

体节器 segmental organ 06.0018

体节前期胚 presomite embryo 04.0296

体螺层 body whorl 06.1452

体内共生 parachorium, raumparasitism 03.0749

*体内寄生虫 endoparasite 03.0751

体腔 coelom 06.0038

体腔动物 coelomate 01.0031

体腔孔 coelomopore 06.2434

体腔形成 coelomation 04.0319

体躯隔壁 trunk septum 06.2596

体躯腔 trunk coelom 06.2662

*体外寄生虫 ectoparasite 03.0753

体外纳精器 thelycum 06.0109

体循环　systemic circulation　07.0903
体褶　body fold　06.1258
体质发生　somatogenesis　04.0408
*体质形成　somatogenesis　04.0408
体柱　scapus　06.0986
体子午线　somatic-meridian　06.0381
替代群落　substitute community　03.0811
替代学名　substitute name, replacement name
　02.0216
替换活动　displacement activity　03.0474
田野动物　campestral animal　03.0372
*铁氏盲囊　Tiedemann's divertic lum　06.2927
*铁氏器　Tiedemann's body　06.2926
调整肌　adjustor　06.2612
调整卵　regulation egg　04.0092
调整囊　compendatrix, compensation sac　06.2383
调整囊孔　ascopore　06.2417
调整式发育　regulative development　04.0232
调整型卵裂　regulative cleavage　04.0230
听板　auditory placode　04.0340
听壶　lagena　05.0391
听觉器官　auditory organ　07.1154
听毛　trichobothrium　06.2121
听泡　auditory vesicle, otic vesicle　04.0341
听窝　auditory pit　04.0339
听弦　auditory string　05.0384
听小骨　auditory ossicle　07.0381
通讯　communication　03.0566
通讯连续性　connectedness　03.0570
瞳孔　pupil　05.0348
瞳孔开大肌　dilator muscle of pupil　05.0349
瞳孔括约肌　sphincter muscle of pupil　05.0350
同部大核　homomerous macronucleus　06.0452
同侧对称分裂　homothetogenic fission　06.0511
同齿关节　homogomph articulation　06.1721
[同代]建巢群　communal　03.0688
同功　analogy　01.0144
同功分级信号　analog signal　03.0572
同化　assimilation　01.0110
同肌型　holomyarian type　06.1150
同极双体　homopolar doublet　06.0571
同龄组　cohort　03.0648
同律分布　homonomous metamerism　06.0014

同配生殖　isogamy　06.0658
同上　ditto(拉)，do.(拉)　02.0229
同属的　congeneric　02.0127
[同物]异名　synonym　02.0117
同系交配　endogamy　01.0167
同系群　lineage group　03.0596
同心层　concentric layer　06.2498
同型齿　homodont　07.0797
同型核的　homokaryotic　06.0655
*同型合子　homozygote　04.0146
同型生活史　homogonic life cycle　06.1195
同形鞭毛的鞭毛虫　isokont flagellate　06.0144
同形接合体　isoconjugant　06.0519
同域的　sympatric　02.0123
同域分布　sympatry　02.0241
同域物种形成　sympatric speciation　02.0012
同域杂交　sympatric hybridization　02.0167
同源　homology　01.0143
同源的　homologous　02.0122
同征择偶　assortative mating　03.0523
同质性　homogeneity　03.0955
同种的　conspecific　02.0121
同种相残　cannibalism　03.0718
童虫(血吸虫)　schistosomulum　06.1179
头板　cephalic plate　06.1466
头半棘肌　semispinalis capitis muscle　07.0653
头[部]　head, cephalon（无脊椎动物）　06.0001
头部形成　cephalization　04.0276
头侧板　cephalic pleurite　06.2201
头顶　crown, vertex　07.0190
头盾　cephalic shield　06.1562
头感器　amphid　06.1159
头沟　cephalic groove　06.1341
头骨　skull　07.0295
头冠　head crown　06.1340
头极　cephalic pole　06.1653
头夹肌　splenius capitis muscle　07.0652
头尖骨针　tyloxea　06.0829
头槛　cephalic cage　06.1709
头节　scolex　06.1335
头孔　head pore　06.1797
头领　head collar　06.1338
头幔　cephalic veil　06.1712

头帕型　cidaroid type　06.2707

头盘　cephalic disk　06.1560

头器　head organ　06.1339

头鞘　head capsule　06.2198

头乳突　cephalic papilla　06.1303

头软骨　cranial cartilage　06.1565

头肾　head kidney　07.1004

头丝　cephalic filament　06.1561

头索动物　cephalochordate, Cephalochordata（拉）　01.0077

头突　head process　04.0371

头腺　cephalic gland　06.1426

头向集中　cephalization　06.2489

头斜肌　obliquus capitis muscle　07.0651

头星骨针　tylaster　06.0856

头胸部　cephalothorax　06.0009

头胸甲　carapace　06.0010

头叶　head lobe　06.2490

头缘　cephalic rim　06.1710

头枝骨针　tyloclad　06.0810

头状部　capitulum　06.2077

头状骨　capital bone　07.0526

头锥　cephalic cone　06.1342

头足　cephalopodium　06.1559

头最长肌　longissimus capitis muscle　07.0702

骰骨　cuboid bone　07.0540

透孔　lunule　06.2889

透明斑　fenestra　06.1077

透明层　stratum lucidum（拉）　05.0398

透明带　zona pellucida（拉）　04.0042

＊透明管　hyaloid canal　05.0341

透明角质颗粒　keratohyalin granule　05.0409

透明帽　hyaline cap　06.0218

透明软骨　hyaline cartilage　05.0059

透明体　hyalosome　06.0195

＊透明细胞　hyalocyte　05.0340

透明足　pharopodium　06.0208

突变　mutation　02.0162

突触　synapse　05.0223

突触缝隙　synaptic cleft, synaptic fissure　05.0225

突触后膜　postsynaptic membrane　05.0227

突触泡　synaptic vesicle　05.0224

突触前膜　presynaptic membrane　05.0226

突盘　bothridium　06.1298

突起　apophysis　06.2138

突锥状刚毛　sublate seta　06.1758

图模标本　autotype　02.0048

土壤生物　geobiont　03.0345

土壤因子　edaphic factor　03.0114

土源性蠕虫　geohelminth　06.1123

土源性蠕虫病　geohelminthiasis　06.1125

吐弃　regurgitation　03.0561

吐弃块　pellet　03.0562

吐丝　fusule　06.0246

＊吐轴　regurgitation　03.0561

腿节沟　femoral groove　06.2115

蜕膜　decidua　04.0397

蜕膜胎盘　deciduous placenta　07.1035

蜕皮　ecdysis　01.0128

蜕皮后期　postmolt, metecdysis　06.2041

蜕皮激素　ecdysone　06.2037

蜕皮间期　intermolt　06.2040

蜕皮前期　premolt, proecdysis　06.2039

褪黑激素　melatonin　05.0632

退化　retrogression, degeneration　01.0141

退化多形　degenerative polymorphism　06.2287

退化性状　regressive character　02.0120

退化演替　retrogressive succession　03.0815

退行进化　retrogressive evolution　01.0142

＊退行性演化　retrogressive evolution　01.0142

吞噬泡　phagocytic vacuole　06.0641

吞噬[营养]　phagotrophy　03.0900

吞噬质　phagoplasm　06.0549

吞噬[作用]　phagocytosis　06.0640

臀大肌　gluteus maximus muscle　07.0693

臀鳍　anal fin　07.0038

臀鳍降肌　depressor analis muscle　07.0633

臀鳍倾肌　inclinator analis muscle　07.0635

臀鳍竖肌　erector analis muscle　07.0631

臀鳍缩肌　retractor analis muscle　07.0639

臀胝　ischial callosity　07.0111

臀中肌　gluteus medius muscle　07.0691

拖丝　dragline　06.2180

脱包囊　excystment　06.0639

脱核　karyorrhexis　05.0118

脱水　desiccation　06.2438

椭球　ellipsoid, sheathed capillary　05.0480
椭圆囊　utricle　05.0364

唾液腺　salivary gland　07.0742
唾液型　salivaria　06.0158

W

歪型尾　heterocercal tail　07.0043
外包　epiboly　04.0260
外鞭　outer flagellum　06.1918
外扁平细胞　ectopinacocyte　06.0678
*外表皮　exocuticle　06.0021
外出芽　external budding, exogenous budding, exogemmy　06.0503
外触手芽　extratentacular budding　06.1093
外唇　outer lip　06.1457
外雌器　epigynum　06.2161
外耳　external ear　07.1133
外耳道　external auditory meatus　07.1134
外翻出芽　evaginative budding, evaginogemmy　06.0505
外附生动物　epicole　03.0358
*外肛动物　ectoproct　01.0063
外根鞘　external root sheath　05.0431
外骨骼　exoskeleton　06.0036
外核层　outer nuclear layer　05.0322
外环的　exocyclic　06.2875
外寄生　ectoparasitism　03.0752
外寄生物　ectoparasite　03.0753
外加生长　appositional growth　05.0089
外角质层　exocuticle　06.0021
外节　epimerite　06.0310
外界膜　outer limiting membrane　05.0321
外卷沟　epirhysis　06.0723
外来种　exotic species　02.0191
外类群　outgroup　02.0144
外淋巴　perilymph　05.0356
外淋巴膜　perilymphytic space　05.0353
外卵室　ectooecium　06.2487
外胚层　ectoderm, ectoblast　04.0290
外胚层间质　ectomesenchyme　04.0291
外皮　cuticle　06.2494
外鞘　epitheca　06.1085
外鞘鳞板　exothecal dissepiment　06.1079
外韧带　outer ligament　06.1476

外筛骨　ectethmoid bone　07.0332
外生殖器　genitalia　06.0096
外生周期　exogenous cycle　06.0301
外套窦　pallial sinus　06.1499
外套反转　mantle reversal　06.2679
外套沟　mantle groove　06.2676
外套膜　mantle　06.1527
外套腔　mantle cavity　06.1528
外套乳头　mantle papillae　06.2678
外套神经节　pallial ganglion　06.1611
外套收缩肌　pallial retractor muscle　06.1558
*外套湾　pallial sinus　06.1499
外套线　pallial line　06.1498
外套眼　pallial eye　06.1529
外套叶　mantle lobe　06.2677
外套缘　mantle edge　06.2675
外套褶　mantle fold　06.2651
外体腔　outer coelom　06.2666
外凸　evagination　04.0268
外凸原肠胚　exogastrula　04.0249
外突　outer root　06.1282
外网层　outer plexiform layer　05.0323
外温动物　ectotherm　03.0412
外楔骨　ectocuneiform bone　07.0542
外蹼　outer web　07.0164
外斜肌　external oblique muscle　06.2609
外眼板　exsert　06.2774
外养生物　ectotroph　03.0240
外叶　exite　06.1940
外叶足　exolobopodium　06.0210
外因　extrinsic factor　03.0061
外源　exogenous　03.0957
外[源]适应　exoadaptation　01.0117
*外展神经　abducent nerve　07.1113
外枕骨　exoccipital bone　07.0329
外肢　exopod, exopodite　06.1944
外质　ectoplasm　06.0610
外质足　epipod, epipodium　06.0211

外轴骨骼　extra-axial skeleton　06.0898

外锥体　outer cone　06.1579

豌豆骨　pisiform bone　07.0520

弯泡　cyrtocyst　06.0477

弯咽管　cyrtos　06.0423

完全变态　complete metamorphosis　01.0127

碗状泡　phialocyst　06.0483

晚成雏　altrices　03.0547

晚成性　altricialism　03.0549

晚裂殖子　telomerozoite　06.0278

晚幼红细胞　acidophilic erythroblast, normoblast, metarubricyte　05.0116

晚幼粒细胞　metamyelocyte　05.0124

腕　arm, brachiole（棘皮动物）06.0035，wrist　07.0237

腕板　brachialia　06.2586

腕瓣　brachial valve　06.2582

腕钩　crura　06.2565

腕钩槽　crural trough　06.2571

腕钩基　crural base　06.2572

腕钩尖　crural point　06.2567

腕钩连板　cruralium　06.2569

腕钩突起　crural process　06.2568

腕钩窝　crural fossette　06.2570

腕钩支板　crural plate　06.2566

腕沟　brachial groove　06.2580

腕骨　brachidium　06.2562，carpal bone　07.0514

腕骨突起　brachidium process　06.2564

腕骨支柱　brachidium support　06.2563

腕关节　wrist joint　07.0582

腕环　loop　06.2573

腕棘　arm spine　06.2710

腕脊　arm ridge　06.2581

腕间的　interbrachial　06.2878

腕间隔　interbrachial septum　06.2880

腕间膜　interbranchial membrane　06.1578

腕节　carpopodite, carpus, wrist　06.1952

腕腔　arm cavity　06.2669

腕神经节　brachial ganglion　06.1608

腕丝（腕足动物）　cirrus　06.2578

腕细腔　arm canal　06.2668

腕型　brachidial pattern　06.2584

腕型变化　brachidial change　06.2583

腕掌关节　carpometacarpal joint　07.0583

腕褶　brachial fold　06.2579

腕支柱　brachidial support　06.2585

腕趾　pad　06.1575

腕栉　arm comb　06.2884

腕足动物　brachiopod, Brachiopoda（拉）01.0065

网板　reticular lamina　05.0013

网格层　clathrum　06.0555

网丝泡　clathrocyst　06.0484

网胃　reticulum　07.0747

网织红细胞　reticulocyte　05.0117

网状层　reticular layer　05.0416

网状带　zona reticularis（拉）05.0617

网状骨片　desma　06.0887

网状骨骼　dictyonalia　06.0895

网状结构　reticular formation　05.0251

网状皿形体　reticulate cup　06.2800

网状内皮系统　reticuloendothelial system, RES　05.0133

网状球形体　reticulate sphere　06.2801

* 网状神经系　diffuse nervous system　06.0070

网状纤维　reticular fiber　05.0041

网状组织　reticular tissue　05.0058

网足　reticulopodium　06.0216

微变态　epimorphosis　06.2195

微虫室　zooecicule　06.2328

微动脉　arteriole　05.0281

微个虫　nanozooid　06.2306

微[观]进化　microevolution　02.0027

微管轴　manchette　06.0175

微静脉　venule　05.0282

微孔　micropore　06.0299

微量营养物　micronutrient　03.0117

微绒毛　microvillus　05.0017

微生态系[统]　microecosystem　03.0880

微丝　microneme, microfilament　06.0340

微丝蚴　microfilaria　06.1251

微突变　micromutation　02.0164

微尾尾蚴　microcercous cercaria　06.1223

微型浮游生物　nannoplankton　03.0304

微型游泳生物　micronekton　03.0331

微循环　microcirculation　05.0294

微眼　aesthete　06.1633

* 微宇宙　microcosm　03.0881

微褶细胞　microfold cell　05.0490

危害密度　density of infection　03.1022

危害系数　coefficient of injury　03.1021

韦伯器［官］　Weber's organ　07.0430

韦伯小骨　Weber's ossicle　07.0431

围鞭毛膜　periflagellar membrane　06.0703

围动脉淋巴鞘　periarterial lymphatic sheath, PALS　05.0479

围颚环　perignathic girdle　06.2903

围耳骨　periotic bone　07.0359

围腹吸盘褶　circumacetabular fold　06.1259

围肛板　periproct plate　06.2755

围肛部　periproct　06.2844

围肛纤毛　perianal cilia　06.2687

围骨针海绵质　perispicular spongin　06.0705

围基节　pericoxa　06.2241

围口板　peristomial plate　06.2745

围口部　peristome　06.2843

围口触手　tentacular cirrus　06.1699

围口触须　peristomium cirrus　06.1663

围口刺　perioral spine　06.1346

围口冠　circumoral crown　06.1347

围口环　circumoral ring　06.2373

围口节　peristomium　06.1657

围口排泄环　circumoral excretory ring　06.1425

围眶骨　circumorbital bone　07.0343

围囊　atrial sac　06.1433

围鞘　perisare　06.0949

围鳃腔　atrium　07.0878

围鳃腔孔　atriopore　07.0279

围椭球淋巴鞘　periellipsoidal lymphatic sheath, PELS　05.0481

围腺细胞　atrial gland cell　06.1434

围心腔　pericardial cavity　07.0905

围咽环　circumpharyngeal ring　06.0426

围咽腔　periesophageal space　06.2661

围咽神经　circumpharyngeal nerve　06.0074

围脏鞘　peritoneal sheath　06.2541

围栅　pali　06.1071

围栅瓣　paliform lobe　06.1072

围足部　peripodium　06.2845

伪包囊　pseudocyst　06.0638

伪复型刚毛　pseudocompound seta　06.1775

伪复眼　pseudo-compound eye　06.2206

伪接合　pseudoconjugation　06.0336

伪口　pseudostome　06.0221

伪小膜　pseudomembranelle　06.0388

伪原质团　pseudoplasmodium　06.0346

伪柱体　pseudo-paxillae　06.2790

伪足　pseudopodium　06.0206

尾板　tail plate　06.1467

尾［部］　tail, pygidium（环节动物）　06.0005

尾部附肢　caudal appendage　06.2083

尾叉　caudal furca　06.1838

尾垂体　urohypophysis　07.1177

尾刺　caudal spine　06.1318

尾动脉　caudal artery　07.0992

尾段（精子）　end piece　04.0113

尾杆骨　urostyle　07.0465

尾感器　phasmid　06.1160

尾合纤毛束　caudalia　06.0360

尾节　telson, pygidium　06.1835

尾静脉　caudal vein　07.0993

尾鳍（鱼）　caudal fin　07.0039

尾鳍屈肌　flexor caudi muscle　07.0648

尾鳍收肌　adductor caudi muscle　07.0647

尾扇　tail fan, rhipidura　06.2088

尾上骨　epural bone　07.0466

尾舌骨　urohyal bone　07.0405

尾神经　coccygeal nerve　07.1127

尾索动物　urochordate, Urochordata（拉）　01.0076

尾突　caudal process, ampulla（腕足动物）　06.1837

尾下骨　hypural bone　07.0467

尾纤毛　caudal cilium　06.0359

尾腺　caudal gland　06.1435

尾须　cercus　06.2256

尾叶（鲸）　tail fluke　07.0040

尾翼膜　caudal ala　06.1268

尾蚴　cercaria　06.1214

尾蚴膜反应　cercarian huellen reaction, CHR　06.1141

尾羽　tail feather, rectrix　07.0160

尾肢　uropoda, uropodite　06.2087

尾脂腺　uropygial gland　07.0272

尾椎　caudal vertebra　07.0459

尾综骨　pygostyle　07.0464

纬裂　latitudinal cleavage　04.0217

未定种　species indeterminata(拉)，sp. indet.(拉)　02.0226

未分化细胞　undifferentiated cell　04.0172

未刊学名　manuscript name　02.0209

未受精透明带　unfertilized hyaline layer　04.0132

未熟节片　immature segment, immature proglottid　06.1157

味蕾　taste bud　07.0755

味器　gustatory organ　06.1630

胃　stomach　06.0056

胃层　gastral epithelium　06.0695

胃底　fundus　05.0504

胃底腺　fundic gland　07.0740

胃动脉　gastric artery　07.0943

胃盾　gastric shield　06.1622

胃腹神经系[统]　stomato-gastric system　06.1618

胃沟　gastric groove　06.1892

胃盲囊　caecum　06.2368

胃磨　gastric mill　06.2050

胃泡　gastriole　06.0583

胃腔　gastral cavity　06.0722

胃区　gastric region　06.1841

胃上刺　epigastric spine　06.1866

胃石　gastrolith　06.2051

胃丝　gastral filament　06.0969

胃体壁隔膜　gastroparietal band　06.2540

胃外区　epigastrium　06.2151

[胃腺]主细胞　chief cell　05.0508

胃小凹　gastric pit　05.0505

胃须　gastralia　06.0733

胃绪　funiculus　06.2370

* 位砂　otoconium, otolith, statoconium, statolith　05.0368

* 位砂膜　otoconium membrane, statoconium membrane　05.0369

* 位石　otoconium, otolith, statoconium, statolith　05.0368

* 位石膜　otoconium membrane, statoconium membrane　05.0369

* 位听器[官]　vestibulocochlear organ　07.1163

* 位听神经　vestibulocochlear nerve　07.1115

位置未[确]定　incertae sedis(拉)　02.0231

温度适应　thermal adaptation　01.0118

温度系数　temperature coefficient　03.0100

温泉群落　thermium　03.0847

温湿图　thermo-hygrogram, hydrotherm graph, temperature-humidity graph　03.0104

温跃层　thermocline　03.0099

温周期　thermoperiod　03.0101

纹状管　striated duct　05.0525

纹状体　corpus striatum　07.1091

纹状缘　striated border　05.0032

吻　beak(苔藓动物)，proboscis, rostrum, snout(鱼)　06.0045

吻板　rostrum　06.2060

吻侧板　rostro-lateral compartment, latus rostrale　06.2062

吻端　rostral side　06.2061

吻钩　rostellar hook　06.1292

* 吻囊　rostellar hook　06.1292

* 吻腔动物　Rhynchocoela(拉)　01.0039

吻鞘　proboscis receptacle　06.1291

吻突　proboscis　06.1290

吻血窦　rostal sinus　06.2046

稳定进化对策　evolutionary stable strategy　03.0143

稳定选择　stabilising selection　02.0030

蜗窗　fenestra cochleae　07.1170

蜗孔　helicotrema(拉)　05.0379

蜗牛素　helicin　06.1624

蜗轴　modiolus　05.0361

窝　clutch, brood　03.0556，fossa　06.1087

窝芽　cryptogemmy　06.0542

* 沃尔夫管　Wolffian duct, mesonephric duct　04.0352

污染　pollution　03.1027

污染人兽互通病　sapro-zoonosis　06.1131

污水动物　saprobic animal, saprobiotic animal　03.0284

污水浮游生物　saproplankton　03.0311

污水生物　saprobia　03.0283

污着生物　fouling organism　03.0374

无鞭毛体　amastigote　06.0143

X

习性　habit　01.0122

系谱学　genealogy　02.0008

系丝泡　haptocyst　06.0479

系统发生　phylogeny, phylogenesis　01.0149

系统发生学　phylogenetics　02.0007

＊系统发育　phylogeny, phylogenesis　01.0149

系统分类学　systematics　02.0006

系统生态学　system ecology　03.0016

系统收藏　systematic collection　02.0146

A 细胞　A cell　05.0541

B 细胞　B cell　05.0542

C 细胞　C cell　05.0543

＊ACTH 细胞　corticotroph, corticotropic cell　05.0609

＊LTH 细胞　mammotroph, mammotropic cell　05.0606

＊MSH 细胞　melanotroph, melanotropic cell　05.0610

＊STH 细胞　somatotroph, somatotropic cell　05.0605

＊TSH 细胞　thyrotroph, thyrotropic cell　05.0608

细胞毒性 T[淋巴]细胞　cytotoxic T cell　05.0446

细胞分化　cell differentiation　04.0175

细胞集合　cell aggregation　04.0269

细胞间质　intercellular substance　05.0051

细胞谱系　cell lineage　04.0180

细胞株　cell strain　05.0447

细胞滋养层　cytotrophoblast　04.0389

细胞最后分化　histoteliosis　04.0421

细齿刚毛　denticulate seta　06.1750

细滴虫期　leptomonad stage　06.0161

细纺管　spool　06.2159

细肌丝　thin filament　05.0162

细颈囊尾蚴　cysticercus tenuicollis(拉)　06.1246

细支气管　bronchiole　07.0899

＊细支气管细胞　Clara cell　05.0560

虾红素　astacin　06.2043

虾青素　astaxanthin　06.2044

峡部　isthmus　05.0647

狭带性　stenozone　03.0223

狭栖性　stenoecic, stenotope　03.0222

狭深性　stenobathic　03.0224

狭食性　stenophagy　03.0227

狭适性　stenotropy　03.0220

狭温性　stenothermal　03.0225

狭盐性　stenohaline　03.0228

狭氧性　stenooxybiotic　03.0226

狭域性　stenoky　03.0221

下板　hypoplastron　07.0093

下背舌叶　infra-notoligule　06.1674

下鼻甲　inferior concha　07.0374

下鞭　lower flagellum　06.1919

下不动关节　hypozygal　06.2783

下层浮游生物　hypoplankton　03.0324

下层游泳生物　subnekton　03.0333

下沉上皮　insunk epithelium　06.1353

下触角　inferior antenna　06.1902

下唇　labium　06.0048

下次尖　hypoconid　07.0833

下次小尖　hypoconulid　07.0835

下段(中胚层)　hypomere　04.0310

下纲　infra-class　02.0085

下颌骨　mandible　07.0395

下颌间肌　intermandibular muscle　07.0618

下颌收肌　adductor mandibulae　07.0617

下后尖　metaconid　07.0836

下基板　hypocoxa, infrabasal plate(棘皮动物)　06.2223

下科　infra-family　02.0087

下目　infra-order　02.0086

下内尖　endoconid　07.0810

下内小尖　endoconulid　07.0811

下胚层　hypoblast　04.0294

下皮　hypodermis　06.0024

下脐　inferior umbilicus　07.0162

下前尖　paraconid　07.0840

下丘　inferior colliculus　07.1094

＊下丘脑　hypothalamus　07.1086

下鳃盖骨　subopercular bone　07.0416

下鳃骨　hypobranchial bone　07.0411

下鳃肌　hypobranchial muscle　07.0616

下伞　subumbrella　06.0961

下舌骨　hypohyal bone　07.0403

下神经系　hyponeural system　06.2946

下向皮层骨针　hypodermalia　06.0806

下向胃层骨针　hypogastralia　06.0807

下斜肌　inferior oblique muscle　07.0606
下行鳃板　descending lamella　06.1546
下原尖　protoconid　07.0842
下缘板　inframarginal plate　06.2769
下直肌　inferior rectus muscle　07.0602
下椎体　hypocentrum　07.0462
下锥　hypocone　06.0180
夏候鸟　summer migrant　03.0402
夏季浮游生物　summer plankton　03.0319
夏季停滞[期]　summer stagnation　03.0513
夏卵　summer egg　06.2030
夏休芽　summer statoblast　06.2462
夏蛰　aestivation　03.0501
先成论　preformation theory　04.0011
先锋群落　pioneer community, initiative community
　03.0808
先锋[物]种　pioneer　03.0809
纤毛　cilium, ciliary process（软体动物）　06.0347
纤毛孢子　ciliospore　06.0353
纤毛虫　ciliate　06.0350
纤毛虫学　ciliatology　06.0351
纤毛根丝　ciliary rootlet　06.0349
纤毛冠　corona　06.2652
纤毛后微管　postciliary microtubule　06.0356
纤毛后微纤维　postciliodesma　06.0357
纤毛后纤维　postciliary fiber　06.0355
纤毛漏斗　ciliated funnel　06.2942
纤毛刷　brosse　06.0354
纤毛系　ciliature　06.0352
纤毛子午线　ciliary meridian　06.0348
纤丝泡　fibrocyst　06.0473
纤维根丝　fibrillar rootlet　06.0449
纤维连接　fibrous joint　07.0560
纤维软骨　fibrocartilage, fibrous cartilage　05.0061
纤维细胞　fibrocyte　05.0045
纤维性星形胶质细胞　fibrous astrocyte　05.0198
纤羽　filoplume, pin-feather　07.0142
咸水　salt water　03.0111
咸水浮游生物　haliplankton　03.0313
嫌色细胞　chromophobe cell　05.0601
显带海星　phanerozonate　06.2698
显球型　megalospheric form　06.0230
显隐子　phanerozoite　06.0288

现存库　standing pool　03.0937
现存量　standing crop, standing stock　03.0919
现生种　recent species　02.0197
腺　gland　05.0023
腺垂体　adenohypophysis　05.0599
腺介幼体　cypris larva　06.2004
腺泡　acinus　05.0027
腺上皮　glandular epithelium　05.0022
腺胃　glandular stomach　07.0763
腺质片　glandular lamella　06.1597
陷器　pit organ　07.1103
陷丝　trapline　06.2181
陷窝　lacuna　05.0079
限制因子　limiting factor　03.0065
M 线　M line, M membrane　05.0154
Z 线　Z line, Z membrane　05.0155
线虫病　nematodiasis　06.1112
线虫[动物]　nematode, roundworm, Nematoda（拉）　01.0044
线虫学　nematology　06.1101
线束骨针　dragmas　06.0836
线丝六星骨针　graphiohexaster　06.0870
线形动物　nematomorph, horsehair worm, Nematomorpha（拉）　01.0045
相关性状　correlated character　02.0128
相互适应　coadaptation　02.0016
相克生物　antibiont　03.0778
相容性　compatibility　02.0131
相似性　similarity　03.0799
相似性指数　similarity index　03.0800
镶嵌分布　mosaic distribution　02.0233
镶嵌卵　mosaic egg　04.0093
镶嵌[嵌]合体　hyperchimaera　04.0196
镶嵌式发育　mosaic development　04.0233
镶嵌型卵裂　mosaic cleavage　04.0231
项　nape　07.0199
项器　organum nuchale　06.1656
向心辐骨针　esactine　06.0838
象牙　ivory　07.0820
消除性免疫　sterilizing immunity　06.1137
消费　consumption　03.0890
消费者　consumer　03.0896
消化　digestion　01.0089

消化腔　gastrovascular cavity　06.0995

小板形骨针　platelet　06.1045

小棒骨针　microstrongyle　06.0844

小孢子　microspore　06.0263

小柄　peduncle　06.0943

小肠　small intestine　07.0727

小齿　denticle　06.0030

小齿次旋刚毛　serrulate subspiral seta　06.1761

＊小触角　first antenna, antennule　06.1897

小刺　spinule　06.0029

＊小多角骨　trapezoid [bone]　07.0525

小颚钩　maxillary hook　06.1928

小颚腺　maxillary gland　06.1927

小二尖骨针　microxea　06.0845

小分类学　microtaxonomy　02.0002

小分裂球　micromere　04.0228

小杆骨针　microrabdus, microrabd　06.0846

小共生体　microsymbiont　03.0731

小钩　hooklet　06.1299

小骨针　microsclere　06.0742

小管　ductulus, canaliculus, solenium（腔肠动物）
　　05.0029

小管肾　micronephridium　06.0091

小核　micronucleus　06.0451

小棘　miliary spine　06.2713

小胶质细胞　microglia　05.0200

小角软骨　corniculate cartilage　07.0860

小接合体　microconjugant　06.0516

小荆骨针　microcalthrops　06.0847

小锯齿刚毛　serrulate seta　06.1759

小裂片　lobule　06.1000

小卵对策　small egg strategy　03.0984

小膜　membranelle　06.0390

小膜口缘区　adoral zone of membranelle, AZM
　　06.0411

小膜区　membranoid　06.0389

小囊　saccule　06.2932

小脑　cerebellum　07.1089

小脑半球　cerebellar hemisphere　07.1147

小脑皮层　cerebellar cortex　05.0253

小配子　microgamete　06.0590

小配子母体　microgamont　06.0592

小配子母细胞　microgametocyte　06.0591

小配子形成　exflagellation　06.0284

小栖息地　microhabitat　03.0036

小鳍　finlet　07.0048

小气候　microclimate　03.0088

小丘　monticule　06.1075

小球骨针　globule, spherule　06.0841

小球体　microsphere　06.0247

小球细胞　spherulous cell　06.0666

＊小肾管　micronephridium　06.0091

小室　loculus　06.0996

小腿　shank　07.0242

小网膜　lesser omentum　07.0777

小微眼　microaesthete　06.1634

小型浮游生物　microplankton　03.0303

小型消费者　microconsumer　03.0902

小演替系列　microsere　03.0823

小叶　lobule　05.0031

小翼羽　alula, bastard wing　07.0130

小阴唇　labium minus [pudendi], lesser lip of
　　pudendum　07.1048

小月面　lunule　06.1475

小疣　miliary tubercle　06.2825

小疣突　pustule　06.2831

小枝骨针　cleme　06.0776

小柱体　paxillae　06.2789

效应细胞　effector cell　05.0449

楔骨　cuneiform bone　07.0521

楔形骨针　tornote　06.0782

楔状软骨　cuneiform cartilage　07.0428

协同进化　coevolution　01.0134

斜方骨　trapezium bone　07.0527

斜方肌　trapezius muscle　07.0668

斜肌　oblique muscle　06.0065

斜角肌　scalenus muscle　07.0705

斜纹肌　obliquely striated muscle, spirally striated
　　muscle　05.0147

胁　flank, costa（原生动物）　07.0200

泄殖孔　cloacal pore　06.0094

泄殖腔　cloaca　06.0093

泄殖腔膀胱　cloacal bladder　07.1007

泄殖腔腺　cloacal gland　07.0253

新北界　Nearctic realm　02.0247

新订学名　new name, nom. nov.（拉）　02.0203

新科　new family, fam. nov.（拉）　02.0202
新轮幼体　kentrogon larva　06.2006
新模标本　neotype　02.0040
新皮层　neopallium　07.1080
新热带界　Neotropical realm　02.0249
新属　new genus, gen.nov.（拉）　02.0201
新亚种　new subspecies, subsp. nov.（拉），ssp. nov.（拉）　02.0187
新月板　lunate plate　06.2142
新月体　crescent　04.0254
新月形骨针　crescent　06.1026
新种　new species, sp. nov.（拉）　02.0185
*心包　pericardium　05.0276
心包膜　pericardium　05.0276
*心包腔　pericardial cavity　07.0905
心房　atrium, cardiac atrium　07.0908
心肌　cardiac muscle, myocardium　05.0145
心肌膜　myocardium　05.0278
心静脉　cardiac vein　07.0963
心囊　heart vesicle, heart sac　06.2634
心内膜　endocardium　05.0279
心区　cardiac region　06.1843
心鳃沟　branchio-cardiac groove　06.1894
心鳃脊　branchio-cardiac carina　06.1857
心室　ventricle, cardiac ventricle　07.0909
心外肌膜　epimyocardium　04.0348
心外膜　epicardium　05.0277
心[脏]　heart　06.0079
囟[门]　fontanelle　07.0316
信号　signal　03.0569
信息素　pheromone　03.0431
信息素作用区　active space　03.0437
星虫[动物]　sipunculan, Sipuncula（拉）　01.0048
星根　astrorhizae　06.0686
星孔　astropyle　06.0238
星形细胞　stellate cell　05.0258
星状骨针　aster　06.0868
型　forma　02.0166
I型肺泡细胞　type I alveolar cell, squamous alveolar cell　05.0555
Ⅱ型肺泡细胞　type Ⅱ alveolar cell, great alveolar cell　05.0556
*Z形带　zigzag ribbon　06.2188

Y形软骨　Y-shaped cartilage　07.0549
形态发生　morphogenesis　04.0271
形态分化　morphodifferentiation　04.0270
形态梯度　morphocline　02.0175
形态种　morphospecies　02.0196
S形触手冠　sigmoid lophophore　06.2518
行为　behavior　01.0121
行为级　behavioral scaling, behavioral scale　03.0460
行为生态学　behavioral ecology　03.0008
行为生物学　behavioral biology　03.0009
行为适应　behavior adaptation　03.0457
行为梯度　behavior gradient　03.0458
行为梯度变异　ethocline　03.0459
性比　sex ratio　03.0651
性别　sex, sexuality　04.0005
性[别]分化　sexual differentiation　01.0176
性别决定　sex determination　04.0006
性多态　sexual polymorphism　01.0179
性发育不全　sexual dysgenesis　04.0419
性隆脊　puberty wall, tuberculum puberty　06.1798
性母细胞　auxocyte　04.0023
性[选]择　sexual selection　03.0969
性引诱　sexual attraction　03.0530
性状　character　02.0124
性状分异　divergence of character　02.0172
性状趋异　character divergence　02.0015
胸[部]　thorax　06.0002
胸窦　thoracic sinus　06.2045
胸肌　pectoral muscle　07.0679
胸甲　breast theca　06.2228
胸肋　sternal rib　07.0471
胸肋关节　sternocostal joint　07.0574
胸膜　pleura　07.0870
胸膜腔　pleural cavity　07.0769
胸皮腺　chest gland　07.0255
胸鳍　pectoral fin　07.0034
胸鳍收肌　adductor pectoralis muscle　07.0643
胸鳍展肌　abductor pectoralis muscle　07.0641
胸腔　thoracic cavity　07.0869
胸乳突肌　sternomastoideus muscle　07.0704
胸腺　thymus　07.0979
胸腺细胞　thymocyte　05.0470

胸腺小囊　thymic cyst　05.0474

胸腺小体　thymic corpuscle, Hassall's corpuscle　05.0471

胸肢　thoracic appendage　06.1935

胸主动脉　thoracic aorta　07.0924

胸椎　thoracic vertebra　07.0455

雄个虫　androzooid, male zooid　06.2313

雄核发育　androgenesis　04.0159

雄激素　androgen　05.0620

雄模标本　androtype　02.0052

雄配子　androgamete, male gamete　04.0025

雄性附肢　appendix masculina(拉)　06.2015

雄性交接器　petasma, penis　06.0107

雄性突起　processus masculinus(拉)　06.2016

雄性先熟　protandry　01.0174

雄性线　linea masculina(拉)　07.0105

雄原核　male pronucleus　04.0151

＊熊虫　water bear　01.0054

休眠　dormancy　03.0424

休眠合子　hypnozygote　06.0186

休眠卵　resting egg　06.2029

休[眠]芽　statoblast　06.2461

休眠子　dormozoite, hypnozoite　06.0334

休眠孢子　statospore　06.0187

朽木生物　saproxylobios　03.0365

嗅板　olfactory placode　04.0334

嗅迹　odor trail　03.0578

嗅检器　osphradium　06.1635

嗅角　rhinophora　06.1627

嗅觉孔　olfactory pore　06.1632

嗅觉器[官]　olfactory organ　07.1136

嗅觉锥　olfactory cone　06.2224

嗅毛　olfactory hair　06.0027

嗅泡　olfactory vesicle, olfactory knob　05.0553

嗅球　olfactory bulb　07.1143

嗅区　olfactory region　07.0307

嗅上皮　olfactory epithelium　05.0551

嗅神经　olfactory nerve　07.1108

嗅窝　nasal pit, olfactory pit　04.0335

嗅细胞　olfactory cell　05.0552

嗅腺　olfactory gland, Bowman's gland　05.0554

虚名　naked name　02.0218

须毛　cirrus　06.1640

须腕动物　pogonophoran, Pogonophora（拉）　01.0053

序位　hierarchy　03.0028

续骨　symplectic bone　07.0406

续绦期　metacestode　06.1210

悬核网　karyophore　06.0462

悬器　suspensorium　07.0429

旋星骨针　spiraster　06.0781

旋转骨针　spire　06.0826

K 选择　K-selection　03.0976

r 选择　r-selection　03.0978

选模标本　lectotype　02.0039

选择压力　selection pressure　03.0980

炫耀　display　03.0526

学名　scientific name　02.0212

学名笔误　lapsus calami(拉)　02.0215

学名差错　error　02.0214

学名订正　emendation　02.0213

穴居动物　cave animal, cryptozoon　03.0350

血窦　[blood] sinusoid　05.0477

血管　blood vessel　06.0082

血管极　vascular pole　05.0570

[血管]内膜　tunica intima, intima(拉)　05.0283

血管区　area vasculosa　04.0365

[血管]外膜　tunica externa, adventitia（拉）　05.0285

血管纹　stria vascularis(拉)　05.0381

[血管]中膜　tunica media, media(拉)　05.0284

血管滋养管　nutrient vessel, vasa vasorum（拉）　05.0290

血红蛋白　hemoglobin　05.0095

血囊　haematodocha　06.2144

血内皮胎盘　haemoendothelial placenta　07.1041

血腔　haemocoel　06.0083

血青素　hemocyanin　06.0084

血绒膜胎盘　haemochorial placenta　07.1040

血生型　sanguicolous　06.0645

血细胞发生　hemocytopoiesis　05.0109

血小板　[blood] platelet　05.0107

＊血小板发生　thrombopoiesis　05.0134

血[液]　blood　05.0093

血液寄生虫　haematozoic parasite, haematozoon　06.1104

循环 circulation 01.0091

循环率 cycling rate 03.0932

循环人兽互通病 cyclo-zoonosis 06.1129

循环稳定性 cyclical stability 03.0951

巡游 cruising 03.0392

巡游半径 cruising radius 03.0393

Y

压盖肌 depressor muscle 06.2057

芽骨 virgalia 06.2805

芽基 blastema 04.0354

芽囊 capsule 06.2472

芽球 gemmule 06.0899

芽球生殖 gemmulation 06.0900

芽生 gemmation 06.0635

*牙[本]质 dentine 07.0828

[牙]齿 tooth 06.0051

牙沟 fang groove, cheliceral furrow 06.2100

*牙间隙 diastema 07.0807

哑铃形骨针 dumb-bell 06.1016

亚螯 sub-chela 06.1959

亚螯状 sub-chelate 06.1964

亚成体 subadult 03.0542

亚齿 secondary tooth 06.1695

亚盾片 subtegulum 06.2131

亚纲 subclass 02.0080

亚界 subkingdom 02.0078

亚科 subfamily 02.0082

*亚里士多德提灯 Aristotle's lantern 06.2919

亚门 subphylum 02.0079

亚目 suborder 02.0081

亚适温 suboptimal temperature 03.0096

亚氏提灯 Aristotle's lantern 06.2919

亚属 subgenus 02.0083

亚双叶型疣足 sub-biramous parapodium 06.1678

亚厣 suboperculum 06.1464

亚中齿 submedian tooth 06.1878

亚中小齿 submedian denticle 06.1879

亚中央脊 submedian carina 06.1861

亚种 subspecies 02.0084

亚种分化 subspecies differentiation 02.0186

咽 pharynx 06.0052

咽扁桃体 pharyngeal tonsil 07.0898

咽齿 pharyngeal tooth 07.0414

咽鼓管 pharyngotympanic tube, Eustachian tube

07.0896

咽骨 pharyngeal bone 07.0413

咽甲 pharyngeal armature 06.1356

咽篮 pharyngeal basket 06.0422

咽门 fauces 07.0897

咽膜 peniculus 06.0419

咽囊 pharyngeal pouch 06.1355

咽腔 pharyngeal cavity 06.1357

咽鳃骨 pharyngobranchial bone 07.0408

咽上肌 epipharyngeal muscle 07.0628

咽上神经节 suprapharyngeal ganglion 06.1606

咽微纤丝 nematodesma 06.0427

咽下神经节 subpharyngeal ganglion 06.1607

咽下声囊 subgular vocal sac 07.0118

咽腺 pharyngeal gland 06.1439

盐皮质激素 mineralocorticoid, mineralosteroid

05.0619

盐生生物 halobios 03.0290

盐生演替系列 halosere 03.0830

*盐酸细胞 parietal cell, oxyntic cell 05.0507

盐腺 salt gland 07.0271

盐跃层 halinecline 03.0113

岩鼓骨 petrotympanic bone 07.0362

延髓 myelencephalon 07.1072

延增效应 multiplier effect 03.0975

颜瘤 facial tubercle 06.1719

颜面[表情]肌 muscle of facial expression 07.0607

颜色适应 color adaptation 03.0441

沿岸群落 littoral community 03.0859

厣 operculum 06.1463

眼 eye 06.0069

眼板 eye plate 06.1824

眼柄 eye stalk, eye peduncle, ocular peduncle

06.1823

眼点 eye spot, stigma(原生动物), ocellus(腔肠动

物) 06.0068

眼后刺 post-orbital spine 06.1868

眼后房　posterior chamber of the eye　07.1132

眼后沟　post-orbital groove　06.1890

眼睑　eyelid　05.0342

眼节　ophthalmic somite　06.1822

眼眶触角沟　orbito-antennal groove　06.1891

眼眶前刺　preorbital spine　06.1883

眼囊　optic capsule　07.0305

眼前房　anterior chamber of the eye　07.1131

眼球　eyeball　07.1130

眼球纤维膜　fibrous tunic, tunica fibrosa bulbi
　05.0298

眼球血管膜　vascular tunic of eyeball, uvea（拉）
　05.0302

眼圈　eye ring　07.0205

眼上刺　supraorbital spine　06.1867

眼胃脊　gastro-orbital carina　06.1853

眼窝　orbit　06.1583

眼下齿　suborbital tooth　06.1885

眼下区　suborbital region　06.1848

眼先（鸟）　lore　07.0198

眼叶　oculiferous lobe, eye lobe, optic lobe　06.1825

衍征　apomorphy　02.0178

演替　succession　03.0804

演替系列　sere　03.0822

演替系列单位　seral unit　03.0824

演替系列群落　seral community　03.0826

演替系列组合　socies　03.0825

厌光性　photophobe　03.0166

厌旱性　xerophobe　03.0173

厌水性　hydrophobe　03.0168

厌酸性　acidophobe　03.0171

厌性反应　phobic reaction　03.0164

厌雪性　chionophobe　03.0169

厌盐性　halophobe　03.0172

厌阳性　heliophobe　03.0167

厌氧生物　anaerobe　03.0165

厌氧性　oxyphobe　03.0170

焰基球　flame bulb　06.1419

焰细胞　flame cell　06.1418

羊膜　amnion　04.0377

羊膜动物　amniote　07.0011

羊膜腔　amniotic cavity　04.0382

羊膜心泡　amnio-cardiac vesicle　04.0385

羊膜形成　amniogenesis　04.0381

羊膜液　amniotic fluid　04.0383

羊膜褶　amniotic fold　04.0384

羊囊尾蚴　cysticercus ovis（拉）　06.1244

＊羊水　amniotic fluid　04.0383

样带法　line transect　03.0041

样点　sampling site　03.0040

样方　quadrat, sample plot　03.0039

腰　rump　07.0201

腰鞭核　dinokaryon, dinonucleus　06.0140

腰鞭毛虫孢囊　hystrichosphere　06.0139

腰鞭孢子　dinospore　06.0141

腰大肌　psoas major muscle　07.0690

腰带　cingulum　06.0200，　pelvic girdle　07.0498

＊腰骶丛　lumbosacral plexus　07.1128

＊腰骶连结　lumbosacral joint　07.0570

腰痕骨　pelvic rudiment bone　07.0528

腰荐丛　lumbosacral plexus　07.1128

腰荐关节　lumbosacral joint　07.0570

腰神经　lumbar nerve　07.1125

腰肾　pelvic kidney　07.1005

腰椎　lumbar vertebra　07.0456

咬合面　occlusal surface　07.0818

咬肌　masseter muscle　07.0650

野化　feralization　03.0995

野生生物保护　wildlife conservation　03.0988

野生生物管理　wildlife management　03.0989

叶　lobe　05.0030

叶棒形骨针　leaf club　06.1035

叶纺锤形骨针　leaf spindle　06.1036

叶冠　corona radiata（拉）　06.1350

叶裂［法］　delamination　06.2514

叶球形骨针　foliate spheroid　06.1050

叶鳃　phyllode　06.2948

叶枝型附肢　phyllopod type appendage　06.1937

叶状腹叶　pinnule　06.1690

叶状鳃　phyllobranchiate　06.1979

叶状腺　lobed gland　06.2175

叶状幼体　phyllosoma larva　06.1996

叶足　lobopodium　06.0214

曳鳃动物　priapulid, Priapulida（拉）　01.0047

腋动脉　axillary artery　07.0948

腋腺　axillary gland　07.0256

腋羽 axillary 07.0131

*夜出 nocturnal 03.0497

夜浮游生物 nyctipelagic plankton 03.0320

夜间迁徙 nocturnal migration 03.0385

夜行 nocturnal 03.0497

夜眼 nocturnal eye 06.2111

液泡 pusule 06.0201

一雌多雄 polyandry 03.0685

一化 univoltine 03.0537

一胎多子的 polytocous 04.0412

一雄多雌 polygyny 03.0684

依赖性分化 dependent differentiation 04.0173

遗传多样性 genetic diversity 02.0149

遗传隔离 genetic isolation 02.0161

遗忘学名 nomen oblitum(拉) 02.0207

移行 migration 03.0379

移行细胞 transitional cell 05.0292

移植 transplantation 04.0165

仪表行为 ceremony 03.0464

胰 pancreas 07.0789

胰岛 pancreatic islet, islet of Langerhans 05.0540

胰岛素 insulin 05.0544

疑难学名 nomen dubium(拉), nom. dub.(拉) 02.0204

疑性 ambisexual 06.1646

蚁客 symphile 03.0741

已引证 loco laudato(拉), loc. cit.(拉) 02.0224

抑制性 T[淋巴]细胞 suppressor T cell 05.0445

抑制芽球 gemmulostasin 06.0901

抑制因子 inhibitive factor 03.0064

抑制作用 inhibition 03.0439

易地保护 ex situ conservation 03.1017

易危种 susceptible species 03.1006

役生 helotism 03.0742

异凹椎体 heterocoelous centrum 07.0487

异部大核 heteromerous macronucleus 06.0453

异齿刺状刚毛 heterogomph spinigerous seta 06.1771

异齿关节 heterogomph articulation 06.1722

异齿镰刀状刚毛 heterogomph falcigerous seta 06.1773

异辐骨针 anisoactinate 06.0831

异杆骨针 anomoclad 06.0869

异个虫 heterozooid 06.2308

异化 dissimilation 01.0111

异境生物 heterozone organism 03.0273

异律分布 heteronomous metamerism 06.0015

异卵双胎 non-identical twin 04.0409

异模标本 ideotype 02.0047

异配生殖 anisogamy 04.0197

异亲 alloparent 03.0602

异亲抚育 alloparent care 03.0603

异染性 metachromasia 05.0043

异沙蚕体 heteronereis 06.1800

异生小体 xenosome 06.0631

异时隔离 allochronic isolation 02.0033

异速生长 allometry 03.0510

异宿主型 heteroxenous form 06.1193

异体 xenoma 06.0630

异温性 heterothermy 03.0413

[异物]同名 homonym 02.0118

异小膜 heteromembranelle 06.0385

异型齿 heterodont 07.0796

*异型合子 heterozygote 04.0145

异型生活史 heterogonic life cycle 06.1196

异型世代交替 heterogeny 01.0171

异形鞭毛的鞭毛虫 heterokont flagellate 06.0146

异形鞭毛体 anisokont 06.0145

异形隔 heterophragma 06.2441

异形核的 heterokaryotic 06.0456

异形配子 anisogamete 06.0597

异形配子母体 anisogamont 06.0598

异养 heterotrophy, allotrophy 03.0237

异养生物 heterotroph 03.0238

异域分布 allopatry 02.0240

异域物种形成 allopatric speciation 02.0013

异域杂交 allopatric hybridization 02.0134

异域种 allopatric species 02.0192

异征择偶 disassortative mating 03.0524

异趾足 heterodactylous foot 07.0224

异质性 heterogeneity 03.0956

异种化感 allelopathy 03.0743

异种化感物 allelochemics 03.0744

异主寄生 heteroecism 03.0769

异柱[的] heteromyarian 06.1542

翼 wing 07.0147

翼蝶骨　alisphenoid bone　07.0334

翼耳骨　pterotic bone　07.0341

[翼]覆羽　wing covert　07.0135

翼骨　pterygoid bone　07.0376

翼骨齿　pterygoid tooth　07.0849

翼镜　speculum　07.0154

翼膜　ala　06.1265

翼咽肌　pterygopharyngeus muscle　07.0720

螠虫[动物]　echiuran, Echiura（拉）　01.0051

音叉骨针　tuning fork　06.0848

阴唇　lip of pudendum　07.1050

阴道　vagina　07.1042

阴道管　vaginal tube　06.1411

阴道前庭　vestibule of vagina　07.1043

阴蒂　clitoris　07.1046

阴茎　penis, cirrus（寄生虫）　06.0108

阴茎骨　baculum　07.0552

阴茎海绵体　corpus cavernosum penis　07.1013

阴茎囊　cirrus pouch, cirrus sac　06.1373

阴茎头　glans penis　07.1012

阴门　vulva　06.0110

阴门裂　rima vulvae　07.1051

阴囊　scrotum　07.0280

＊银膜　tapetum lucidum, argentea　05.0332

银线网　dargyrome　06.0559

银线系　silverline system　06.0561

引带　gubernaculum　06.1390

引导器　conductor　06.2135

引发信息素　primer pheromone　03.0434

引发因子　triggering factor　03.0069

引离[天敌]行为　distraction display　03.0468

引入　introduction　03.1009

引入种　introduced species　03.1011

＊引信导因　proximate cause, proximate causation　03.0063

隐蔽处　shelter　03.0503

隐壁　cryptocyst　06.2445

隐壁孔　opesiule　06.2418

隐壁缺口　opediular indentation　06.2447

隐不动关节　cryptosyzygy　06.2780

隐齿　cryptodont　06.1509

隐存种　cryptic species　02.0133

隐带海星　cryptozonate　06.2697

隐合关节　cryptosynarthry　06.2781

隐居多毛类　sedentary polychaete　06.1809

隐囊壁的　cryptocystean　06.2449

隐拟囊尾蚴　cryptocystis　06.1238

隐窝　crypt　06.0546

樱虾类糠虾幼体　acanthosoma　06.2011

樱虾类原溞状幼体　elaphocaris　06.2010

樱虾类仔虾　mastigopus　06.2012

营养个虫　gastrozooid　06.0958

营养核　trophic nucleus, vegetative nucleus　06.0454

营养级　trophic level　03.0893

营养结构　trophic structure　03.0892

营养物循环　nutrient cycle　03.0127

营养细胞　trophoblast　06.0682

＊营养血管　nutrient vessel, vasa vasorum（拉）　05.0290

营养子　trophozoite　06.0648

硬刺　ossified spine　07.0055

硬腭　hard palate　07.0757

[硬]骨　bone　07.0289

硬茎　stiff stem　06.0942

硬鳞　ganoid scale　07.0058

硬鳞质　ganoin　07.0059

硬膜　dura mater　05.0271

硬体　zoarium　06.2273

硬缘（苔藓动物）　sclerite　06.2390

幽门　pylorus　07.0726

幽门部　pyloric region　07.0738

幽门盲囊　pyloric caecum　07.0783

幽门腺　pyloric gland　07.0741

优势[度]　dominance　03.0797

优势序位　dominance hierarchy, dominance order, dominance system　03.0604

优势者　dominant　03.0690

优势种　dominant species　03.0788

优先律　law of priority　02.0098

优先权　priority　02.0097

疣　verruca, wart(腔肠动物), tubercle(棘皮动物)　06.1052

疣粒　tubercle　07.0065

疣轮　areole　06.2896

疣突　boss　06.2830

疣足　parapodium（多毛类），papillate podium（棘皮动物）　06.1669

疣足间囊　interparapodial pouch　06.1736

疣足幼虫　nectochaeta　06.1803

游荡者　floater　03.0471

游动鞭毛单分体　nectomonad　06.0155

游动合子　planozygote　06.0188

游动孢子　swarmer　06.0540

游离端　free end　06.0121

游离神经末梢　free nerve ending　05.0229

游猎型　vagabundae　06.2185

游泳生物　nekton　03.0330

游泳体　telotroch　06.0568

游泳足　swimming leg　06.1965

游走多毛类　errant polychaete　06.1808

游走性休芽　piptoblast　06.2467

有柄腹吸盘　pedunculated acetabulum　06.1323

有柄鸟头体　pendicular avicularium　06.2335

有柄乳突　pedunculated papilla　06.1308

有盖卵室　cleithral ooecium　06.2475

有害动物　pest　03.1019

有黄卵　lecithal egg　04.0083

有壳卵(爬行类、鸟类)　cleidoic egg　04.0066

有腔囊胚　coeloblastula　04.0241

有色骨片　phosphatic deposit　06.2917

有髓神经纤维　myelinated nerve fiber　05.0203

有蹄类　hoofed animal　07.0022

有头簇虫　cephaline gregarine　06.0303

有头类　craniate　07.0007

有限增长率　finite rate of increase　03.0622

有效积温　total effective temperature　03.0093

有效温度　effective temperature　03.0092

有效温度带　zone of effective temperature　03.0094

* 有效学名　valid name　02.0211

有效种群大小　effective population size　03.0614

有性繁殖阶段　sexual reproductive phase　06.1198

有性生殖　sexual reproduction　01.0098

有折刺毛　geniculate bristle　06.1769

有疹壳　punctate shell　06.2511

有爪动物　onychophoran, Onychophora（拉）　01.0055

有足体节　pediferous segment　06.2229

右心房　right atrium　07.0912

右心室　right ventricle　07.0910

釉质　enamel　07.0829

诱导者　inductor　04.0185

诱发　evocation　04.0128

诱发物　evocator　04.0129

幼虫触手　larval tentacle　06.2529

幼虫多型现象　poecilogony　06.1805

幼单核细胞　promonocyte　05.0131

幼巨核细胞　promegakaryocyte　05.0136

幼淋巴细胞　prolymphocyte　05.0129

幼生的　larviparous　06.1641

幼[态]的　juvenile　03.0541

幼态延续　neoteny　03.0565

幼体　larva　06.1990

幼体孤雌生殖　paedoparthenogenesis　01.0104

幼体集群　synchoropaedia　03.0711

幼体生殖　paedogenesis　01.0103

幼蛛　spiderling　06.2177

鱼　fish　07.0014

鱼类学　ichthyology　07.0001

隅骨　angular bone　07.0397

羽　feather　07.0124

羽辐骨针　pinule　06.0866

羽干　rachis　07.0158

羽根　calamus　07.0159

羽化　eclosion, emergence　03.0536

羽片　vane　07.0156

羽区　pteryla　07.0128

羽丝骨针　plumicome　06.0865

羽腕幼体　bipinnaria　06.2962

羽网状骨骼　plumoreticulate skeleton　06.0897

羽纤支　barbicel　07.0134

羽小支　barbule　07.0133

羽衣　plumage　07.0125

羽枝　pinnule　06.2813

羽枝节　pinnular　06.2787

羽支　barb　07.0132

羽轴　shaft　07.0157

羽状触手　pinnate tentacle　06.2823

羽状刚毛　bilimbate seta　06.1776

羽状壳　gladius　06.1593

羽状鳃　pinnate gill　06.1687

羽状三辐骨针　sagital　06.0785

羽状体(腔肠动物)　pinnule　06.0999

羽状须　feathered bristle　07.0140

育卵室　brood chamber　06.2485

育囊　brood pouch, brood sac, marsupium
06.2027

育[仔]袋　marsupium　07.1052

阈值　threshold　03.0076

预向动作　intention movement　03.0465

原板　protoplax, primitiva(原生动物)　06.1500

原肠胚　gastrula　04.0243

原肠胚形成　gastrulation　04.0244

原肠腔　archenteron, archenteric cavity　04.0246

原肠外凸　exogastrulation　04.0250

原肠形成前期　pregastrulation　04.0245

原虫室　protoecium　06.2325

原刺泡　protrichocyst　06.0471

原簇虫　primite　06.0302

原单核细胞　monoblast　05.0130

原单柱期　protomonomyaria stage　06.1538

原分裂前体　protomont　06.0570

原分歧腕板　primaxil　06.2764

原辐板　primary radial　06.2763

原沟　primitive groove　04.0368

原管肾　protonephridium　06.0088

原核　pronucleus　04.0150

原红细胞　proerythroblast, rubriblast　05.0113

原基　primodium, rudiment, anlage　04.0274

原基[器官]　primordium　06.2533

原肌球蛋白　tropomyosin　05.0164

原尖　protocone　07.0841

原浆性星形胶质细胞　protoplasmic astrocyte
05.0197

原结　primitive knot, Hensen's node　04.0367

原巨核细胞　megakaryoblast　05.0135

原壳　protoconch　06.1462

原口动物　protostome, Protostomia(拉)　01.0032

原肋壁　primary ribbed wall　06.0574

原粒细胞　myeloblast　05.0120

原鳞柄　bulb　06.0982

原淋巴细胞　lymphoblast　05.0128

原内胚层　primary endoderm, primary endoblast
04.0277

原胚细胞　proembryonal cell　04.0171

原皮层　archipallium　07.1079

原潘状幼体　protozoea larva　06.1998

*原肾管　protonephridium　06.0088

原生动物　protozoan, Protozoa(拉)　01.0025

原生动物学　protozoology　06.0123

原生群落　primary community　03.0836

原生群体　primary colony　03.0679

原生珊瑚体　founder polyp　06.0985

原生演替系列　prisere　03.0827

原生殖细胞　primordial germ cell　04.0022

原始晶杆　protostyle　06.1448

原始描记　original description　02.0099

原始细胞　archaeocyte　06.0663

原索动物　protochordate, Protochordata(拉)
01.0074

原体腔　primary coelom　06.0039

原条　primitive streak　04.0366

原头　procephalon　06.2196

原头部　protocephalon　06.1832

原头节　protoscolex　06.1336

原腕板　primibrach　06.2741

原尾蚴　procercoid　06.1232

原窝　primitive pit　04.0369

原小尖　protoconule　07.0843

原型尾　protocercal tail　07.0042

原肢　protopod, protopodite　06.1942

原质团　plasmodium　06.0345

原质团分割　plasmotomy　06.0650

原中胚层　primary mesoderm　04.0283

原仔体　protomite　06.0569

原祖型　archetype　02.0132

圆口类　cyclostomata　07.0013

圆鳞　cycloid scale　07.0061

圆翼　rounded wing　07.0210

圆锥突　conical process　06.2265

缘　limbus　06.1740

缘瓣　marginal lappet　06.0968

缘齿　marginal tooth　06.1520

缘带线　marginal fasciole　06.2834

缘窦　marginal sinus　06.2680

缘脊　marginal carina　06.1864

缘脊回折部分　reflected portion of marginal carina

06.1865

缘裂 marginal slit 06.2892

缘膜 velum(腔肠动物、头索动物)，lamella(苔藓动物)，fringe(脊椎动物) 06.0971

缘须 marginalia 06.0730

远侧部 pars distalis(拉) 05.0590

远端的 distal 06.0118

远茎的 abcauline 06.0939

远曲小管 distal convoluted tubule 05.0577

远洋浮游生物 eupelagic plankton, oceanic plankton 03.0335

远因 ultimate cause, ultimate causation 03.0062

远宅的 exanthropic 03.0232

远轴的 abaxial 06.0941

越冬 [over]wintering 03.0498

越冬场所 hibernaculum 03.0502

越冬集群 syncheimadia 03.0705

月骨 lunar bone 07.0522

月星骨针 solenaster 06.0764

月型齿 selenodont 07.0814

运动神经末梢 motor nerve ending 05.0246

运动中心 motorium 06.0586

运动终板 motor end-plate 05.0247

* 孕节 gravid segment, gravid proglottid 06.1158

孕卵节片 gravid segment, gravid proglottid 06.1158

孕酮 progesterone 05.0659

Z

杂合子 heterozygote 04.0145

杂居集群 sympolyandria 03.0708

杂食动物 omnivore 03.0251

杂食性 omnivory 03.0250

杂种 hybrid, cross-breed 02.0092

载黑素细胞 melanophore 05.0417

载色素细胞 chromatophore 05.0050

再迁入 remigration 03.0700

再生 regeneration 01.0124

再受精 refertilization 04.0157

再循环指数 recycle index 03.0933

再引入 reintroduction 03.1010

暂聚群体 gregaloid colony 06.0659

暂时低温昏迷 temporary cold stupor 03.0421

暂时高温昏迷 temporary heat stupor 03.0422

暂时宿主 temporary host 06.1190

暂时性寄生虫 temporary parasite, intermittent parasite 06.1116

脏壁层 splanchnic layer 04.0325

脏壁中胚层 splanchnic mesoderm, visceral mesoderm 04.0287

脏层(肾小囊) visceral layer 05.0581

脏颅 splanchnocranium, viscerocranium 07.0299

脏神经 visceral nerve 06.1613

脏神经节 visceral ganglion 06.1614

脏神经系[统] visceral nervous system 06.1615

脏体腔膜 visceral peritoneum 06.1726

早成雏 precocies 03.0546

早成性 precocialism 03.0548

早期授精 precocious insemination 06.2649

早熟发育 precocious development 04.0417

早幼红细胞 basophilic erythroblast, prorubricyte 05.0114

早幼粒细胞 promyelocyte 05.0121

造骨细胞 sclerocyte 06.0681

造礁珊瑚 hermatypic coral 06.1053

造血干细胞 hemopoietic stem cell 05.0139

造血组织 hemopoietic tissue 05.0110

择偶场 lek 03.0529

增生 hyperplasia 04.0411

展神经 abducent nerve 07.1113

张力原纤维 tonofibril 05.0408

掌 palm [of hand] 07.0238

掌板 palma 06.2759

掌部 palm, hand 06.1954

掌骨 metacarpal bone 07.0515

掌间关节 intermetacarpal joint 07.0584

掌节 propodite, propodus 06.1953

掌突 metacarpal tubercle 07.0081

掌形爪状骨针 palmate chela, palmate 06.0797

掌指关节 metacarpophalangeal joint 07.0585

掌状刚毛 palmate chaeta 06.1790

招引行为 kinopsis 03.0466

沼生 paludine, torfaceous 03.0277

沼泽浮游生物 heleoplankton 03.0309

沼泽群落 limnodium 03.0854

罩膜 velum, veloid 06.0387

召唤声 contact call 03.0583

折光体 refractive body 06.1629

折射体 refractile body 06.0337

褶 plica 06.1485

褶冠型触手冠 ptycholophorus lophophore 06.2516

褶襟 pleated collar 06.2352

*珍珠层 pearl layer 06.1449

真雌雄同体 euhermaphrodite 01.0180

真洞居生物 eutroglobiont 03.0353

真浮游生物 euplankton 03.0299

真基节 eucoxa 06.2242

真孔 eupore 06.0693

真皮 dermis, corium 05.0413

真皮骨 dermal bone 07.0292

真皮乳头 dermal papilla 05.0414

真社群性 eusocial 03.0591

真水母的 eumedusoid 06.0959

真无配生殖 euapogamy 01.0168

真星骨针 euaster 06.0873

真杂种优势 euheterosis 01.0181

砧骨 incus 07.0384

针六辐骨针 oxyhexact, oxyhexactine 06.0808

针六星骨针 oxyhexaster 06.0816

针星骨针 oxyaster 06.0760

针形骨针 needle 06.1051

针枝骨针 oxyclad 06.0815

针状骨针 style 06.0778

枕(鸟) occiput 07.0203

枕大孔 foramen magnum 07.0314

枕骨 occipital bone 07.0351

枕冠(鸟) occipital crest 07.0204

枕髁 occipital condyle 07.0315

枕区 occipital region 07.0310

枕叶 occipital lobe 07.1100

振鞭 flagellum 06.2389

振鞭体 vibraculum 06.2338

振动 vibration 06.2190

振动小棘 vibratile spine 06.2717

振动小体 vibratile corpuscle 06.2792

整列鳞 cosmoid scale 07.0063

整体[研究]法 hololical approach 03.0050

正部 orthomere 06.0463

正常配偶 orthogamy 03.0531

*正成红细胞 acidophilic erythroblast, normoblast, metarubricyte 05.0116

正模标本 holotype 02.0036

正三叉骨针 orthotriaene 06.0862

正三辐骨针 regular triact 06.0762

正型尾 homocercal tail 07.0044

正形海胆 regular echinoid 06.2695

正中隆起 median eminence 05.0596

枝辐群 cladome 06.0738

枝状触手 dendritic tentacle 06.2821

枝状鳃 dendrobranchiate 06.1981

支持带 retinaculum 06.1371

支持脊 supporting ridge 06.2577

支持器 supporting apparatus 06.1368

支持腕环 supporting loop 06.2576

支持细胞 supporting cell, Sertoli's cell 05.0645

支持性空个虫 supporting kenozooid 06.2303

支架丝 scaffolding thread 06.2179

支气管 bronchus 07.0866

*支序分类学 cladistic systematics, cladistics 02.0004

肢 limb 07.0234

肢鳃 mastigobranchia 06.1983

肢上板 epimera 06.1971

脂肪体 fat body 07.1059

脂肪细胞 adipocyte, fat cell 05.0047

脂肪组织 adipose tissue 05.0055

脂褐素 lipofuscin 05.0181

脂膜肌 panniculus carnosus muscle 07.0649

脂鳍 adipose fin 07.0041

之形带 zigzag ribbon 06.2188

直肠 rectum 07.0736

直肠囊 rectal sac 06.2169

直肠系膜 mesorectum 07.0780

直肠腺 rectal gland 07.0791

直肌 rectus muscle 06.2607

直接隔片 directive septum 06.1063

直接人兽互通病 direct zoonosis 06.1128

直精小管 tubulus rectus（拉） 05.0642

直立型［群体］ erect type 06.2269

直神经［的］ euthyneurous 06.1619

直束骨针 orthodragma 06.0814

直线迁徙 linear migration 03.0380

直形叉棘 straight pedicellaria 06.2737

植入 implantation 04.0402

植物极 vegetal pole, vegetative pole 04.0059

植物线虫学 plant nematology 06.1103

*植物性神经系统 autonomic nervous system, vegetative nervous system 07.1064

植形动物 zoophyte 06.0905

执握器 prehensile organ 06.2023

跖肌 plantaris muscle 07.0698

蹠骨 metatarsal bone 07.0539

蹠突 metatarsal tubercle 07.0082

蹠腺 metatarsal gland 07.0265

蹠行 plantigrade 07.0217

指 finger 07.0239

指长屈肌 flexor digitorum longus muscle 07.0700

指骨 digital bone 07.0516

指甲 nail 07.0172

指间关节 interphalangeal joint 07.0586

指节 dactylopodite, dactylus 06.1955

指名亚种 nominate subspecies 02.0102

指浅屈肌 flexor digitorum superficialis muscle 07.0659

指伸肌 extensor digitorum muscle 07.0684

指深屈肌 flexor digitorum profundus muscle 07.0661

指示群落 indicator community 03.0810

指示物 indicator 03.0072

指示种 indicator species 03.0789

指数增长 exponential growth 03.0621

指突 stylode 06.1698

指细胞 phalangeal cell 05.0388

指形管 dactylethrae 06.2341

指序 digital formula 07.0518

指状触手 digitate tentacle 06.2822

指状体 dactylozoite 06.0558

指总伸肌 extensor digitorum communis muscle 07.0657

趾 toe 07.0245

趾长屈肌 flexor digitorum longus muscle 07.0701

趾骨 digital bone 07.0517

趾甲 nail 07.0173

趾间关节 interphalangeal joint 07.0595

趾间腺 interdigital gland 07.0264

趾浅屈肌 flexor digitorum superficialis muscle 07.0660

趾伸肌 extensor digitorum muscle 07.0685

趾深屈肌 flexor digitorum profundus muscle 07.0662

趾吸盘 digital disc, digital disk 07.0079

趾下瓣 subdigital lamella 07.0106

趾行 digitigrade 07.0216

趾序 digital formula 07.0519

趾总伸肌 extensor digitorum communis muscle 07.0658

致密斑 macula densa（拉） 05.0586

致密结缔组织 dense connective tissue 05.0053

致密淋巴组织 dense lymphoid tissue 05.0460

致死低温 fatal low temperature 03.0097

致死高温 fatal high temperature 03.0098

致死湿度 fatal humidity 03.0103

致死因子 fatal factor 03.0071

蛭素 hirudin 06.1662

痣粒 granule 07.0074

峙棘 opposing spine 06.2716

稚后换羽 post-juvenal molt 03.0519

稚羽 juvenal plumage 07.0146

质膜 plasmalemma, plasma membrane 06.0606

质配 cytogamy, plasmogamy 06.0523

质体 plastid 06.0197

栉 pecten 06.1484

*栉板动物 ctenophore, Ctenophora（拉） 01.0037

栉齿 pectinate tooth 06.2220

栉棘 comb-papilla 06.2719

栉鳞 ctenoid scale 07.0062

栉器 calanistrum 06.2116

栉鳃 ctenidium 06.1544

栉水母动物 ctenophore, Ctenophora（拉） 01.0037

栉状叉棘 pectinate pedicellaria 06.2730

栉状膜 pecten 07.1156

栉状体 comb 06.2793

滞留期　residence time　03.0931

滞育　diapause　03.0512

中板　mesoplax　06.1501

中背板　central dorsal plate　06.2747

中背板腔　centrodorsal cavity　06.2951

中鼻甲　middle concha　07.0373

＊中表皮　mesocuticle　06.0022

中侧板　latus inframedium　06.2074

中肠　midgut　06.0060

中齿　median tooth　06.1886

中段　middle piece　06.2648

中段(精子)　middle piece, connecting piece　04.0110

中段(中胚层)　intermediate mesoderm　04.0309

中耳　middle ear　07.1167

中分裂球　mesomere　04.0227

中隔　median guide　06.2164

中隔窝　septal pocket　06.2165

中黄卵　mesolecithal egg　04.0085

中喙骨　mesocoracoid　07.0495

中间板　intermediate plate　06.1468

中间部　pars intermedia(拉)　05.0592

＊中间阶　membranous cochlea, scala media(拉)　05.0376

中间类型　intermediate type　02.0253

中间连接　intermediate junction　05.0019

中间宿主　intermediate host　06.1184

中间小管　intermediate tubule　05.0576

中间型纤维　intermediate fiber　05.0175

中间性状　intermediate character　02.0119

中胶层　mesoglea　06.0690

中角质层　mesocuticle　06.0022

中脑　mesencephalon, midbrain　04.0327

中脑盖　tectum mesencephali　07.1083

中脑水管　cerebral aqueduct　07.1146

中内胚层　mesendoderm　04.0282

中胚层　mesoderm, mesoblast　04.0284

中胚层带　mesodermic band　06.1729

中胚层端细胞　mesodermic teloblast　06.1728

中胚层母细胞　mother cell of mesoderm　04.0289

中[期]肾　mesonephros　07.0998

中三叉骨针　centrotriaene, mesotriaene　06.0834

中筛骨　mesethmoid bone　07.0350

中肾管　Wolffian duct, mesonephric duct　04.0352

中生动物　mesozoan, Mesozoa(拉)　01.0027

中湿动物　mesocole　03.0288

中枢神经系统　central nervous system　07.1061

中体　mesosome, mesosoma　06.0007

中体腔　mesocoel　06.0041

中突　median apophysis　06.2132

中外胚层　mesectoderm　04.0292

中腕　median arm　06.2561

中尾蚴　mesocercaria　06.1222

中纬沟　equatorial furrow　04.0219

中纬[卵]裂　equatorial cleavage　04.0218

中楔骨　mesocuneiform bone　07.0543

中型浮游生物　mesoplankton　03.0302

中性共生　neutralism　03.0729

＊中性突变漂变假说　neutral mutation random drift hypothesis　02.0260

中性学说　neutral theory　02.0260

中血囊　middle haematodocha　06.2146

中亚顶突　mesal subterminal apophysis　06.2133

中盐　mesohaline　03.0112

中盐性生物　mesohalobion　03.0291

中央凹　central fovea　05.0330

中央板　median plate　06.2021

中央齿　central tooth　06.1519

中央触手　median tentacle　06.2531

中央隔壁　median septum　06.2539

中央沟　median groove　06.1887

中央管　central canal, Haversian canal　05.0080

中央黄卵　centrolecithal egg　04.0081

中央脊　median carina　06.1859

中央孔　medium pore, spiramen　06.2416

中央囊　central capsule　06.0239

中央盘　central disc　06.2709

中央尾羽　central rectrice　07.0138

中央细胞　central cell　06.0665

中央眼　median eye　06.1814

中养生物　mesotroph　03.0239

中叶　median lobe　06.2492

中翼骨　mesopterygoid bone　07.0390

中阴道　medial vagina　07.1044

中疣　secondary tubercle　06.2826

中幼红细胞　polychromatophilic erythroblast, rubricyte 05.0115

中幼粒细胞 myelocyte 05.0123

*中支气管 secondary bronchus, mesobronchus 05.0562

中质 mesohyl 06.0702

中轴 core 06.0997

中轴构造 axial construction 06.0687

中轴骨骼 axial skeleton 07.0293

中轴器 axial organ 06.2924

中轴索 central chord 06.0998

钟形芽鞘 campanulate hydrotheca 06.0927

终池 terminal cisterna 05.0169

*终极导因 ultimate cause, ultimate causation 03.0062

*终帽 cupula(拉) 05.0373

终末钩 definitive hook 06.1301

终神经 terminal nerve 07.1107

终生触手 definitive tentacle 06.2530

终生浮游生物 holoplankton, permanent plankton 03.0297

终生刚毛 definitive seta 06.2532

终室 last loculus 06.1587

终树突 telodendrion 05.0220

终宿主 final host, definitive host 06.1187

种 species 02.0070

种间竞争 interspecific competition 03.0724

种间适应 interspecies adaptation 03.0719

种间信息素 allomone 03.0432

种间杂交 species hybridization 02.0135

种内竞争 intraspecific competition 03.0723

种内拟态 automimicry 03.0451

种群 population 01.0131

[种群]暴发 outbreak 03.0630

种群崩溃 population crash 03.0633

种群波动 population fluctuation 03.0617

种群动态 population dynamics 03.0616

种群分析 population analysis 03.0611

种群密度 population density 03.0612

种群平衡 population equilibrium 03.0638

种群生存力分析 population viability analysis, PVA 03.0625

种群生态学 population ecology 03.0003

种群数量调查法 census method 03.0045

种群衰退 population depression 03.0632

种群调节 population regulation 03.0637

种群统计 demography 03.0610

种群增长 population growth 03.0618

种群周转 population turnover 03.0619

种上的 supraspecific 02.0198

种数－面积曲线 species-area curve 03.0798

种系 germ line 01.0182

种系渐变论 phyletic gradualism 02.0261

种下的 infraspecific 02.0199

种质 germplasm 04.0056

种组 species group 02.0063

舟骨 scaphoid bone, scaphoideum 07.0434

舟形骨针 scaphoid 06.1025

周花带线 peripetalous fasciole 06.2835

周期 cycle 03.0959

周期性 periodicity, periodism 03.0961

周期性浮游生物 periodic plankton 03.0316

周期性寄生虫 periodic parasite 06.1121

周期性[种群]暴发 periodic outbreak 03.0631

周岁幼体 yearling 03.0545

周围神经系统 peripheral nervous system 07.1065

周细胞 pericyte 05.0286

周转 turnover 03.0928

周转率 turnover rate 03.0929

周转期 turnover time 03.0930

轴窦 axial sinus 06.2933

轴杆 axostyle 06.0167

轴杆干 axostylar trunk 06.0166

轴节 cardo 06.2219

轴粒 axosome, axostylar granule 06.0617

轴丘 axon hillock 05.0218

轴珊瑚单体 axial corallite 06.1058

轴上肌 epaxial muscle 07.0598

轴神经系 axial nerve system 06.2944

轴丝 axoneme 06.0633

轴丝(精子) axial filament 04.0112

轴体 axoplast 06.0234

轴头 axostylar capitulum 06.0165

轴突 axon 05.0188

轴下肌 hypaxial muscle 07.0599

轴腺 axial gland 06.2934

轴质 axoplasm 05.0222

轴中胚层　axial mesoderm　04.0285

轴柱　columella　06.1074

轴足　axopodium　06.0235

肘关节　elbow joint　07.0580

＊帚虫　phoronid, Phoronida（拉）　01.0062

帚胚　scopula　06.0529

帚胚小器　scopulary organelle　06.0530

帚体　phoront　06.0525

帚形动物　phoronid, Phoronida（拉）　01.0062

帚状骨针　scopule　06.0784

皱襞　plica　05.0514

皱胃　abomasum　07.0749

＊昼出　diurnal　03.0496

昼行　diurnal　03.0496

昼眼　diurnal eye　06.2110

昼夜垂直移动　diurnal vertical migration　03.0386

昼夜节律　day-night rhythm, circadian rhythm　03.0495

昼夜迁徙　diurnal migration　03.0383

侏儒节细胞　midget ganglion cell　05.0315

侏儒双极细胞　midget bipolar cell　05.0313

珠状触手　moniliform antenna　06.1724

蛛网膜　arachnoid　05.0272

蛛网膜下隙　subarachnoid space　05.0270

蛛形动物学　arachnology　06.2089

猪囊尾蚴　cysticercus cellulosa(拉)　06.1247

主背板　main tergite　06.2233

主齿　cardinal tooth, main tooth(多毛类)　06.1512

主动脉　aorta　07.0923

主动脉瓣　aortic valve　07.0914

主动脉弓　aortic arch　07.0926

主动脉体　aortic body　05.0295

主段(精子)　principal piece　04.0111

主分派　splitters　02.0114

主辐　perradius　06.0963

主杆　rhabd　06.0736

主骨针　principalia　06.0793

主合派　lumpers　02.0115

主基　cardinalia　06.2547

主突　cardinal process　06.2545

主线　cardinal line　06.2543

主芽　main bud　06.2469

主缘　cardinal margin　06.2544

＊主支气管　primary bronchus　05.0561

主质　parenchyma　06.0737

主质骨针　parenchymalia　06.0792

柱　column　05.0249

柱细胞　pillar cell　05.0387

柱状上皮　columnar epithelium　05.0009

贮精囊　seminal vesicle, vesicula seminalis(拉)　06.0104

筑巢处　rookery　03.0504

爪　claw　06.1961

爪垫　claw pad　07.0113

爪状骨针　chela　06.0773

专性共生物　obligate symbiont　03.0733

专性寄生　obligatory parasitism　03.0758

专性寄生虫　obligatory parasite　06.1118

转化　transformation　03.0891

转续宿主　paratenic host　06.1189

装死　death-feigning, mimic death　03.0453

椎动脉　vertebral artery　07.0934

椎弓　vertebral arch, neural arch　07.0442

椎弓横突　diapophysis　07.0451

椎骨　vertebra　07.0439

椎管　vertebral canal　07.0448

椎棘　vertebral spine, neural spine　07.0443

椎间孔　intervertebral foramen　07.0449

椎间盘　intervertebral disk　07.0450

椎肋　vertebral rib　07.0476

椎体　centrum　07.0440

椎体横突　parapophysis　07.0452

锥鞭毛体　trypomastigote　06.0157

锥虫体期　trypaniform stage　06.0156

锥骨　pyramid　06.2807

锥鳞　conic scale　07.0067

锥泡　conocyst　06.0480

锥器　boring apparatus　06.0541

锥体层　pyramidal layer　05.0263

锥体细胞　pyramidal cell　05.0265

锥状突　conule　06.0720

锥足　conopodium　06.0207

桌形体　table　06.2794

着床　nidation　04.0401

滋养瓣　deutoplasmic valve　06.2391

滋养层　trophoblast　04.0388

滋养体　trophont　06.0572
滋养外胚层　trophectoderm　04.0391
仔体　tomite　06.0565
仔体发生　tomitogenesis　06.0566
孖肌　gemellus muscle　07.0694
子孢子　sporozoite　06.0261
子胞蚴　daughter sporocyst　06.1204
子宫　uterus　07.1020
子宫肌膜　myometrium　05.0649
子宫角　horn of uterus　07.1021
子宫颈　cervix of uterus　07.1023
子宫孔　uterine pore　06.1406
子宫末段　metraterm　06.1410
子宫囊　uterine sac　06.1404
子宫内发育期　intrauterine developmental period
　04.0413
子宫内膜　endometrium　05.0651
子宫泡　uterine vesicle　06.1405
子宫受精囊　receptaculum seminis uterirum
　06.1398
子宫体　body of uterus　07.1022
子宫外膜　perimetrium　05.0650
子宫腺　uterine gland　05.0652
子宫枝　uterine branch　06.1403
子宫钟　uterine bell　06.1402
*子宫周器官　paruterine organ　06.1401
子茎　blastostyle　06.0948
子雷蚴　daughter redia　06.1207
子实体　fruiting body　06.0620
子叶胎盘　cotyledonary placenta　07.1030
*自残　autotomy　01.0123
自个虫　autozooid　06.2301
自联型　autostyly　07.0325
自切　autotomy　01.0123
自然保护　nature conservation　03.1015
自然保护区　nature reserve, nature sanctuary
　03.1018
自然地理因子　physiographic factor　03.0057
自然发生　abiogenesis, autogeny　01.0155
自然管理　nature management　03.1014
自然化　naturalization　03.0994
自然控制　nature control　03.1013
自然杀伤[淋巴]细胞　nature killer cell　05.0443

自然系统　natural system　02.0010
自然选择　natural selection　01.0147
自然疫源地　natural focus, nidus　06.1135
自身感染　autoinfection　06.1136
自梳理　self grooming　03.0478
自体受精　self fertilization　04.0149
自卫力　protective potential　03.0452
自养　autotrophy　03.0235
自养生物　autotroph　03.0236
自异宿主型　autoheteroxenous form　06.1194
*自主分化　independent differentiation, self dif-
　ferentiation　04.0174
自主神经系统　autonomic nervous system, vegetative
　nervous system　07.1064
鬃　bristle　07.0167
棕脂肪　brown fat, multilocular fat　05.0057
踪迹信息素　trail pheromone, trail substance
　03.0435
宗　race　02.0200
总虫室　coenoecium　06.2326
总初级生产力　gross primary productivity　03.0925
总腹下静脉　common hypogastric vein　07.0970
总科　super-family　02.0089
总目　super-order　02.0088
总主静脉　common cardinal vein　07.0990
纵隔　mediastinum　07.0871
纵肌　longitudinal muscle　06.0064
*纵[卵]裂　meridional cleavage　04.0216
纵气管网结　longitudinal anastomose　06.2249
足刺　aciculum　06.1684
足孔　pedal aperture　06.1480
足囊　podocyst　06.0978
足盘　pedal disc　06.0981
足鳃　podobranchia　06.1982
足神经节　pedal ganglion　06.1612
足式　leg formula　06.2112
足丝　byssus　06.1550
足丝孔　byssal foramen　06.1478
足丝峡　byssal gape　06.1479
足丝腺　byssus gland　06.1551
足细胞　podocyte　05.0582
足腺　pedal gland　06.2654
足舟骨　navicular bone　07.0541

足状突　podite　06.0544

族　tribe　02.0073

祖征　plesiomorphy　02.0177

阻抗稳定性　resistance stability　03.0946

组　series　02.0074

组织发生　histogenesis　04.0273

组织分化　histological differentiation　04.0176

组织内寄生虫　histozoic　06.1199

组织学　histology　01.0008

组织者　organizer　04.0187

嘴底　gonys　07.0186

嘴峰　culmen　07.0183

嘴甲　nail　07.0187

嘴裂　gape　07.0185

嘴须(鸟)　rictal bristle　07.0188

嘴状叉棘　rostrate pedicellaria　06.2731

最长肌　longissimus muscle　07.0670

最大持续产量　maximum sustained yield　03.0629

最劣度　pessimum　03.0084

最适产量　optimal yield　03.0920

最适度　optimum　03.0083

最适气候　optimal climate　03.0087

最适[种群]密度　optimal population　03.0627

最小可生存种群　minimum viable population, MVP　03.0624

樽形幼体　doliolaria　06.2963

左心房　left atrium　07.0913

左心室　left ventricle　07.0911

座节　ischiopodite, ischium　06.1951

座节刺　ischial spine　06.1874

*座状腹吸盘　sessile acetabulum　06.1324

*座状乳突　sessile papilla　06.1309